四合归一

山水营造的中国观念

杨欣 著

中国建筑工业出版社

图书在版编目（CIP）数据

四合归一：山水营造的中国观念 / 杨欣著. — 北京：中国建筑工业出版社，2020.8

ISBN 978-7-112-25239-8

Ⅰ.①四… Ⅱ.①杨… Ⅲ.①建筑哲学 — 研究 — 中国 Ⅳ.① TU-021

中国版本图书馆CIP数据核字（2020）第099590号

责任编辑：李　东　陈夕涛　徐昌强
责任校对：张惠雯

四合归一：山水营造的中国观念

杨　欣　著

*

中国建筑工业出版社出版、发行（北京海淀三里河路9号）

各地新华书店、建筑书店经销

北京点击世代文化传媒有限公司制版

北京中科印刷有限公司印刷

*

开本：787毫米×1092毫米　1/16　印张：20　字数：344千字

2020年9月第一版　2020年9月第一次印刷

定价：78.00元

ISBN 978-7-112-25239-8

（36005）

荒荒坤轴　悠悠天枢

巫峡千寻　走云连风

饮真茹强　蓄素守中

期之以实　御之以终

大用外腓　真体内充

反虚入浑　积健为雄

若纳水輨　如转丸珠

泛彼浩劫　窅然空踪

天地与立　神化攸同

是有真宰　行气如虹

倒酒既尽　杖藜行歌

孰不有古　南山峨峨

序一

中国山水聚居空间的营造，无不受到传统哲学观与文化观的影响。基于自然山水环境，形与理的融贯统一，是传统人居环境思想发展的根本，影响了中华文明延绵发展数千年。在全球化背景下，传统文化受到挤压和偏置，其中传统人居思想及其遗产的传承与保护更是日渐式微。随着城镇化进程的快速推进，大规模城乡开发建设与更新改造活动致使我们的城市特色、城市记忆、城市文脉、传统价值逐渐消失，人居理念在很大程度上呈现出物质化、资本化、浅薄化趋势。当前，国家提出“文化自觉、文化自信、文化自强”等目标，正是在中华优秀传统文化创造性转化、创新性发展时期，中华民族持续发展面临的关键命题。

在中国传统文化观念中，“山水”曾是人居环境构成不可或缺的物质要素与精神要素。从儒家思想之“知者乐水、仁者乐山”，到道家思想的“山林静修、清静无为”，以及被皇家乃至民间广泛接受的风水与环境思想等，都表达出“山水”概念的哲学内涵。如何运用科学方法，客观、准确、简明地解释这套哲学体系及其丰富的人居案例，并从中梳理出相应的学术认识，是山地人居环境科学研究的重要方面。

杨欣的研究，探索从中国哲学的四个哲学基本问题（宇宙论、本体论、工夫论、境界论）与四种哲学派别属性（巫、儒、道、佛）出发，对传统山水聚居空间的哲学认知问题进行梳理和归纳，试图从中建立山水文化体系的“四重四方”架构，发现传统人生实践与空间实践的内在哲学关联，这对我国山地人居环境建设中物质空间和思想观念的统筹认识具有启发意义，也在山地城市建设的文化理念和哲学认识上，具有较好的开拓意义。

本书的写作，较好地反映了杨欣的成长过程以及踏实的治学态度。杨欣是从2008年进入山地人居环境科学团队的，期间一直跟随团队参与多项国家课题研究以及重大工程项目，逐步培养起较为综合的研究素质与实践能力。选题之初，根据他的兴趣，将中国传统空间哲学作为研究方向，具有较大的学科跨度和研究难度，但他在团队的集体工作推动中，在老师的鼓励和支持下，加深了对该选题研究意义和价值的认识，逐步掌握了学术研究方法。

杨欣是有学术志向和学术毅力的青年，我衷心希望他能在今后的学习工作当中，持续努力、坚定信念，逐步迈入国家城乡规划建设与传统文化保护传承的队伍中来，成长为在相关领域有所建树的学者，并对我国山地人居环境建设事业的发展做出贡献。

谨此为序。

重庆大学　赵万民教授

序二

杨欣所著《四合归一：山水营造的中国观念》不仅精确立基于整个中华文化哲学思想的底蕴，而且呈现出中国建筑空间思维的意涵，更能汲取当代中国哲学方法论研究的最新成果，创造解释架构，开发中国建筑学人文进路的研究新视野，在深入中国人文山水建筑的学术领域上，宜有在国际学术界上创新开路的领头效果。

笔者并非建筑专业，而是学院科班的中国哲学研究者，向来致力于中国哲学理论架构的研发，提出针对儒释道各家学派理论的解释架构，此一架构，正好用在杨欣博士的研究中，成为统合整理中国建筑的诠释架构。

中国哲学就是人类生命的实践哲学，追求最高理想境界。而建筑学，正是站在人文思想的目标上，提供良好的人为生活空间，结合自然世界的现象与个人生命的追求，创造物质环境的美好世界，这一路的努力，在中华文明的五千年历程中，早有深刻入微精彩绝伦的呈现，如何驾驭这个复杂的历程与实务，实在是理论研究的巨大考验。

此书之作，就是企图解决这个重大的难题，而从书中的呈现来看，杨博士不仅下大苦工，更是聪颖过人，这从他对传统儒释道哲学精义的掌握上就甚见难能可贵，更从他愿意花大力气去了解当代中国哲学家们对中国哲学重建的理论努力上，可知其用力之真诚与挑战之艰难，再加上作者本身在传统中国山水居家领域的深厚学养，可以说，就是传统中国建筑理论的深厚功底，才使得杨欣博士不能不继续攻坚，深入哲学领域，寻求适切相应的解释架构，用以统合融贯丰富奇诡的中国建筑哲学理论。

笔者的四方架构以宇宙论本体论为天道观架构，以工夫论、境界论为人道观架构，杨欣博士在使用了宇宙论、本体论统合各家建筑观点之后，以空间替代人，写出了空间处置的工夫论与境界论哲学，令人惊艳。笔者又认为，个人实践有宇宙论、本体论进路，以形成修养论修炼论修行论的三套系统，杨博士则是在建筑领域中亦认为同样存在这样的工作模型，而更能有效解读传统中国建筑思维。实际上讲，建筑就是人文与科学的空间组成，没有人文心灵，不能有空间处理的特色，中国建筑美学之所以极尽精微，就是中国哲学根本上超凡入圣，杨博士有过人的领悟力，能够了解儒释道各家理论中的要点精粹，也才能够以三家哲学统御架构中国建筑美学。

固然因为笔者的解释架构促成了杨博士此书之能以如此的面貌写成，但更受感动的是笔者本人，四方架构本就是为中国哲学而设立的，因此可用于中国建筑学的理论说明，既然如此，以传统中国哲学为基底的中国教育、中国政治、中国医学等等，应该都能从这个架构中获得言说的清晰进路，笔者欢迎所有不同专业的学者，在中国研究的领域中，大力使用，发扬光大。为中国学术的开新找到领先国际学界的切入点，这个心情，应该是所有热爱中华民族的学者共同的使命。

上海交通大学　杜保瑞教授

提要

比较近当代中国哲学方法论研究成果

选择将四个基本哲学问题『宇宙论　本体论　工夫论　境界论』

与四种哲学派别属性『巫　儒　道　佛』作为哲学定位工具

对中国山水文化体系相关文献进行归类

并对文献的组织关系进行厘清

最后就体系的解释架构　运行原理　当代价值等提出见解

目录

1 引论

1.1 “尚待进一步发掘的山水文化体系与中国民族的人格精神”

“神州大地是中华民族世世代代衍生栖息的地方，5000多年来，尽管自然灾害、战乱频仍，但经过世代经营，我们的祖先建设了无数的城市、村镇和建筑，也留下了中国非凡的环境理念……中国古代文献中记载了基于山水文化理念的环境设计观、各赋特色的环境意境的创造及其所表现的城市文明，在世界城市史上应占有光辉的一页，这些尚有待进一步发掘……中国古代园林与建筑、城市并行发展……遗留下来的文化遗产，是中华山岳自然风景的精华，既富自然景观之美，又兼人文景观之胜，呈现出我国独有的、尚待进一步发掘的山水文化体系与中国民族的人格精神。”①[1]

从吴良镛先生的这段文字中，我们能够得出：①深入总结中国古代人居环境建设理念，是建构当代中国人居环境科学体系的重要理论来源；②准确地、清晰地还原山水文化体系之构成样态与工作原理等，是展开这项研究的关键前提；③传统空间与人格精神的塑造，或与这套山水文化体系存在深层次的逻辑关联，仍有待发掘。

通过进一步了解中国人居史②和阅览众多历史城市的地方志③，我们更能体会到，山水文化体系对于传统空间实践的渗透是极为深入的、复合的[2-4]。其中既包含经验现实世界的治理（“凡立国都，非于大山之下，必于广川之上”④；“以土会之法，辨五地之物生：一曰山林……二曰川泽”⑤），亦包括超经验现实世界的精神

① 吴良镛 . 人居环境科学导论 [M]. 北京：中国建筑工业出版社，2001：26-28.

② 吴良镛 . 中国人居史 [M]. 北京：中国建筑工业出版社，2014.

③ 王树声 . 中国城市人居环境历史图典 [M]. 北京：科学出版社，2015.

④ 《管子 · 乘马》

⑤ 《周礼 · 地官司徒第二》

追求（“芥子纳须弥”①；“见山不是山，见水不是水”②）。历史上著名的山水城、山水园、山水画、山水诗等不胜枚举，从严格意义上讲，它们共同构筑的并非是一套单纯的科学技术体系，而是一套具有传统文化属性的空间哲学体系（现实空间与精神空间的交融系统），然而如何客观、系统、简明地诠释其内涵，成为一个理论认知难题。

另外，不同自然环境、历史背景下的人居环境发展历程总存在多方面的差异性。传统中国人在不同空间营造场景中，对山水文化体系进行要素提取、要素组织、空间表达、空间呈现的复杂过程又岂能等同划一？所以，一套精炼的理论认知体系，是否能够逐一应对传统空间实践的差异性、复杂性，即能针对不同空间实践案例进行解析、定位、比对、联系，进而提升为一套多元融贯的实践认知体系，仍有待深入研究。

20世纪80年代以来，中国经济一直保持蓬勃发展势头，民族复兴已经成为这个时代中国人的共同梦想。伴随国家发展战略从“以经济建设为中心”到“五位一体”“五大发展理念”的适时调整，人们普遍意识到人居环境当中生态环境要素与传统文化要素的重要性。2013年，中央城镇化工作会议召开，会议制定了“望得见山、看得见水、记得住乡愁”③的战略性任务，更加明确了兼顾传统文化传承的现代生态文明建设，在新型城镇化进程当中的重要性。至此，对“山水文化体系”进行深入研究，并将其理论成果转化为当代实践价值的学术工程具备了相应的现实基础④。

1.2 研究立意

1.2.1 建立哲学认知方法，为中国人居史提供一种新的诠释维度

当我们对山水文化体系提出如何认知的问题时，就已经引入了哲学方法论的问题意识。即和过去中国人居史研究（或中国城建史研究）常常针对某一案例、

---

① 《维摩经·不可思议品》

② 《五灯会元·卷十七·青原惟信禅师》

③ 见于2013年中央城镇化工作会议：“主要任务……第五，提高城镇建设水平……要依托现有山水脉络等独特风光，让城市融入大自然，让居民望得见山、看得见水、记得住乡愁；要融入现代元素，更要保护和弘扬传统优秀文化，延续城市历史文脉；要融入让群众生活更舒适的理念，体现在每一个细节中。”

④ 20世纪90年代初，钱学森先生曾提出“山水城市”概念，引发学界对山水文化之当代空间实践价值、意涵的热烈讨论，但由于诠释工具（哲学方法论）的缺失与时代价值意识、认识水平的局限，山水城市研究无法真正深入，至今没有确立严谨的学术定义与理论框架（附录A）。

某几个案例进行营建思想归纳不同，本文力图实现的，是将相关信息、案例纳入一整套相对客观、简明、融贯的认知体系，避免含混国学话语之误导（诸如天人合一、道法自然之类，见于附录B），进而方便其他学者快速、直接地深入体系，展开相关研究工作。

1.2.2 整理传统环境思想，为当代人居环境建设提供宝贵经验

每个国家和民族都在适应自己所生活的自然环境时，创造了多元的人居环境，其中蕴含了他们处理自然系统、人类系统、社会系统、居住系统、支撑系统之关系的智慧，这些经验是当代人居环境建设的宝贵财富，具有十分重要的研究价值。而传统山水文化体系则是中国人在过去几千年空间实践历程中逐渐形成的，今天遗存的历史城市①及其相关遗产、遗迹、文献、绘画、图志等，皆体现出传统山水文化特有的环境理念和价值观念，值得当代人居环境建设借鉴和学习。吴良镛先生曾在《济南"鹊华历史文化公园"刍议后记》[5]一文中指出："锦绣山河不能在无意识地开发中任其糟蹋……相关的历史地理研究不能缺。历史地理好比'来龙'，而面对未来的发展与'遐想'好比'去脉'……山水文化的内涵、地方历史文化的文脉，都是相当值得挖掘的地方，一定不能忽略……对待传统山水人文景观的发掘，不是复旧，更不是复古，而在于萌生新的创作之理念。"②

1.2.3 从空间哲学切入，使人居环境研究跃升至新的境界

一般所谓"科学"，特指自然科学或社会科学，近年来人居环境研究的主要学术范围也集中在此。但就人居环境科学的人本观与整体观（见后文1.4.1）而言，人居环境研究当然不能仅仅局限于自然科学或社会科学，还应拓展至其顶层的人文学科领域，本文从"空间哲学"（属于人文学科领域）视角切入，即是对此诉求的具体回应。因为只有这样，我们才能真正进入山水文化体系的特殊语境（如"知者乐水，仁者乐山"③；"藐姑射之山，有神人居焉……乘云气，御飞龙，而游乎四海之外"④），进而理解传统中国人的精神世界与物质世界之关联，明晰他们建构

---

① 指历史上曾作为某一地区的政治、经济、文化或军事中心，曾在这一地区的历史进程中发挥过重要作用，而且具有一定实物遗存，能基本反映出原有城市格局，或与历史图文资料能相互印证，可较完整反映历史信息的城市或城镇。见于：王树声．黄河晋陕沿岸历史城市人居环境营造研究[M]．北京：中国建筑工业出版社，2009.

② 吴良镛．济南"鹊华历史文化公园"刍议后记[J]．中国园林，2006（1）：6.

③ 《论语·雍也》

④ 《庄子·逍遥游》

人居环境的基本思维模式与方法。相较于过去自然科学和社会科学对人的界定（自然人和集体人），空间哲学视角更能细微地捕捉到作为“个体的人”之人格状态及其力图实现的空间状态。这一学术动向有利于我国人居环境研究跃升至新的境界，即更加全面地关注“人”的需求。

1.3 文献综述

多年来，国内外学者从不同专业、不同层面、不同方法，对与山水文化体系密切相关的中国古代人居环境建设思想、案例进行了全方位研究，成果丰富[6-69]：

从古代城市空间发展谱系角度研究的有吴良镛先生撰写的英文版《中国古代城市史纲》（*A Brief History of Ancient Chinese City Planning*，1986）、《中国人居史》（2014）、董鉴泓先生主编的《中国城市建设史》（1989）、王树声先生主编的《中国城市人居环境历史图典》（2015）等。立足于空间文化研究的有汪德华先生的《中国山水文化与城市规划》（2002）、张杰先生的《中国古代空间文化溯源》（2012）、吴庆洲先生的《建筑哲理、意匠与文化》（2005）、王贵祥先生的《中国古代人居理念与建筑原则》（2015）、龙彬先生的博士论文《中国传统山水城市营建思想研究》（2001）、杨柳先生的博士论文《风水思想与古代山水城市营建研究》（2005）、刘沛林先生的《风水：中国人的环境观》（1995）、朱文一先生的《空间·符号·城市：一种城市设计理论》（1993）、苏畅先生的《〈管子〉城市思想研究》（2010）、汉宝德先生的《中国建筑文化讲座》（2006）、《物象与心境：中国的园林》（2014）、王毅先生的《中国园林文化史》（2004）、金秋野与王欣编著的《乌有园·第1辑》（2014）等。从古代城市规划体系与制度角度研究的有贺业钜先生编著的《考工记营国制度研究》（1985）、《中国古代城市规划史论丛》（1986）以及在这两本书基础上深化而成的《中国古代城市规划史》（1996）、杨宽先生主编的《中国古代都城制度史研究》（1993）等。从城市营造工程角度研究的有吴庆洲先生的《中国古代城市防洪研究》（1995）、张驭寰先生的《中国城池史》（2003）等。从社会经济角度研究的有何一民先生的《中国城市史纲》（1994）等。从历史地理角度研究的有马正林先生的《中国古代城市历史地理》（1998）等。

除了这些总体性研究之外，还包括对不同文化区域、不同历史时期的专项研究。从山地人居环境空间形态角度研究的有赵万民先生的《三峡工程与人居环境建设》(1999)、《山地人居环境七论》(2015)等；从古代建筑、园林形制角度研究的有刘叙杰、傅熹年等先生编著的五卷本《中国古代建筑史》(2009)、杨鸿勋先生的《宫殿考古通论》(2009)、《大明宫》(2013)、《建筑历史与理论》(2009)、《江南园林论》(2011)；从文化生态角度研究的有毛刚先生的《生态视野——西南高海拔山区聚落与建筑》(2003)。

城乡规划、建筑学、风景园林领域之外的其他相关研究成果也十分丰富，如：张光直先生的《中国青铜时代》(1983)、苏秉琦先生的《中国文明起源新探》(2013)、张国硕先生的《夏商时代都城制度研究》(2001)、许宏先生的《先秦城市考古学研究》(2000)、毛曦先生的《先秦巴蜀城市史研究》(2008)马世之先生的《中国史前古城》(2003)、周长山先生的《汉代城市研究》(2001)、刘凤兰先生的《明清城市文化研究》(2001)、朱契先生的《明清两代宫苑建置沿革图考》(1990)、史念海先生的《中国古都和文化》(1998)。

国外学者的研究成果有美国学者刘易斯·芒福德的《城市发展史——起源、演变和前景》(2005)、施坚雅主编的《中华帝国晚期的城市》(2000)、林达·约翰逊主编的《帝国晚期的江南城市》(2005)、德国学者阿尔弗雷德·申茨的《幻方——中国古代城市》(2009)、日本学者原广司的《世界聚落的教示100》(2003)、中村圭尔编著的《中日古代城市研究》(2004)、藤井明的《聚落探访》(2003)、挪威学者拉森的《拉萨历史城市地图集》(2005)等。

必须承认，以上丰硕研究成果在为本文提供有力基础资料与重要启发的同时，并未系统涉及“空间哲学”及其“方法论”的探讨。大多数成果更为关注个别历史城市、建筑、园林的空间物质现象及与其对应的营建思想，使我们难以捕捉到广阔时空背景下，整个山水文化体系的系统性肌理。“昆仑、九州、艮、坎、姑射、仙、须弥、普度、部洲、知者乐水、仁者乐山、上善若水、上德若谷、山河大地总在空中……”这些传统山水文化当中的重要范畴和观念,其思想源头究竟何在?它们在中国古代人居环境建设中扮演着怎样的功能？其关系如何诠释？为何借用它们既可谈论空间亦可谈论人格？总之，此类问题仍旧让人无所适从，显然不是一句“天人合一”或“道法自然”能够论述清楚的。

这预示着：我们不仅要对中国人居史有充分的了解和积累，还应该对中国哲学史有深入的认识；只有融贯二者，方可建立山水文化体系的解释架构；在此基础之上，相关研究工作才可顺利展开。

1.4 基础理论

1.4.1 人居环境科学思想

人居环境科学是吴良镛先生在希腊学者道萨迪亚斯之人类聚居学的基础上，结合中国社会实际和多年来的理论思考与建设实践而创建的一门以人类聚居为研究对象，着重探讨人与环境之间相互关系的科学。

“它强调把人类聚居作为一个整体，而不是像城市规划学、地理学、社会学那样，只涉及人类聚居的某一部分或某个侧面。学科的目的是了解、掌握人类聚居发生、发展的客观规律，以更好的建设符合人类理想的聚居环境……人居环境的核心是人，人居环境研究以满足‘人类居住’需要为目的；大自然是人居环境的基础，人的生产生活以及具体的人居环境建设活动都离不开更为广阔的自然背景；人居环境是人类与自然之间发生联系和作用的中介，人居环境建设本身就是人与自然相联系和作用的一种形式，理性的人居环境是人与自然的和谐统一……人居环境建设内容复杂，人在人居环境中结成社会，进行各种各样的社会活动，努力创造宜人的居住地（建筑），并进一步形成更大规模、更为复杂的支持网络；人创造人居环境，人居环境又对人的行为产生影响。”①

我们发现，尽管“人居环境科学”的提出已过去十多年，科学共同体发展已见雏形，但其中思想精髓很难说已具体落实到当代中国城乡建设的方方面面。直到今天，与人居环境科学及其价值相悖的建设性破坏活动仍然屡见不鲜，在我国经济、政治、社会、文化、生态文明建设等方面积累了诸多隐患。所以，本文将人居环境科学作为基础理论，仍需要对其重要观念进行再度认识和总结，以运用到研究过程当中。

1. 人本观

人居环境建设的核心关照对象是“人”而不是“科学”；“科学”永远都只是手段和过程，只有“人”才是目的。近现代以来，国运变迁，受五四、“极左”、工业化、全球化、快速城镇化浪潮的冲击，科学（尤指自然科学）技术曾一时成为全民崇拜对象（如出现“科学教”的说法），“科学”与“正确”常常被画上等号。而人居环境科学并不特指或高举“自然科学”，它强调自然科学、社会科学、人文学科共同服务于人，促进人的发展，而非压迫人，限制人的发展。这就不仅

① 吴良镛 . 人居环境科学导论 [M]. 北京：中国建筑工业出版社，2001：38-39.

需要积极推进科学技术的发展，还寄希望于人文精神①的弘扬。

一个良好的人居环境的取得，不能只着眼于它各个部分的存在和建设，还要达到整体的完满；既达到作为“生物的人”之生态环境的满足，又达到作为“社会的人”之文态环境的满足。②[70-71]

2. 整体观

运用整体性的观念和方法发现问题，分析问题，解决问题，是践行人居环境科学的基本要求（图 1.1）。《人居环境科学导论》开篇即指出：“18 世纪中叶以来，随着工业革命的推进，世界城市化发展逐步加快，同时城市问题也日益加剧。人们在积极寻求对策不断探索的过程中，在不同学科的基础上，逐渐形成和发展了一些近现代的城市规划理论。其中建筑学、经济学、社会学、地理学等为基础的有关理论发展最快，就其学术本身来说，它们都言之有理，持之有故，然而，实际效果证明，仍存在着一定的专业局限性，难以全然适应发展需要，切实地解决问题。”

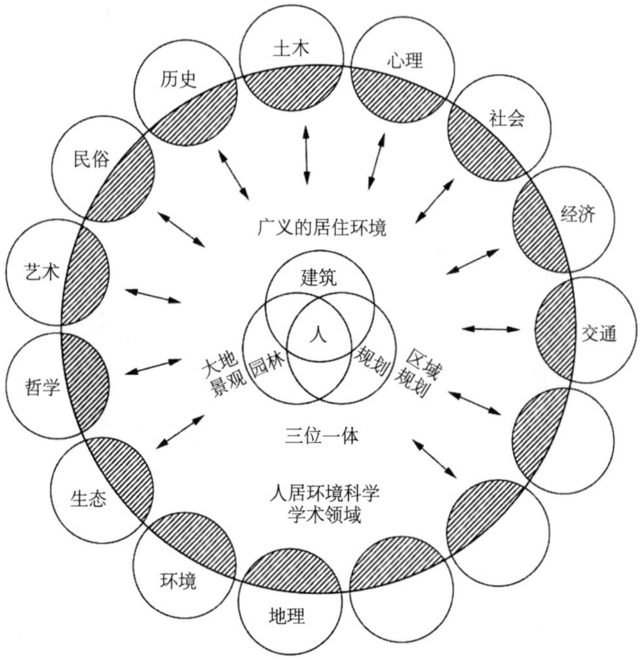

图 1.1　人居环境科学的融贯学科体系构架

Fig.1.1　the academic frame of human settlements sciences

资料来源：吴良镛 . 人居环境科学导论 [M]. 北京：中国建筑工业出版社 .2001：82.

① 吴良镛 . 人居环境科学的人文思考 [J]. 城市发展研究，2003，10（5）：4-7.

② 吴良镛 . 芒福德的学术思想及其对人居环境学建设的启示 [J]. 城市规划，1996（1）：35-48.

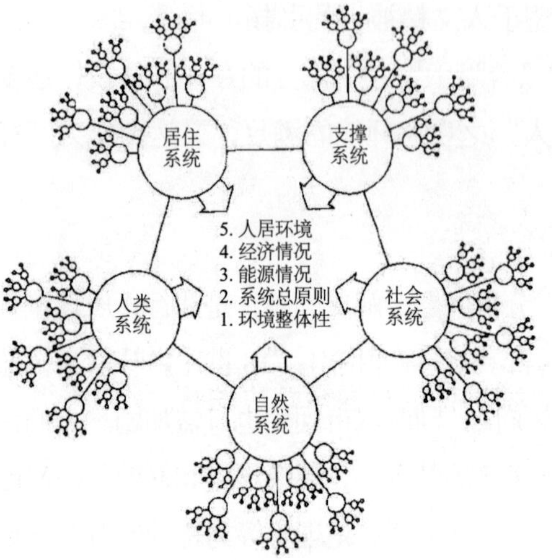

图 1.2　人居环境系统模型

Fig.1.2　system model of human settlements

资料来源：吴良镛 . 人居环境科学导论 [M]. 中国建筑工业出版社，2001：40.

3. 系统观

借鉴道萨迪亚斯的人类聚居学，结合中国存在的实际问题，吴良镛先生将人居环境划分为五大系统①（图1.2）及五个层次②。必须说明，这样的划分只是为了研究方便，不能简单叠加。实际研究过程应当明确：系统各单元之间的联系广泛而紧密；系统具有多层次、多功能的结构，每一层次均成为构筑其上一层次的单元；系统是开放的，能与环境相互作用，不断更好地适应环境；系统是动态的，它不断处于发展变化中，而且系统本身对未来有一定预测能力。面对这样的开放复杂的巨系统，应当抓住主要矛盾和关键问题，掌握“从繁到简”“从高处俯瞰全局”的方法要义。

4. 时空观

人居环境发展是个动态过程，城市更可视为一个有生命的有机体（因为它是人赖以生活的载体，而生活又总是在变化的）。对于其中的历史文化要素，应当秉持“有机更新”③的观念，在保护历史空间的同时，分阶段逐步改建④，不能仅仅着眼于单纯的保护，还要兼顾它的发展。对于一些必然有较大发展的历史名城，有计划地开拓新区，是必不可少的措施，并且有可能是有利旧城保护，促使新城完整发展的较为妥善的规划结构形态之一⑤[72-74]。

5. 地区观

“一切建筑都是地区的建筑”⑥，全球以下一切人居环境都是地区的人居环

① 人居环境的五个系统：自然系统、人类系统、社会系统、居住系统、支撑系统。

② 人居环境的五个层次：全球、区域、城市、社区（村镇）、建筑。

③ 吴良镛 . 北京旧城与菊儿胡同 [M]. 北京：中国建筑工业出版社，1994.

④ 吴良镛，方可，张悦 . 从城市文化发展的角度，用城市设计的手段看历史文化地段的保护与发展——北京白塔寺街区的整治与改建为例 [J]. 华中建筑，1998，16（3）：84-89.

⑤ 吴良镛 . 历史文化名城的规划结构、旧城更新与城市设计 [J]. 城市规划，1983（6）：2-12.

⑥ 吴良镛 . 广义建筑学 [M]. 北京：清华大学出版社，1989.

境。但是这个基本原则，却随着近现代城市、近现代建筑的兴起，渐渐被遗忘了。它带来了一系列副作用，即城市的杂乱无章与千篇一律。广义建筑学与人居环境科学均强调，应首先将设计对象纳入其自身的自然、历史、技术、区域空间结构等地区性背景，继而进行功能与形式的创造。在空间文化内涵的塑造方面，应该突出“抽象继承”“迁想妙得”“违而不犯”“和而不同”的原则①[75-76]。

1.4.2 基于宇宙论、本体论、工夫论、境界论的中国哲学方法论

中国哲学史博大精深，典籍浩繁。以“空间哲学”视角切入山水文化体系，在理论研究部分必然需要一套“中国哲学方法论”作为引导（附录C），将复杂的理论清晰化、系统化。自20世纪初以来，相关研究不断推陈出新，经整理，较有代表性的中国哲学方法论研究成果有（覆盖中国大陆、香港和台湾地区，按创立者出生时间排序）[77-106]：

1）基于西方哲学问题意识的中国哲学方法论（冯友兰先生早期，附录D）；

2）基于新理学的中国哲学方法论（冯友兰先生中期，附录D）；

3）基于马克思主义哲学的中国哲学方法论（冯友兰先生晚期，附录D）；

4）基于时者、空者精神的中国哲学方法论（方东美先生，附录E）；

5）基于实践与实有判断的中国哲学方法论（牟宗三先生，附录F）；

6）基于概念范畴与心灵九境的中国哲学方法论（唐君毅先生，附录G）；

7）基于十二对概念范畴的中国哲学方法论（汤一介先生，附录H）；

8）以心性论为中心的中国哲学方法论（劳思光先生，附录I）；

9）基于概念范畴逻辑结构的中国哲学方法论（张立文先生，附录J）；

10）基于四个基本哲学问题的中国哲学方法论（杜保瑞先生，附录K）。

然而，前面九种解释工具均在“是否尊重中国哲学特质”“是否引起学派纷争”“是否便于当代认知与国际交流”中的某一方面存在一定质疑，如：冯友兰先生早期和晚期借用传统西方哲学问题意识及马克思主义哲学建立中国哲学方法论的思路，是否忽略了中国哲学（实践哲学）区别于西方哲学（思辨哲学）的特质？冯友兰先生中期之新理学的“四境界说”、方东美先生之“时空者说”、牟宗三先生之“实有实践说”、唐君毅先生之“心灵九境说”等各有预设的学派

① 吴良镛.“抽象继承”与“迁想妙得”：历史地段的保护、发展与新建筑创作 [J]. 建筑学报，1993（10）：21-24.

立场，中国哲学优于西方哲学，中国哲学中某派优于其他各派的判定，是否过于主观且易造成学术纷争？汤一介先生与张立文先生回归国学语境，试图以概念范畴（天、人、道、器、常、变、理、气、心、物等）统合中国哲学，是否过于生僻，不便于国际交流，且忽略了不同学派的差异？劳思光先生提出的“基源问题研究法”可谓一种方法论上的创新，能有效避免以上困扰，给后继学者很多启发，但就“中国哲学在回答什么基本问题”这件事上，最终归结为“价值理论应该如何建构”，又回到了儒家的立场，进而辩证三教，孔、孟、陆、王最优的结论不可避免。

相较于以上九种解释工具，笔者认为，近年来由上海交通大学哲学系杜保瑞先生开发的“四方架构”理论（基于四个基本哲学问题的中国哲学方法论），很大程度上避免了以前工具之不足，可作为本文研究方法的重要参考。

根据四方架构理论：

1）中国哲学的理论体系是以人生实践哲学的本位形态为基础的。整个中国哲学的理论归结，都是人生实践哲学进路的观念体系，理论建构的最终目的是为了回答“我应该怎么做！我要成为什么！”的人生根本问题，所有“世界观、形上学、天道论以及社会、政治哲学”等理论的提出，都是为着这个人生问题提供理由的。这是中国哲学家身体力行、亲证体贴的原始工作形态，可分别命名为“工夫论”与“境界论”两个范畴。工夫论即回答“我应该怎么做”；境界论即回答“我要成为什么”。

2）宇宙论与本体论[①]是形上学研究中的两种基本问题意识，这在哲学研究中是一件极普通的常识。“宇宙论”是对天地始源、世界结构、存在的材质、时空的关系等基本哲学问题的探究，由于它可以说明“存有者”身形存在问题，因此可以从宇宙论的进路来探究工夫境界哲学的问题；“本体论”哲学主要是对整体存在界的意义、目的、价值等基本哲学问题的探究，它直接与“存有者”的“价值性”问题发生关联，也因此影响工夫、境界哲学的观点。可以说，中国哲学体系中的形上学都是为工夫论与境界论设言的。

---

① 本体论哲学（Ontology）有两个分支。一则讨论本体的“抽象性征”（Theory of Being），二则讨论经由人智确断的本体的终极价值（Theory of Value），即“实存性体”。西方哲学的本体论着重于前者，而中国哲学的本体论主要体现为后者。本文从后者，意为价值意识的本体论。

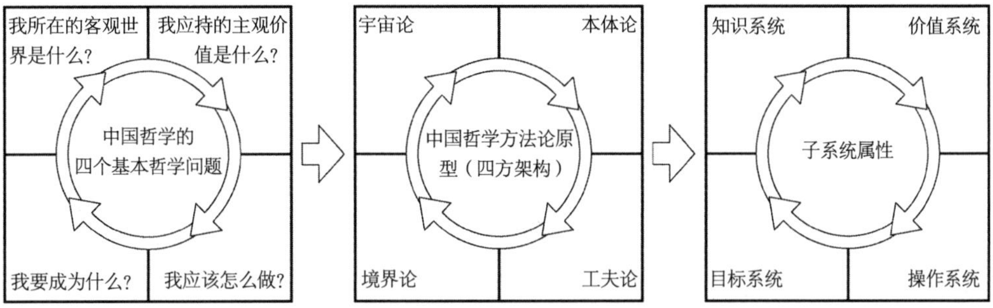

图 1.3 基于宇宙论、本体论、工夫论、境界论的中国哲学方法论

Fig.1.3 methodology of Chinese philosophy based on four basic philosophical problems

资料来源：笔者自绘，据杜保瑞先生多篇学术论文总结

3）“宇宙论”“本体论”“工夫论”“境界论”是中国哲学的四个基本哲学问题，以此作为中国哲学的解释架构——四方架构（图 1.3）。其中，宇宙论与本体论共同属于形上学范畴，工夫论与境界论属于实践及状态范畴，两种范畴相互保证真理的成立。宇宙论是一个知识性概念，本体论是一个价值性概念。一般而言，宇宙论进路的工夫被称为“修炼”；本体论进路的工夫被称为“修养”；将宇宙论与本体论作为共同进路的工夫被称为“修行”。中国哲学各家文本皆是对四个基本哲学问题的回答，即建构出人生实践的知识系统、价值系统、操作系统、目标系统。

4）中国哲学的终极目标就是塑造某种理想完美人格。在儒家是君子、圣人，在道家是仙人、真人、至人，在佛教有阿罗汉（灭谛）、菩萨、佛。这就是境界论的问题。

5）对于最高境界的存有者而言，必须对其所处的世界予以客观知识说明。在儒家是生生之气孕化集聚的经验现实世界（家国天下），在道家是气化流变、神仙存有的超经验现实世界，在佛教有缘起缘灭（集谛）、因果轮回的三千大千世界。这就是宇宙论的问题。

6）对主体而言，在通往最高境界的过程中，需要一套自身修养、修炼或者修行的操作办法予以遵循。在儒家有“格物、致知、诚意、正心、修身、齐家、治国、平天下”，在道家有“心斋、坐忘、致虚极、守静笃”，在佛教有“正见、正思维、正语、正业、正命、正精进、正念、正定”的“八正道（道谛）”，以及“布施、持戒、忍辱、精进、禅定、智慧”的“六度”。这就是工夫论的问题。

7）主体做工夫需要秉持价值意识，这个价值意识来源于对宇宙论的独断或抽象思辨。在儒家有“仁、义、礼、智、信、忠、孝、悌”，在道家有“无为、逍遥”，在佛教有为舍离欲望、离苦得乐的“苦谛”，有为照见五蕴皆空的“般若”，有为普度众生的“菩提”。这就是价值意识的本体论问题。

8）中国哲学儒、道、佛三家各自独立形成了一套互为推演、彼此联动的基本哲学问题问答系统。虽然三家皆体现了“四方架构”的系统一致性，但各家却呈现出相对独立的宇宙存在结构、本体价值意识、工夫实践方法、理想人格形态，这都是三家“立场严明且互不相让的绝对性系统”（表 1.1）。即三家有共同的四个哲学基本问题，但主张不同，各有绵密逻辑，故无法辩证高下，亦不存在三教合流或中国哲学高于西方哲学（反之亦然）的推论。

表 1.1　儒家、道家、佛家哲学四方架构体系的简要比对

Tab.1.1　simple comparison of the Si Fang Jia Gou system on Confucianism, Taoism and Buddhism

	宇宙论	本体论	工夫论	境界论
儒家	生生之气孕化集聚的经验现实世界（家国天下）	仁、义、礼、智、信、忠、孝、悌	格物、致知、诚意、正心、修身、齐家、治国、平天下	君子、圣人
道家	气化流变、神仙存有的超经验现实世界	无为、逍遥	弱者道之用、心斋、坐忘、致虚极、守静笃	仙、至人、真人
佛家	（集谛）缘起缘灭，因果轮回的三千大千世界	（苦谛）般若、菩提	（道谛）布施、持戒、忍辱、精进、禅定、智慧、正见、正思维、正语、正业、正命、正精进、正念、正定	（灭谛）阿罗汉、菩萨、佛

资料来源：笔者自绘，据杜保瑞先生多篇学术论文总结

9）“四方架构”是中国哲学乃至东方哲学所具有的基本问题意识及思维模型，它并非是种哲学方法论的杜撰与发明，而是“发现”（正如四圣谛之“苦、集、灭、道”，正是原始佛教对四个基本哲学问题的明确回答）。它可以使中国哲学文本要素各归其位，呈现系统样态，且不掺入解释者的主观臆断。

以上理论阐释使人不禁联想：我们若能准确定位山水文化体系相关文献所指向的基本哲学问题，那么它的解释架构或许能愈发清晰。然而，笔者在研究中发现，当基于空间哲学视角时，既有的“四方架构”仍存在些许不足，需要进行适当的理论转换，如：

（1）中国哲学首先是一套人生实践哲学，其讨论的对象主要是人本身，然而一旦转向空间哲学视角，讨论的对象随之切换为空间，以至于人生实践领域的工夫论与境界论不能直接解答空间实践所面对的基本哲学问题。因为，前者在讨论“我应该怎么做”与“我要成为什么”，后者在讨论“空间如何营造”与“成为什

么空间”。表面上看，由于讨论对象不同，人生哲学与空间哲学似乎难以通约，但它们有一点是共同的，即都是古代中国人的实践活动，一旦转向形上学，空间实践也必然会同人生实践一样，追问与实践活动相关的，终极普遍的形上学问题，如:“空间营造所在的客观世界是什么”以及“空间营造应持的主观价值是什么”，这和原来人生实践四方架构中“我所在的客观世界是什么”与“我应持的主观价值是什么”的问题完全一致。可见，中国哲学当中的人生哲学与空间哲学都能归结为四个基本哲学问题(表1.2);宇宙论与本体论部分(形上学体系)为二者共用，工夫论与境界论部分(实践体系)则各自针对不同对象展开讨论。而就形成三种形态工夫的共通性原理而言，不存在人生实践与空间实践的区别，依循形上学进路就可直接判断。换言之，传统人生实践领域有修炼、修养、修行三种工夫及要完成的人生境界;传统空间实践领域亦存在修炼、修养、修行三种工夫及要完成的空间境界。

表1.2 传统人生实践哲学与传统空间实践哲学在问题、对象、理论体系方面的比对

Tab.1.2 comparison of traditional life practice philosophy and spatial practice philosophy on problem, subject and theoretical system

	四个基本哲学问题	讨论对象	方法论原型
传统人生实践哲学	①我所在的客观世界是什么? ②我应持的主观价值是什么? ③我应该怎么做? ④我要成为什么?	①宇宙 ②本体 ③人 ④人	①宇宙论 ②本体论 ③工夫论 ④境界论
传统空间实践哲学	①空间营造所在的客观世界是什么? ②空间营造应持的主观价值是什么? ③空间如何营造? ④成为什么空间?	①宇宙 ②本体 ③空间 ④空间	①宇宙论 ②本体论 ③工夫论 ④境界论

资料来源:笔者自绘

注:灰底部分为二者通约部分(相同的问题、相同的对象、相同的理论、相同的答案)

(2)杜保瑞先生在运用“四方架构”时，主要针对儒、道、佛三大哲学体系及其关系进行解释，但中国人居史的开端则远早于三家哲学创作。故在三家哲学以前(以外)，中国古代人居环境当中必然至少还存在一套较为原始的空间哲学。根据近当代考古发现及相关研究成果[107-172]，这一哲学体系大体可被纳入“巫”文化领域。正如张光直先生所言:“中国上古文明的性质与基础,可以说是萨满(巫)主义的……巫是当时最重要的知识分子，是智者也是圣者……是有通天通地本事的统治者的通称”。

所以，基于空间哲学视角，山水文化体系的解释架构在理论上应具有“四重四方”的结构特征，即在横向上包括宇宙论、本体论、工夫论、境界论四个基本哲学问题，在纵向上包括巫、儒、道、佛四种哲学派别属性。它总共涵盖十六个基本哲学问题。

既然解释工具已经明晰，接下来的步骤便是秉持其中的问题意识，在山水文化体系当中搜寻对应的答案，以呈现完整的系统样态。或者说，借用这套横纵交错的哲学定位工具，尝试对山水文化体系相关文献进行归类。

2 宇宙论

宇宙论是传统空间哲学的知识根基。没有宇宙论的系统阐释，就难以推导空间营造的价值取向（本体论），更无法建立空间营造的操作途径（工夫论），也无法回答空间营造的终极目标（境界论）。这是传统空间哲学方法论原型运行的基本逻辑。判断多种空间哲学文本的类别，首先就要观察其知识系统究竟属于哪一套宇宙论。宇宙论不同，则四方架构的内容不同，空间哲学的属性就存在明显差异。

2.1 从“观象授时”到原始宇宙论知识系统的建立

在儒、释、道三家哲学之前（之外），中国人是在怎样的世界观下开展城市营建？运用了哪些符号与知识？“山水”在其间具有怎样的哲学意涵与功能？这些都是研究山水文化体系之原始宇宙论的重要命题。

近年来，相关著作有陈遵妫先生的《中国天文学史》[107]，冯时先生的《中国天文考古学》[108]《百年来甲骨文天文立法研究》[109]《中国古代的天文与人文》[110]，李零先生的《中国方术正考》[111]《中国方术续考》[112] 张光直先生的《中国青铜时代》[52]《商文明》[113] 等。重要的考古证据包括：濮阳西水坡 45 号墓、长沙子弹库战国帛书、长沙马王堆帛画、曾侯乙墓漆箱盖天文图、红山文化方丘、红山文化圜丘、含山凌家滩洛书玉龟与玉版等。在当代建筑学界，吴庆洲先生的《建筑哲理、意匠与文化》[22] 略有铺陈，张杰先生之《中国古代空间文化溯源》[21] 在空间数理规律的总结方面亦有一些新进展。

而 2014 年，阿城先生引用冯时与李零的前期成果，结合其多年来收集的中国少数民族传统图样，还原了真正的“河图”“洛书”[114]。这对结束南宋朱熹《周易本义》之历史公案，以及重新界定原始宇宙论的完整内容起到了积极作用。

2.1.1 圭表测影，天圆地方

中国原始宇宙论的知识系统获取，与原始农耕的生产方式密切相关。简单来说，在原始农耕社会，通过最直观的天象、气象、物象观测，判断时令节气是农业、畜牧业生产的重要前提，若不能准时把握时节，就不能保障生存所需要的食物，也就不能掌握氏族的命运，所以“天文学和数学都是由于农业生产的需要而发展起来的最早的科学”①。

《吕氏春秋·贵因》[115]：夫审天者，察列星而知四时，因也；推历者，视月行而知晦朔，因也。

《吕氏春秋·当赏》：民无道知天，民以四时寒暑、日月星辰之行知天。四时寒暑、日月星辰之行当，则诸生有血气之类皆为得其处而安其产。

从华夏先民对自然的知识局限而言，恐怕没有什么比日月星辰在天地间游移更令人不可思议的了，这种对于宇宙的神秘理解，激发出先民自觉将奇异天象与人间祸福加以联系，并努力在星辰之间探寻人事沧桑的答案。

因此，掌握天象规律并敬授民时具有双重含义：农业生产的客观需要与原始宗教信仰的主观暗示。同时，谁能垄断“观象授时”，谁就能获得原始农耕时代的最高政治权力与宗教地位②。

《史记·历书》[116]：其后三苗服九黎之德，故二官咸废所职，而闰余乖次，孟陬殄灭，摄提无纪，历数失序。尧复遂重黎之后，不忘旧者，使复典之，而立羲和之官。明时正度，则阴阳调，风雨节，茂气至，民无夭疫。年耆禅舜，申戒文祖，云“天之历数在尔躬”。舜亦以命禹。由是观之，王者所重也。

“观象授时”活动在日间通过“测量日影”来完成，其出现的准确时间已经很难考证。但从著名的濮阳西水坡 45 号墓的证据来看（骨髀的发现），距今 6500 年前的华夏先民已经掌握了测量日影的方法。而冯时先生结合其他证据推断：“大约在 8000 年前，人们显然已经达到了能够测定分至（春分、夏至、秋分、冬至）的水平。③”

---

① 陈遵妫 . 中国天文学史 [M]. 上海：上海人民出版社，2006：71.

② 在中国历史上，天文星相的占验技术长期被统治者垄断，并代代相传。顾炎武曾引《河间府志》言：“私习天文者禁。”清代梅文鼎《历算全书·历算答问》云：“私习之禁亦禁夫其妄言祸福，惑世诬民耳。”政教合一观念的建立，对中国文化影响至深，并与西方古希腊神话及后来的基督教权力体系构成关系存在巨大差异。原始生产方式的不同早已注定，东西文明迈向不同的发展路径。

③ 冯时 . 中国天文考古学 [M]. 北京：中国社会科学出版社，2010：270.

测量日影的工具在历史前后虽有差异（自然山峰—圭表—日晷等），但原理基本相同。以“圭表测影”为例（图 2.1）：“表”又叫“髀”，实际是一根直立于地平的杆子；传统的表高度为 8 尺，相当于一个人身长；通过表的太阳投影，可确定空间方位；通过对一年中表影长短的变化观测，可确定节气；测量影长需要标有刻度的量尺，称为“土圭”，“土”即“度量”的意思。同时，“圭表测影”还可用于大地测量，即根据不同纬度在同一标准时间（一般是正午）的表影长短不同，推算被测点之间的南北绝对距离，所谓“一寸千里、一分百里”。

《钦定书经图说》夏至致日图

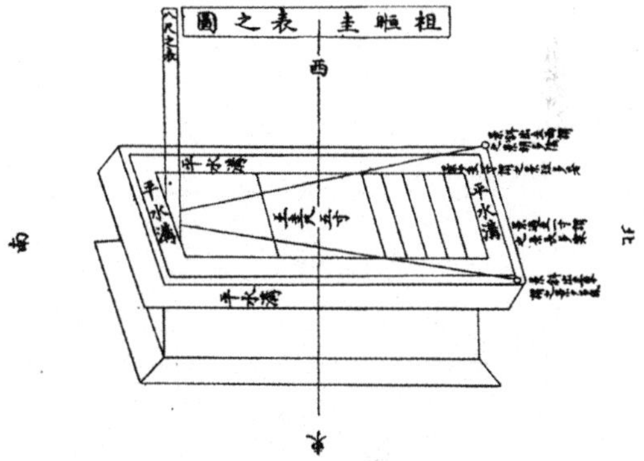

祖暅圭表图

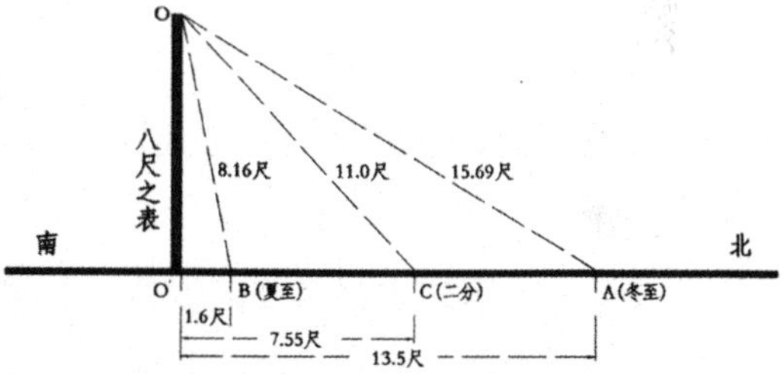

《周髀算经》两至两分表影示意图

图 2.1　圭表测影图解

Fig.2.1　sundial shadow measurement in ancient China

资料来源：（清）《钦定书经图说》[117]；张杰．中国古代空间文化溯源 [M]. 北京：清华大学出版社，2012：11-12.

《周礼·地官·大司徒》[118]：以土圭之法测土深，正日景，以求地中。日南则景短，多暑；日北则景长，多寒；日东则景夕，多风；日西则景朝，多阴。日至之景，尺有五寸，谓之地中。郑玄注：封诸侯以土圭度日景，观分寸长短，以制其域所封也。

《周礼·春官·典瑞》：土圭以致四时日月，封国则以土地。

《周髀算经》[119]：以日始出立表而识其晷，日入复识其晷，晷之两端相直者，

正东西也。中折之指表者，正南北也。

“圭表测影”技术的应用随即衍生出众多空间符号，方位表达（图 2.2）通常配以四方、五位、两绳、四维、八方、九宫、十二度（十二子）等，暗示了“地方如棋局”的原始宇宙论信息。

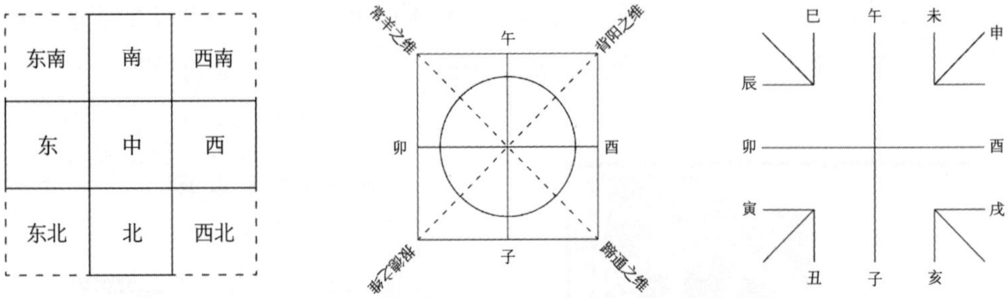

方位与九宫　　四支与两绳四维　　十二度

图 2.2　原始宇宙论的方位表达系统

Fig.2.2　orientation expression system of original Cosmology

资料来源：笔者自绘

在夜间观象授时方面，由于宇宙浩瀚无垠，人的视力有限，恒星在天空中并无远近不同，只有明暗差异，这种错觉使得中国先民的天文观测结果只表现在以肉眼极限距离为半径的球面上——天盖。无始无终的天盖旋转（地球的自转运动）也使得他们十分重视以“天极”（天盖旋转的不动点）为中心的星象体系观测。

北斗即是天盖之中最重要的星象，而且由于岁差①的缘故，北斗的位置在数千年前较今天更接近天极，终年长显不隐，所以有时也将北斗视为天极。古人正是利用了北斗在一年中作环绕天极旋转的特点，建立起最早的时间系统。另外，在黄道与赤道附近的两个带状区域内，古人还定义了“二十八宿②”，并与四宫、四象、四季相互配属③（图 2.3），形成更为完整的计时系统。

① 指地球的自转轴指向因为重力作用导致在空间中缓慢且连续的变化，以大约 26000 年的周期扫掠出一个圆锥。这意味着历史上不只一颗恒星担任过北极星。现代天文学告诉我们：在 4800 年前的新石器时代晚期，北极星不是小熊星座 α 星，而是天龙座 α 星（中国古代成为右枢），到公元 1000 年，也就是中国北宋初年，地球北极的指向离小熊星座 α 星的角距离还有 6 度。将来，到公元 2100 年前后，小熊星座 α 星与地球自转轴基本重合，到公元 4000 年，仙王座 γ 星将成为北极星，到公元 14000 年，织女星将会成为下一个北极星。

② 从公元前 4 世纪中叶的濮阳西水坡星象图来看，二十八宿的确定应该在中国新石器时期已经形成。

③ 东宫苍龙主春（角、亢、氐、房、心、尾、箕）；北宫玄武主东（斗、牛、女、虚、危、室、壁）；西宫白虎主秋（奎、娄、胃、昴、毕、觜、参）；南宫朱雀主夏（井、鬼、柳、星、张、翼、轸）。

《夏小正》[120]：正月，斗柄悬在下。六月，初昏斗柄正在上。七月，斗柄悬在下则旦。

《鹖冠子·环流》[121]：斗柄东指，天下皆春；斗柄南指，天下皆夏；斗柄西指，天下皆秋；斗柄北指，天下皆冬。

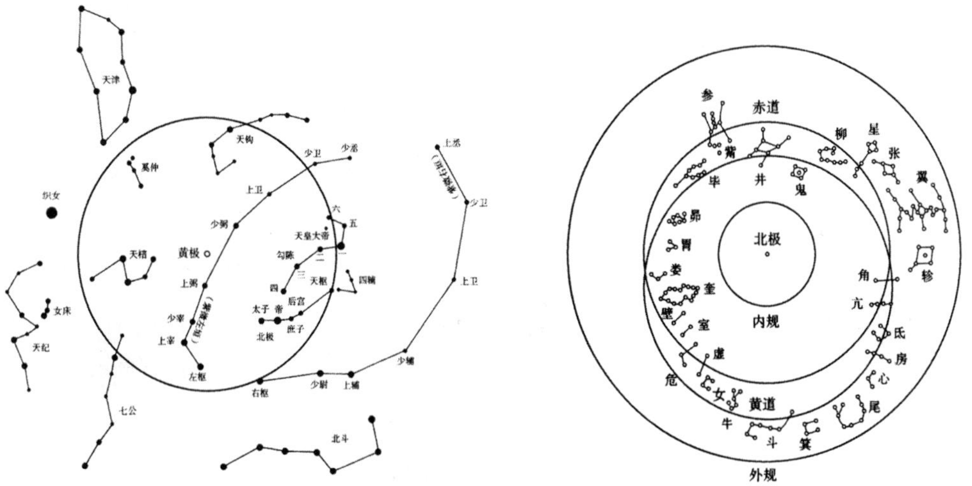

图 2.3　天球赤极移动路线及古今极星变迁示意图、东汉星图

Fig.2.3　star map in ancient China

资料来源：冯时．中国天文考古学 [M]. 北京：中国社会科学出版社，2010：123-437.

由此可见，"观象授时"其实涵盖了日间的"圭表测影"以及夜间的"星象观测"两个方面。完整的时间与空间信息，可从"天圆地方"的宇宙图示中准确获得。其所衍生的符号体系，为"政教合一"的原始宇宙论创作提供了知识支持，并赋予神圣意涵。

《周髀算经》：方属地，圆属天，天圆地方。

《大戴礼记·曾子天圆》[122]：天之所生上首，地之所生下首，上首之谓圆，下首谓之方。如诚天圆而地方，则是四角之不揜也。且来，吾语汝。参尝闻之夫子曰："天道曰圆，地道曰方"。

2.1.2　巫觋创世，绝地天通

"战国楚帛书"（图 2.4）是今天了解中国原始宇宙论创作的罕见文献，被誉为"天书"。1942 年 9 月，帛书于湖南长沙子弹库楚墓出土，后经辗转，藏于美国赛克勒美术馆。帛书写于一块正方形缯上，内层为方向互逆两篇文字，其中一篇为创世神话。外层四周分为十六等区，四角分别绘制青、赤、白、黑四木，其余十二区为十二月神将。今天，帛书创世章的内容已被揭示①[123]。

图 2.4 长沙子弹库战国帛书复原图

Fig.2.4 repaired Myth Graphic in the warring states period

资料来源：原图现藏于美国赛克勒美术馆

从其内容可见，原始宇宙论在描述天体运行知识的同时，融入了强烈的政治意识。由"观象授时"产生的符号系统（如天盖、四时、五柱、四方），不仅搭

① "大能氏伏羲降生于华胥，居雷夏，渔猎为生。当时宇宙广大无形，晦明难辨，洪水浩淼，一片混沌。伏羲娶女娲为妻，生下四子，定立天地，化育万物，天地形成，宇宙初开。后夏禹和商契为天地的广狭周界规画立法，戡定九州，敷平水土，上分九天，测量天周度数，辛勤往来天壤之间。四子则依次在天盖上步算时间，轮流更替，确定了春分、夏至、秋分和冬至。在分至四时确立千百年后，帝俊孕育日月。后九州倾侧，四子复至天盖，推而绕动北极，且守护支天五柱，续其精气。后炎帝命祝融，让四子绘制四时太阳运行的轨道，用钢绳固定天盖于地之四维，定东南西北四方，日月恒常。后共工步算历法过疏致使四时失度，四子归岁余为闰，创设闰法，终使年岁有序而无忧。风雨无定，七曜无常，朔晦失序，四子恭敬迎送日月，令其各行其道安然无忧。人间始有朝昏昼夜。"李零．长沙子弹库战国楚帛书研究 [M]. 北京：中华书局，1985：20-27.

建出“天圆地方”的宇宙图示，还衍生了诸多人神共体的存有者，并明确了最高存有者“帝”的存在。那么，如何建立天地联系，维持民神秩序和人间秩序就是一个关键问题。

《国语·楚语下》与《尚书·吕刑》就这一问题都做了明确的政治安排。基本线索是：天地形成之初，民神隔绝，颛顼命重者管理上天，命黎者管理大地，不相混淆；少皞时代，九黎族作乱，破坏了旧有法度，使得民神杂糅，户户可以为巫觋接引神灵，天灾人祸接踵而至；于是颛顼重新接受天帝命令，绝地天通，切断天地往来，恢复了秩序，世上只有“巫觋”成为沟通天人的唯一有效者。

《国语·楚语下》[124]：民是以能有忠信，神是以能有明德，民神异业，敬而不渎，故神降之嘉生，民以物享，祸灾不至，求用不匮。及少皞之衰也，九黎乱德，民神杂糅，不可方物。夫人作享，家为巫史，无有要质。民匮于祀，而不知其福。烝享无度，民神同位。民渎齐盟，无有严威。神狎民则，不蠲其为。嘉生不降，无物以享。祸灾荐臻，莫尽其气。颛顼受之，乃命南正重司天以属神，命火正黎司地以属民，使复旧常，无相侵渎，是谓绝地天通。

也就是说，华夏民族的祖先或原始创世神话的主体（伏羲、女娲、四子、祝融等）都是“巫”；天地分离后，维持人间秩序的人也必须是“巫”。

那么“巫”的真实意涵究竟为何？

从金文的“巫”字来看，其形象为两个“工形”垂直相交，“工形”实际代表着测量工具“矩”，而“矩”的功能在《周髀算经》中有明确记载，它与“观象授时”有着直接联系。因此，“巫”字早已蕴含了时空测量活动与原始政治、宗教的关系，同时也说明，为何历史上遗留的许多伏羲、女娲形象都是手握矩、规①。“无规矩，不成方圆”的真实含义就此浮现。（图 2.5）

《周髀算经》：请问用矩之道。商高曰：平矩以正绳，偃矩以望高，覆矩以测深，卧矩以知远，环矩以为圆，合矩以为方。方属地，圆属天，天圆地方……是故知地者智，知天者圣。智出于句，句出于矩。

对此，张光直先生指出：“中国上古文明的性质与基础，可以说是萨满（巫）主义的……巫是当时最重要的知识分子，是智者也是圣者……是有通天通地本事的统治者的通称。”[52] 陈梦家先生之《商代的神话与巫术》[125] 也表明，商王与巫有着密切关系，君王既是政治领袖也是群巫之长，史籍中有名的商巫就有巫咸、

① 由于《周髀算经》明确记载“矩”可作“圆”，所以“矩”其实具有“规”的功能。

巫贤、巫彭等。李泽厚先生认为[126]："这种'巫君合一'（亦即政教合一）与祖先—天神崇拜合一（亦即神人合一），实际上是同一件事情。它经过漫长过程，尽管王权日益压倒、取代神权，但二者的一致和结合却始终未曾解体。这也就是说，从远古时代的大巫师到尧、舜、禹、汤、文、武、周公，所有这些著名的远古和上古政治大人物，还包括伊尹、巫咸、伯益等人在内，都是集政治统治权（王权）与精神统治权（神权）于一身的大巫。"

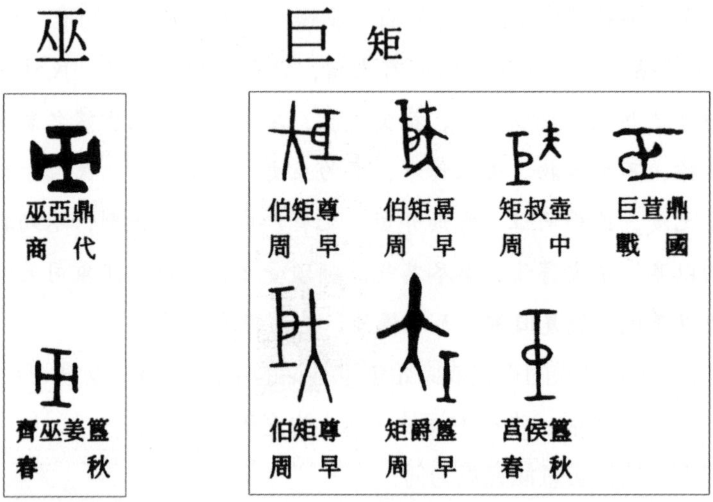

金文中的"巫"字与"矩"字

东汉伏羲、女娲石刻拓片

图 2.5 "巫"的由来

Fig.2.5 origin of Shaman

资料来源：《古文字类编》与山东嘉祥武梁祠

2.1.3 中宫天极，苍龙主春

前面提到，"天极"是天盖旋转的不动点，位于"天圆地方"宇宙结构的最顶端，也称“极星①、紫微星、太一、天一、泰一”等，众多历史文献都将“天极”及其周边星宿与人神权力结构积极对应，“天极”有时与最高存有者“帝”等同，有时也指帝所居之星。

《史记·天官书》：中宫天极星，其一明者，太一常居也。

《史记·封禅书》：天神贵者太一。

《史记索隐》：紫微，大帝室，太一之精也。

《史记正义》：泰一，天帝之别名也……泰一，天神之最尊贵者也……天一一星，疆阊阖外，天帝之神。

《易纬乾凿度注》[127]：太一者，北辰之神明也。曰天一，或曰太一。

据阿城先生考证，“天极神”曾常常与龟②、龙、蝉、蝴蝶、鸟等符号相伴，广泛出现于古代青铜器、玉器，甚至在今天部分少数民族衣饰纹样当中仍有遗留。这证明以天极为中心的星象符号系统，曾被中国先民广泛赋予意义与应用，演变出极其丰富的变体（图 2.6），堪称中华民族造型的源泉。

针对以上案例的符型相似度，笔者从中提取了最基本的四种天极符型（图 2.7）。第一种具有对称性，并且往往出现在构图“最核心”的位置，与天极所在的天盖中心位置对应③；第二种与第四种都有“最高耸”的含义，这与天极为天盖最高点对应；第三种是对天极人格化的表达，代表了天极的宗教政治意义，意为“最神圣”。故我们可以从“天极”符型特点，来推断中国古代统治者（天子）所居之地（王都或帝都）应具备的基本空间特征。

21 世纪初，中国社会科学院[128]对二里头城市聚落遗址进行了深入发掘，将中国人居史从商代提前到夏代，并证明最早的“中国”诞生于二里头时代④。从二里头聚落遗址的区域空间分布与宫城布局来看（图 2.8），其聚居点由数百万平方米的王都（大邑）、数十万平方米的区域性中心聚落（大族邑）、数万至十几万平方米的次级中心聚落（小族邑）及众多更小的村里（属邑）组成，形成“众星拱极”

① 在中国先民尚未明了真天极与极星有时并不完全重合时，他们常常会以某颗居于北天中央相对不动的星作为他们心中真正的天极。

② 龟的生物学构造宛如天盖，龟壳纹路亦像九宫，四足可比作天柱，与盖天宇宙论非常吻合，故古人以龟壳做占卜，赋予龟神性也就不足为怪。

③ 天极为天盖之中，相对于地面偏北，这也意味着取中或居中偏北是古代统治空间的重要参照方位。另外，古代神话还有共工怒触不周山，天倾西北，地陷东南的传说（与中国海拔变化对应），因此西北方位（乾卦）离天最近，也是重要的空间方位，这与后来长安长期作为帝都有一定联系。司马迁也曾感叹天助西北。

④ 在古代中国，“国”的含义是“城”（或邦），中国即中央之城，二里头遗址的空间特征体现了该特点。

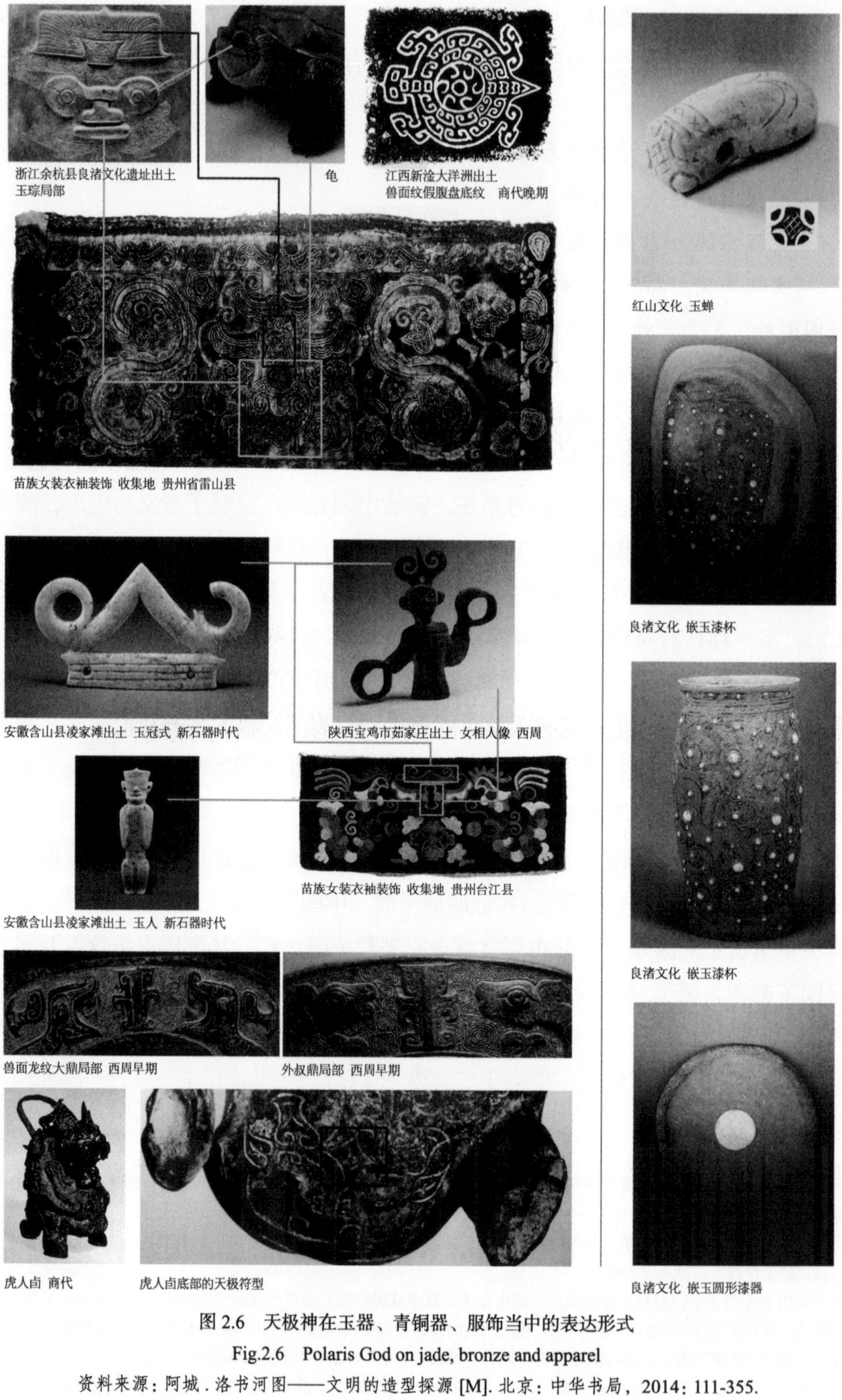

图 2.6　天极神在玉器、青铜器、服饰当中的表达形式

Fig.2.6　Polaris God on jade, bronze and apparel

资料来源：阿城. 洛书河图——文明的造型探源 [M]. 北京：中华书局，2014：111-355.

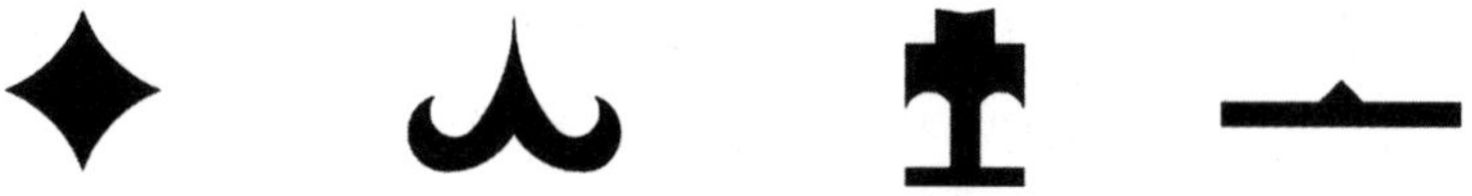

图 2.7 最基本的四种天极符型

Fig.2.7 four basic symbols of Polaris God

资料来源：笔者自绘

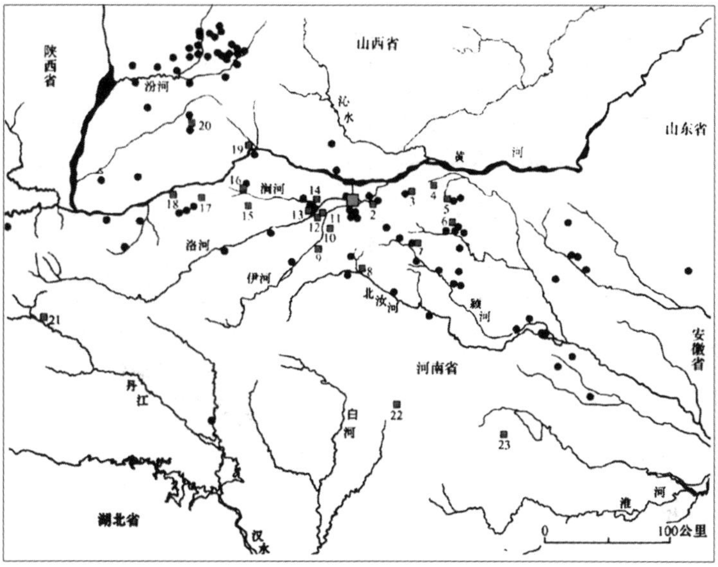

二里头文化重要遗址分布

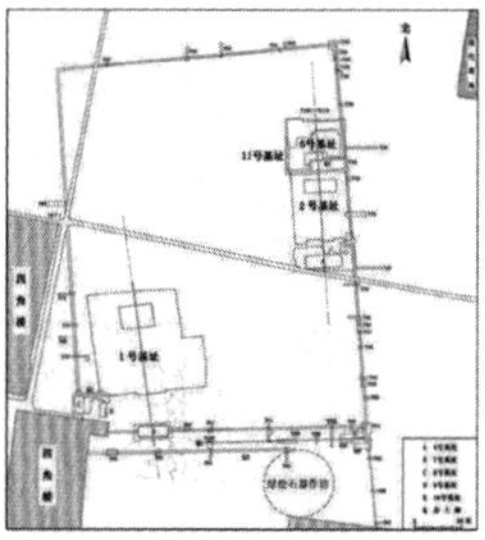

二里头王都宫城遗址平面

1 号宫殿复原图

图 2.8 二里头聚落遗址的区域空间分布与宫城布局

Fig.2.8 regional distribution of settlements and layout of the palace in Xia dynasty

资料来源：笔者改绘，据：许宏 . 最早的中国 [M]. 北京：科学出版社，2009：82-143.

的空间格局①，宫城建筑的轴线布局也体现出“建中立极②”的特征，这与之前龙山时代以城址为主的中心聚落林立、相互竞争状况形成鲜明对比。

此外，中国古人在空间实践中具备的超尺度视野[129]，也促进了大地测量技术的高度发展③。虽然某些数据不可为据，但说明早在西周以前，华夏先民已经实现了大范围的空间管理。夏代至商代，王室中心与重要城市之迁徙范围不断扩大的过程显示，基于天极崇拜的八方九宫模型（图 2.9），从不同层级上与三代聚居空间的动态分布特征存在对应关系[65]。整个区域为 4500 里 ×4500 里，以现代度

① 有学者把二里头文化分为畿内（嵩山南北一带的直接控制区）与畿外（王朝间接控制的其他地带）。

② 此时的“建中立极”与后来儒家文化的“中庸”“中和”“中道”思想虽有联系，但亦有本质区别，后文将会具体论证。

③ 喻沧 . 中国测绘史 [M]. 刘自健编 . 北京：测绘出版社，2002：11-20.

量衡来看，大约是以洛阳为中心的500万平方公里方形范围，东至山东半岛，西至祁连山东麓，北至阴山南麓，南至雪峰山北麓。

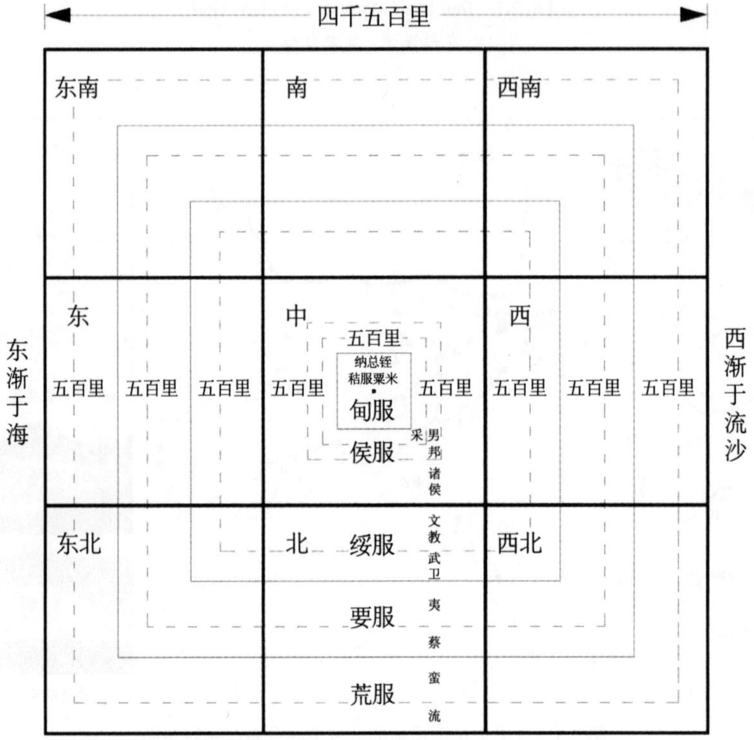

五百里甸服：百里赋纳总，二百里纳铚，三百里纳秸服，四百里粟，五百里米。
五百里侯服：百里采，二百里男邦，三百里诸侯。
五百里绥服：三百里揆文教，二百里奋武卫。
五百里要服：三百里夷，二百里蔡。
五百里荒服：三百里蛮，二百里流。
东渐于海，西被于流沙，朔南暨声教讫于四海。禹锡玄圭，告厥成功。

图 2.9　五服与八方九宫

Fig.2.9　Wu Fu system and nine palaces

资料来源：参照《尚书·禹贡》自绘

《史记·五帝本纪》[116]：舜乃在璇玑玉衡，以齐七政。遂类于上帝，禋于六宗，望于山川，辩于群神。揖五瑞，择吉月日，见四岳诸牧，班瑞。岁二月，东巡狩，至于岱宗柴祭，望秩于山川。遂见东方君长，合时月正日，同律度量衡。

《淮南子·墬形训》[130]：禹乃使太章步自东极至于西极，二亿三万三千五百里七十五步，使竖亥步自北极至于南极，二亿三万三千五百里七十五步。

后世秦咸阳、汉长安（图 2.10- 图 2.12）[131-132]、隋大兴（唐长安）、隋洛阳、元大都、明代紫禁城等空间规划均体现了这种原始天极崇拜思想与超尺度大地测量技术的结合。宇文恺之隋大兴城（唐长安）规划 [133]，将宫城居北面正中，以象天极，城内一百零八坊代表天上众星，拱卫北天极，唐开元元年（公元 713 年），改南皇城之中书省为紫微省，取紫微垣之义。刘秉忠之元大都规划，将宫城作为太微垣，置于全城中轴线之南，城中央紫宫让位于总领百官的中书省。明紫禁城规划将“华盖殿”置于正中，以象天极，黄色琉璃瓦象征五行中央之“土”，红色墙饰、油饰象征“火”，以符合“火”生“土”的生克关系 [134, 60]。

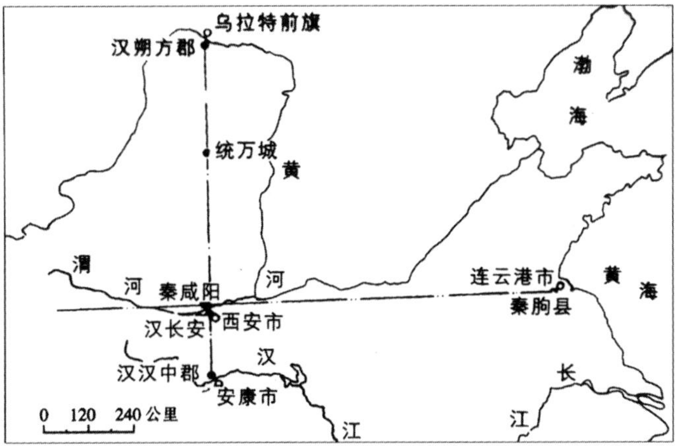

秦汉都城基线形成的超大十字轴线

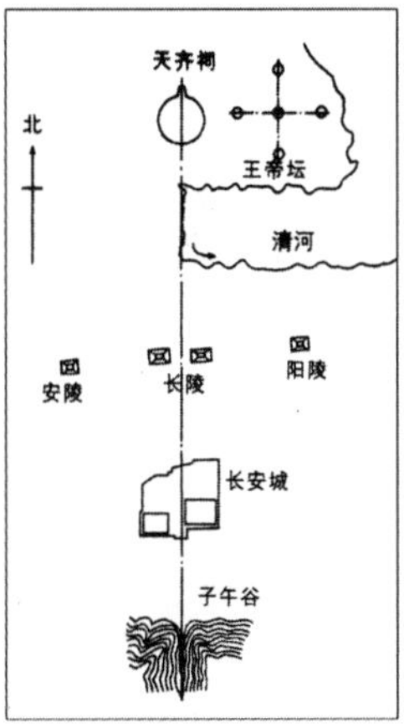

汉长安城基线与遗迹

秦东门碣石宫复原鸟瞰图

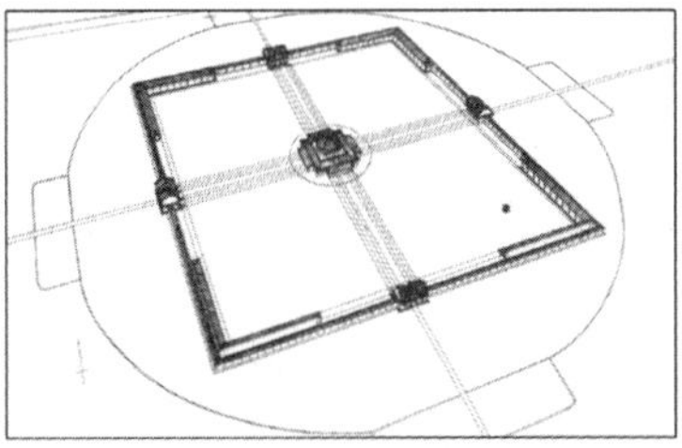

汉长安明堂辟雍复原鸟瞰图

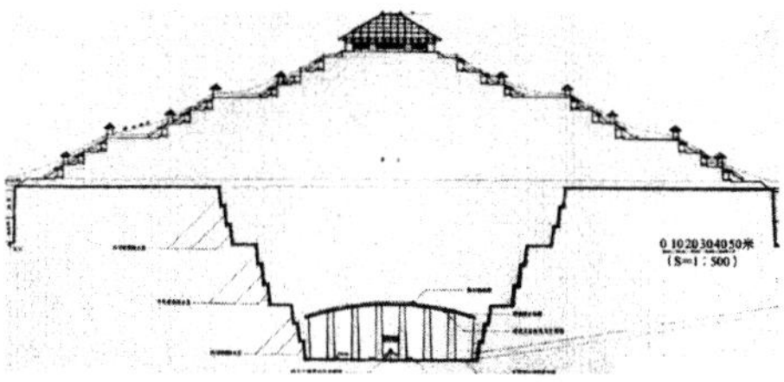

秦始皇陵复原剖面图

秦始皇陵复原南立面图

图 2.10 天极崇拜思想与秦汉都城规划及其重要建筑营造

Fig.2.10 Polaris worship in space design from Qin to Han dynasty

资料来源：秦建明．陕西发现以汉长安城为中心的西汉南北向超长建筑基线 [J]. 文物，1995（3）：5-13；杨鸿勋．杨鸿勋建筑考古学论文集 [M]. 北京：清华大学出版社，2008：221-236.

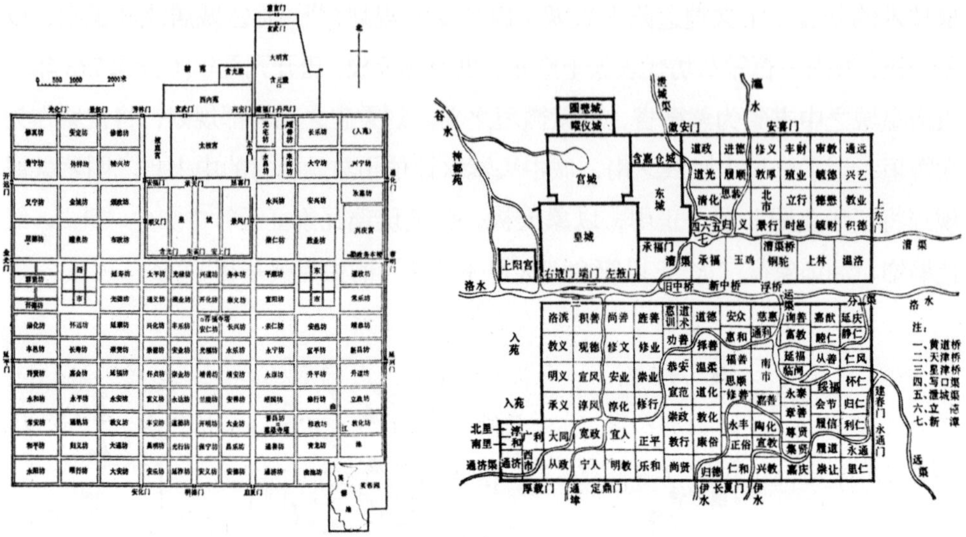

图 2.11 隋唐长安城图与洛阳城图

Fig.2.11 master plan of Chang'an and Luoyang in Sui and Tang dynasties

资料来源：马得志．唐代长安城考古纪略 [J]. 考古，1963（11）: 595-615；清代徐松《唐两京城坊考》

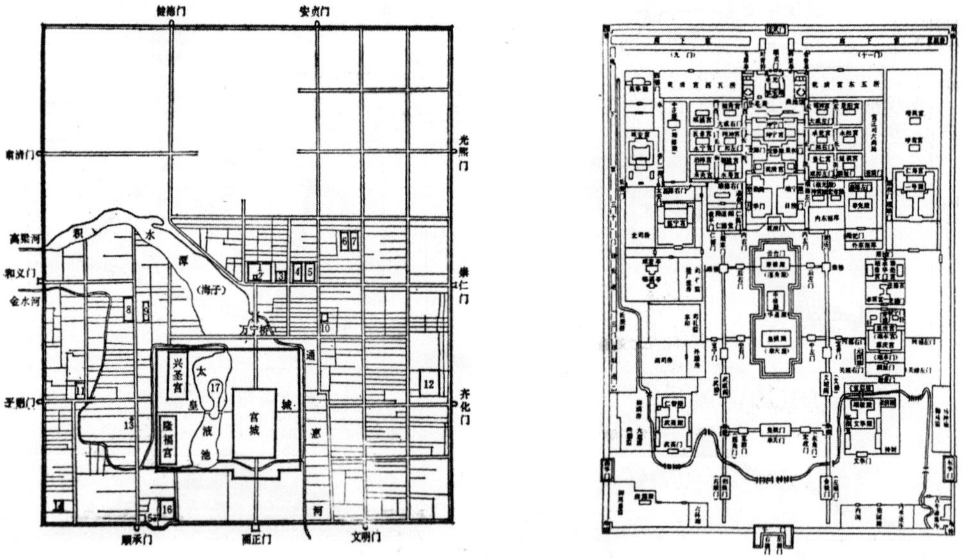

图 2.12 元代大都城图与明代紫禁城城图

Fig.2.12 Da Du（Yuan dynasty）and Forbidden City（Ming dynasty）

资料来源：中国科学院考古研究所元大都考古队．元大都的勘查和发掘 [J]. 考古，1972（1）: 19-31；朱契．明清两代宫苑建置沿革图考 [M]. 北京：北京古籍出版社，1990.

《史记·秦始皇本纪》[116]：焉作信宫渭南，已更命信宫为极庙，象天极。自极庙道通骊山，作甘泉前殿。筑甬道，自咸阳属之……周驰为阁道，自殿下直抵南山。表南山之颠以为阙。为复道，自阿房渡渭，属之咸阳，以象天极阁道绝汉抵营室也……于是立石东海上朐界中，以为秦东门……以水银为百川江河大海，机相灌输，上具天文，下具地理。

《三辅黄图·咸阳故城》[135]：筑咸阳宫，因北陵营殿，端门四达，以制紫宫，象帝居。引渭水贯都，以象天汉；横桥南渡，以法牵牛。

张衡《西京赋》：正紫宫于未央，表峣阙于阊阖。疏龙首以抗殿，状巍峨以岌嶪。

班固《西都赋》：据坤灵之正位，仿太紫之圆方。

《新唐书·地理志》[136]：东都，隋置……皇城……曲折以象南宫垣，名曰太微城。宫城在皇城北……以象北辰藩卫，曰紫微城，武后号太初宫。前值伊阙，后据邙山，左瀍右涧，洛水贯其中，以象河汉，此紫薇垣局也。

《析津志辑佚·朝堂公宇》[137]：中书省。至元四年，世祖皇帝筑新城，命太保刘秉忠辨方位，得省基，在今凤池坊之北。以城制地，分纪于紫微垣之次。枢密院。在武曲星之次。御史台。在左右执法天门上。

另外，东宫“苍龙”作为二十八宿的四象（苍龙、朱雀、白虎、玄武）之首，也是古代天子最主要的符号象征。《易经》第一卦乾卦以龙开局，这都颇有意味。在新石器时代至青铜时代的出土文物中，“天极”与“苍龙”常常同时出现（前图 2.6），不禁使人产生疑问：苍龙为何在四象中占有如此重要的位置，并成为王权的象征？龙的造型起源来自何处？

根据“观象授时”：苍龙主春，当苍龙七宿于黄昏横镇南中天时则是“春分”前后，这也是黄河流域农业播种最关键的时节，因此谁能把这个关键时令授予人民，谁就有资格成为领袖。另外，甲骨文与金文的“龙”字与苍龙七宿的组合形态极为相似，准确回应了龙的造型起源（图 2.13）。

故苍龙居四象之首，与农业生产时序、最高权力获得，构成了紧密的逻辑链条。乾卦之“潜龙勿用”“见龙在田”“或跃于渊”“飞龙在天”“亢龙有悔”“群龙无首”的原意，应与苍龙七宿于不同季节在天盖上的位置变化相关。“见龙在田”则透露了苍龙与农业生产的紧密关系。

历史上将“苍龙”的概念直接应用于城市营造的案例很多。伍子胥筑阖闾大城[138]时就充分借鉴了其在原始宇宙论当中的哲学意涵（图 2.14）。

《吴越春秋》[139]：子胥乃使相土尝水，象天法地，造筑大城。周回四十七里，陆门八，以象天八风，水门八，以法地八聪。筑小城，周十里，陵门三，不开东面者，欲以绝越明也。立阊门者，以象天门通阊阖风也。立蛇门者，以象地户也。

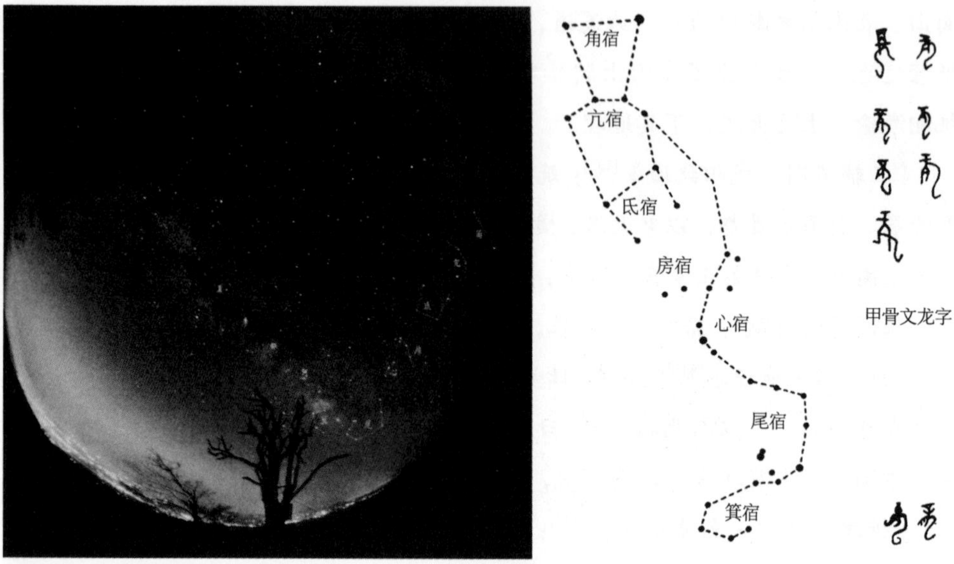

图 2.13　苍龙出银河图与“龙”字考源

Fig.2.13　origin of Chinese Loong

资料来源：中国天文考古学 [M]. 北京：中国社会科学出版社，2010：416.

阖闾欲西破楚，楚在西北，故立阊门以通天气，因复名之破楚门。欲东并大越，越在东南，故立蛇门以制敌国。吴在辰，其位龙也，故小城南门上反羽为两鲵鱙以象龙角。越在巳地，其位蛇也，故南大门上有木蛇，北向首内，示越属于吴也。

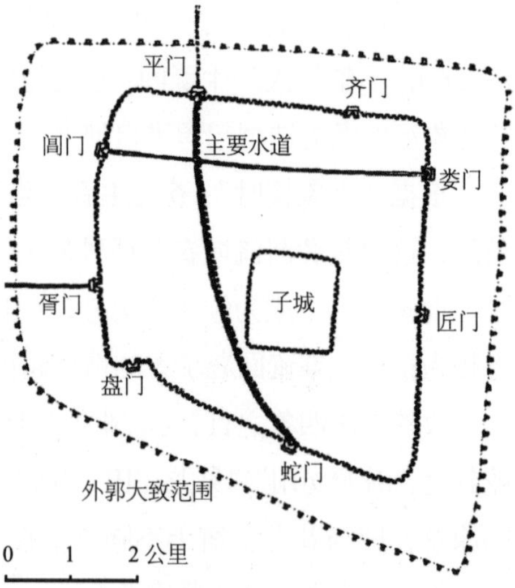

图 2.14　吴大城复原图

Fig.2.14　restored picture of Wu Da City

资料来源：曹子芳等 . 中国历史文化名城·苏州 [M]. 北京：中国建筑工业出版社，1986.

2.1.4　河图龙出，洛书龟予

“河图”“洛书”传说为华夏民族上古时代神圣符号。今天通行的图像由朱熹《周易本义》[140] 所载（图 2.15），由其门徒蔡季通入蜀所得，但这两个神秘符号由于种种原因长期以来并未得到澄清。

2014 年，阿城先生 [95] 就河图、洛书的真实意涵进行过一番考证，结论是：

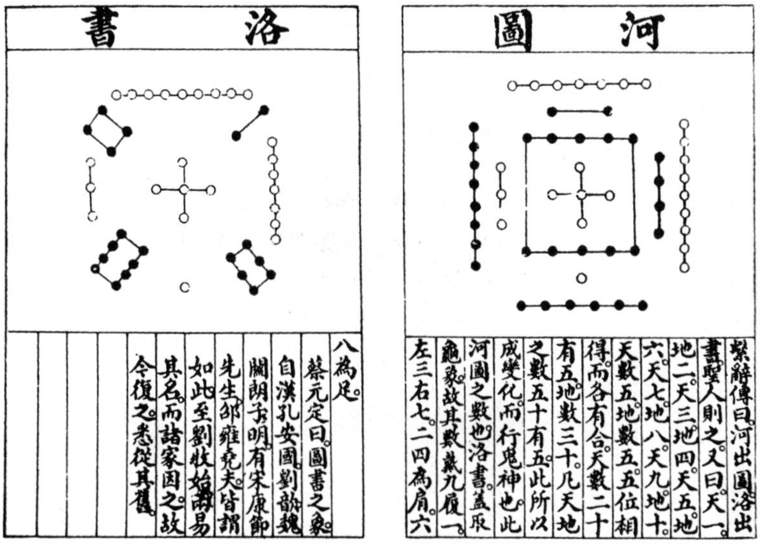

图 2.15　所谓的“洛书”与“河图”

Fig.2.15　the so-called Luo Shu and He Tu

资料来源：南宋朱熹《周易本义》

现行所谓河图、洛书都属于洛书范畴，“河”指银河并非黄河，“河图”词义为“苍龙出银河图”，故成“河图龙出”之说；而“洛书”暗藏对“地方”的五位、八方、九宫等不同方式的空间划分，与龟甲图案极为相似，故有“洛书龟予”之说，“洛”应不指“洛水”，而是“中”的意思①。

《周易·系辞》[141]：河出图，洛出书，圣人则之。

《周易乾凿度》：河图龙出，洛书龟予。

《尚书·顾命》[142]：河图，图出于河，帝王圣者之所受。

《墨子·非攻》[143]：天命文王，伐殷有国，泰颠来宾，河出绿图。

《礼记正义》[144]：尧时授河图，龙衔，赤文绿色……河出龙图，洛出龟书。

实际上，阿城先生的分析过程早在李零先生的《中国方术正考·式图解析》[42]以及冯时先生的《中国天文考古学·天数发微》[87]当中就有所涉及。其中，冯时先生的观点最具有代表性（图 2.16），他认为：

（1）最早的河图与流传的太极图有些不同，它并不具备后者的完美对称形式，黑色部分虽然由于盘环的白色龙状物的衬托也呈现出类似的影像，但却没有画出

① 《孝经援神契》曰：“八方之广，周洛为中。”

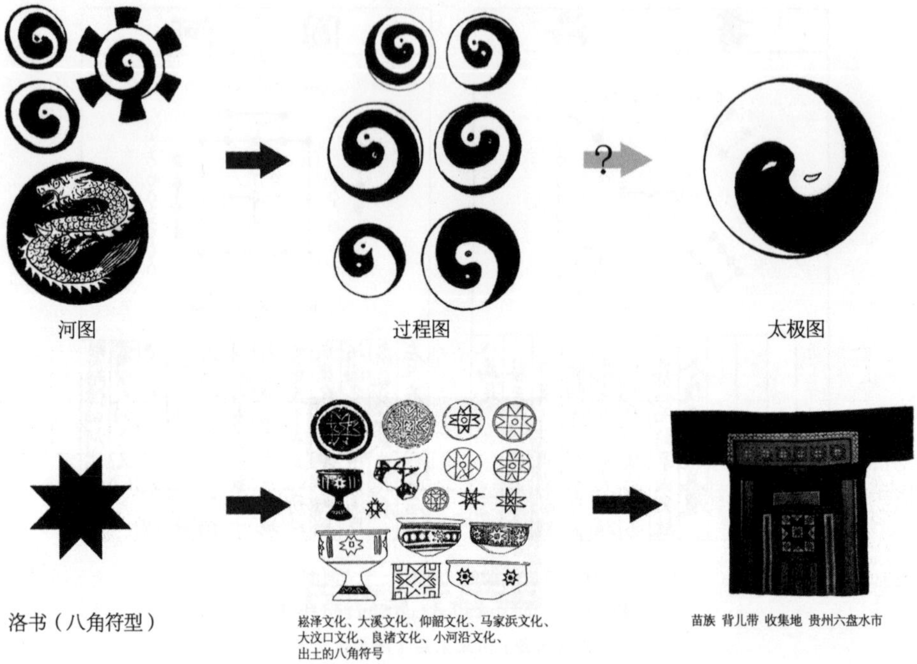

图 2.16 真正的“河图”与“洛书”

Fig.2.16 the real He Tu and Luo Shu

资料来源：彝族《玄通大书》；明代赵撝谦《六书本义》；阿城．洛书河图——文明的造型探源 [M]. 北京：中华书局，2014：18；冯时．中国天文考古学 [M]. 北京：中国社会科学出版社，2010：505.

眼睛，这应该很接近太极图的原始形象，河图逐渐发展以后，黑色部分已经画上了眼睛，变为黑白两条龙相互盘绕。

（2）蔡季通自蜀地其实获得了三幅图，除了河图外，蔡季通只将另外两幅图交予朱熹，朱熹则把它列在了《周易本易》的卷首，这就是后人认定的河图和洛书。宋人发展的河图、洛书原本应该同属洛书，而史前“八角符型”兼容二图，是真正的洛书。它是古人对生成数与天地数两种不同天数观的客观反映（图 2.17）。

明代赵撝谦《六书本义》[145]：天地自然之图，虙戏氏龙马负图，出于荥河……此图世传蔡元定得于蜀之隐者，秘而不传，虽朱子亦莫之见。今得之陈伯敷氏，尝熟玩之，有太极函阴阳，阴阳函八卦之妙。

可见，河图、洛书崇拜归根结底还是天极崇拜。

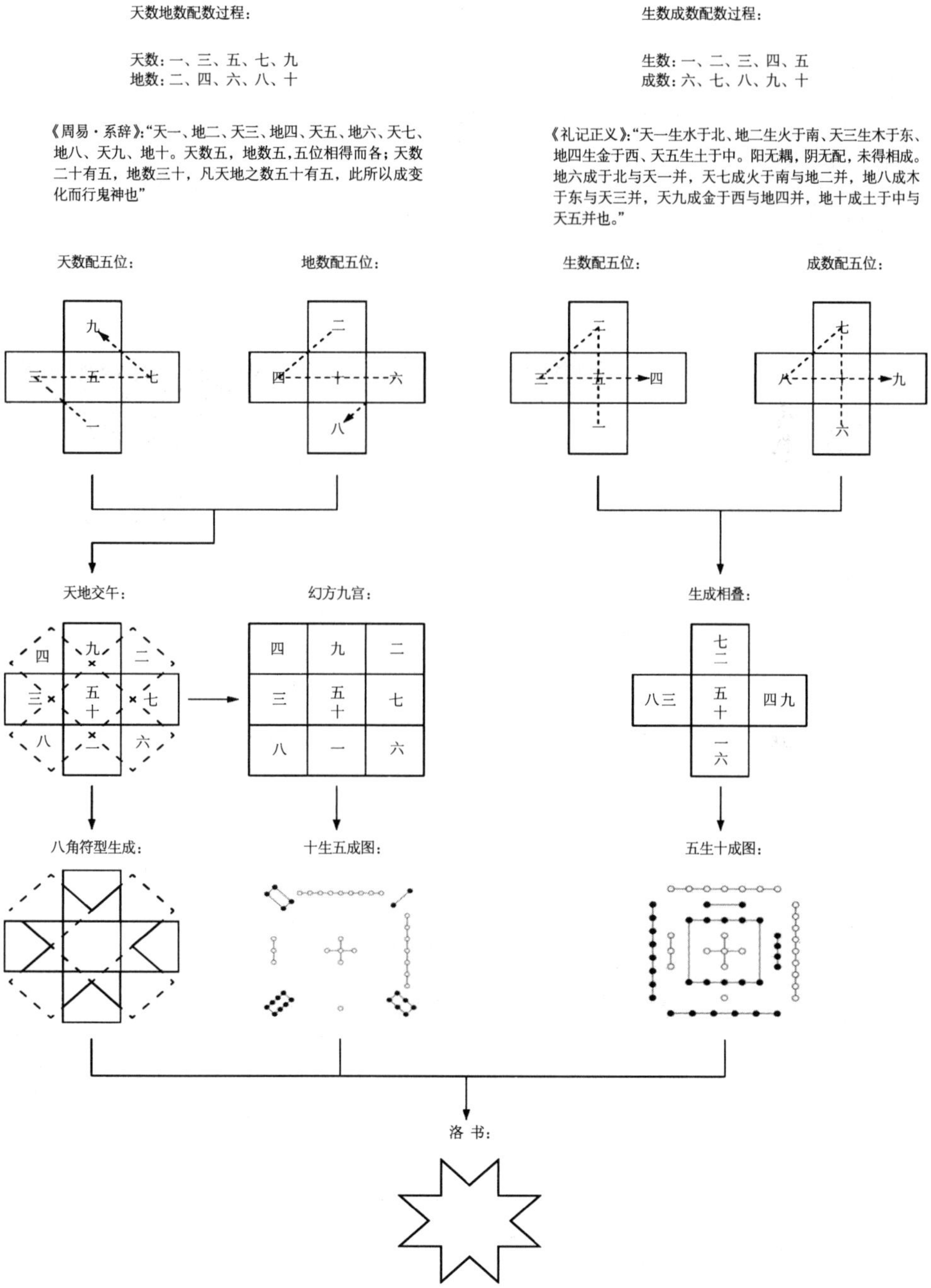
天数地数配数过程：
天数：一、三、五、七、九
地数：二、四、六、八、十
《周易·系辞》："天一、地二、天三、地四、天五、地六、天七、地八、天九、地十。天数五，地数五，五位相得而各；天数二十有五，地数三十，凡天地之数五十有五，此所以成变化而行鬼神也"
生数成数配数过程：
生数：一、二、三、四、五
成数：六、七、八、九、十
《礼记正义》："天一生水于北、地二生火于南、天三生木于东、地四生金于西、天五生土于中。阳无耦，阴无配，未得相成。地六成于北与天一并，天七成火于南与地二并，地八成木于东与天三并，天九成金于西与地四并，地十成土于中与天五并也。"
天数配五位：
地数配五位：
生数配五位：
成数配五位：
天地交午：
幻方九宫：
生成相叠：
八角符型生成：
十生五成图：
五生十成图：
洛 书：

图 2.17 洛书配数与八角符型的产生

Fig.2.17 origin of Luo Shu

资料来源：笔者自绘

2.1.5 太一生水，昆仑崇拜

那么，我们所关注的“山水”范畴在原始空间哲学之宇宙论当中又具有怎样的意义？中国哲学对于“水”的哲学阐释众多，先秦典籍不乏论述（如《老子》《论语》《管子》等）。1993 年，湖北郭店战国楚墓竹简出土，其中《太一生水》道出了原始宇宙论中“水”的哲学意涵。虽然《太一生水》与《老子》丙本同册抄录出土，并且部分内容无疑是道家思想，属于较晚的过渡性①哲学创作，但是“水”在原始宇宙论当中确切意涵仍有突显。

《太一生水》：太一生水。水反辅太一，是以成天。天反辅太一，是以成地。天地复相辅也，是以成神明……神明者天地之所生也。天地者太一之所生也。是故太一藏于水，行于时。周而或始，以己为万物母；一缺一盈，以己为万物经……天不足于西北，其下高以强；地不足于东南，其上低以弱。

前文已有交代，太一、大一、天一等概念都与“天极”密切相关甚至可以等同。但是太一与天极不同的是，它更加反映了原始的数术思想。前文在还原“洛书”符型的时候，论及了两种原始配数方法，可以发现，不管是“天地数”系统还是“生成数”系统，“一”的位置始终处于“北”位，故无论是四方位、五行位还是九宫位，“北”“水”“一”之间都有明确的对应关系。这样，在原始宇宙论中，“一”作为万数之本与“水”作为万物之本的性质就完全重合了。

《太一生水》讲“太一藏于水，行于时。周而或始，以己为万物母。”李学勤先生[146]据汉代郑玄《易纬乾凿度注》认为，这句话实际是对太一行九宫次序的描述。而“行于时”则在强调天极行九宫的目的②。

《易纬乾凿度注》[127]：太一者，北辰之神名也。居其所曰太一……中央者北辰之所居，故因谓之九宫。天数大分，以阳出，以阴入。阳起于子，阴起于午，是以太一下九宫，从坎宫始……行则周矣，上游息于太一之星而反紫宫。行起从坎宫始，终于离宫也。

通过对《太一生水》的原始数术思想回溯，我们发现，“水”在原始宇宙论中，

① 长沙子弹库帛书的宇宙生成论顺序是：混沌—神明—天地—阴阳—四时；《太一生水》：太一—天地—神明—阴阳—四时；汉代《淮南子·天文训》：气—天地—阴阳—四时。由此可见，《太一生水》是原始宇宙论向气化宇宙论过渡的哲学理论创作。

② 李学勤 .《太一生水》的数术解释 [C]// 陈福滨编 . 21 世纪出土思想文献与中国古典哲学两岸学术研讨会论文集 . 台北：辅仁大学出版社，1999：9-12.

扮演着宇宙创生的重要角色。它是先于天地生成的万物根本，是天极神行游九宫的最初方位，是万数之本“一”所对应的抽象性物质要素。中国人最初的水崇拜同样也是天极崇拜。

而关于“山”的原始宇宙论意义，不得不涉及传统文化当中的祖山——“昆仑”。

《太平御览》[147]：昆仑山为地首，上为握契，满为四渎，横为地轴，上为天镇，立为八柱…… 昆仑山，天中柱也。

《海内十洲记》[148]：上通璇玑……此乃天地根纽万度之纲柄矣。是以太上名山，鼎于五方，镇地理也。号天柱。

《山海经图赞·昆仑丘》[149]：昆仑……桀然中峙，号曰天柱。

《拾遗记》[150]：昆仑山有昆陵之地，其高处日月之上……昆仑山者……对七星下，出碧海之中。

《博物志·地理略》[151]：地位之首，起形高大者，有昆仑山，广万里，高万一千里……其山应于天最居中，八十城市布绕之。

《神异经·中荒经》[148]：昆仑之山，有铜柱焉，其高入天，所谓天柱也，围三千里，周圆如削。

《搜神记》[152]：昆仑之虚，地首也。

昆仑神话是中国原始宇宙论创作的重要组成部分，同时在其他国家或民族地区也有昆仑神话的相关记载，并与原始萨满教的宇宙山描述极为吻合①。李约瑟认为，巫觋均为萨满之属②；张光直先生则强调，中国古代文明是“以萨满教式文明为特征的”③。因此，为探明昆仑所指[153-156]，应首先从萨满教世界观研究入手。

2004年，汤惠生先生曾根据清人徐珂《清稗类钞》[157]以及法国萨满教研究学者艾利亚德④的分析，梳理了萨满教宇宙论的特征⑤：

世界分为三层，上界为天堂，中界为人间，下界为地狱；三个世界由一根中心轴联系在一起，位于世界中心；这个中心为一洲地，四面环水，中间为宇宙山；

---

① 直到今天，除了汉文化地区（也包含日本列岛、朝鲜半岛）、美洲（玛雅文明）、西伯利亚地区等北亚地带，以及中国部分少数民族地区（彝、苗、满、蒙、白、傣、瑶、壮），都还保存着这种萨满文化的遗留。

② [英]李约瑟．中国古代科学思想史[M]. 南昌：江西人民出版社，1990：160.

③ 张光直．考古学专题六讲[M]. 北京：三联书店，2013:4.

④ M.Eliade.*Shamanism*[M].Princeton：Princeton University Press，1972：259-287.

⑤ 汤惠生．神话中的昆仑山考述——昆仑山神话与萨满教宇宙观[C]// 刘锡诚编．山岳与象征．北京：商务印书馆，2004：118-142.

山顶正对着北极星，亦为日月出没之处；山顶有一棵树，为宇宙树；树顶为天帝所居之处，越往下，住着的其他神灵地位越低，树根可延伸到宇宙山底部通达地狱；宇宙山多产异兽、珍奇草木、金银铜铁等；宇宙山高耸入云，与天连。

可以发现，中国古代的昆仑神话，直接源于萨满教式的原始宇宙论。其中，昆仑山为天柱，其山顶正对北极星，与前文所探讨的“天极”崇拜完全吻合。张衡《灵宪》与《左传·僖公十六年》的相关记载，更是将山视为星。因此，原始的昆仑崇拜乃至山川崇拜亦可归于天极崇拜。

《灵宪》[158]：地有山岳，以宣其气，精种为星。星也者，体生于地，精成于天。

《左传·僖公十六年》[159]：陨，星也。

昆仑在中国古代山川崇拜中占有极其重要的地位。古人认为天下山脉、水系皆发端于西北昆仑山。受华夏先民早期聚居中心区位影响（洛阳地区），为便于祭祀活动的开展，中岳嵩山在很多时候被附加上昆仑意涵，又名“天室”，故在当时乃至周代，形成以嵩山为中心的天下权力格局与地理山川格局。山川地理板块与权力秩序遂形成紧密的对应关系。

《山海经·西山经》[160]：昆仑之丘，是实惟帝之下都，神陆吾司之。

《孝经援神契》：八方之广，周洛为中。

如：尧①时分掌四方的部落首领就叫“岳”；舜②“望于山川，遍于群神”，围绕中岳，巡狩四岳；大禹治水后，更加明确了九州、四渎、五岳的地理关系；至商代，“山”成为巫师进入神界的天梯③④；后来的周人“迁宅于成周（洛阳）”，建立了“天在山中”⑤“自地以上皆天”⑥的观念，山即天，“天子”亦是高山大岳的子孙⑦。《周礼·职方》还在上古“五岳、九州”的基础上增设“五镇”⑧，九州⑨均有大山坐镇，合称“九镇”。（图 2.18）

---

① 《尚书·尧典》

② 《尚书·舜典》

③ 张光直.中国青铜时代[M].北京：三联书店，2013：275.

④ 作为山石的精华，玉是山的象征，玉琮之方圆形式象征上下天地。

⑤ 《周易·大畜·象辞》：“天在山中，大畜。”

⑥ 张湛注《列子》曰：“自地以上皆天也。”

⑦ 《墨子·兼爱中》：“昔者武王将事泰山，隧传曰：泰山，有道曾孙周王有事。”这种思想亦可回溯到“禹生于石。”（据：《淮南子·修务训》《随巢子》《汉书·武帝本纪》）

⑧ 五镇：东镇沂山、西镇吴山、中镇霍山、南镇会稽山、北镇医巫闾山。

⑨ 《禹贡》称九州为冀、兖、青、徐、扬、荆、豫、梁、雍；《尔雅》按殷制，称九州为冀、幽、兖、营、徐、扬、荆、豫、雍；《周礼》按周制，称九州为冀、幽、并、兖、青、扬、荆、豫、雍。

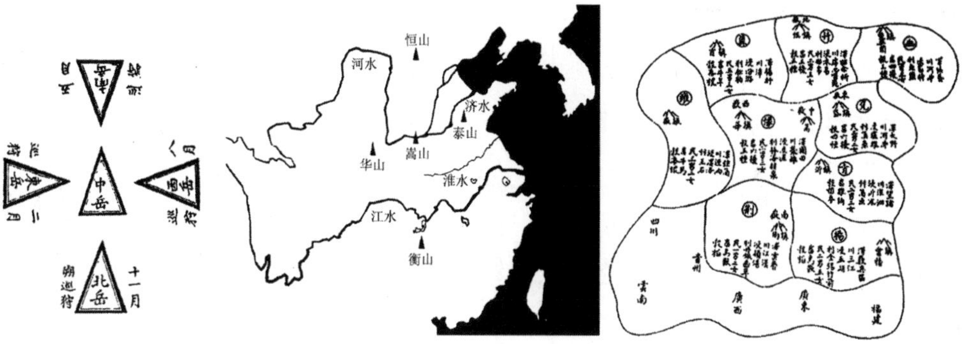

五岳　　五岳、四渎　　职方九州图

图 2.18　五岳、四渎、职方九州图

Fig.2.18　Shan-shui worship system in ancient China

资料来源：张杰 . 中国古代空间文化溯源 [M]. 北京：清华大学出版社，2012：82-84.

《尚书·舜典》[142]：岁二月，东巡狩，至于岱宗……五月南巡守，至于南岳，如岱礼。八月西巡狩，至于西岳，如初。十有一月朔巡狩，至于北岳，如西礼。归……五载一巡狩。

《尚书·禹贡》：禹别九州，随山浚川，任土作贡。禹敷土，随山刊木，奠高山大川。

除了将中岳嵩山比作昆仑，历史上也有不少案例诉诸真正意义上的西北昆仑。司马迁《史记》中，常有天助西北、天佑西北的观念①。他认为秦国德义不如鲁卫，兵力不如三晋，成霸不是天险地利而是因天所助，更有：“雍州积高，神明之隩，故立畤郊上帝，诸神祠皆聚云。盖黄帝时尝用事，虽晚周亦郊焉。”屈原《天问》也说：“昆仑县圃，其尻安在？增城九重，其高几里？四方之门，其谁从焉？西北辟启，何气通焉？”这都充分说明从中国西北发端的昆仑山脉代表着皇权神授的合法性。所以古代帝王都城规划大都有“寻龙问祖”之说，即：接洽昆仑龙脉，一统天下，如《吴越春秋》[139]记载的山阴越城规划[161]。

《吴越春秋》：于是范蠡乃观天文，拟法于紫宫，筑作小城……西北立龙飞翼之楼，以象天门，东南伏漏石窦，以象地户；陵门四达，以象八风。外郭筑城而缺西北，示服事吴也，不敢壅塞，内以取吴，故缺西北，而吴不知也……城既成而怪山自生者，琅玡东武海中山也。一夕自来，故名怪山。范蠡曰：“臣之筑城也，其应天矣，昆仑之象存焉。”越王曰：“寡人闻昆仑之山，乃地之柱，上承皇天，气吐宇内，下处后土，禀受无外。滋圣生神呕养帝会。故帝处其阳陆，三王

① 《史记·六国年表》：“论秦之德义不如鲁卫之暴戾者，量秦之兵不如三晋之强也，然卒并天下，非必险固便形势利也，盖若天所助焉。或曰‘东方，物之所生，西方，物之成熟’。夫作事者必于东南，收功实者常于西北。故禹兴于西羌，汤起于亳，周之王也以丰、镐伐殷，秦之帝用雍州兴，汉之兴自蜀汉。”

居其正地。吾之国也，扁天地之壤，乘东南之维，斗去极北。非粪土之城，何能与王者比隆盛哉？”范蠡曰：“君徒见外，未见于内。臣乃承天门制城，合气于后土，岳象已设，昆仑故出。越之霸也。”（图 2.19）

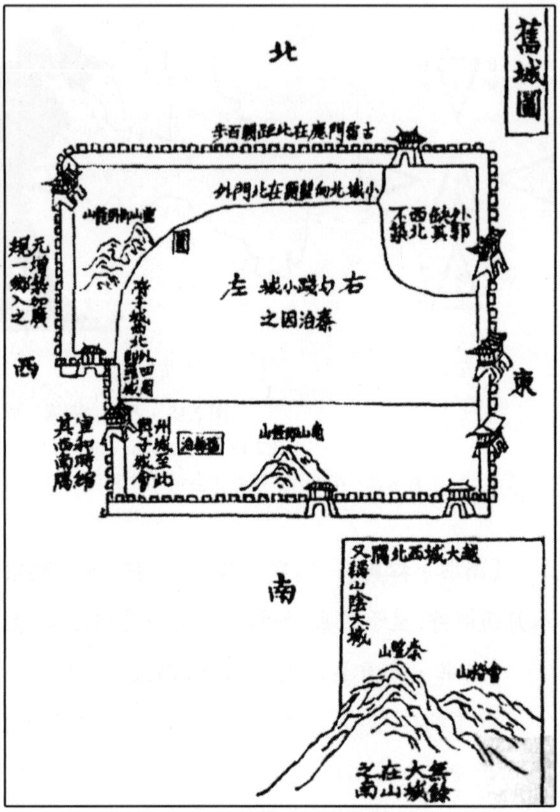

图 2.19　绍兴山阴越城

Fig.2.19　Yue City of Shaoxing

资料来源：魏仲华等 . 中国历史文化名城 · 绍兴 [M]. 北京：中国建筑工业出版社，1986.

而在后来的风水理论中，昆仑同样被视为众山始祖①。山脉之形，似于龙行，龙之所到，势之所聚，乃神圣福荫降临之地。虽然风水理论成熟较晚（魏晋隋唐），也积极运用了“气”等范畴，但其世界观的根基仍然隶属于原始宇宙论。龙脉崇拜实则是昆仑崇拜、苍龙崇拜、数崇拜、水崇拜的结合体，归根结底仍然是天极崇拜。对山脉的贵贱分级与坐靠选择（坐山、案山、朝山、父母山、少祖山、太祖山、昆仑山）[162] 是力图承接昆仑对权力、生命、灵魂的庇佑；对“天心十道”的中心格局考量可直接追溯到天极崇拜之“建中立极”；对山形、水形的形态讲究源于苍龙崇拜和数术思想（如水形分五行、水势分五局、山形分五行）。它们互相响应，互为补充，成就了一种以原始宇宙论为进路的空间哲学系统。（图 2.20）

故综 2.1 所述，我们可以大致还原原始宇宙论的空间图示（图 2.21）：“水”是天地万物生成以前的原初状态；天地生成以后，自地以上皆天，山在天中；“山”

---

① 《锥指集》：“左支环阴山贺兰，入山西起太行，渡海而止，为北龙。中支循西蕃入趋岷山，沿岷江左右，出右江者叙州而止；江左者北去，趋关中，脉系大散关；左渭右汉为终南太华。下泰岳起高山，右转荆山，抱淮水，左落平原，起泰山入海为中龙。右支出吐番以西，下丽江，趋云南，绕沾益、贵州关索，而东去沅陵。分其一由武关出湘江，西至武陵止。又分其一由桂林海阳山过九嶷衡山，出湘江东趋匡庐止。又分其一支过庾岭，渡草坪，去黄山天目三吴止。过庾岭者又分仙霞关，至闽止；分衢为大拌山，右下括苍，左为天台四明，渡海而止，总为南龙也。”王成祖 . 中国地理学史 [M]. 北京：商务印书馆，1982：172.

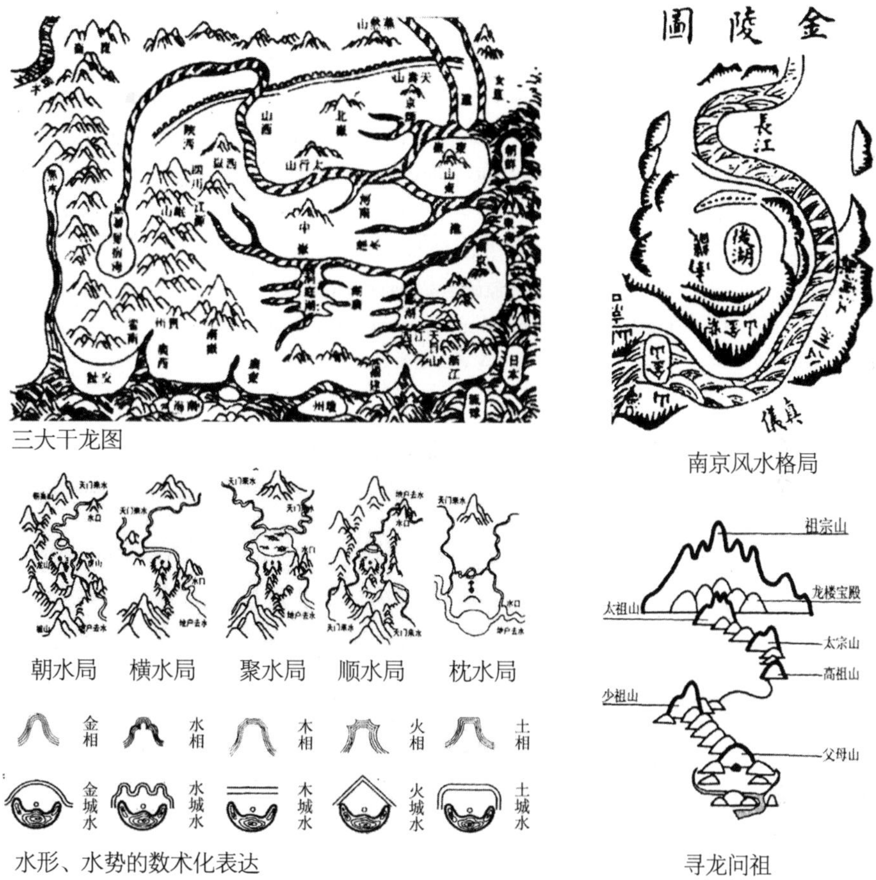

图 2.20 风水思想当中的昆仑崇拜、苍龙崇拜、数崇拜、水崇拜

Fig.2.20 worship of Kun Lun,loong,number and water in Feng Shui

资料来源：笔者改绘，部分参照：杨柳 . 风水思想与古代山水城市营建研究 [D]. 重庆：重庆大学，2005；王其亨 . 风水理论研究 [M]. 天津：天津大学出版社，2000.

是地往天的延伸，“水”是天往地的延伸；“山水”是架构天地万物的空间枢纽；神（帝）居于天，人居于地，人和神的联络只可依靠巫（君）来完成。于是在中华文化的开端，因为“山水”的枢纽功能，天、地、山、水、人、神、巫等全部存有物和存有者皆被划归于一个有机整体的空间框架，“天人一元”的观念从此种下。这与西方基督教文化相比显得极为特殊[①]。

① 在基督教文本创作（《圣经》）中，神和人不在同一个空间框架，天堂与人间有绝对的划分，人间的万物是上帝的创造，并委托于人来管理，其中的自然要素并不具有联通人间与天堂的枢纽功能。如：“起初神创造天地。地是空虚混沌。渊面黑暗。神的灵运行在水面上。神说，要有光，就有了光。神看光是好的，就把光暗分开了。神称光为昼，称暗为夜。有晚上，有早晨，这是头一日。神说，诸水之间要有空气，将水分为上下。神就造出空气，将空气以下的水，空气以上的水分开了……神就照着自己的形像造人，乃是照着他的形像造男造女。神就赐福给他们，又对他们说，要生养众多，遍满地面，治理这地。也要管理海里的鱼，空中的鸟，和地上各样行动的活物。”

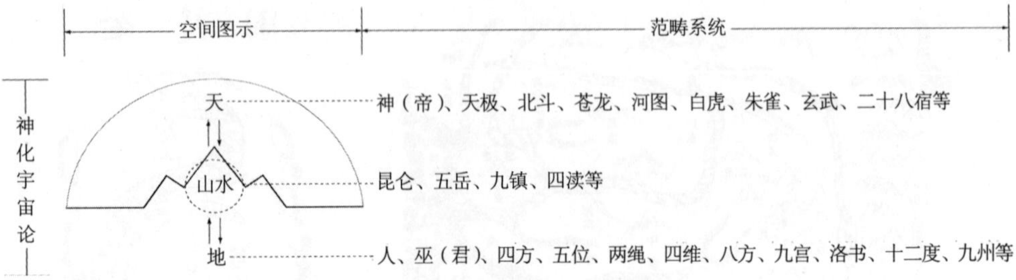

图 2.21　原始宇宙论的基本框架

Fig.2.21　basic spatial structure of original Cosmology

资料来源：笔者自绘

2.2　从“制礼作乐”到儒家宇宙论知识系统的建立

雅斯贝尔斯（Karl Jaspers）在《历史的起源与目标》[163]（德文版成书于 1949 年）一书中提出：“（公元前 800 年至公元前 200 年）哲学家初次出现。人作为个人敢于依靠自己。中国的隐士与游士（孔子、老子、庄子等）、印度的苦行者、希腊的哲学家、以色列的先知，无论彼此的信仰、思想内容与内在秉性的差异有多大，都属于同一类人。人证明自己能够在内心中与整个宇宙相照映。他从自己的生命中发现了可以将自我提升到超乎个体和世界之上的内在根源。”① 这一时段被雅斯贝尔斯称为人类文明的“轴心时代②”（Axial Age）。他发现在这个时段内，世界上几个高级文明，包括中国、印度、以色列、波斯、希腊，都经历了一场重大的精神突破（break through），且突破的方式各有不同。或取哲学思辨之路如希腊（本体），或是后神秘主义时代的宗教想象如以色列（上帝），或为道德—哲学—宗教意识的混合型如中国（天道），没有证据显示彼此曾互有影响。今天，“轴心时代”概念已获得西方学术界的普遍接受，原因在于固有的“历史演进一元论”③ 过度强调西方中心主义，并不承认文明发生的多元性，并且各有其不能取代的价值。

1967 年，方东美先生[90] 通过对箕子“洪范九畴④”的解读，将中国轴心时代的前期背景作了提示：“公元前 1122 年是中国古代文化的屋脊。一方面中国文化

① Karl Jaspers，Michael Bullock tr.The *Origin* and Goal of History[M].New Haven：Yale University Press，1953：3.

② 同时代相似的观点还可见于马克思·韦伯之《宗教社会学（引论）》、闻一多之《文学的历史动向》等。

③ “历史演进一元论”认为人类历史具有普遍有效规律。其代表有孟德斯鸠、黑格尔、德、斯大林等。其中斯大林篡改马克思《资本论》对西欧的历史阶段划分，认为人类历史普遍规律表现为：原始社会——奴隶社会——封建社会——资本主义社会——共产主义社会五大阶段，见于《联共党史简明教程》。

④《尚书·洪范》

历史隐入了遥远的不可见的上古世界……另一方面……呈现出丰富的事实，详细的理论和复杂的制度，乃是一个光天化日下的早熟的现代世界。”同时，方先生还将周初开国思想定位为——“原初儒家：从神秘宗教到理性哲学”①。故从方先生的视角来看，商末周初的朝代兴替与理念更新，成为日后儒家哲学创作的根源，也是开启中国轴心时代百家争鸣的前奏。

那么，周代的开创者（原初儒家）在轴心时代到来之前做了哪些哲学理论铺垫？对于后世儒学而言，这些哲学理论铺垫发挥了怎样的作用？儒家的形上学创作是否衍生出不同于以往的空间哲学？如果是，它被如何表述？与原始空间哲学之宇宙论相较，“山水”的哲学意涵又发生了怎样的变化？

2.2.1 因于殷礼，禁令松动

在 2.1 中，本文还原了原始宇宙论的基本特征，如：天圆地方、天柱昆仑、巫觋创世、民神异业、政教合一、绝地天通等。其中，祭祀、礼乐、占卜等活动最初由巫觋或天子垄断，是原始农耕时代天人沟通的唯一渠道。因此我们可以说，“礼”，起初具有彻底的原始宗教性质，早期的礼乐是和巫互为表里的，礼乐是巫的表象，巫则是礼乐的内在动力②。苏秉琦先生[53]对江南良渚文化遗迹的观察，进一步证实了这种推断，即“绝地天通”的宗教政治格局并非传说，至少在公元前三千年的颛顼时代就已经成形③。

《说文》：礼，履也，所以事神而致福也。

《礼记·乐记》：大乐与天地同和，大礼与天地同节。和，故百物不失；节，故祀天祭地。明则有礼乐，幽则有鬼神。

继夏、商以后，1977 年周原出土的大批甲骨表明④，周人很大程度上继承了商代乃至夏代的政治、经济、文化遗产，举行巫卜祭祀活动当然也不会例外。

《墨子·天志上》：故昔三代圣王禹、汤、文、武，欲以天之为政于天子明说天下之百姓，故莫不……祭祀上帝鬼神，而求祈福于天。

但是，孔子在《论语·为政》中说得很清楚：“殷因于夏礼，所损益，可知也；周因于殷礼，所损益，可知也。其或继周者，虽百世，可知也。”即周代的开创者对于原始宇宙论的相关知识是有所改动的，那么改动在何处？

① 方东美．中国哲学之精神极其发展 [M]. 郑州：中州古籍出版社，2009：35.
② 余英时．论天人之际 [M]. 北京：中华书局，2014：22-26.
③ 苏秉琦．中国文明起源新探 [M]. 香港：商务印书馆，1997：120-124.
④ 王宇信．西周甲骨探论 [M]. 北京：中国社会科学出版社，1984：165.

对此，余英时先生[164]认为，周公“制礼作乐”是礼乐史上一个划时代的大变动；周初以下，礼乐已从“宗教—政治”扩展到“伦理—社会”的领域，“天道”向“人道”方面移动，迹象昭然；“民”和“天”虽然没有直接交通，然而“绝地天通”的禁令已经大为松动；由于“天”注视“民”对帝王的态度，故统治者必须积累“德行”，使民满意。

《尚书·泰誓》：虽有周亲，不如仁人。天视自我民视，天听自我民听。

《尚书·诏告》：以哀吁天……天亦哀于四方民，其眷命用懋，王其疾敬德！

《左传·文公十八年》：先君周公制周礼，曰：则以观德，德以处事，事以度功，功能事民。

对于这次重大的思想文化变迁，张光直先生的总结①更为细致：

“不论周人承袭了多少殷人的文化遗产，这中间绝不能包括商代之把上帝与子姓祖先拉凑在一起这种观念。在武王伐纣的前后……有两条路好走：或者是把上帝与子姓远祖的关系切断，而把他与姬姓的祖先拉上关系，要不然就是把上帝与祖先的关系根本截断……史实证明了，第二条路是周人所采取的办法，因而从西周开始，祖先的世界与神的世界逐渐分立，成为两个不同的范畴，这种现象是商周宗教史上的大事……其一，在西周第一次出现了‘天’的观念……与商不同，周人的祖先本身已经不是神了。人王之治理人之世界……受有‘天命’。但另一方面，‘天命’并非为周人所有不可……假如天命不可变，则周人取代商人就少了些根据。何以天命现在授予周人？因为，第一，天命靡常；第二，上帝仅授其天命予有德者。‘德’也是西周时代在王权观念上新兴的一样东西。”

如此一来，上帝从一个作威作福的神秘角色，在周人那里转变为天地间持有最高道德的存有者；他们试图创造一套新的宇宙论成为其开国、立国的权力合法性基础；“民意”也因此成为平行于“巫礼”，联系天人的第二条渠道。

2.2.2 礼本重建，轴心突破

当中国历史真正进入轴心时代（春秋战国时代），王权衰落，诸侯并起，礼崩乐坏，精通礼乐的儒家②自然对此极为不满与困惑。虽然“年少好礼”③，但孔子

① 张光直．中国青铜时代 [M]. 北京：三联书店，2013：428-429.

② 《汉书·艺文志·诸子略》：“儒家者流，盖出于司徒之官。助人君，顺阴阳，明教化者也。游文于六经之中，留意于仁义之际。祖述尧、舜，宪章文、武，宗师仲尼，以重其言，于道最为高。”

③ 《论语·八佾》

不禁追问“礼之本”，决心从内部彻底改造这一传统。

《论语·为政》[165]：非其鬼而祭之，谄也。

《论语·八佾》：人而不仁，如礼何？人而不仁，如乐何……周监于二代，郁郁乎文哉，吾从周……天下之无道也久矣，天将以夫子为木铎。

《论语·雍也》：务民之义，敬鬼神而远之。

《论语·述而》：子不语怪力乱神……天生德于予。

《论语·子罕》：文王既没，文不在兹乎？天之将丧斯文也，后死者不得与于斯文也；天之未丧斯文也，匡人其如予何？

《论语·先进》：未能事人，焉能事鬼……未知生，焉知死？

孔子的这一改动，是继周人之后的又一次伟大创举。其核心在于：

（1）开辟了“天命”范畴的新格局。在巫文化中，“天”是一个鬼神世界，并由上帝主宰，“天命”即上帝的意志；周人虽然也肯定上帝存在，但填充了道德内涵；继周人后，孔子则完全否定“天”的神格化定位，将其转换成超越宇宙万有的精神或道德意志——太极或天道。

（2）取消“巫”在天人之间的中介作用。孔子将“礼”背后“巫”内涵，替换成为“仁”内涵，使“礼”与“巫”脱钩，与“仁”相合。那么，沟通天人的媒介就不必依靠外在的巫觋之术（外向超越），而应通过个人道德修养，以及内心活动，进而实现“内向超越”，上达天道——“天人合一”。

（3）肯定经验现实世界“实有”，否定它在世界存有。孔子在《论语》系统里虽然没有过多谈论宇宙论知识，但其基本思想及修养观念仍是面向经验现实世界（家国天下）。价值观念来自于此，理想实施也在于此。这就定位了儒家宇宙论的基本立场，即否认它在世界存有，以及鬼神在价值问题上的主宰性地位（但孔子并完全没有否定鬼神之存有，如“敬鬼神而远之”）。

这印证了雅斯贝尔斯对轴心时代精神突破的观察：“人证明自己能够在内心中与整个宇宙相照映。他从自己的生命中发现了可以将自我提升到超乎个体和世界之上的内在根源。”

《孟子·尽心上》[166]：尽其心者，知其性也。知其性，则知天矣。存其心，养其性，所以事天也。

《孟子·公孙丑下》：夫天未欲平治天下也，如欲平治天下，当今之世，舍我其谁也？

《左传·文公十五年》：礼以顺天，天之道也。

《孟子·告子》：仁义礼智，非由外铄我也，我固有之也，弗思耳矣。

也就是说，儒家通过修改原始宇宙论，实现了中国历史上“第二套天人关系”的建构，“天人合一”不再具有“绝地天通”的宗教政治垄断特征，而是引“道”入“心”,以建构一个“可以上通于天”的“秘道”[①]。孔子“内向超越”系统的建立（图 2.22），成为后来诸子百家哲学创作的基础。

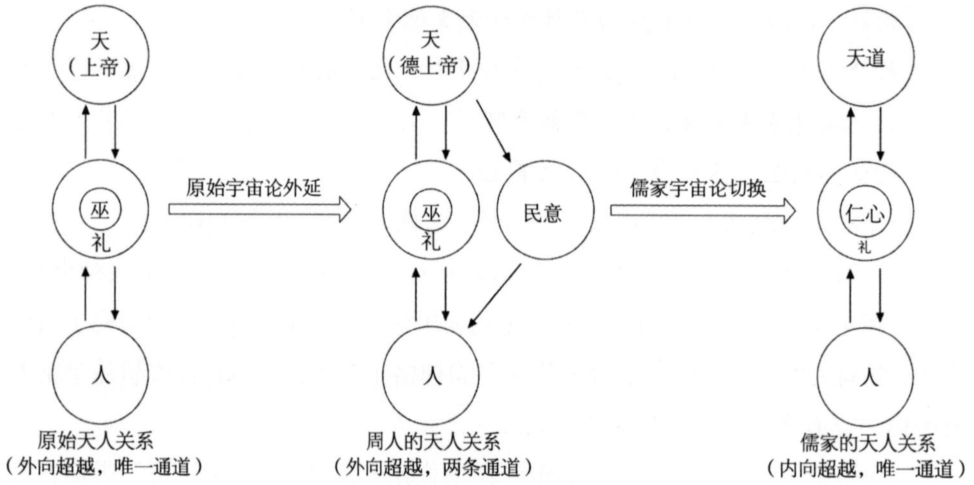

图 2.22　儒家对原始天人关系的切换

Fig.2.22　production process of Tian-Ren relation in Confucianism

资料来源：笔者自绘

2.2.3　气易阴阳，精微切换

儒家对原始宇宙论的颠覆，必然引发对其自身宇宙论的建构。然而，重新建立一套完整、严谨的宇宙论并非易事，这项学术工程从孔子时代开始一直延续到宋明才算告捷。在此过程之初，儒家注解《易经》是无法避开的话题。

《易经》本为筮占[②]之书。中国古代的筮占从根本上讲是一种数占，它以蓍草作为算筹，按特殊方法排列，将所得余数（营数）[③]易为卦爻，用来预示吉凶。从目前的考古研究来看，这种方法的出现晚于骨卜，而与龟卜同时，从商代（文王之前）就已经存在。因此无论从产生的时间，还是工作程序上看，《易经》的知识基础都是属于原始宇宙论框架，确定无疑。

---

① 余英时．论天人之际 [M]. 北京：中华书局，2014：57.

② 中国古代占卜方式多样，但可以大致分为三个系统。一个系统是与天文历算有关的星占、式占等；一个系统是与“动物之灵”或“植物之灵”崇拜有关的龟卜、骨卜、筮占；一个系统是与人体生理、心理、疾病、鬼怪有关的占梦、厌劾、祠禳等。见于：李零．中国方术正考 [M]. 北京：中华书局，2006：67.

③ 大衍之数的操作过程破解详见李连生《大衍在召唤》，连载于台北《中华易学》，1994 年—1995 年。

《周易·系辞》[141]：大衍之数五十，其用四十有九。分而为二以象两，挂一以象三，揲之以四以象四时，归奇于扐以象闰，五岁再闰，故再扐而后挂……此所以成变化而行鬼神也。

但西周以后，《易经》与儒家的宇宙论创作发生了直接联系。先秦儒家为《易经》作注，谱写《易传》(亦称《十翼》,《易经》和《易传》后合称《周易》),孔子晚年更对《易经》爱不释手、韦编三绝；汉儒以《周易》作为“五经”之首(《易》《书》《诗》《礼》《春秋》)，设五经博士。

《史记·孔子世家》[116]：孔子晚而喜《易》，序《象》《系》《说卦》《文言》，读《易》，韦编三绝。

《论语·述而》：加我数年，五十以学易，可以无大过矣。

《论语·为政》：吾，十有五，而志于学，三十而立，四十而不惑，五十而知天命。

《汉书·儒林传》：孔子读易，韦编三绝，而为之传。

这很容易产生如下推断：《易经》是儒家哲学的根源，了解《易经》便能领悟儒学精髓；《易经》的宇宙论知识与儒家宇宙论可以等同化一；《易经》当中“六”“九”等同于《易传》中的“阴”“阳”；故《易经》卦爻之变，原本就是一套二进制数学系统，是阴阳二爻的组合排列；原始宇宙论的“天极”与《易传》中的“太极”可以等同。

以上推断的出发点其实是刻意寻找《易经》与《易传》的最大公约数，同时试图否定、混淆儒家独立的宇宙论创作。然而事实真的如此吗？从马王堆帛书《要》[167]载有的一段据称是孔子的话就可看出，实际情况并非那么简单。

《要》：《易》，我复其祝卜矣，我观其德义耳也……赞而不达于数，则其为之巫；数而不达于德，则其为之史。史巫之筮，向之而未也，好之而非也。后世之士疑丘者，或以易乎？吾求其德而已，吾与史巫同涂而殊归者也。君子德行焉求福，故祭祀而寡也；仁义焉求吉，故卜筮而希也。

首先，据相关考古学研究[168-171]，《易经》卦象来源于一种十进制数位表示的数字卦，并曾用一、五、六、七、八、九表达①（图2.23）。不但原先未见用“横

---

① 如（商代）河南安阳四盘磨出土的数字卦信息有：七八七六七六、八六六五八七、七五七六六六等。（商代）河南安阳小屯南地出土的数字卦信息有：六七一六七九、六七八九六八、七七六七六六等。（西周）陕西扶风齐家村出土的数字卦信息有：一六一六六八、六八八一八六、九一一一六五、六八一一八、八八六六六六、一八六八五五、六八一一一一。（西周）陕西淳化石桥镇出土的数字卦信息有：一一六八八一、一八八一一一、八一一八一六、六八五六一八、一八一六一一、一一六一八五、一一六一一一、一一一六八八、一六一一一一、六一一五一一、一一一一一一。

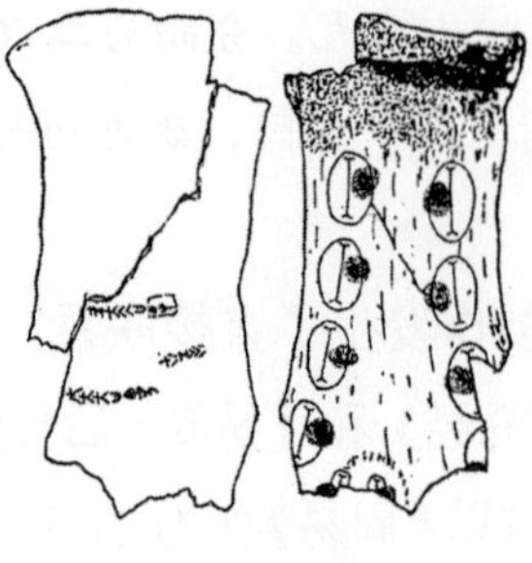

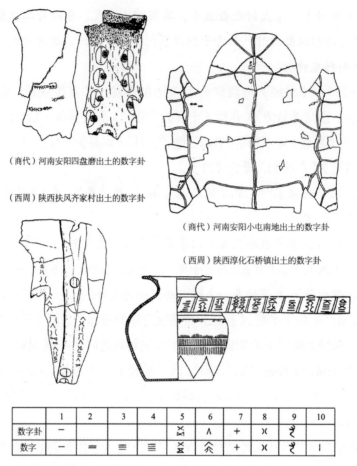

（商代）河南安阳四盘磨出土的数字卦

（西周）陕西扶风齐家村出土的数字卦

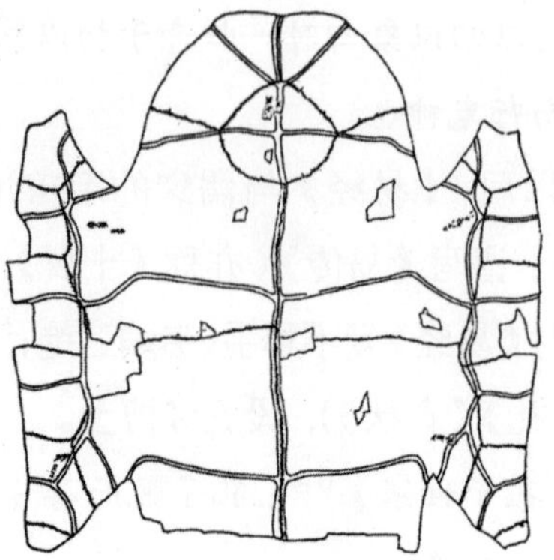

（商代）河南安阳小屯南地出土的数字卦

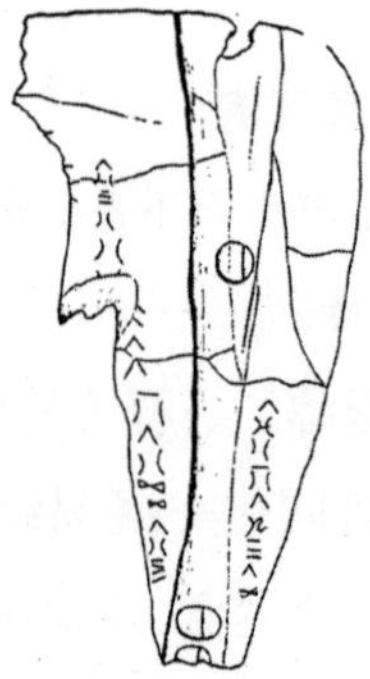

（西周）陕西淳化石桥镇出土的数字卦

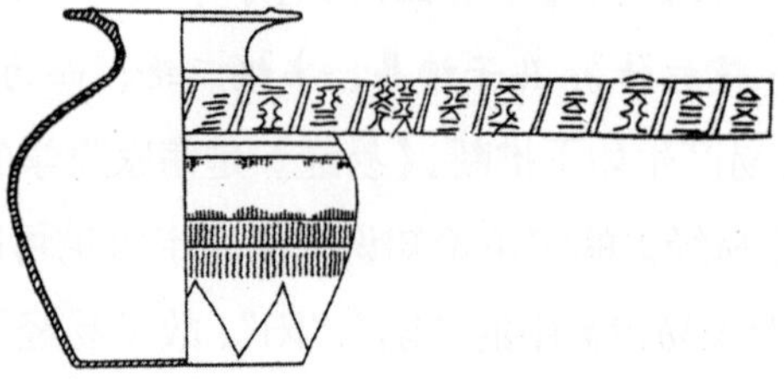

	1	2	3	4	5	6	7	8	9	10
数字卦	一				ㄨ	∧	+	)(	ㄋ	
数字	一	二	三	亖	ㄨ	介	+	)(	ㄋ	丨

数字卦与数字的对应表达

图 2.23　数字卦筮占与实物案例

Fig.2.23　cases and symbols of digital Gua in ancient China

资料来源：曹定云．殷墟四盘磨“易卦”卜骨研究 [J]. 考古，1989（7）：638；肖楠．安阳殷墟发现“易卦”卜甲 [J]. 考古，1989（1）：67；徐锡台．周原甲骨文综述 [M]. 西安：三秦出版社，1991：124-446；姚生民．淳化县发现西周易卦符号文字陶罐 [J]. 文博，1990（3）：56. 李零．中国方术正考 [M]. 北京：中华书局，2006：205.

画断连”表示阴阳二爻，而且就连所谓的阴阳二爻符号之前身也是用数字“八和一”来表示，直至西汉初年仍在使用①。

其次，在《易经》流行的时间里，《易经》与其他数字卦系统（如：《连山》《归藏》）曾长期并存（图 2.24），《连山》《归藏》用“七八”、《易经》用“九六”，合称“三易”，“三易”并占确为制度。

《周礼·春官·大卜》：太卜掌三易之法，一曰连山，二曰归藏，三曰周易。

① 双骨堆汉简《周易》。

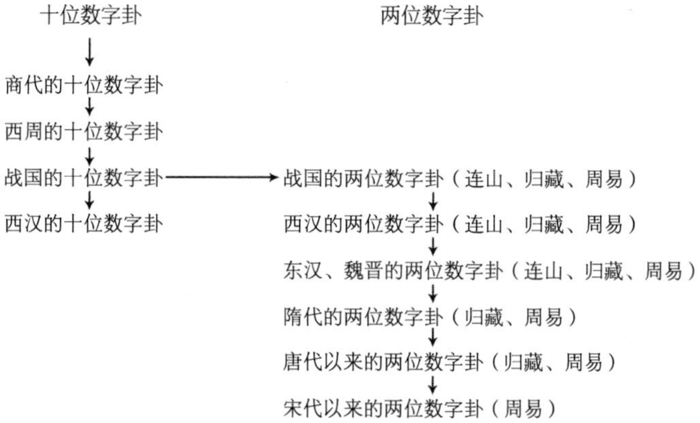

图 2.24 筮法的发展

Fig.2.24 development of number system of otsuge uranainandesu in ancient China

资料来源：李零．中国方术续考 [M]. 北京：中华书局，2006：245.

最后，“阴阳”二字，在此之前的意涵实际上较为朴素，《诗经》《尚书》《周易》中“阳”意为正面、南方、外表、暖和等，“阴”引申为乌云蔽日、覆盖等。“阴阳”连用最早见于《诗经·大雅·公刘》：“既景且冈，相其阴阳”，仅指太阳照射的正反两面，并未被定位为更高的哲学范畴，也未出现与“气”范畴的频繁链接。此外，“气”的原初意义[172]主要是对气态物质的描述，如：烟气、风气①、蒸汽、雾气等，并未成为哲学创作的高级抽象范畴。

以上证据表明，将“六、九”或“八、一”（奇偶数）转变为“阴阳”的理解，并作为儒家宇宙论创作的高级概念范畴，非《易经》原本所具有（《易经》当中本来就没有“阴阳”二字）。

而据已有文献记载，西周末期伯阳父在解说社会、自然变化时，首次将“气”与“阴阳”结合，并提升至哲学范畴。

《国语·周语上》[124]：幽王二年，西周三川皆震。伯阳父曰：“周将亡矣！夫天地之气，不失其序，若过其序，民乱之也。阳伏而不能出，阴迫而不能烝，于是有地震，今三川实震，是阳失其所而镇阴也。阳失而在阴，川源必塞。”

到春秋战国时代，“气易阴阳”的观念在《易经》“六九数”基础上进行了大量丰富的演绎，可谓喷涌而出。

《周易·系辞》[141]：天尊地卑，乾坤定矣。卑高以陈，贵贱位矣。动静有常，刚柔断矣。方以类聚，物以群分，吉凶生矣。在天成象，在地成形，变化见矣。

① 冯时．殷卜辞四方风研究 [J]. 考古学报，1994（2）：131-153.

是故刚柔相摩，八卦相荡，鼓之以雷霆，润之以风雨；日月运行，一寒一暑……一阴一阳谓之道……是故易有太极，是生两仪，两仪生四象，四象生八卦。

故笔者认为：

（1）儒家表面上是在借《易传》注解《易经》，实际上是在进行全新的宇宙论创作。虽然《易经》与《易传》合称《周易》，却具有不同的理论创作背景，甚至对立的世界观。对于先秦儒家而言，绝大多数概念材料都是现成的，通过重新组织、取舍，开启了原始宇宙论向“阴阳气化宇宙论”的哲学切换。“河图”与“太极图”微小变化下的巨大差异就在此处（前文 2.1.4）。

（2）经儒家手笔，天地主宰在原有上帝鬼神的框架之上衍生出一高级范畴——“太极”或“天道”，不仅一时言说了周人权力获取的合法性，也重新确定了朝代兴替、自然变化、人生祸福、军事诡道、权谋政治的基本法则。“天极”及其星象系统逐渐与上帝、鬼神的原始宗教意涵脱钩，作为一种时空观测对象出现，服务于经验现实世界。

《四库全书总目提要》：易道广大，无所不包，旁及天文、地理、乐律、兵法、韵学、算术，以逮方外之炉火，皆可援易以为说，而好易者又援以入易。

《论语·为政》：为政以德，譬如北辰，居其所而众星拱之。

（3）筮法的演变是用数简化的过程，即从“一、五、六、七、八、九”，简化为奇偶数“六、九”或“一、八”等，后被儒家替换为“阴阳”。《易传》之“易有太极，是生两仪，两仪生四象，四象生八卦”是故意把概念衍生的历史过程倒置了，历史过程或是：六爻数字卦—六爻奇偶数字卦（六十四卦）—八卦—六九—阴阳二气—太极（天道）。

现在我们终于能够理解《论语》之“子不语怪力乱神”“未知生，焉知死”“务民之义，敬鬼神而远之”“非其鬼而祭之谄也”的宇宙论根据。

2.2.4 体国经野，设官分职

先秦儒家通过对原始宇宙论“天—人”关系的切换，将“礼”的哲学意涵进行了重新界定，由此建立了一套有别于原始宇宙论，主要面向经验现实世界的气化宇宙论。这一宇宙论基调必然会深刻地反映在儒家礼学著作当中（如号称“三礼”的《周礼》《仪礼》《礼记》）。其中，《周礼》是与空间规划联系最为紧密的创作，因此我们可以将《周礼》视为突破口，洞见儒家空间哲学的宇宙论进路是如何设定的。

《周礼》原名《周官》，是后人伪托周公“制礼作乐”所作。分为天、地、春、夏、秋、冬六部官职系列。官职的划分极其精细，筹划、操作、管理等职能都有明确的分工，对汉代至清代的朝廷官职结构都产生过极其重要的影响。其中以《周礼·考工记》为代表，《周礼》全书不乏空间规划的相关论述，涉及国土规划、都城规划、各级诸侯城规划、重要建筑布局、灌溉系统规划、交通系统规划、人口规划、农田规划、土地贡赋制度等。

虽然《周礼·考工记》① 是以补遗失之《周礼·冬官》的背景并入《周礼》的，但仍有学者发现[173]（表 2.1），《周礼·考工记》有相当部分内容都可以在《周礼》其他部分找到对应，如:《夏官·量人》"营国城郭，营后宫，量市、朝、道、巷、门、渠"，可对应《匠人营国》之"方九里""经涂九轨""面朝后市"和"市朝一夫"等实际测量与定位工作;再如《春官·小宗伯》中的"建国之神位:右社稷，左宗庙"，对应于《匠人营国》之"左祖右社"。其次,《匠人营国》之"识日出之景与日入之景，昼参诸日中之景"又与《地官·大司徒》之"正日景，以求地中"，以及前五章起首第一句"惟王建国,辨方正位,体国经野。设官分职,以为民极"相对应。故笔者认为，《周礼·考工记》与《周礼》前五章的创作背景可视为整体，无须刻意割裂看待。

表 2.1 《周礼》中记载的有关城市规划事务的职官系列及其职责表

Tab.2.1 official positions and their responsibilities relevant to city planning in Zhou Li

	是否迁都		选址	功能布局	地块划分	功能区组织			建造
						公共设施		居住区	
	问鬼神	询民意				市	社稷		
官	大卜	小司寇	大司徒	量人	土方氏	内宰	小宗伯	载师	匠人
部	春	秋	地	夏	夏	天	春	地	冬
职	礼	刑	教	政	政	治	礼	教	事
	王："辨方正位，体国经野。"								

资料来源：孙施文.《周礼》中的中国古代城市规划制度 [J]. 城市规划，2012，36（8）：13.

1985 年，贺业钜先生[174]就曾对《周礼·考工记》的制度产生、空间规划思想进行过系统研究，通过辩证宋代聂崇义《三礼图》之王城图以及清代戴震《考工记图》中的王城图，较大程度上恢复了《考工记》空间图示的本来面目（图 2.25）。

① "《考工记》是西汉武帝时河间献王刘德用来补《周礼·冬官》缺文，才再次出世。当时刘德呈进的《周礼》，只不过藏在皇家秘府，并未公开与世人见面，甚至连长安一些治礼的儒生也没有见过这部书。"贺业钜.考工记营国制度研究 [M]. 北京：中国建筑工业出版社，1985：21.

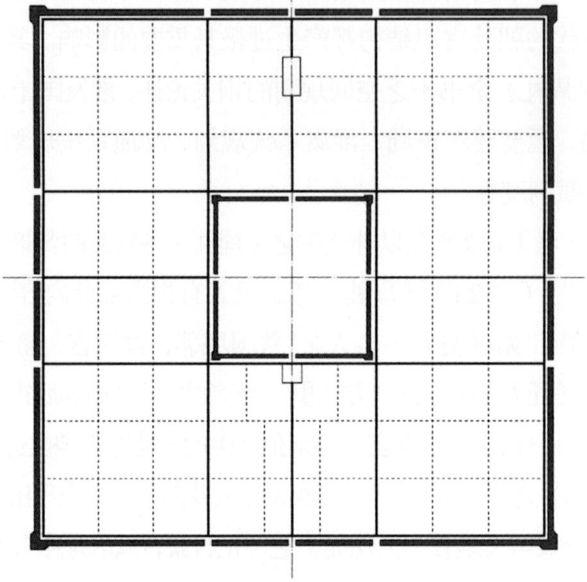

图 2.25　贺业钜先生复原的《周礼》王城图
Fig.2.25　recovery picture of kingdom city in Zhou Li by He Yeju
资料来源：笔者改绘，据贺业钜 . 考工记营国制度研究 [M]. 北京：中国建筑工业出版社，1985.

贺业钜先生还认为①：

（1）"王城形制如此方整，九经九纬干道网又将全城划分为若干整齐的小方块。初看去，好像玩弄几何图案，以致容易引人怀疑。其实，这种城邑形制的形成是与奴隶社会政治经济制度分不开的。"

（2）"由于儒家思想与指导这套规划制度的西周政治思想存在着继承关系，故自汉武帝'独尊儒术'以来，随着儒家思想渐居统治地位，这套规划制度也就逐渐发展起来。尽管其间出现汉魏玄学及外来佛学等思潮的影响，但儒家思想的主导地位从未动摇，因之营国制度传统的发展也迄未中断。"

可以看出，贺业钜先生否认《周礼》王城图示具有特殊的几何学意义，并将这种几何图案的生成归咎于政治经济制度（井田制），此外还将《周礼》划归于深受西周开国思想影响的儒学系统。

与之类似，余英时先生在《史学、史家与时代》[175] 中评论到："《周礼》无疑是中国思想史上一部'乌托邦'作品，对整个社会有一套完整的、全面的、系统的设计。这一套乌托邦的设计特别受到儒家型知识人的重视，因为儒家的特色之

① 贺业钜 . 考工记营国制度研究 [M]. 北京：中国建筑工业出版社，1985：39-170.

一便是要‘改造世界’。”他又在《论天人之际》[115]中补充道：“孔子对‘天’的最高承诺是变‘天下无道’为‘天下有道’。”

也就是说，《周礼》空间规划思想背后，暗藏了一套儒家形上学体系。遗憾的是，过去建筑学界讨论《周礼》往往局限于《周礼·考工记》简短的文字解释，或王城图的空间形态考证，一般不会去追究整个《周礼》庞大的空间规划思想与儒家形上学的关系。

钱穆先生[176]早在1929年和1932年的《燕京学报》上刊布长文《刘向歆父子年谱》《周官著作时代考》，从焦点人物经历、宗教、制度、文化各方面论证《周礼》其书出于战国晚期，且当在汉代以前，引起学界震动，得到多数专家肯定（至今仍为学界主流观点）。钱先生的这一考证不仅系统驳斥了康有为《新学伪经考》中的王莽时代刘歆伪造说，也说明《周礼》为什么不可能是周公致太平之书。

在“论阴阳男女”一节中，钱先生系统分析了由儒家开创之气化宇宙论在《周礼》理想世界设计中的普遍运用，他提到：“今试检周官全书，所用‘阴阳’二字，层见叠出……书中用‘阴阳’字凡十二见。除山虞、卜师、柞氏诸条意义较为常见外，周官书中所用‘阴阳’二字之涵义，实非常广泛。要言之，气有阴阳，声有阴阳，礼乐有阴阳，祭祀有阴阳，狱讼有阴阳，德惠有阴阳，一切政事法令莫不有阴阳……于是把整个宇宙，全部人生，都阴阳配偶化了……所以三百六十官中，乃居然有好许的女官。”

《周礼·天官·内宰》：以阴礼教六宫，以阴礼教九嫔……祭之以阴礼。

《周礼·天官·内小臣》：掌王之阴事，阴令。

《周礼·地官·大司徒》：以阳礼教让，则民不争。以阴礼教亲，则民不怨……天地之所合也，四时之所交也，风雨之所会也，阴阳之所和也。然则百物阜安，乃建王国焉。制其畿方千里而封树之。

《周礼·地官·牧人》：凡阳祀用骍牲毛之，阴祀用黝牲毛之。

《周礼·地官·媒氏》：凡男女之阴讼，听之于胜国之社。

《周礼·地官·山虞》：仲冬斩阳木，仲夏斩阴木。

《周礼·春官·大宗伯》：以天产作阴德，以中礼防之；以地产作阳德，以和乐防之。

《周礼·春官·典同》：掌六律、六同之和，以辨天地四方之声。

《周礼·春官·卜师》：凡卜，辨龟之上下左右阴阳。

《周礼·春官·占梦》：观天地之会，辨阴阳之气。

《周礼·秋官·柞氏》：夏日至，令刊阳木而火之；冬日至，令剥阴木而水之。

《周礼·秋官·庭氏》：以大阴之弓与枉矢射之。

汉代郑玄《周礼注》也可证明，气化宇宙论对《周礼》的空间哲学创作渗透不浅，如："'左祖右社'者，此据中门外之左右。宗庙是阳，故在左；社稷是阴，故在右。'面朝后市'者，三朝皆是君臣治政之处，阳，故在前。三市皆是贪利行刑之处，阴，故在后也。"故从钱穆先生的考证，结合郑玄的注释都可看出，《周礼》空间哲学采用的是儒家气化宇宙论无疑。

《周礼·考工记·匠人营国》：匠人营国，方九里，旁三门。国中九经九纬，经涂九轨，左祖右社，面朝后市，市朝一夫……九分其国，以为九分，九卿治之。王宫门阿之制五雉，宫隅之制七雉，城隅之制九雉。经涂九轨，环涂七轨，野涂五轨。门阿之制，以为都城之制。宫隅之制，以为诸侯之城制。环涂以为诸侯经涂，野涂以为都经涂。

2.2.5 春秋繁露，蓄意篡改

在汉武帝"罢黜百家，独尊儒术"的政治背景下，西汉董仲舒虽然仍坚持孔孟的仁义价值，但却借由宇宙论知识的篡改，重新构筑起一套"君权神授"的理论。他首先确立了"十端"宇宙图式，继而衍生天人感应、天人相类的思想。其中"阴阳"继承自儒家气化宇宙论，但"天"被定义为"百神之大君"（这并非孔子的立场）。

《春秋繁露·官制天象》[177]：天有十端，十端而止已。天为一端，地为一端，阴为一端，阳为一端，火为一端，金为一端，水为一端，火为一端，土为一端，人为一端，凡十端而毕，天之数也。

《春秋繁露·五行相生》：天地之气，合而为一，分为阴阳，判为四时，列为五行①。

《春秋繁露·郊祭》：天者，百神之大君也，天人同类，以类合之，天人一也。

《春秋繁露·人副天数》：天地之符，阴阳之副，常设于身，身犹天也……天以终岁之数，成人之身……内有五藏，副五行数也；外有四肢，副四时数也；乍

① "五行"概念最早见于《尚书·甘誓》（有扈氏威侮五行，怠弃三正，天用剿绝其命），由于没有具体解释，其意涵至今尚存争议。之后"五行"详见于《尚书·洪范》，其中将"金、木、水、火、土"作为五种生活中重要的物质性要素，但并见任何形上学意涵，可见"五行"在周代以前并不具备宇宙论基础。而将"五行"真正转换成宇宙间五种相互生克之抽象力量的普遍认知，其实源于战国末期的阴阳家哲学（以邹衍为代表）。阴阳家创说"五行生克"，并与"四方""五位""阴阳""八卦"相配，实际上混淆了原始宇宙论与儒家气化宇宙论的根本差异，为中国历史上最好宇宙论创作的世俗群体（上承萨满教、儒家、道家，下启方士、道教）。董仲舒将"五行"运用到儒家宇宙论创作，并且渲染"百神大君、天人感应"，亦继承了阴阳家杂糅的世界观，并非儒家初衷，故《春秋繁露》并不是一部真正意义上的儒学作品。

视乍瞑，副昼夜也；乍刚乍柔，副冬夏也。

《春秋繁露》还主张君王的行为对天地气化的流变具有影响，而天神则对世界的气化流变具有感应，若君王不行仁政而致百姓受苦，天则会以大神的身份显示灾异以为谴告，若再不听从，即会改变赋命而使失去政权，此外还将“阳主阴从”“阳德阴刑”的说法作为人民必须接受仁义价值的理由。

《春秋繁露·必仁且智》：灾者，天之谴也，异者，天之威也……国家之失乃始萌芽，而天出灾异以谴告之。谴告之而不知变，乃见怪异以惊骇之。惊骇之尚不知畏恐，其殃咎乃至。以此见天意之仁而不欲陷人也。

一般所谓儒家的“天人合一”说，大多认定来自董仲舒《春秋繁露·深察名号》：“天人之际，合二为一”。但笔者认为这种观点极具迷惑性。从董仲舒有神论本质来看，这句话最终还是指向“天人感应”，即君王施政与百神大君的气性感应，和起初周人的宇宙论创作非常相似，免不了原始宇宙论之“绝地天通”的宗教味。这与《中庸》“天命之谓性，率性之谓道，修道之谓教”的理念相左，进而直接造成今人对儒家“天人合一”境界论的错误解读。

董仲舒保留了原始宇宙论的神学痕迹，甚至“天人相类”的理论也过于牵强附会，所以并不为后世儒学所完全接受。回归孔孟的基本立场，宋明儒学则在一千年后开发出一套更为成熟、严谨的儒家宇宙论体系。

2.2.6 气破鬼神，山川存理

中国哲学史在历经魏晋玄学、隋唐佛学大放异彩之后，儒学的地位已不及先秦两汉。为了恢复和捍卫儒家崇高的学术地位，宋明儒者①不仅要整理、继承先秦儒学的根本精神（《论语》《孟子》《大学》《中庸》《易传》等），还要对佛、道哲学的挑战有所回应。回应的重点在于：通过对先秦儒学的诠释、反思，建构更为完善的儒学理论体系。

在宇宙论创作方面，佛教有轮回宇宙论，道家亦讲仙界，都可自言其说。由于孔孟对于宇宙论的讨论有限，《易传》亦不彻底，迫使宋明儒学必须建立自己的一套清晰的宇宙论，对其本体价值意识（仁、义、礼、智、信）进行说明，以此反驳佛、道本体（空、无为），从而体现其理论的真理性。

北宋周敦颐在讨论儒家的圣人境界的同时，亦建立了一套宇宙发生论以说圣

① 周敦颐、张载、程颐、程颢、邵雍、朱熹、陆象山、王阳明、刘蕺山、王船山等。

人的角色地位。他借由无极说太极，由太极之动静而说阴阳，由阴阳之流变而生五行（可见周敦颐还是深受阴阳家影响），由五行之互动而生天地万物，人为其中最灵秀者，而圣人则是中正仁义的制定者（图 2.26）：

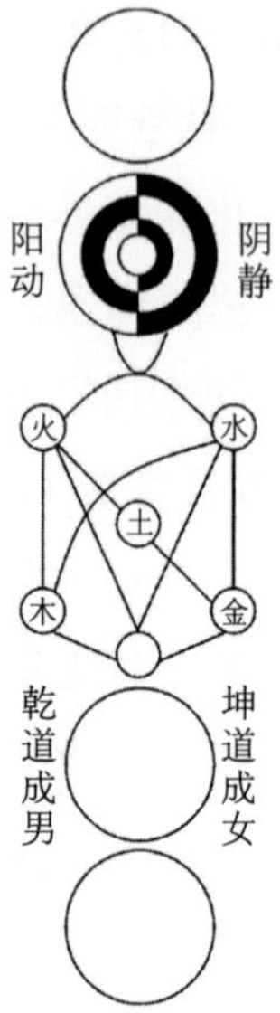

图 2.26　周敦颐太极图说
Fig.2.26　Tai Chi theory from Zhou Dunyi
资料来源：[宋]周敦颐 . 周敦颐集 [M]. 北京：中华书局，2009：5.

《太极图说》[178]：无极而太极。太极动而生阳，动极而静，静而生阴，静极复动。一动一静，互为其根。分阴分阳，两仪立焉。阳变阴合，而生水火木金土。五气顺布，四时行焉……惟人也得其秀而最灵。形既生矣，神发知矣。五性感动，而善恶分，万事出矣。圣人定之以中正仁义而主静，立人极焉。故圣人与天地合其德，日月合其明，四时合其序……故曰："立天之道，曰阴与阳。立地之道，曰柔与刚。立人之道，曰仁与义"。又曰："原始反终，故知死生之说"。大哉易也，斯之至矣。

《通书·诚上第一》[199]：诚者，圣人之本。大哉乾元，万物资始，诚之源也。乾道变化，各正性命，诚斯立焉，纯粹至善者也。故曰：一阴一阳之谓道，继之者善也，成之者性也。元亨，诚之通；利贞，诚之复。大哉易也，性命之源乎！

可以说，周敦颐是把在道家传统中已经谈得很多（如：《老子》《庄子》《吕氏春秋》《淮南子》等）的气化宇宙论简单架构入儒家的道德价值意识。然而重点在于，同样是气易阴阳，儒家认为气有生生之德，道家则认为气之自由玄妙，不可言说，不宜造作。如此，在儒家框架下，经验现实世界的圣人、君子具有了宇宙论基础，以此区别于道家与佛教，亦区别于汉儒董仲舒之神学宇宙论。

如果说周敦颐的宇宙发生论还十分简化，思辨性不足，那么张载的宇宙论创作可谓清晰划定了儒家与佛、道的界限①，其理论的系统性与精准性对后来儒学学术地位的重建可谓功不可没。

《正蒙·动物》[179]：气于人，生而不离，死而游散者谓魂，聚成形质，虽死而不散者谓魄。（这说明在儒学系统里只接受鬼魂的暂时性存在）

张载强化了气化宇宙论的内涵，他说天地万物的存在是由气的聚散而有有无的变化，一切往来、聚散、生灭、升降都是阴阳二气变化的显现，因此现象世界

① 见于杜保瑞教授个人网站之论文《中国哲学的宇宙论思维》。

便是气化流变的过程而已，散入无形的万物仍以无形之气而有真实的存在，所以整体存在界永远是一个“实有”的世界：

《正蒙·太和》：太虚无形，气之本体，其聚其散，变化之客形尔；至静无感，性之渊源，有识有知，物交之客感尔。客感客形与无感无形，惟尽性者一之。天地之气，虽聚散、攻取百涂，然其为理也顺而不妄。气之为物，散入无形，适得吾体；聚为有象，不失吾常。太虚不能无气，气不能不聚而为万物，万物不能不散而为太虚。循是出入，是皆不得已而然也。然则圣人尽道其间，兼体而不累者，存神其至矣。彼语寂灭者往而不反，徇生执有者物而不化，二者虽有间矣，以言乎失道则均焉。

张载以“气”论“实有”，反对佛教说现象世界为虚妄的世界观，反对老子以无说万物之本的存有论，反对庄子哲学力图达至永恒不死之神仙世界。虽然张载对佛、道意旨的预设未必准确，但由此而定位出的儒家宇宙论立场却为后世继承，直至当代新儒家也还以世界实有的立场作为儒、释、道三教辩证的明确界限，这一点正是张载儒学最有力的创作。

可以说张载亦是极能利用宇宙论创造儒学理论系统的哲学家，他的创造并不是在模仿原始宇宙论，故较《春秋繁露》的系统而言，更能为宋明儒者乃至当代新儒家所接受。从儒学理论建构的影响力而言，张载绝不亚于董仲舒。

基于周敦颐的宇宙发生论、张载的气化宇宙论、邵雍之易学进路的宇宙时空观，南宋朱熹在儒学集成创作中继承了北宋传统，总结出理气共构的整体存在界哲学，即：“以价值本体的理存有与天地万物的气存在为整体的宇宙结构”。

朱熹并不否认有鬼神的存在，但是人死为鬼亦是暂时的存在，过了相当时日之后也会坏散，这就接续了张载气化聚散说的思路。那么，民间祭祀中与鬼神沟通、互动祈求，在儒家看来就是利益勾结的迷信行为。

然而，就祭祀山川、圣贤、祖先的传统却要积极维护并重新阐述：

《朱子语类》[180]：“天地山川之属，分明是一气流通，而兼以理言之。人之先祖，则大概以理为主，而亦兼以气魄言之。若上古圣贤，则只是专以理言之否？”曰：“有是理，必有是气，不可分说。都是理，都是气。”问：“上古圣贤所谓气者，只是天地间公共之气。若祖考精神，则毕竟是自家精神否？”曰：“祖考亦只是此公共之气。此身在天地间，便是理与气凝聚底。天子统摄天地，负荷天地间事，与天地相关，此心便与天地相通。不可道他是虚气，与我不相干。如诸侯不当祭天地，与天地不相关，便不能相通；圣贤道在万世，功在万世。今行圣贤之道，传圣贤之心，便是负荷这物事，此气便与他相通，义刚。”

朱熹认为，天地山川是理与气的凝聚，天子治理天地间事，与天地相关，其心便与理气相通，天子祭祀天地山川，实际是在表达对天道的遵循，于是有祭祀的意义；圣贤做事符合天道，功在千秋，圣贤之心也可与理气相通，故祭祀圣贤亦在传递对天地生生之德的感念；另外，祖先之气死后坏散，但子孙之气接续祖先之气，祭祖时亦可感通聚集（由于周人曾视山为祖，故祭祀山川也有祭祀祖先的意涵，并不矛盾）。

就此而言，“山水”在儒家宇宙论当中的哲学意涵，已由原始宇宙论的昆仑崇拜、水崇拜转变即为“天道造化、理气凝聚”，但“天—山水—地”的基本空间图示并没有发生改变，原始宇宙论遗留下来的祭祀五岳、四镇、四海、四渎等文化形态在儒家文化当中具有了界定经验现实世界道德秩序的新意义，山水依然是架构天地万物的空间枢纽。

明代章潢《图书编》中的《鲁国图》（图 2.27）就生动反映了这种文化传统。整个图将泰山、徂徕山置于上方，下为防山、尼山等山脉。泗水、沂河出于中部，围合成鲁国城池所在区域。其中泰山、岳庙、孔林、鲁国都城、伏羲庙等大致处于同一轴线。绘图者还特意将周公庙、颜子庙、阙里庙、灵光殿等置于这条轴线上，明确表达了以泰山为祖的观念。

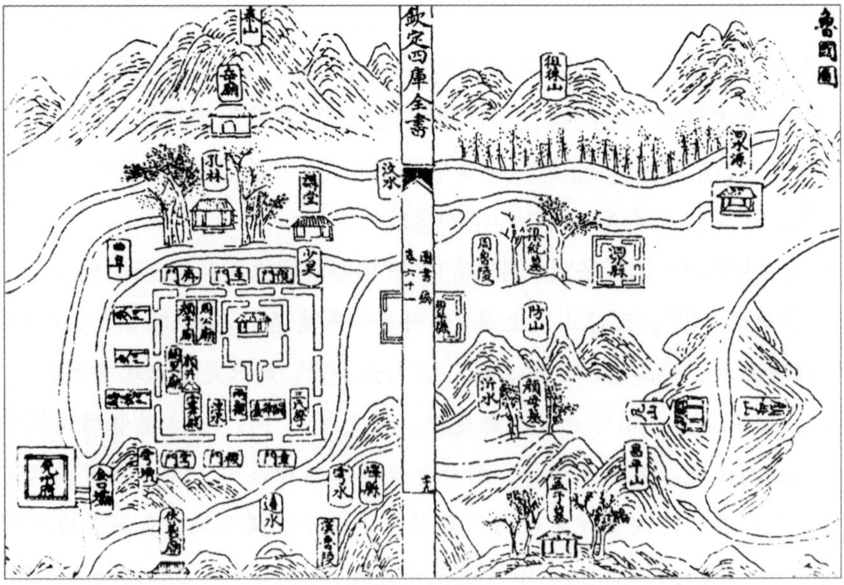

图 2.27　鲁国图

Fig.2.27　picture of Lu Kingdom

资料来源：钦定四库全书（引明代章潢《图书编》）

儒家延续千年的宇宙论创作，最终回应了孔子的态度，即：人应首先关心日常生活、家国天下的重要事情，秉持天道行事，不需多论鬼神之事；礼仪活动的重心仍基于道德修养的“内向超越”，而非基于巫文化的“外向超越”。

《荀子·礼论》[181]：祭者，志意思慕之情也，忠信爱敬之至矣，礼节文貌之盛矣，苟非圣人，莫之能知也……其在君子，以为人道也；其在百姓，以为鬼事也。

2.3 从“北冥有鱼”到道家宇宙论知识系统的建立

道家的轴心突破极有可能发生在公元前4世纪晚期至公元前3世纪早期①。作为一个学派，其名称在先秦时期尚未确立[182]。虽然道家部分哲学观念明显晚于孔子，但《史记·老子韩非列传》《礼记·曾子问》等都曾记述孔子向老子问“礼”，这里隐含了道家学说的起源②与“古礼”以及“儒礼”之间存在着某种关联。

《老子·第三十八章》描写了“道”的原始淳朴性逐渐衰退的过程。从“失道”开始，每一步都是对原始精神的偏离，进而呈现老子对儒家所谓本体之“德”“仁”“义”“礼”“忠”“信”的逆反态度，老子相信现实文明制度的兴起不但不是自然状态的改进，反而是自然状态的污染与毁灭，“礼”即是“乱之首”。《庄子·大宗师》更是假借颜回向孔子问道的寓言，将“忘礼乐，忘仁义，堕肢体，黜聪明，离形去知，同于大通”作为对“道”的正确体认过程。

《老子·第三十八章》[183]：故失道而后德，失德而后仁，失仁而后义，失义而后礼。夫礼者，忠信之薄而乱之首。

《庄子·大宗师》[184]：颜回曰：“回益矣。”仲尼曰：“何谓也？”曰：“回忘仁义矣。”曰：“可矣，犹未也。”他日复见，曰：“回益矣。”曰：“何谓也？”曰：“回忘礼乐矣！”曰：“可矣，犹未也。”他日复见，曰：“回益矣！”曰：“何谓也？”曰：“回坐忘矣。”仲尼蹴然曰：“何谓坐忘？”颜回曰：“堕肢体，黜聪明，离形去知，同于大通，此谓坐忘。”仲尼曰：“同则无好也，化则无常也。而果其贤乎！丘也请从而后也。”

由上即可分辨，道家思想的起源同样基于对“礼”及“天人关系”的反思。但和孔子将“古礼”之精神核心“巫”替换为“仁心”的渐进改造方式不同，道

---

① 余英时. 论天人之际 [M]. 北京：中华书局，2014：102.

② 《汉书·艺文志·诸子略》：“道家者流，盖出于史官。历记成败、存亡、祸福、古今之道。然后知秉要执本，清虚以自守，卑弱以自持，君人南面之术也。合于尧之克攘，《易》之嗛嗛，一谦而四益，此其所长也。及放者为之，则欲绝去礼学，兼弃仁义，曰独任清虚，可以为治。”本文所涉之道家思想以《老子》《庄子》文本作为主体。

家没有采取这种局部性更改方式，而是选择将儒家联系“天—人”的“仁—礼”系统完全否定，进而注入全新的内容（图 2.28）。故道家必须从实质上建立一套辩证于儒家[①]，甚至辩证于原始宗教的形上学体系，才能证明其理论的真理性。

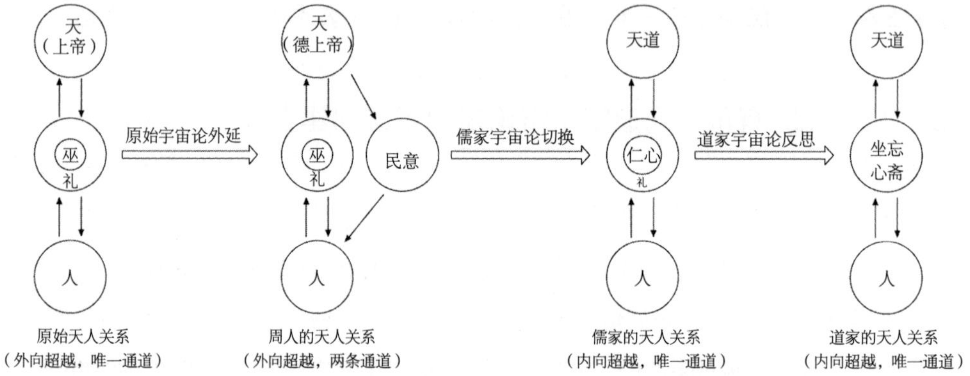

图 2.28　道家对原始、儒家之天人关系的反思与修改

Fig.2.28　Taoism’s reflection and modification on the original and Confucian Tian-Ren relation

资料来源：笔者自绘

那么，道家申说了怎样的宇宙论知识与本体价值意识？道家在哪些方面与原始宗教、儒家思想进行了辩证与区分，道家与道教差异何在？道家形上学是否衍生出不同于以往的空间哲学？如果是，它被如何表述？与原始宇宙论、儒家宇宙论相较，“山水”的哲学意涵又发生了怎样的变化，进行了怎样的空间演绎与呈现？

2.3.1　天地一气，万物皆种

道家在《老子》阶段，其实并没有真正建立可以明确区分于儒家的宇宙论系统，更多的论述着重在本体论方面（3.3 将会涉及），只有以下两段文字较为类似于宇宙论阐述：

《老子·第四十二章》：道生一，一生二，二生三，三生万物，万物负阴而抱阳，充气以为和。

《老子·第十章》：专气致柔，能婴儿乎？

就前者而言，历来注家在“一、二、三”的文字中架构了繁复的阶段原理，

---

① 和儒家唯一相似的地方在于，道家的精神突破方式仍然选择轴心时代之“内向超越”模式，以此来划定其与原始宗教哲学的界限。

如阿城先生就曾试图混淆原始宇宙论与气化宇宙论，将《太一生水》与《老子》等同，并言："天极就是这个一，生了天，天生了二；二生了地，地生了三"[①]等。虽然表面上看来十分合理，但从全面诠释的角度看来，老子对于道之创生万物的观点并未多置它辞，也并没有其他重要文句作为佐证，因此所有的解释都流于猜测。此外，"万物负阴而抱阳，充气以为和"也是先秦气化宇宙论的一般观念，并非老子独创。故该段不能作为判断道家独立宇宙论创作的有效根据。

就后者而言，老子强调把身体视为气的存在，即"人体宇宙学"，或对后来道家甚至道教之养生哲学、修炼哲学有一定影响，但所言仍十分有限，难以提取更多宇宙论信息。

从《老子》基本延续气化宇宙论的立场来看，似乎道家思想的初期并没有在宇宙论方面进行系统创作。这就很容易产生一种误解，即儒、道具有相同属性的知识基础。然而事实真的如此吗？下面我们会看到《庄子》的出场，已经将儒、道宇宙论的界限完全呈现出来。

《庄子·逍遥游》：北冥有鱼，其名为鲲。鲲之大，不知其几千里也；化而为鸟，其名为鹏。鹏之背，不知其几千里也；怒而飞，其翼若垂天之云。是鸟也，海运则将徙于南冥……若夫乘天地之正，而御六气之辩，以游无穷者，彼且恶乎待哉！故曰：至人无己，神人无功，圣人无名……尧以天下让许由，许由不受。

《庄子·大宗师》：死生，命也，其有夜旦之常，天也……孔子曰："彼游方之外者也，而丘游方之内者也。外内不相及，而丘使女往吊之，丘则陋矣。彼方且与造物者为人，而游乎天地之一气"……芒然彷徨乎尘垢之外，逍遥乎无为之业。彼又恶能愦愦然为世俗之礼，以观众人之耳目哉。

《庄子·天下》：独与天地精神往来，而不敖倪于万物，不谴是非，以与世俗处。

《庄子·知北游》：人之生，气之聚也。聚则为生，散则为死……万物皆种也，以不同形相禅。

《庄子·乐至》：故万物一也，是其所美者为神奇，其所恶者为臭腐，臭腐复化为神奇，神奇复化为臭腐。故曰：通天下一气耳……庄子妻死，惠子吊之，庄子则方箕踞鼓盆而歌。惠子曰："与人居，长子老身，死不哭亦足矣，又鼓盆而歌，不亦甚乎！"庄子曰："不然。是其始死也，我独何能无概然！察其始而本无生，非徒无生也而本无形，非徒无形也而本无气。杂乎芒芴之间，变而有气，气变而

---

① 阿城．洛书河图——文明的造型探源 [M]. 北京：中华书局，2014：155.

有形，形变而有生，今又变而之死，是相与为春秋冬夏四时行也。人且偃然寝于巨室，而我噭噭然随而哭之，自以为不通乎命，故止也。”

笔者认为，理解《庄子》宇宙论知识系统有以下五个重点：

（1）《庄子》继承了气化宇宙论的一般基调，认为“天地一气”。这点和儒家《易传》相似，也与《老子》相似，属于先秦诸子普遍的世界观。

（2）但《庄子》以“寓言”[①]的方式提出了一个“仙存有”的气化宇宙论，其中仙人汇通天道，不理人事（故尧让天下，许由不受）。而儒家气化宇宙论必须保证经验现实世界的实有与唯一，才可谈及家国天下的政治理想；原始宇宙论强调上帝鬼神垄断人间法则，巫觋群体绝地天通。在《庄子》中，仙虽有神通，但仍无法也不会去动摇“道”的终极性。由于《老子》几乎没有涉及丰富的宇宙论建构，故《庄子》知识系统可以成为道家宇宙论的主要基调。

（3）《庄子》气化宇宙论包含“方内”“方外”两种不同维度的精神世界。“方外”世界绝不等同于自然界、彼世，它不在任何物理空间之内，故不能将其划归于某种宗教意义的天堂生活，这一世界属于高级精神领域。故庄子从未宣称遁离此世，在彼世永恒栖息，他自己也未曾放弃此世。进入“方外世界”依托纯粹精神的“内向超越”，通过“离形去知”“坐忘”“心斋”等工夫论将儒家的“礼乐”外壳完全拔除。

（4）《庄子》直面“生死”问题，即便有些特殊存有者能依靠精神超越与修炼达成“不复生死”，但“生死”归根结底无非是物质要素的气化流动，气聚则生，气散则死，万物普遍都是这样，生死只是气的流变，没有必要因此而附加悲伤的情绪，故庄子妻死，鼓盆而歌。

（5）虽然儒、道都秉持气化宇宙论来与原始宇宙论进行知识切割，但前者是借削弱鬼神的主宰性地位来申说的（子不语怪力乱神），后者是借改变鬼神的位格形态特征来表达的（用仙话替代神话）；前者肯定经验现实世界的实有与唯一，后者则肯定超越经验现实世界的高级精神领域存在；前者认为宇宙运行具有可知、可说、可模仿的道德秩序；后者则认为宇宙运行超越于世俗人群的认知能力。

---

① 汉宝德先生对此体悟得极为深刻：“对于崇尚理性的庄子而言，这只是顺手拈来的比喻，说明人之不能相信的事情，很多是因为知识不及。然而他的这个比喻，加上他所下的无法判断其真伪的结论，后世的道家之流就不客气地完全相信，形成后来中国通俗宗教（道教）的一部分”。笔者认为，庄子是否真正相信有神仙存有并不重要，但其意旨一定不是在简单诉说神仙状态及其所处环境，那些气魄宏大、神奇飘逸的描写最终还是要指向“方外世界”，即人可通过“内向超越”达到的“高级精神领域”。如《庄子·天下》：“以谬悠之说，荒唐之言，无端崖之辞，时恣纵而不傥，不以觭见之也。”

如果说原始宇宙论还需要考古学研究与片段性文本来佐证，儒家气化宇宙论还需要建构千年并最终依托宋明儒学来定调，那么以《庄子》为代表的道家气化宇宙论可谓中国哲学史上最早建构清晰、完整的知识系统。

2.3.2 姑射之山，神人居焉

《庄子》一开篇，就力图构建一个广阔无垠的世界图景，其中更不乏对自然山水的描述，这为我们探寻道家空间哲学的知识根基提供了依据。

我们发现，《庄子》对“山水”知识定位已经完全突破儒家所建立的经验现实世界之维度，并且承载了丰富、多样的特殊存有者（仙人、至人、圣人、神人等等）。尽管从道家气化宇宙论的角度上看，“山水”当然也是“气”浮沉聚散的结果，但由于《庄子》将其从“人居环境”拔升至“仙居环境”的重要构成，故“山水”的道家宇宙论意涵随即转换成“气之流变，仙之居所”，与“山水”在儒家宇宙论中“天道造化，理气凝聚”的意涵相较，剥离了一种可以诉说的道德秩序，注入了一种超越世俗的精神气质。因为“天—山水—地”的基本空间图示并没有发生改变，所以山水依然是架构天地万物的空间枢纽。

《庄子·逍遥游》：藐姑射之山，有神人居焉，肌肤若冰雪，淖约若处子。不食五谷，吸风饮露。乘云气，御飞龙，而游乎四海之外。

《庄子·大宗师》：夫道……堪坏得之，以袭昆仑；冯夷得之，以游大川；肩吾得之，以处大山；黄帝得之，以登云天；颛顼得之，以处玄宫；禺强得之，立乎北极；西王母得之，坐乎少广。莫知其始，莫知其终。彭祖得之，上及有虞，下及五伯；傅说得之，以相武丁，奄有天下，乘东维，骑箕尾，而比于列星。

需要补充的是，从《庄子》宇宙论所使用的概念或存有者名称来看，很多范畴都可以在上古神话传说《山海经》当中找到对应，这种范畴的共通性很容易造成历代学者的一种误解，即：既然《庄子》文本中出现了“姑射”“颛顼”“昆仑”“西王母”等原始宇宙论范畴，所以《庄子》继承了巫文化[185]的神学框架。

《山海经·东山经》[160]：卢其之山……又南三百八十里，曰姑射之山，无草木，多水。

《山海经·海内北经》：姑射国在海中，属列姑射，西南，山环之。

《山海经·西山经》：又西北三百五十里，曰玉山，是西王母所居也。

《山海经·海内北经》：西王母梯几而戴胜杖，其南有三青鸟，为西王母取食，在昆仑虚北。

《山海经·大荒西经》：西海之南，流沙之滨，赤水之后，黑水之前，有大山，名曰昆仑之丘。有神……名曰西王母，此山万物尽有。

但是，从前文对《庄子》气化宇宙论的重点归纳中便可窥见，《庄子》对特殊存有者的刻画并非是在渲染天极崇拜、昆仑崇拜、鬼神崇拜、绝地天通，而只是仅仅借用了上古“神话”符号，将其转化成“仙话”系统，实质上改变了“神”的位格形态，诉说了全新的形上学（神能主宰世界，仙则不谙世事）。故无论《山海经》① 与《庄子》宇宙论有多少概念被共同使用，我们仍不能将其划归于道家知识系统。

《庄子》哲学创作的早熟与深邃，导致后来某些所谓道家（实为阴阳家、杂家、方士、道士、政客等）的宇宙论创作 ②③④ 并无多少新意和沉淀，可谓陈词滥调，混淆系统，并与儒家之《易传》铺陈愈发雷同，甚至还有些许“巫”文化的味道，不得《庄子》“方外”之真谛。由于《庄子·逍遥游》中有一句“列子御风而行”的话，后世之人就写了一本《列子》（在道教被冠以《冲虚经》），伪托 ⑤ 为古书，大大扩展甚至扭曲了《庄子》的神仙寓言意旨，同时也助推了道家人生哲学向空间哲学的异化转换。在这过程中，《列子》开创了两套影响极其深远的道家空间哲学之宇宙论进路，以下略说。

2.3.3 云雨之上，琼楼广厦

第一条进路从《列子·周穆王》[186] 叙述周穆王招待“化人”的故事开始：

一位“化人”能入水火、穿金石，移山倒海，搬移城邑，千变万化，不可穷尽，

---

① 鲁迅在《中国小说史略》中这样定位《山海经》：“记海内外山川神祇异物及祭礼所宜……所载祠神之物多用糈，与巫术合，盖古之巫书也。”《山海经·大荒西经·灵山十巫》亦云：“有灵山，巫咸、巫即、巫盼、巫彭、巫姑、巫真、巫礼、巫抵、巫谢、巫罗十巫，从此升降，百药爰在。”本文在 2.1 中曾提到，《山海经》实际上保留了原始宇宙论的诸多信息，尤其是昆仑崇拜与天极崇拜。

② 《列子》：“太易者，未见气也；太初者，气之始也；太始者，形之始也；太素者，质之始也。气形质具而未相离，故曰浑沦。浑沦者，言万物相浑沦而未相离也。视之不见，听之不闻，循之不得，故曰易也。易无形埒，易变而为一，一变而为七，七变而为九，九变者，究也；乃复变而为一。一者，形变之始也。清轻者上为天，浊重者下为地，冲和气者为人；故天地含精，万物化生。”

③ 《吕氏春秋》：“孟春之月……其帝太皞，其神句芒……仲夏之月……其帝炎帝，其神祝融……太一出两仪，两仪出阴阳。阴阳变化，一上一下，合而成章。浑浑沌沌，离则复合，合则复离，是谓天常。天地车轮，终则复始，极则复反，莫不咸当。日月星辰，或疾或徐，日月不同，以尽其行。四时代兴，或暑或寒，或短或长。或柔或刚。万物所出，造于太一，化于阴阳。”

④ 《淮南子》：“夫道者，覆天载地，廓四方，柝八极，高不可际，深不可测，包裹天地，禀授无形；原流泉浡，冲而徐盈；混混滑滑，浊而徐清。故植之而塞于天地，横 之而弥于四海；施之无穷，而无所朝夕……泰古二皇，得道之柄，立于中央。神与化游，以抚四方……道始于一，一而不生，故分而阴阳。阴阳合和而万物生，故曰：一生二，二生三，三生万物。”

⑤ 见于 2013 年国家社科基金后期资助项目，《列子》考论，武汉大学，葛刚岩。

穆王十分敬重，并用心侍奉，将自己豪华的宫殿供其居住，挑选美女供其娱乐。但化人认为穆王之宫室卑陋不堪，妃嫔膻恶难近，非常不满意。故穆王耗尽国库为其修建高耸千仞的“中天之台”，再次挑选美女，演奏美乐，来供享乐，化人才勉强进住。

周穆王时，西极之国有化人来……千变万化，不可穷极……穆王敬之若神，事之若君，推路寝以居之，引三牲以进之，选女乐以娱之。化人以为王之宫室卑陋而不可处，王之厨馔腥蝼而不可飨，王之嫔御膻恶而不可亲。穆王乃为之改筑，土木之功……其高千仞，临终南之上，号曰中天之台。简郑卫之处子娥媌靡曼者……奏《承云》《六莹》……以乐之，月月献玉衣，旦旦荐玉食。化人犹不舍然，不得已而临之。

没住多久，化人邀请穆王到天上游玩，这里的宫殿用金银建造，珠玉装饰，高耸于云雨之上，乃天帝所居之地。穆王俯视，只见自己的宫殿宛如土块、柴草。

居亡几何，谒王同游。王执化人之袪，腾而上者，中天乃止。暨及化人之宫。化人之宫构以金银，络以珠玉，出云雨之上，而不知下之据，望之若屯云焉。耳目所观听，鼻口所纳尝，皆非人间之有。王实以为清都、紫微、钧天、广乐，帝之所居。王俯而视之，其宫榭若累块积苏焉。

回到人间后，穆王放弃权位，不再迷恋臣妾，乘驾西行，来到巨蒐氏之国，巨蒐氏人献白天鹅鲜血供穆王饮用，备牛马乳汁给其洗脚。再而来到昆仑山顶，访昔日黄帝宫殿，又访西王母，饮酒于瑶池之上，西王母为穆王吟诵歌谣，世人都以为穆王成仙了。

命驾八骏之乘……弛驱千里……巨蒐氏乃献白鹄之血以饮王，具牛马之湩以洗王之足……别日升于昆仑之丘，以观黄帝之宫……遂宾于西王母，觞于瑶池之上。西王母为王谣，王和之……能穷当身之乐，犹百年乃徂，世以为登假焉。

这一故事的影响力是不可想象的（图 2.29），无论是对于平民百姓还是帝王权贵，都极容易塑造一种“打着道家旗号”的迷信力量。仔细将《列子》与《庄子》宇宙论进行比对就可以发现，《列子》将“得道之路”过度的“物质化”与“外部化”了，并非《庄子》所倡导的“内向超越”。庄子从未勾勒神仙过着富丽堂皇的奢侈生活，反而是借仙人超越的视野来论说世人应放下现实世界的矜持、争夺与贪欲。就此而言，道家继《庄子》以后的学术发展产生了较大程度的“堕落”①，为后世帝王苑囿构筑“云雨之上、琼楼广厦”的空间意境提供了重要的知识参照。

---

①（唐）白居易《八骏图》批评周穆王玩物丧志：“穆王八骏天马驹，后人爱之写为图……瑶池西赴王母宴，七庙经年不亲荐。璧台南与盛姬游，明堂不复朝诸侯……八骏图，君莫爱。”

图 2.29　汉画像石拓片：周穆王会见西王母

Fig.2.29　stone rubbings of Han dynasty: Zhou Mu Wang meets Xi Wang Mu

资料来源：洛阳博物馆（上）、山东滕州汉画像石馆（下）

秦始皇好言神仙，迷信方士，自诩为帝，毕生更追求长生不老的白日梦。《列子》等宇宙论哲学非常对其胃口。上林苑即是秦始皇时代建设的皇家宫苑，所占范围极为广阔，阿房宫是上林苑的一部分，奢靡程度可想而知（图 2.30）。

图 2.30　宋代 赵伯驹《阿阁图》

Fig.2.30　Song Dynasty, Zhao Boju, painting of A Ge

资料来源：原图存于台北“故宫博物院”

唐代杜牧《阿房宫赋》：六王毕，四海一，蜀山兀，阿房出。覆压三百余里，隔离天日。骊山北构而西折，直走咸阳。二川溶溶，流入宫墙。五步一楼，十步一阁；廊腰缦回，檐牙高啄；各抱地势，钩心斗角……长桥卧波，未云何龙，复道行空，不霁何虹，高低冥迷，不知西东。歌台暖响，春光融融；舞殿冷袖，风雨凄凄……鼎铛玉石，金块珠砾，弃掷逦迤，秦人视之，亦不甚惜。

《三辅黄图》[135]：阿房宫，亦曰阿城。惠文王造宫未成而亡，始皇广其宫，规恢三百余里。离宫别馆，弥山跨谷，辇道两属，阁道通骊山八百余里，表南山之颠以为阙，络樊川以为池。

可见，一种被《列子》异化的神仙意境在秦阿房宫呈现出来。秦代以后，汉武帝亦继承了秦始皇帝这一宇宙论进路，再筑上林苑（图 2.31），同样企盼接见仙人，长生不老。

图 2.31　元代 李容瑾《汉苑图》

Fig.2.31　Yuan Dynasty, Li Rongjin, painting of Han Yuan

资料来源：原图存于台北“故宫博物院”

《汉书·郊祀志》[187]：公孙卿曰："仙人可见，上往常遽，以故不见。今陛下可为馆如缑氏城，置脯枣，神人宜可致。且仙人好楼居。"于是上令长安则作飞廉、桂馆，甘泉则作益寿、延寿馆，使卿持节设具而候神人。

和杜牧不同①，武帝时人司马相如，能亲见上林苑，他采用了十分华丽的辞藻谱写了这篇《上林赋》。

《上林赋》：东西南北，驰骛往来，出乎椒丘之阙，行乎洲淤之浦，经乎桂林之中，过乎泱漭之野……于是乎离宫别馆，弥山跨谷，高廊四注，重坐曲阁，华榱璧珰，辇道纚属，步櫩周流，长途中宿。夷嵏筑堂，累台增成，岩窔洞房，頫杳眇而无见，仰攀橑而扪天，奔星更于闺闼，宛虹扡于楯轩，青龙蚴蟉于东箱，象舆婉僤于西清。

虽然《上林赋》的语词较为浮夸，但对比《三辅黄图》的记载来看，司马相如所述也并非没有根据。

《三辅黄图》：汉上林苑，即秦之旧苑也。《汉书》云武帝建元三年开上林苑，东南至蓝田宜春。鼎湖、御宿、昆吾，旁南山而西，至长杨，五柞，北绕黄山，濒渭水而东。周袤三百里，离宫七十所，皆容千乘万骑……苑中养百兽，天千秋冬射猎取之。

上行下效，帝王如此，贵族门阀亦如此。

《西京杂记》[188]记汉梁孝王建兔园云：梁孝王好营宫室苑囿之乐，作曜华之宫，筑兔园。园中有百灵山，山有肤寸石、落猿岩、栖龙岫。又有鴈池，池间有鹤洲凫渚。其诸宫观相连，延亘数十里。奇果异树，瑰禽怪兽毕备。王日与宫人、宾客弋钓其中。

秦汉以后，神仙之说仍被继承，从曹操的铜雀台、曹丕的西游园，到北魏的华林园，再到隋炀帝之西苑等。帝王权贵借道家之名，将园林刻画为权力与财富的象征，及享乐的场所。十里九坂，凿池聚山，砌筑高台，建琼楼玉宇，炼仙丹妙药，实际上与道家出世的朴素生活理想毫不相关。

《洛阳伽蓝记》[189]记述的北魏洛阳造园情况：帝族王侯、外戚公主，擅山海之富、居川林之饶，争修园宅，互相竞争，祟门丰室、洞房连户，飞馆生风、重楼起雾。高台芸榭，家家而筑……飞梁跨阁，高树出云。

《洛阳伽蓝记》介绍华林园载：山东有羲和岭，岭上有温风宫，山西有姮娥峰，峰上有寒露馆，并飞阁相通，凌山跨谷。山北有玄武池，山南有清暑殿，殿东作

① 和杜牧相同的是，司马相如亦不赞成这种奢靡的宫廷生活，故在文后提出："费府库之财，而无德厚之恩，务在独乐，不顾众庶，亡国家之政，贪雉兔之获，则仁者不繇也"。

临涧亭，殿西构临危台、景阳观。

《洛阳伽蓝记》介绍西游园载：园中有凌云台，即魏文帝所筑者，台上有八角井，高祖於井北造凉风观，登之远望，目极洛川。台下有碧海曲池，台东有宣慈观，去地十丈，观东有灵芝钓台，累木为之，出于海中，去地二十丈，风生户牖，云起栋梁，丹楹刻梅，图写列仙。

《大业杂记》[190]介绍隋炀帝西苑载：上有通真观、习灵台、总仙宫，分在诸山。风亭月观，皆以机成，或起或灭，若有神变。

2.3.4 鳌戴三岛，方壶胜境

《列子》还根据《山海经》的部分内容①杜撰了一个“东海三岛”神仙世界，开辟了道家空间哲学之宇宙论异化后的第二条进路。它提到：古时渤海东面有大海，海中有五座大山，为众神仙的居所，由于五山不相连，所以总随潮水漂移不定，为了解决这个问题，上帝命令北方之神禺强派遣十五只巨龟分为五组，一组三只轮流值班负责一座山，五山从此稳固下来。由于山太重，巨龟值班一次六万年，然后轮流交替。可是龙伯国的一位巨人一下钓走了六只巨龟，用去占卜，导致承载岱舆、员峤的两组巨龟失踪，二山也漂移至北极，沉入大海，迫使二山群仙外迁。海中仅剩下方壶、瀛洲、蓬莱三座仙山（图 2.32）。

《列子·汤问》：渤海之东不知几亿万里，有大壑焉，实惟无底之谷，其下无底，名日归墟。八纮九野之水，天汉之流，莫不注之，而无增无减焉。其中有五山焉：一曰岱舆，二曰员峤，三曰方壶，四曰瀛洲，五曰蓬莱。其山高下周旋三万里，其顶平处九千里。山之中间相去七万里，以为邻居焉。其上台观皆金玉，其上禽兽皆纯缟。珠玕之树皆丛生，华实实皆有滋味；食之皆不老不死。所居之人皆仙圣之种……而五山之根无所连箸，常随潮波上下往还……帝恐流于西极，失群仙圣之居，乃命禺强使巨鳌十五举首而戴之。迭为三番，六万岁一交焉。五山始峙而不动。而龙伯之国有大人，举足不盈数步而暨五山之所，一钓而连六鳌，合负而趣，归其国，灼其骨以数焉。于是岱舆、员峤二山流于北极，沉于大海，仙圣之播迁者巨亿计。

这则故事后来在《海内十洲记》[148]《尔雅翼·鳌》[191]等文献中都有记载，其影响与《列子·周穆王》同样巨大。据《史记·秦始皇本纪》载，当时人们已对神仙存有深信不疑，故：“齐人徐市等上书，言海中有三神山，名曰蓬莱、方丈、

① 《山海经》：“蓬莱山在海中，上有仙人，宫室皆以金玉为之，鸟兽尽白，望之如云，在勃海中也。”

图 2.32　明代 仇英《蓬莱仙境卷》

Fig.2.32　Ming Dynasty, Qiu Ying, panting of Peng Lai

资料来源：原图存保利艺术博物馆

瀛洲，仙人居之。请得斋戒，与童男女求之。于是遣徐市发童男女数千人，入海求仙人……始皇之碣石，使燕人卢生求羡门、高誓。刻碣石门……因使韩终、侯公、石生求仙人不死之药。”结合前文 2.3.1，我们可以发现，原始空间哲学之宇宙论与被异化的道家空间哲学之宇宙论，经方士们串接，在秦始皇心中合二为一了。

秦以后，蓬莱、方丈、瀛洲三岛成为中国皇家园林设计的固定主题，也在众多文学创作①中广泛出现，可见《列子》对世俗世界影响之深。

汉建章宫太液池就有三岛，《史记・孝武本纪》载：“其北治大池，渐台高二十余丈，名曰太液池，中有蓬莱、方丈、瀛洲、壶梁象海中神山，龟鱼之属。”

隋炀帝之洛阳西苑仍有三岛，据《隋书》[192] 记载：“西苑周两百一里，其内为海周十余里，为蓬莱、方丈、瀛州诸山，高百余尺。台观殿阁，罗络山上。”

唐大明宫太液池继续沿用三岛布局，李绅《忆春日太液池亭候对》云：“宫莺

---

① 李白《梦游天姥吟留别》：“海客谈瀛洲，烟涛微茫信难求。越人语天姥，云霓明灭或可睹。天姥连天向天横，势拔五岳掩赤城。天台四万八千丈，对此欲倒东南倾。”李商隐《牡丹》：“鸾凤戏三岛，神仙居十洲。”李中《鹤》：“好共灵龟作俦侣，十洲三岛逐仙翁。”韦庄《王道者》：“三岛路歧空有月，十洲花木不知霜。”史浩《夜合花》：“三岛烟霞，十洲风月，四明古号仙乡。”王质《水调歌头》：“暂驭青鸾紫凤，来玩十洲三岛，旌旆卷芙蓉。”卢祖皋《洞仙歌》：“有苍崖乔木，石磴鸣泉，尘不到，掩映十洲三岛。”夏元鼎《贺新郎》：“三岛十洲无限景，稳驾鸾舆鹤驭。”鲁訔《满庭芳》：“坐啸蓬宫，移旌天府，往来三岛十洲。”……

报晓瑞烟开，三岛灵禽拂水回。桥转彩虹当绮殿，舰浮花鹢近蓬莱。”

北宋徽宗在汴京城郊营造寿山艮岳，立蓬壶于曲江池中。南宋高宗也在临安德寿宫中凿池注水，叠石为山，坐对而生三神山之想。

金人灭宋，迁都北京，建太液池、蓬莱山、广寒宫。元时期大内御苑太液池中三岛布列，由北至南分别为万岁山、圆抵和屏山。明建北京时，将元代的太液池向南扩展，形成三海——北海、中海、南海，并以此作为主要御苑，称为“西苑”，琼华岛、团城和南台构成“一池三岛”形式。

雍正二年（公元 1724 年），圆明园的扩建工程除了将中轴线向南延伸，修建宫廷区外，还将向北、东、西三面拓展，构建曲水岛渚，增设亭榭楼阁。这部分构成了后来乾隆帝御题“四十景”的主体（其中至少有三十三景于雍正[①]在位期间完成）。在“福海”（蓬岛瑶台、方壶胜境）与以后清漪园（颐和园）的营造中，三岛的宇宙论知识得到再次运用（图 2.33）。

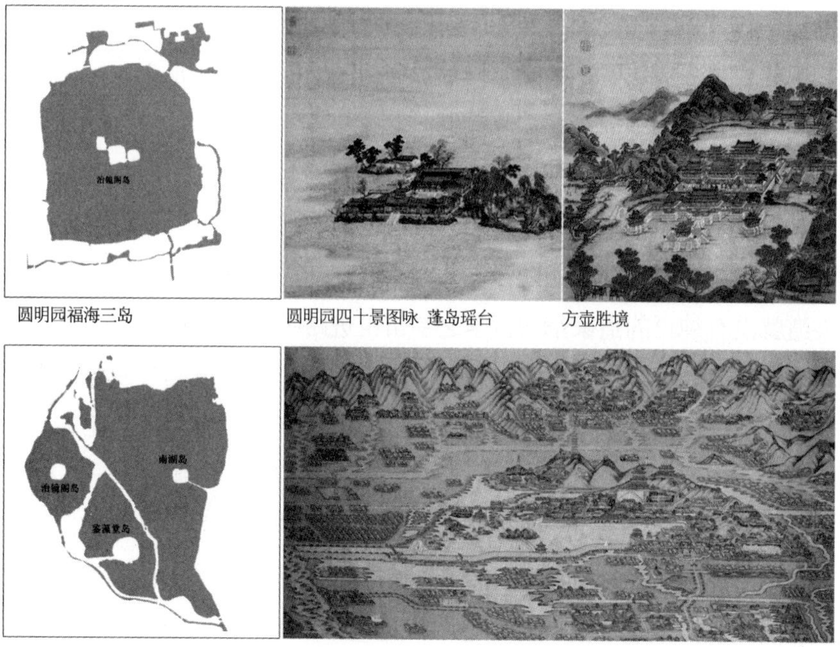

圆明园福海三岛　　圆明园四十景图咏 蓬岛瑶台　　方壶胜境

颐和园三岛　　颐和园八旗兵营图

图 2.33　圆明园与颐和园的三岛格局

Fig.2.33　three islands in the Yuanming Yuan and Summer Palace

资料来源：笔者根据相关资料整理

① 雍正在《御制文集》中写下了不少歌颂神仙、丹药的诗。而且在政务之余，雍正还常常在道士的指导之下，研究炼丹、采苓、放鹤、授法等道教秘术。

2.3.5 千里江山，气韵生动

从《老子》《庄子》，再到《列子》《吕氏春秋》《淮南子》《抱朴子》等，道家宇宙论知识的堕落，似乎有一种强大的力量在推动。对此，汉宝德先生[193]有一段很经典的评述：

“中国的人文思想就是周朝开始制定的礼制，到孔子发展成熟的儒家思想。这种思想注重意识层面的理性，不讨论‘怪力乱神’，一旦为统治阶层所采用，原始时代的神话就受到压制了。然而……仅凭在形式上的压制是不能完全清除的……园林是我国古代发展得很早的一种贵族艺术，它完全不受神话的影响是不能想象的……《淮南子》与《列子》中充满神话是无疑的……到了汉末，通俗的道教就产生了。这是世界上文明国家当中，最倾向于物质主义、白日梦式的宗教，也是与原始迷信不分的宗教。”①

放到本文的框架下，我们可以这样理解：原始宇宙论在儒家宇宙论的压制下，由于世俗群体混淆“原始神话”与“道家仙话”的绝对性差异，被注入《庄子》过早开创的道家宇宙论知识，杂糅对待，多加粉饰。在这种情况下，道家空间哲学知识系统的后续演绎就难免出现隐晦、迷信、奢靡的色彩，名为亲近自然，实为满足帝王将相、贵族门阀私欲的反自然活动。虽然《庄子》的本意不在此处，但上古神话的保存与仙话的产生的确是道家的贡献，所以这套彰显权力、财富、神秘力量的宇宙论知识，只能勉强地归入道家空间哲学系统。

难道就没有纯正的道家空间哲学之宇宙论进路吗？当然不是。

如果说儒家讲出了“不语怪力乱神”，那么真正的道家同样应该是“不语怪力乱神”，因为这是儒、道两家通过气化宇宙论创作压制原始宇宙论的最初共同意图。“仙话”只是《庄子》的寓言，借此来烘托高级精神领域——“方外”。能够明白此理的，当然不在世俗群体。“独与天地精神往来”早已限定，领悟道家宇宙论真谛的，只能是极其小众的高级知识精英，用《庄子》的话说叫“才全而德不形”的人物，故道家空间哲学之宇宙论进路，本来不具有《列子》所绘的具体知识可供简单模仿，着力点应该在呈现这个难以言说的“方外”。

让我们再次回到《庄子》在讽刺孔子与惠施时，对其宇宙论知识进行的重要阐述：“与造物者为人，而游乎天地之一气……万物一也……通天下一气耳……杂

① 汉宝德．物象与心境：中国的园林 [M]. 北京：三联书店，2014：28-36.

乎芒芴之间，变而有气，气变而有形，形变而有生，今又变而之死，是相与为春秋冬夏四时行也。”

非常明显，《庄子》论“气”放弃采用儒家《易传》之“太极生两仪，两仪生四象，四象生八卦……”的话语，甚至连《老子》的“道生一，一生二，二生三，三生万物”也不在其中。《庄子》之“气”更加流变、高远、灵动与整体。所以我们可以照见：儒家气化宇宙论是在刻画明确的世界道德秩序，即：“生生之气”；真正道家的气化宇宙论是在描绘超越世俗道德的秩序，即：“流变之气”。“气”在哲学意涵上的细微差异，才是精确区分儒、道宇宙论的关键。这是阴阳家、方士、道教要极力掩盖和混淆的。

所以真正的道家空间哲学之宇宙论进路，其重点在呈现宏阔自然“山水”之“气之流变”，而非过度解读“仙之居所”（如：“琼楼广厦、方壶胜境”）。幸运的是，这套宇宙论认知在汉末以后，随着魏晋南北朝时期中国“士”阶层的形态变迁①[194]被顽强地保留了下来，并以诗歌、绘画、园林三种空间载体交互呈现，即所谓的中国文人山水诗、文人山水画、文人山水园复合系统。

刘勰《文心雕龙》[195]：宋初文咏，体有因革，庄老告退，而山水方滋。

南朝画家谢赫在《古画品录》中提出的绘画六法，其中以“气韵生动”位列第一（图 2.34），彰显《庄子》崇“气”特质：

谢赫《古画品录》[196]：夫画品者，盖众画之优劣也。图绘者，莫不明劝戒、著升沉，千载寂寥，披图可鉴。虽画有六法，罕能尽该。而自古及今，各善一节。六法者何？一，气韵生动是也；二，骨法用笔是也；三，应物象形是也；四，随类赋彩是也；五，经营位置是也；六，传移模写是也……卫协。五代晋时。占画之略，至协始精……虽不说备形妙，颇得壮气。陵跨群雄，旷代绝笔。

唐代文人隐士别业营建②与诗歌创作亦展现出气概山河的道家宇宙论视野：

李华《贺遂员外药园小山池记》：其间有书堂琴轩，置酒娱宾，卑痹而敞，若云天寻文，而豁如江汉。以小观大，则天下之理尽矣。

白居易《裴侍中晋公以集贤亭即事诗二十六韵见赠》：三山五岳，百洞千壑，

---

① “士的传统……并不是一成不变的……士在前秦是‘游士’，秦汉以后则是‘士大夫’……魏晋南北朝时代儒教中衰，‘非汤武而薄周孔’的道家‘名士’反而更能体现‘士’的精神……就思想而言，其特色是易、老、庄的三玄之学代替了汉代的经学；就行为而言，其特色则是突破传统礼教的藩篱而形成一种‘任诞’的风气。”余英时．士与中国文化 [M]. 上海：上海人民出版社，2003：7.

② 李浩．唐代园林别业考录 [M]. 上海：上海古籍出版社，2005.

环秀山庄↑

艺圃↑

沧浪亭↑

图 2.34　中国园林营造对道家宇宙论之“气韵生动”原则的继承

Fig.2.34　construction of Chinese garden: inheritance of the vivid Qi principle from Taoism Cosmology

资料来源：笔者自摄

视缕簇缩，尽在其中，百仞一拳，千里一瞬，坐而得之。

张说《东山记》：韦公体含真静，思协幽旷，虽翊亮廊庙，而缅怀林薮，东山之曲，有别业焉。岚气入野，榛烟出俗。石潭竹岸，松斋药畹。虹泉电射，云木虚吟，恍惚疑梦，闲关忘术。兹所谓邱壑夔龙，衣冠巢许也。

宋代文官制度搭建出较为宽松的政治环境，催生了“士”阶层甚至包括帝王在内的高级知识精英对其世界观的深入思辨与艺术审美转向。北宋宫廷画家王希孟之《千里江山图》，南宋宫廷画家刘松年之《四景山水图》等（图 2.35），何尝不是《庄子》真正想要对世人诉说之“天地一气”的无垠世界。

《庄子·逍遥游》：野马也，尘埃也，生物之以息相吹也。天之苍苍，其正色邪？其远而无所至极邪？其视下也，亦若是则已矣[①]。

图 2.35 （北宋）王希孟《千里江山图（局部）》、（南宋）刘松年《四景山水图》

Fig.2.35 Song Dynasty, Wang Ximeng, painting of Qian Li Jiang Shan; Song Dynasty, Liu Songnian, painting of Si Jing Shan-shui

资料来源：原图存于北京故宫博物院

① 译文为：野马般的气雾，飞扬的浮尘，这都是生物的气息相互吹拂的结果。看那湛蓝的天空，是它的本色吗？还是由于它无限高远的缘故？倘若从上往下看，大概也是这种光景吧。

2.4 从“证阿罗汉”到佛家宇宙论知识系统的建立

佛学，亦属于人类在轴心时代的重大精神突破，但与前面提及的“原始（巫）”“儒”“道”三大空间哲学系统相较，作为外来哲学系统，“佛”对中国古代人居环境营造的实际影响相对有限（除在藏传佛教地区）。佛教或自东汉末传至中国之前，早已是具备它在世界论述的宗教哲学系统，蕴含着丰富的宇宙论知识，随着被翻译的佛经不断在中国集结、传播，中国人对佛教世界观的认识也逐步加深①，以下选择若干有理论意义的材料加以说明。

2.4.1 大千世界，万法唯识

1.《四十二章经》[197]

《四十二章经》相传是最早被翻译到中国的佛学著作②，作为原始佛教修行重要的入门参考，其重点在于提出实践方法，核心观念是舍离欲望，成就阿罗汉果，同时附带了宇宙论的使用：

《四十二章经》：世尊成道已，作是思惟，离欲寂静，是最为胜。住大禅定，降诸魔道。于鹿野苑中，转四谛法轮……常行二百五十戒，进止清净，为四真道行成阿罗汉。阿罗汉者，能飞行变化，旷劫寿命，住动天地。次为阿那含，阿那含者，寿终灵神上十九天证阿罗汉。次为斯陀含，斯陀含者，一上一还即得阿罗汉。次为须陀洹，须陀洹者，七死七生便证阿罗汉。爱欲断者，如四肢断，不复用之……内无所得，外无所求，心不系道，亦不结业，无念无作，非修非证，不历诸位，而自崇最，名之为道。

以上部分透露出原始佛教宇宙论的义理：首先，“须陀洹—斯陀含—阿那含—阿罗汉”四果位之铺陈预设了一不同于经验现实世界的它在世界，永恒存在而不入生死轮回的生命形态即是阿罗汉；其次，缘起缘灭、生命无常的整个历程，描述出一个轮回的世界观，欲望即是使生命痛苦轮回的缘由，因此修行的方式即断除一切欲望，做到无念、无住、无修、无证，以超越轮回。

2.《大乘大义章》[198]

原始佛教在印度经历部派时期的讨论后，逐渐从个人离苦得乐（证阿罗汉果）

---

① 见于杜保瑞教授个人网站之论文《中国哲学的宇宙论思维》。

② 现存最早的为东晋版本，唐末受禅宗影响亦有一版。

的实践目的，转向以救度众生、成菩萨成佛为究竟法门的大乘佛学。其中唯识学主讲大乘佛学之宇宙论（万法唯识），般若学主谈大乘佛学之本体论（诸法空相）。

由于在佛学传入中国的同时，神仙道教思想风行，使得中国僧人很容易结合道家或道教思想对大乘佛学进行解读，简单将佛、菩萨等存有者理解为神仙或上帝，并产生很多疑惑，例如：菩萨有没有固定居住的世界？三界以上的存有者会不会永恒存在于一个世界，如同不生不死的神仙一样？人可不可能见到佛？什么是佛？等等。《大乘大义章》即是这一时期（魏晋南北朝）鸠摩罗什与慧远大师针对以上相关问题问答的合集[①]，其中慧远提问，鸠摩罗什回答，并频繁涉及四大、色法、涅槃、法身、法界、法性、菩萨退转、成佛、授记、修行住寿等明确的佛教宇宙论命题。

《大乘大义章·第一章初问答真法身》：真法身者，遍满十方虚空法界，光明悉照无量国土，说法音声常周十方无数之国，具足十住菩萨之众，乃得闻法。从是佛身方便现化，常有无量无边化佛遍于十方，随众生类若干差品而为现形，光明色像，精粗不同。如来真身，九住菩萨尚不能见，何况惟越致及余众生……佛法身者，出于三界，不依身口心行，无量无漏诸净功德本行所成……菩萨有二种：一者，功德具足，自然成佛……二者，或有菩萨，犹在肉身……久住世间，广与众生为缘，不得成佛。

鸠摩罗什大致重新厘清了修行者的身形变化及其存在世界的理论问题，概括如是：存有者境界与活动界域简单区分为三界内及三界外，三界内有欲界[②]、色界、无色界；众生随着修行[③]层次不断提升，觉悟不断提高，四大身形的状态由粗至细改变；一切色法皆为心识，一切心识皆有色法，色法精粗与心识染净是同一件事；各类存有者在那一个世界的存在与那一个世界的精粗结构相对应；四大结构粗慥的存有者是不能亲见细微的存有者，而身形细微的存有者则有能力依其意愿转化身形让下级存有者见或不见，所以菩萨可以化身成人普度众生；故修行活动就是使人从欲界逐级提升至三界外的事件。

鸠摩罗什的解答在相当程度上修正了慧远以及当时一般僧人对于佛教宇宙论

① 鸠摩罗什，中国佛教四大译经家之一（鸠摩罗什、真谛、玄奘、不空）。父籍天竺，出生于西域龟兹国，博通大乘小乘。后秦弘始三年（401年）入长安，备受皇朝礼遇，与弟子译成《大品般若经》《法华经》《维摩诘经》《阿弥陀经》《金刚经》《中论》《大智度论》等经论，系统介绍龙树中观学派的学说。慧远即是当时中国南方高僧，入庐山东林寺，净土宗初祖，与鸠摩罗什多次书信往返讨论教义，集结成《大乘大义章》。

② 人类存在于欲界世界里面的一个世界之中。

③ 布施、持戒、忍辱、精进、禅定、智慧、正见、正思维、正语、正业、正命、正精进、正念、正定等。

的错解，使其不再秉持道教式的神仙观念。成佛的修行工夫并不靠外丹、内丹、数术、方技，成佛之目的也并不是长生不老。

3.《大乘起信论》[199]

《大乘起信论》于魏晋南北朝时出现于中国，是中国佛学史上具有重大创作意义的哲学著作。其中以“一心开二门”① 的理论框架述说生命在现象世界中生灭流转的主体结构状态，即是典型的宇宙论命题：

《大乘起信论》：心真如者，即是一法界大总相法门体。所谓心性不生不灭。一切诸法，唯依妄念而有差别。若离心念，则无一切境界之相。是故一切法，从本已来，离言说相，毕竟平等，无有变异，不可破坏，唯是一心，故名真如……言真如者，亦无有相……当知一切法不可说，不可念，故名为真如……心生灭者，依如来藏故有生灭心。所谓不生不灭与生灭和合，非一非异，名阿黎耶识。此识有二种义，能摄一切法，生一切法。云何为二？一者觉义，二者不觉义……是心从本以来，自性清净，而有无明，为无明所染，有其染心。虽有染心，而常恒不变，是故此义，唯佛能知。

以上论述了主体因无明妄念而陷入现象世界的痛苦轮回之中，但因“心真如”永恒存在（这是众生本为佛，众生皆可成佛的理论保障），生灭现象即在于不生不灭的真如之中，故言“不生不灭与生灭和合”；现象世界因众生“心生灭相”的作用而生，并非实有，虽有而非实，心生灭作用收摄一切现象于心内而为“阿黎耶识”②（万法唯识），现象世界既然是依众生心之生灭作用而有，心灭则现象世界灭；佛是救度众生的普遍存有，众生得佛救度，实则是觉悟“心真如”之自度，佛即是一切众生“心之真如”，真如完全彰显之时即是成佛之时。

4.《摩诃止观》[200]

天台宗是中国大乘佛教八大宗派之一，着重于佛学理论的诠释与创作。其奠立者是隋代智者大师，但在悟道及教义的传承上，智者得于慧思，而慧思又有所得于慧文。慧文因读龙树《大智度论》而悟得“一心三观③”的心法，历慧思至智

① 所谓“一心开二门”，实则是由本体论述说宇宙论，由“心真如相”述说“心生灭相”，将大乘佛学之形上学问题全部由“心”统摄。

② 佛教唯识学八识中之第八识，是根本识，其他各识都由它生出（眼、耳、鼻、舌、身、意、末那）。唯识学认为，阿赖耶识中藏有无数的种子，可以引发人的善恶行为与思维活动。自无始以来，阿赖耶识就有净、染、万有种子，对待万物因缘而起，这一真理不明了，故称作“无明”。当阿赖耶识摆脱人、法二执，破除见思、尘沙、无明之惑后，就可证得真如的不生不灭、不垢不染、无性无相。阿赖耶识转染成净即是“真如”。

③ 龙树在《中论》中所说：“因缘所生法，我说即是空，亦为是假名，亦是中道义。”可归纳为：空、假、中，一心三观。

者皆有传解与创造（见于《法华玄义》《法华文句》《摩诃止观》），成为是天台宗重要义理。天台宗在宇宙论问题上使用了“十法界”及“三世间”的概念，组成“一念三千”的系统：

《摩诃止观》：一心具十法界，一法界又具十法界百法界，一界具三十种世间，百法界即具三千种世间，此三千在一念心。若无心而已，介尔有心，即具三千。

“一念三千”表面上是由“十如是”[①]“三世间”[②]“十法界”[③]相乘取得，其中“十如是”是对事物的分析范畴，“三世间”即是一国土有由五蕴[④]积聚的有情存有者之活动才成为一世间，“十法界”则是由存有者类别而说的世界的区别，显示五蕴积聚的等级次第之差异。但是，“一念三千”的重点并不是在说具体有多少个不同世界存有，而在于论述主体心识流转的繁复现象，所以没有必要执着于“三千”。只要一念发动，则染净之间，意境各别，若能一念清净，都可以即在该念之处悟入佛境。

一般而言，佛教宇宙论历经原始佛教之“十二因缘缘起说”（集谛）、唯识学之“阿黎耶识缘起说”、如来藏系[⑤]之“如来藏缘起说”、华严宗之“法界缘起说”四个细化阶段[⑥]。前三个阶段大都可由《大乘起信论》收摄，较能形成共识[⑦]，分别回答人生为何苦（欲望与无明），苦从何来（阿黎耶识），何以可能成佛（心真如/如来藏）三个宇宙论命题，其基本意涵可简便理解为：

众生皆有佛性，众生皆可成佛，佛是觉悟了的众生，众生是未觉悟的佛；不同境界的存有者可照见不同层次的世界，层次越高，色法构造越精细，越神圣庄严，甚至无色法，仅存一清静、透彻的真如心；若境界较低，心染无明，便难以看破现象世界的真相（诸行无常、诸法无我），受制于无休止的轮回；菩萨、佛发菩提心，可化身成人救度众生，但成佛关键不在他度而是己度（迷者师度，悟者自度），己度的内因来自如来佛性；世界的存在就是一场无始无终的造佛运动。

当然，佛教宇宙论问答系统的历史演进与逻辑递进，同样也伴随着生动的宇

---

① 性、相、体、力、作、因、缘、果、报、本末究竟。

② 国土、有情、五蕴。

③ 六凡为地狱、饿鬼、畜生之三恶道，以及天、人、阿修罗的三善道，四圣为声闻、圆觉、菩萨、佛。

④ 色、受、想、行、识。

⑤ 以《如来藏经》《央掘魔罗经》《大法鼓经》《胜鬘经》《无上依经》《大云经》《大般涅槃经》《圆觉经》《楞伽经》《楞严经》《佛性论》《大乘起信论》等为代表。

⑥ 方东美. 华严宗哲学（上册）[M]. 台北：黎明文化事业有限公司，1981：118-119.

⑦ 华严宗“法界缘起说”从个体上升至整体，回答整体世界存在的命题，即：从佛眼看世界，现象世界皆是由佛法身的活动产生，一切圆融无碍。由于华严宗之“法界缘起说”在佛学界亦有一定争议，故不详细展开。

宙结构表达，《长阿含经》①[201] 如下铺陈：

（1）每一小世界，其形式皆同，中央有须弥山，透过大海，矗立在地轮上，地轮之下为金轮，再下为水轮，再下为风轮，风轮之外便是虚空。须弥山上下皆大，中央独小，日月即在山腰，四天王居于山腰四面，忉利天在山顶，在忉利天的上空有夜摩天、兜率天、化乐天、他化自在天，再上则为色界十八天，及无色界四天。在须弥山的山根有七重金山，七重香水海，环绕之，每一重海，间一重山，在第七重金山外有碱海，碱海之外有大铁围山。

（2）在碱海四方有四大部洲，即东胜神洲（东方持国天王守护）、南赡部洲（人类居所，南方增长天王守护）、西牛贺洲（西方广目天王守护）以及北俱芦洲（北方多闻天王守护），叫作四天下，每洲旁各有两中洲，数百小洲而为眷属。

（3）如是九山八海、一日月、四大部洲、六欲天、上覆以初禅三天，为一小世界。集一千小世界，上覆以二禅三天，为一小千世界。集一千小千世界，上覆以三禅三天，为一中千世界。集一千中千世界，上覆以四禅九天，及四空天，为一大千世界。因为这中间有三个一千连乘（得十亿，有时亦称百亿），所以名为三千大千世界（图 2.36）。

从《长阿含经》等描述的佛教宇宙结构来看，以“山水”为核心的诸多要素，共同搭建出三千大千世界之小世界的空间形态，“须弥山”处于现象世界的中心，须弥山山顶诸天对应天国、佛国净土的层层攀升，成为架构天地万物的空间枢纽。另外，若将《长阿含经》与《大乘大义章》《大乘起信论》等相关宇宙论结合便可通晓，此中可视化的“山水”及其“存有者”亦是“虽有非实”的存在，“万法唯识”的基本宇宙论立场早已确定现象世界由“识 / 心”变现，心灭则现象世界灭。故“山水”在佛教宇宙论当中的哲学意涵实际对应的是“有情众生觉悟的层次及其所在的国土”。可见，虽然“须弥山”传说在佛教出现以前的古印度神话（婆罗门教）中亦有记载（或与巫文化有关），但佛教在佛陀时代的“无神论”倾向及大乘佛教唯识学的深入，已在很大程度上修改了其原初的知识意涵。

① 《长阿含经》：“佛告比丘：欲界众生有十二种。何等为十二？一者地狱，二者畜生，三者饿鬼，四者人，五者阿须伦，六者四天王，七者忉利天……色界众生有二十二种：一者梵身天，二者梵辅天，三者梵众天……无色界众生有四种。何等为四？一者空智天，二者识智天……如一日月周行四天下，光明所照。如是千世界，千世界中有千日月、千须弥山王、四千天下……千梵天，是为小千世界。如一小千世界，尔所小千千世界，是为中千世界。如一中千世界，尔所中千千世界，是为三千大千世界……名一佛刹。”《大智度论》：“百亿须弥山，百亿日月，名为三千大千世界。如是十方恒河沙三千大千世界，是名为一佛世界，是中更无余佛，实一释迦牟尼佛。”

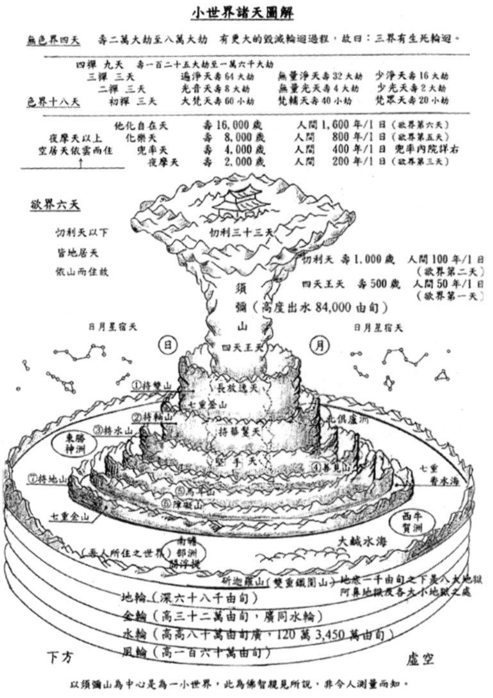

小世界诸天图解

其他类似图解

图 2.36 三千大千世界之小世界图示

Fig.2.36 universe of Buddhism

资料来源：根据相关资料收集

2.4.2 浮屠弥漫，须弥为中

由于佛教宇宙论包含一个以“须弥山”为中心的理想世界模型，故导致后世某些佛教信徒或佛教政体将其具体化为宗教符号，试图在现实世界中去刻画和建构，作为观想、朝拜、聚居等活动的中心。

在中国，须弥山模型主要出现了两种变体：第一种为“窣堵波”（梵语：Buddhastupa），亦称为“佛塔”；第二种为“曼陀罗”（梵语：Mandala），亦称为“坛城”（图 2.37），二者共同开辟出佛家空间哲学之宇宙论进路，以下举例说明。

1. 北魏洛阳

唐代以前，“舍宅为寺”的风气盛行，这样一来，佛俗之间的建筑形式失去了明显的界限①，佛教空间的形制在较大程度上保留了儒家礼制的痕迹，

① “庙”本来就是住宅官室的厅堂，“观”是可观四方的建筑物，“庵”原意指简陋的小草房，“寺”大概是从“侍”字而来，起初只是一政府部门。中国最初寺院是因借官府接待来宾的鸿胪寺客舍而建，没什么特殊的宗教建制，故称“寺”。孙大章，傅熹年. 梵宫：中国佛教建筑艺术 [M]. 上海：上海辞书出版社，2006：24.

图 2.37　坛城平面图示
Fig.2.37　symbol of Mandala
资料来源：吴庆洲 . 建筑哲理、意匠与文化 [M]. 北京：中国建筑工业出版社，2005：95.

例如[①]：寺院整体布局基本上都是以中轴线贯穿；主体建筑都在中轴线上；以中轴线为左右对称，布置建筑；左祖右社，前朝后寝；前低后高，主次分明，长幼有序。后续寺院营建亦效仿之。

但从功能上讲，佛教空间毕竟不同于住宅，这就需要采取有别于儒家的空间哲学进路。除了诉说须弥山结构，佛教宇宙论还认为，佛有三种基本存有形式，即：法身、报身、化身。一般而言，“法身”就是纯法性的佛体[②]，一切具足而又无相；“报身”具足三十二相的庄严法相，诸佛菩萨可见；“化身”即“应身”，是佛为了开化世人而在六道中显现变化的各种法相，释迦牟尼本师就是佛在人间开化世人的“应身”。世尊灭度后，所遗留的教诲（佛经）、品相、舍利等信息与物品都被视为佛化身。古印度阿育王[③]将世尊舍利分成八万四千份，传播到世界各地，建“窣堵波”供奉，因此“窣堵波”自然成为佛化身或菩萨化身在人间的显现。

印度“窣堵波”传入汉地以来，经过千年演化产生了不同变体[202-206]，最为

① 张驭寰 . 中国佛教寺院建筑讲座 [M]. 北京：当代中国出版社，2007：6.

② 《大乘大义章》：“什答曰：今重略叙。法身有二种：一者，法性常住如虚空，无有为、无为等戏论；二者，菩萨得六神通，又未作佛，中间所有之形，名为后法身。法性者，有佛无佛，常住不坏，如虚空无作无尽，以是法，八圣道分、六波罗蜜等，得名为法，乃至经文章句，亦名为法。”

③ 阿育王 Asoka，古代印度摩揭陀国孔雀王朝的第三代国王（公元前 273—公元前 232 年在位），早年好战杀戮，统一了除南亚次大陆的整个印度，晚年笃信佛教，放下屠刀，又被称为“无忧王”。

常见的有：楼阁式塔、金刚宝座塔、密檐式塔、亭阁式塔、喇嘛塔（图 2.38），但无论形式怎样变换，佛塔始终具备两条基本宇宙论属性，即：佛菩萨化身与须弥山模型。

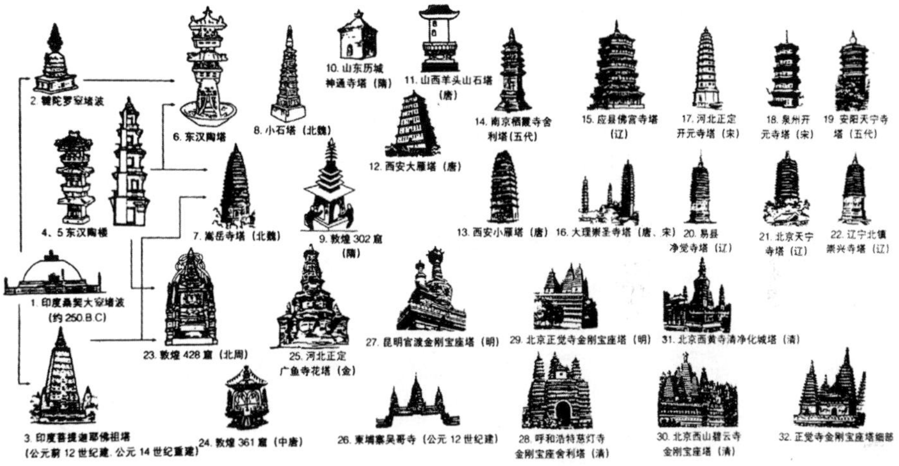

楼阁式塔、金刚宝座塔、密檐式塔、亭阁式塔

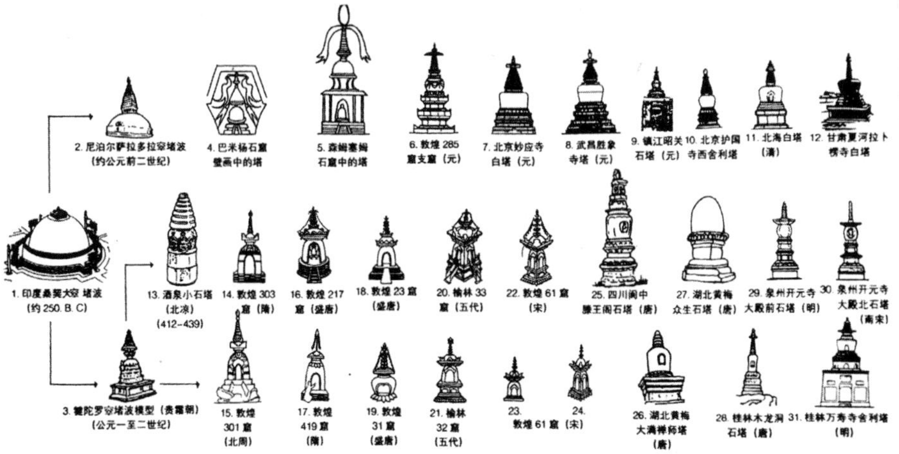

窣堵波式佛塔（喇嘛塔）

图 2.38 塔：窣堵波在中国的各种变体

Fig.2.38 variants of pagoda in China

资料来源：萧默《敦煌建筑研究》（1989）；常青《西域文明与华夏建筑的变迁》（1992）；方拥，杨昌鸣《闽南小型石构佛塔与经幢》（1991）；王世仁《中国建筑美学论文集》（1987）；徐华铛《中国古塔》（1986）；吴庆洲《建筑哲理、意匠与文化》（2005）。

东晋至南北朝时期，佛教发展迅速，以佛塔为主的佛寺布局成为当时主流。

《魏书》[207]：自洛中构白马寺，盛饰佛图，画迹甚妙，为四方式。凡宫塔制度，

犹依天竺旧状而重构之，从一级至三、五、七、九，世人相承，谓之浮图。

《高僧传》[208]：释慧受。安乐人。晋兴宁中来游京师……每夕复梦见一青龙从南方来化为刹柱，受将沙弥试至新亭江寻觅，乃见一长木随流来下。受曰：必是吾所见者也。于是雇人牵上。竖立为刹，架以一层，道俗竞集咸叹神异，坦之即舍园为寺，以受本乡为名号曰安乐寺。

南北朝佛教全盛时期，北魏僧尼就有两百多万，佛寺三万余所，单就洛阳城的佛寺就有1360座①，这也意味着北魏洛阳城营造出佛塔林立的景象[209]（图2.39），其中，永宁塔规模最为浩大。

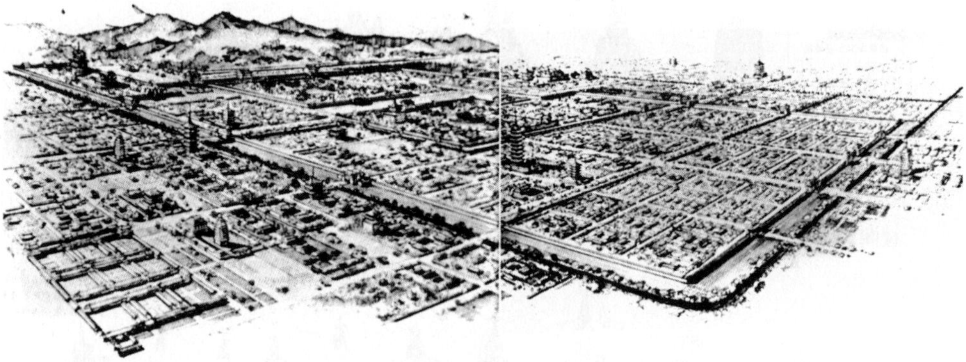

图2.39 公元6世纪佛寺林立的北魏洛阳

Fig.2.39 Luoyang City, Bei Wei Dynasty

资料来源：李允鉌.华夏意匠[M].天津：天津大学出版社，2005：108-109.

《洛阳伽蓝记》：中有九层浮图一所，架木为之，举高九十丈，有刹，复高十丈，合去地一千尺，去京师百里已遥见之，或云佛图。

除了佛塔而外，佛像也有佛化身的宇宙论含义，因此供奉佛像的佛殿也与佛塔的属性相似。在“舍宅为寺”的普遍背景下，南北朝至后世的佛寺出现有以佛塔为中心；塔、殿并列为中心；或者完全以佛殿为中心，佛塔改置在别院等不同寺院类型。此外，大众熟知的寺院石灯、经幢、香炉等建筑小品仍然在传达类似的宇宙论信息。如果说藏传佛教地区采用了一种以寺庙为中心的“坛城”布局，城市本身就是聚集在山河大地上的曼陀罗，那么汉地则结合政治背景，将这个宇宙图示进行了解构，传达得更加隐秘化与微观化，以“散点”（图2.40）的方式

① 李允鉌.华夏意匠[M].天津：天津大学出版社，2005：107.

图 2.40 由景山看琼岛白塔

Fig.2.40 the white pagoda in Beijing

资料来源：张杰．中国古代空间文化溯源 [M]. 北京：清华大学出版社，2012：197-210.

穿插进原有的城市空间，成就了一种弥漫在儒家礼制格局之上、深入到礼制格局之中的须弥景象①。

2. 西藏桑耶寺

8 世纪末，赤松德赞笃信佛教，他将印度的两位佛学大师寂护和莲花生迎请至西藏弘扬佛法，并决定为他们修建一座寺院。据《桑耶寺志》记载，公元 762 年赤松德赞亲自为寺院举行奠基，历时 12 年建造，到 775 年终告落成。桑耶寺采用“坛城”布局 [210-211]（图 2.41），平面成圆形，直径 336 米，高大的外圈围墙，象征着须弥世界外围的铁围山。中央乌策大殿，平面呈十字，象征世界的中心须弥山。其南北两侧，建日月二殿。大殿四角建白、青、绿、红四琉璃塔，象征四大天王。周围建十二座殿宇，象征四大部洲和八小部洲。乌策大殿三层，象征佛教三界诸天，第一层按藏式作法石构，第二层按汉式作法砖构，第三层按印度作法木构。

3. 承德普宁寺

乾隆二十年（公元 1755 年），清朝军队平定了准噶尔蒙古台吉达瓦齐叛乱。

① “佛塔建筑的兴盛不仅丰富了人居要素，而且改变了人居环境的空间形象。在魏晋南北朝时期，高耸的佛塔成为人居的标志，水平天际线多了垂直划分，打破了原来秦汉唯有礼制建筑作为标志建筑的格局。”吴良镛．中国人居史 [M]. 北京：中国建筑工业出版社，2014：173.

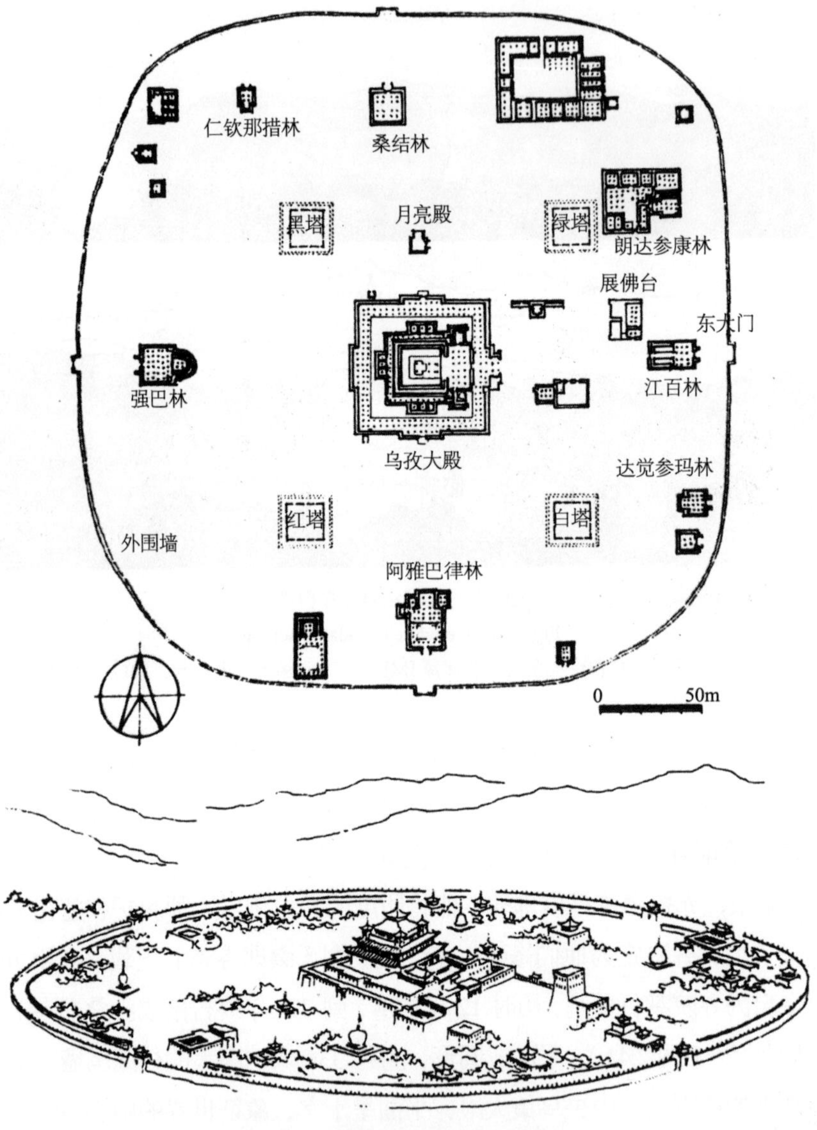

图 2.41　西藏桑耶寺平面图与鸟瞰图

Fig.2.41　Samye Monastery in Tibet

资料来源：陈耀东．西藏阿里托林寺 [J]. 文物，1995（10）：14；孙大章．清代佛教建筑之杰作：承德普宁寺 [M]. 北京：中国建筑工业出版社，2008：218.

冬十月，厄鲁特蒙古四部来避暑山庄朝觐乾隆皇帝，为纪念这次会盟，乾隆仿照康熙与喀尔喀蒙古会盟建立多伦汇宗寺先例，清政府依照西藏桑耶寺的形式，修建了这座寺庙。

普宁寺，中央大乘阁象征世界的中心须弥山，其上五顶的金刚宝座塔形制，象征金刚界五部五佛及须弥山五峰。其左、右两侧设日、月二殿，四周建四殿象征四大部洲。东胜神洲殿象征风，形如半月，质地为动；南赡部洲殿象征火，形为三角，质暖；西牛贺洲殿象征水，圆形，质湿；北俱芦洲殿象征地，方形，质坚。寺庙周围的红色金刚墙代表铁围山。（图 2.42）

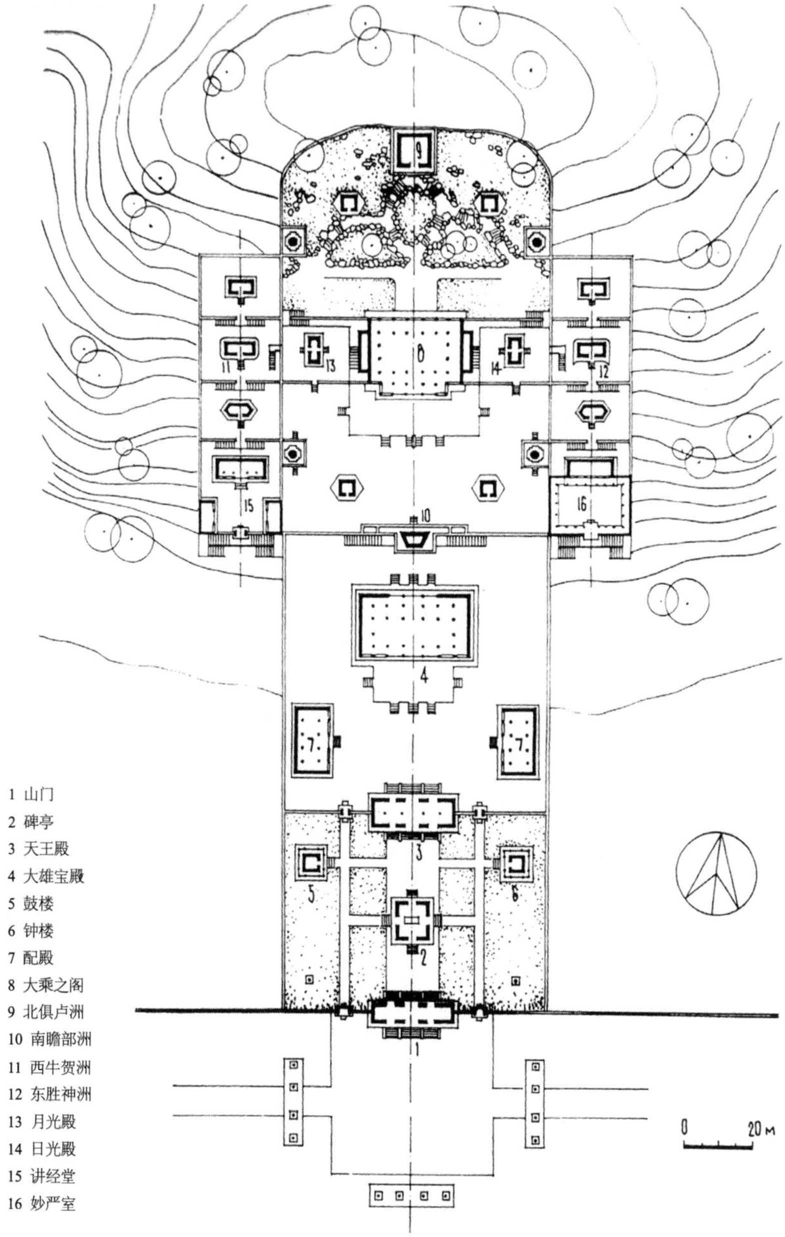

图 2.42 承德普宁寺平面图

Fig.2.42 Puning Temple in Chengde

资料来源：孙大章. 清代佛教建筑之杰作：承德普宁寺 [M]. 北京：中国建筑工业出版社，2008：7.

4. 清漪园（颐和园）须弥灵境

清漪园须弥灵境，几乎与承德普宁寺建于同一时期，二者主体部分的格局也很相似，均为汉藏混合的台式建筑群，都是在一级级的台基上依次修建殿宇建筑，前后分别以大型佛殿和楼阁为中心。整个建筑群坐南朝北，平面性形状略呈丁字形，北部为汉式南部为藏式，由北向南依次升高，总长约 500 米。

须弥灵境同样采用“坛城”布局[212]，中心建筑“香岩宗印之阁”是一座三层的巨型楼阁，象征着须弥山。围绕在香岩宗印之阁周围台地上碉房式建筑，分别象征东胜神洲、西牛贺洲、南赡部洲、北俱卢洲。在四大部洲之外又有八小部洲，八小部洲就是四大部洲前后左右八个体量小些的碉房式平台及平台上的平顶小殿。在香岩宗印之阁的东南侧和西南侧各有一座碉房式平台，就是日殿和月殿。在香岩宗印之阁四角各有一座造型不同、颜色各异的佛塔，天洁塔代表佛教密宗“五智”中的“大圆镜智”；吉祥塔代表“平等性智”；地灵塔代表“成所作智”；皆莲塔代表“妙观察智”；香岩宗印之阁同时代表“法界体性智”。整个建筑群的南端是一段半圆形的围墙，象征着世界的终极：铁围山（图 2.43）。

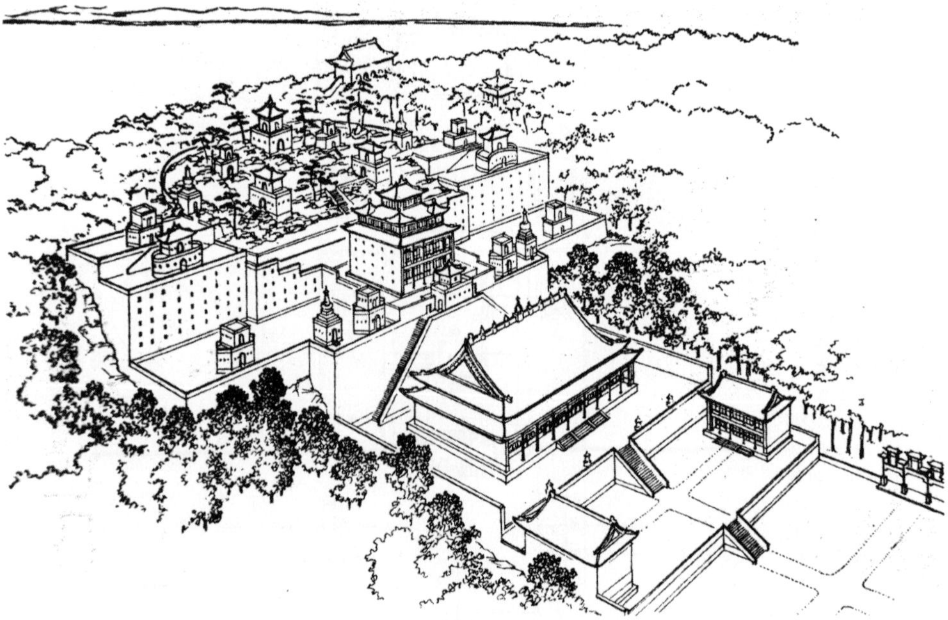

图 2.43　清漪园须弥灵境鸟瞰图

Fig.2.43　temple in Summer Palace

资料来源：清华大学建筑学院. 颐和园 [M]. 北京：中国建筑工业出版社，2000.

2.5 小结：山水文化体系之宇宙论的解释架构

通过对原始、儒家、道家、佛家空间哲学之知识系统的大致还原，我们可以归纳出山水文化体系之宇宙论的解释架构（表 2.2）。

表 2.2 山水文化体系之宇宙论的解释架构

Tab.2.2 interpretive structure of Cosmology on shan-shui cultural system

	宇宙论知识系统要点
原始	神化宇宙论。天圆地方、绝地天通、政教合一、巫君合一。倡导外向超越的天人关系。重要的符号有：天极、昆仑、水、河图、洛书、苍龙、白虎、朱雀、玄武、二十八宿、四方、五位、八方、九宫、十二度、五岳、四镇、四海、四渎等。其中，“水”是天地万物生成以前的原初状态；天地生成以后，自地以上皆天，山在天中；“山水”成为架构天地万物的空间枢纽；神（帝）居于天，人居于地，人和神的联络只可依靠巫（君）来完成，山更是巫进入神界的天梯。天、地、山、水、人、神、巫等全部存有物和存有者皆被划归于一个有机整体的空间框架。 相关文献：昆仑山为地首上为握契，满为四渎，横为地轴，上为天镇，立为八柱……昆仑山，天中柱也。(《太平御览》)太一生水。水反辅太一，是以成天。天反辅太一，是以成地。天地复相辅也，是以成神明。(《太一生水》）中央者北辰之所居，故因谓之九宫……是以太一下九宫，从坎宫始。(《易纬乾凿度注》)禹别九州，随山浚川，任土作贡。禹敷土，随山刊木，奠高山大川。(《尚书·禹贡》）在明鬼神、只山川、敬宗庙。(《管子·牧民》）方属地，圆属天，天圆地方……（《周髀算经》）
儒家	气化宇宙论。立足于实有、唯一的经验现实世界。巫的外向超越功能被取消，鬼神的主宰性地位被否定，提倡引道入心，建立了内向超越的天人关系。“天—山水—地”的基本空间图示并没有发生改变，山水乃天道造化，理气凝聚，依然是架构天地万物的空间枢纽。原始宇宙论当中祭祀五岳、四镇、四海、四渎等文化形态被保留，具有界定经验现实世界道德秩序的新意义。 相关文献：夫天地之气，不失其序。(《国语·周语上》）在天成象，在地成形，变化见矣。(《周易·系辞》）天地山川之属，分明是一气流通，而兼以理言之……此气便与他相通，义刚。(《朱子语类》）祭者，志意思慕之情也，忠信爱敬之至矣，礼节文貌之盛矣，苟非圣人，莫之能知也……其在君子，以为人道也；其在百姓，以为鬼事也……（《荀子·礼论》）
道家	仙存有的气化宇宙论。立足于超经验现实世界(方外)。倡导内向超越的天人关系。独与天地精神往来。“天—山水—地”的基本空间图示并没有发生改变，山水乃气化流变，仙之居所，依然是架构天地万物的空间枢纽。 相关文献：北冥有鱼，其名为鲲。鲲之大，不知其几千里也……藐姑射之山，有神人居焉，肌肤若冰雪，淖约若处子。不食五谷，吸风饮露。乘云气，御飞龙，而游乎四海之外……列子御风而行。(《庄子·逍遥游》）夫道……冯夷得之，以游大川；肩吾得之，以处大山……（《庄子·大宗师》）
佛家	轮回宇宙论。立足于超经验现实世界。倡导内向超越的天人关系。重要的符号有：须弥山、十法界、九山八海、四大部洲、小千、中千、大千、阿赖耶识等。“天—山水—地”的基本空间图示并没有发生改变，山水在其中对应的是有情众生觉悟的层次及其所在的国土，仍旧是架构天地万物的空间枢纽。 相关文献：千梵天，是为小千世界。如一小千世界，尔所小千千世界，是为中千世界。如一中千世界，尔所中千千世界，是为三千大千世界……一者须弥山，佉陀罗山中间有水。广八万四千由旬。周匝无量。其水生杂华……二者佉陀罗山.伊沙陀罗山中间有水。(《长阿含经》）百亿须弥山，百亿日月，名为三千大千世界……（《大智度论》）

资料来源：笔者自绘

3　本体论

3.1　从“靠天吃饭”到原始本体论价值系统的建立

空间哲学的本体论是对宇宙论知识系统的价值推断。换句话说，人们接受了这套世界观，对于自身存在的价值与意义要有明确的答案。值得注意的是，原始宇宙论虽然从整体上建立了一套世界图示，但不是放诸每个个体或社会群体都能够亲近。“绝地天通”的宗教政治安排对于权力格局的二元划分（“不能通天”和“可以通天”），直接造成本体论内部产生巨大分异，即：绝大部分人不能对它在世界有所奢求，他们只能针对现世的人生予以把握（图 3.1），其最基本的价值取向首先是生存——“靠天吃饭”，其次是其他形态的生物性满足；而能够垄断天地联系的巫觋、天子（也包括后来的祝、史、阴阳家、方士、钦天监、风水先生等），可将自身（或别人）的需求诉诸神灵，除要求现世生命历程得到护佑与保障，同时追求死后生命形态的永生永续，即最大可能的生物性满足。那么，如何才能将原始空间哲学之本体论纳入统一性框架？笔者认为，汉宝德先生提到的“生命的

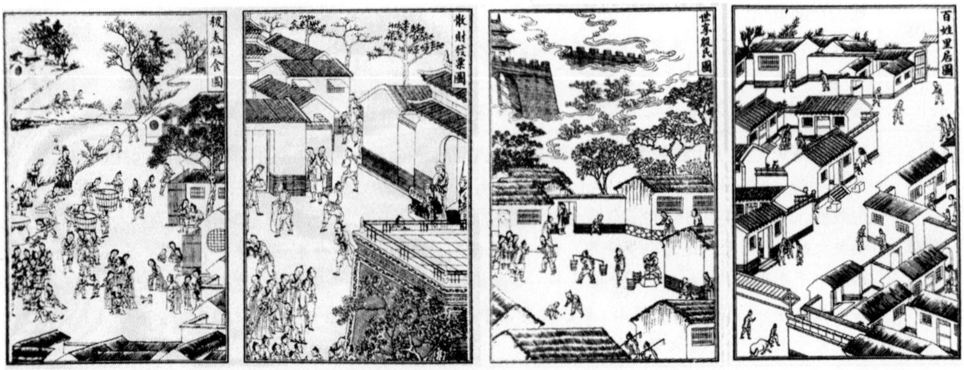

图 3.1　稷奏食粒图、散财发粟图、世享殷民图、百姓里居图

Fig.3.1　Painting of Ji Zou Shi Li, San Cai Fa Su, Shi Xiang Yin Min, Bai Xing Li Ju

资料来源：(清)《钦定书经图说》

期望”[①]可以作为统筹的着力点。因为无论是要求现世的生物性满足，还是超越现世的更高生物性满足取向，都是一种“生命的期望”。放在现世，它是“务实主义”和“感官主义”的结合；超越现世，它是永生永续的生命价值追求。故笔者先将二者统一为“原始生命主义”，再分别阐释其内部构成的差异性。

3.1.1 物性生命，唯生唯享

首先探讨个体现世生命形态的原始本体价值意识。

在原始农耕时代，生产力低下，对于华夏先民来说没有什么比生存下去更为重要。“靠天吃饭”的基本动机不仅引发原始空间哲学之宇宙论及其宗教政治的形成（观象授时），还驱动着本体论的创作与加固。

就一般个体而言，生命短暂，通天无望，现世生物性的满足是重要命题。在原始农耕时代，它基本而正当，首先是食，其次是性，与之相伴的还有各种感官的满足。中国原始空间哲学的本体特征在个体层次上，首先应符合这种“务实主义”“现世主义”“感官主义”的调和，笔者定义为“物性生命主义”。在这一框架下，个体生存于现实世界，享受现实世界比什么都重要。

例如，中国古代建筑类型（图 3.2）几乎都可以被视为“棚子”，并以“土木”为主要材料，并非砖石[②]。

从我国早期的文献与实物可以看出，至少在秦汉以前，两面坡与山墙的建筑型体（流行于明清）还未出现，四面坡是较早的通用形式。这反映出中国古人的造型观念其实十分单纯。棚子或可理解为屋顶遮蔽物（类似于仓库），它透露了

---

① “原始文化就是人类在原始时代以本能为求生存所产生的文化。其基本性格就是生存……中国文化中保留了原始文明的自然需要……性，强调孕育后代……性行为变得十分神圣……生命的感觉对于中国人而言，比起永恒还要重要……人本的精神除了表现空间秩序与人间和谐，就是明确的感官主义……中国人喜欢幸福、亮丽、圆满、长寿……现世主义的中国人……处理精神问题时，都予人以务实的感觉，对于不可企及的来生，除了极少数人，是大家所不在意的……从这些文化的观察中，才可以了解中国传统建筑的价值观，才知道中国人的建筑行为为何如此的动物性……它的存在，完全是为了完成主人的使命。除了居住的功能外，建筑是一些符号，代表了生命的期望。”汉宝德．中国建筑文化讲座 [M]. 北京：三联书店，2008：25-52.

② “建筑与人生一样是具有寿命的，它随着主人的生命节拍而存在。因此使用可以腐朽的木材，要比使用不会腐朽的石头，更有生命的意义……我们认为石材只是地面下或脚下的建材，因此墓室是用石材砌成，它暗示着死亡。而木材是向上生长的树木，代表着生命……在汉代，我们有相当成熟的砖拱技术，绝非当时的欧洲所可望其项背。然而中国人没有把砖石这种耐久的材料使用在建筑上。”汉宝德．中国建筑文化讲座 [M]. 北京：三联书店，2008：204.

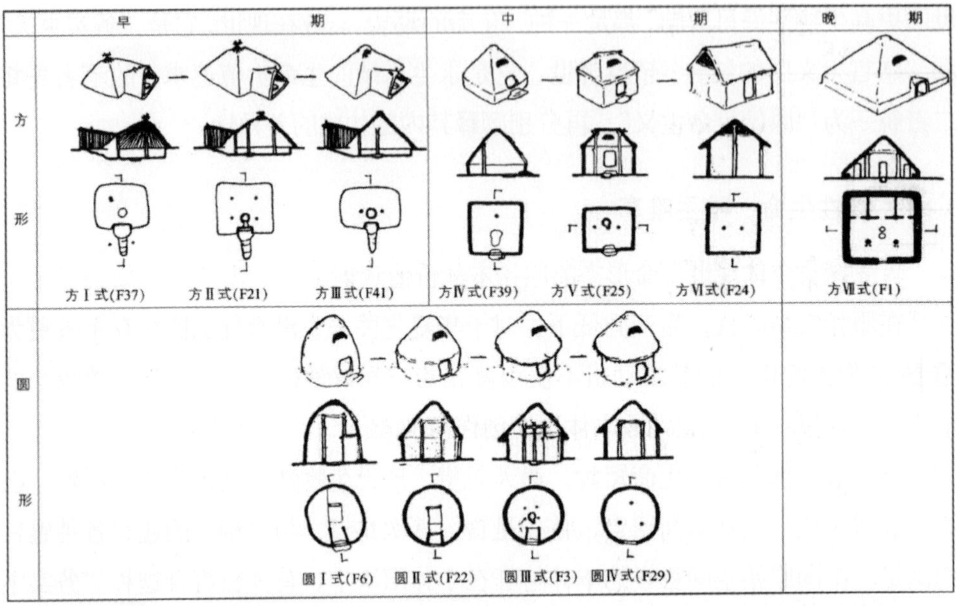

半坡建筑发展程序图

汉代明器中的住宅

汉代砖画中的房屋

后世“棚子”的发展

图 3.2　中国“棚子”

Fig.3.2　Chinese sheds

资料来源：杨鸿勋 . 杨鸿勋建筑考古论文集 [M]. 北京：清华大学出版社，2008:45；楼庆西 . 屋顶艺术 [M]. 北京：中国建筑工业出版社，2009: 9-23.

最为原始的空间需要①。以长方形为基本单元，不仅结构简单，建造快捷（并不要求建筑物的永恒存在），功能之间亦可置换，而且建筑群体的形态组织亦十分灵活，体现了“务实主义”与“现世主义”。

由于这种“务实主义”与“现世主义”具有高度宽容性与灵活性，“感官”的满足也就很好落脚，即：装饰“棚子”和装点“棚子之间的空间”。屋脊、瓦当、滴水、吻兽、柱子、梁枋、柁墩、瓜柱、天花、藻井、檩、椽、雀替、梁托、斗拱、户牖、砖石、树木、花草等空间符号系统的演绎，可谓千变万化[213-216]。

无论大内殿阁、市井民居还是郊外村落（图 3.3），单体的尺度、细部的装饰、群体的组织，本质上都是围绕“棚子”展开，个体的感官很容易得到与之身份、财力、信仰相匹配的满足。这充分说明“物性生命主义”强大的创造力与适应性，它承载着几千年来中国人最基本的生存与精神需求。

图 3.3　清院本《清明上河图》宫廷部分、宋本《清明上河图》市井部分与郊外部分

Fig.3.3　palace, marketplace, outskirts in riverside scene at Qingming festival (Qing&Song)

资料来源：清院本藏于台北故宫博物院、宋本（张择端作）藏于北京故宫博物院

① “我国是一个古老的文明，当其始，生活简单，空间的需求有限，日出而作，日入而息，居住空间只是一个巢而已。一切古老文明的建筑始源莫不如此。但是当文明渐渐发达，生活要求增多，人际关系复杂，建筑空间自然会跟着复杂起来（如近东和古希腊文明）。然而，这一发展的历程，没有出现在我国……中国人用怎样的聪明才智去创造这样丰富的空间呢？说穿了一文不值，却又蕴含了最高的智慧，那就是中国人根本没有考虑到空间。因为我们没有空间的理论，所以没有刻意地考虑空间的功能。”汉宝德. 中国建筑文化讲座 [M]. 北京：三联书店，2008：234-241.

3.1.2 德性生命，广生广固

继而探讨社会整体现世生命形态的原始本体价值意识。

“物性生命主义”的本体价值特征显示，中国人很早就将空间营造与个体生命历程进行绑定。然而个体生物性需求不可能得到无限制满足。城市聚居活动同时还是广域的空间组织行为。就此而言，生物性满足的作用对象，还有必要从个体上升至社会整体层面，并考虑到总体物质资源的合理配置。这是原始农耕社会道德意识产生的基础。相关文献显示，并不只有春秋时代出现的儒家才去关心道德，在更早的原始农耕时代，统治者从“观象授时”中获取权力，这本身就是一种道德呈现，他们必须谋划整体氏族的生存安全与物质需求，否则将难以为继。这是“原始生命主义”的社会性范畴，和“物性生命主义”的作用层面（个体）不同，笔者定义为“德性生命主义”。从《尚书》的记载来看，“德性生命主义”的本体价值意识至少在东周以前就已十分发达。

《尚书·尧典》：曰若稽古帝尧，曰放勋，钦、明、文、思、安安，允恭克让，光被四表，格于上下。克明俊德，以亲九族。九族既睦，平章百姓。

《尚书·皋陶谟》：洪水滔天，浩浩怀山襄陵，下民昏垫。予乘四载，随山刊木，暨益奏庶鲜食。予决九川，距四海，浚畎浍距川；暨稷播，奏庶艰食鲜食。懋迁有无，化居。烝民乃粒，万邦作乂。

《尚书·汤誓》：夏王率遏众力，率割夏邑。有众率怠弗协，曰：“时日曷丧？予及汝皆亡！”夏德若兹，今朕必往。

《尚书·洪范》：三，八政：一曰食，二曰货，三曰祀，四曰司空，五曰司徒，六曰司寇，七曰宾，八曰师。

与之相对应，中国社会科学院等 [55-57] 曾对东周以前的城市遗址进行过考古发掘与研究①（表 3.1，图 3.4、图 3.5），再现了东周以前众多城市的空间信息，使得我们有机会提取它们共同的价值意识。

① 许宏 . 先秦城市考古研究 [M]. 北京：燕山出版社，2000：13-143.

表 3.1 东周以前城市考古情况

Tab.3.1 urban archaeological information before Dong Zhou dynasty

遗址名	所在地	形状	规模（m^2）	文化类型	年代（BC）	备注
史前部分						
西山	郑州	近圆	3.1 万	仰韶晚期	3300-2800	位于枯河北岸的二级台地，城垣外侧环绕取土沟。
王城岗	登封	近方	1 万	中原龙山	2405	位于五渡河西岸的岗地上，两城并列，中部城垣共用。
平粮台	淮阳	方	5 万	中原龙山	早于 2500	位于新蔡河西岸台地，南门下部铺设陶制排水管道。
城子崖	章丘	长方	20 万	山东龙山	2565	北城垣随地势弯曲，沿断崖而筑，外壁呈陡壁，内壁呈缓坡，墙外为河流，大部分城墙挖有基槽。
景阳冈	阳谷	圆角长方	38 万	山东龙山	早期—晚期	城内中部有大小两座夯土台基，利用原自然沙丘加工而成，似属祭祀遗存。
老虎山	凉城	不规则三角形	13 万	内蒙古老虎山	2800-2300	依山而筑，上下高差逾百米，在山顶平台上筑有小城，全城修筑八级阶地。
威俊	包头	不规则	0.8 万	内蒙古老虎山	2800-	由东西排列的三处石城组成，城址均建于台地上。
石家河	天门	近长方	120 万	屈家岭石家河	屈家岭中期—石家河中期	城壕外侧还有人工堆砌的土台数道。
马家院	荆门	梯形	20 万	屈家岭石家河	屈家岭—石家河早期，3000-2600	位于一平坦岗地上，城垣内坡平缓，外坡陡直，四面各有缺口，南北东壕沟与古河道相通，形成周壕，
阴湘城	荆州	圆角长方	20 万	屈家岭石家河	屈家岭早期—石家河	位于台地上的环壕聚落。
走马岭	石首	不规则椭圆	7.8 万	屈家岭石家河	屈家岭—石家河中期	位于微高地上的环壕聚落。
城头山	澧县	长方	7.6 万	大溪，屈家岭	大溪早期—屈家岭中期 4000-2800	澧水支流澹水河旁的高地上的环壕聚落。
宝墩	新津	不规则长方	60 万	宝墩	2500-1700	城垣平地起建，形状与西南面铁溪河基本平行。
芒城	都江堰	不规则长方	12 万	宝墩	2500-1700	城垣有内外两圈。
鱼凫城	温江	不规则	32 万	宝墩	2500-1700	城垣建于台地边缘，有一古河道经西北城垣和东南城垣上的缺口流经城内。
古城	郫县	长方	32.5 万	宝墩	2500-1700	—

续表

夏商西周部分						
遗址名	所在地	形状	规模（m^2）	文化类型	年代（BC）	备注
二里头	偃师	—	400万	二里头	1900-1500	—
偃师商城	偃师	长方	200万	二里头-二里岗	—	北垣、东垣有多处直角拐折，外城东南依地势内收，东北西三面城垣外侧有壕沟。内外北城垣与古河道平行。
郑州商城	郑州	长方	300万	二里岗	—	西南面一段外城垣与东北面的低洼沼泽地带构成防御体系，具有完整的供水系统，包括蓄水池、管道、水井。
殷墟	安阳	—	3000万	殷墟	—	中心区为宫殿宗庙区，位于洹河南岸地势高处，洹河经其北、东与南面壕沟相接。
周原	岐山，扶风	—	1500万	西周	—	北依岐山、南临渭河，聚居区分布密集，有排水设施、大型夯土基址遗存。
丰镐	西安	—	1000余万	西周	—	位于沣河两岸，两京隔河相望，有供水设施、排水设施、大型夯土基址遗存。
洛邑	洛阳	—	600万	西周	—	北依邙山，南临洛河。
府城村	焦作	方	8万	二里岗上层	商前	地处太行山南麓，黄河以北的平原上，南城垣东端有缺角，北城垣外有河流通过，当为护城河。
垣曲古城	垣曲	不规则方	13.3万	二里岗	1400-1200	坐落于中条山脉之中的小盆地内，黄河北岸的阶地上，西面与丘陵相连，西面、南面有双道城垣，外有护城壕。南城垣依地形向内曲折。
东下冯	夏县	长方	25万	二里岗下层	—	位于运城盆地内的青龙河两岸的台地上，城垣外侧有壕沟。
盘龙城	黄陂	不规则方	7万	二里岗上层—殷墟	—	位于长江支流府河北岸的高地上，城外有护城壕。
琉璃河	房山	长方	500万	西周（燕都）	—	位于太行山西山东麓的山前平原上，城址位于遗址中部的高台上，城垣外侧有护坡和壕沟。
李家崖	清涧	不规则长方	6.7万	石楼，绥德	殷墟二期—西周中期	位于黄河西岸无定河下游河岸的台地上，地势险要，南、西、北三面环水，东西筑有城垣，唯一出口在东垣。
三星堆	广汉	不规则	1200万	三星堆（蜀都）	商早期—西周早期	位于河流两岸的山冈上，以深沟峭壁作为天然屏障，大型建筑位于城址中地势较高的开阔处。

资料来源：重新整理，据：许宏.先秦城市考古学研究[M].北京：燕山出版社，2000：13-143.

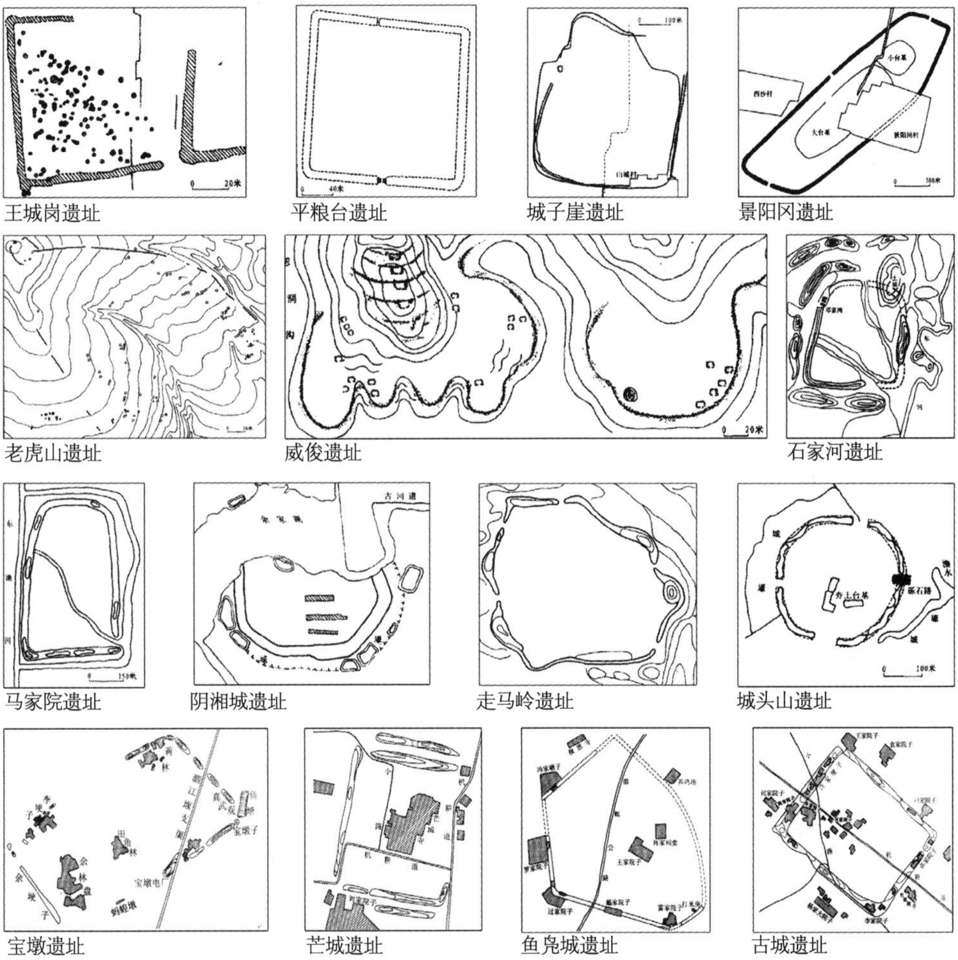

图 3.4　部分史前城市遗址平面图

Fig.3.4　part of the prehistoric city sites

资料来源：许宏．先秦城市考古学研究 [M]. 北京：燕山出版社，2000：15-26；毛曦．先秦巴蜀城市史研究 [M]. 北京：人民出版社，2008：135-143；马世之．中国史前古城 [M]. 武汉：湖北教育出版社，2003：117.

考古证据显示，至少从仰韶晚期至西周，原始农耕社会的阶级分化已经导致高于其他聚落的中心聚落甚至初期城市出现；聚居区选址大都分布在河流的二级阶地之上，河流供水是最重要的供水形式；所在区域一般地势开阔、土地肥沃、交通便利、不易受到洪水的冲击，并容易组织排水系统；大多以厚硕的城垣或兼有护城壕沟为防御工程，有的甚至结合峭壁沟壑，设计巧妙；地理位置与地形影响城市形态的情况随处可见，在圆形、方形等基本几何形态的基础上常常出现不规则变形或随山势水向扭转。

以上空间信息无不折射出“德性生命主义”的本体特征，即积极适应有限条件，

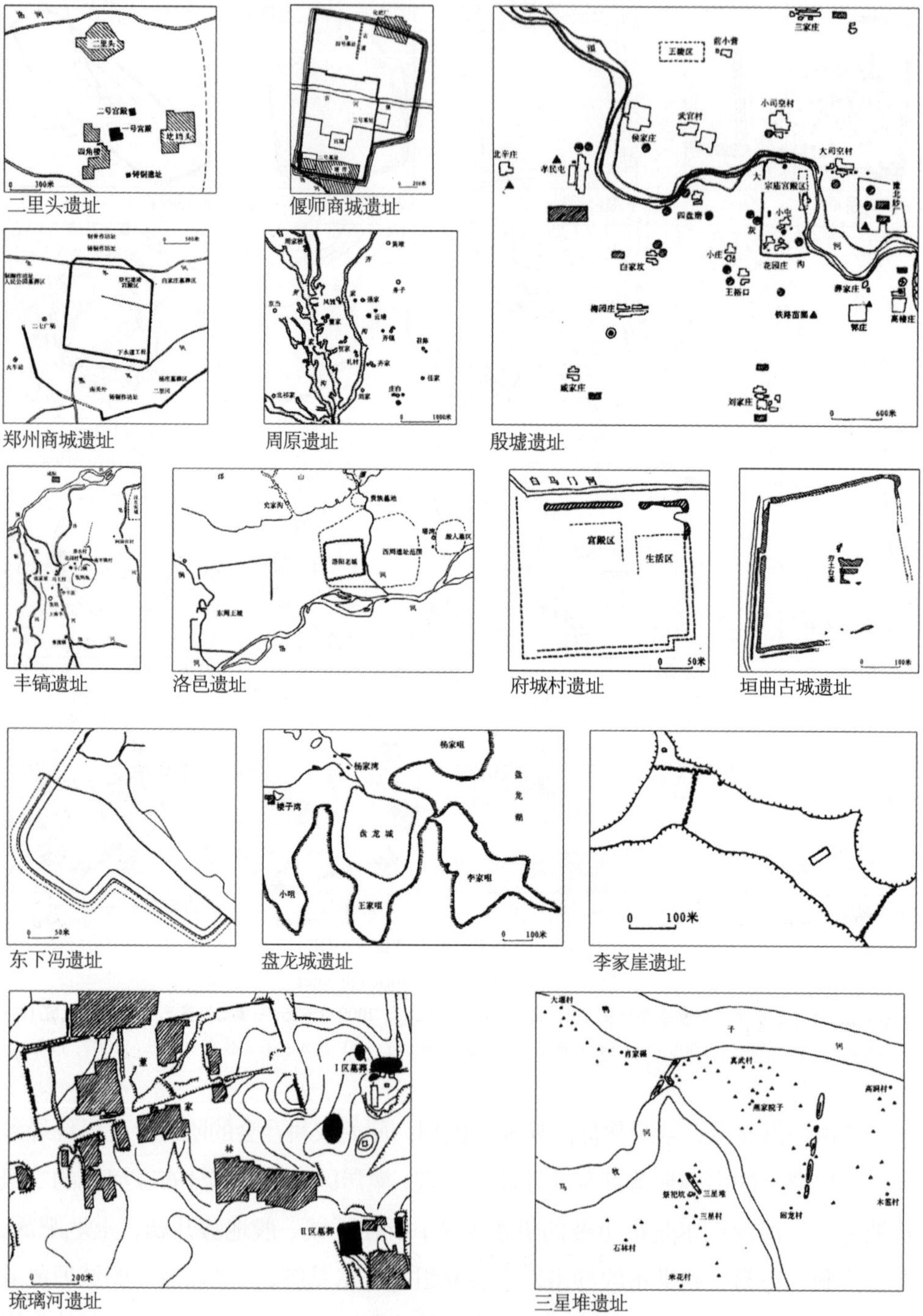

图 3.5　部分夏商西周城市遗址平面图

Fig.3.5　part of city sites in Xia, Shang and Xi Zhou dynasties

资料来源：许宏 . 先秦城市考古学研究 [M]. 北京：燕山出版社，2000：54-75.

以符合“务实主义”“现世主义”与“感官主义”的空间组织，试图满足社会整体的生物性需求。这与紧随其后出现的《管子》[217]城市思想不谋而合。

《管子·牧民》：凡有地牧民者，务在四时，守在仓廪。国多财，则远者来；地辟举，则民留处；仓廪实，则知礼节；衣食足，则知荣辱；上服度，则六亲固；四维张，则君令行……顺民之经，在明鬼神、只山川、敬宗庙、恭祖旧。《管子·度地》：择地形之肥饶者……乃以其天材、地之所生，利养其人，以育六畜。天下之人，皆归其德而惠其义……此谓因天之固，归地之利。《管子·乘马》：因天材，就地利，故城郭不必中规矩，道路不必中准绳。

因此，无论《管子》城市思想[28]是否真实完整反映了管仲的思想与实践，至少从仰韶晚期到东周早期（图 3.6），一条明晰的“德性生命主义”本体价值线索已经呈现出来。这种“信仰天堂，但不相信天堂”[218]的社会性价值选择，使得“山水”在城市空间实践中仅具有支撑社会生存与延续最为现世的一面。

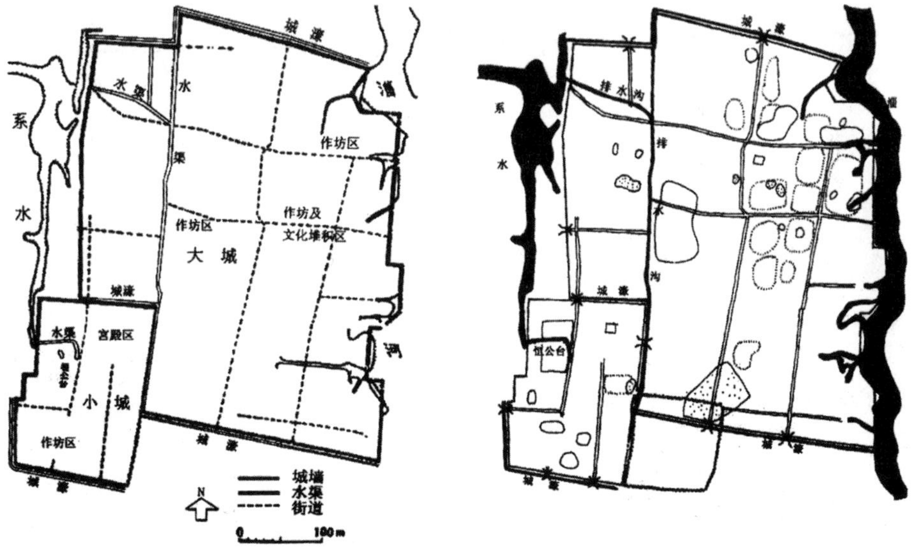

齐故都临淄城遗址　　齐故都临淄城水系图

图 3.6　齐临淄城

Fig.3.6　Lin Zi City of Qi Kingdom

资料来源：苏畅 .《管子》城市思想研究 [M]. 北京：中国建筑工业出版社，2010：128-129.

3.1.3　灵性生命，永生永续

最后探讨超越现世生命形态的原始本体价值意识。

“原始生命主义”在现世层面，可解释为一般个体或社会整体的生物性满足追求，可细化为“物性生命主义”和“德性生命主义”两大层次。而就某类人群超越现实世界，直接面对原始宇宙论之人神共处的整体性框架时，又能产生怎样的价值意识？

方东美先生[70]曾认为：“古代中国宗教包含着具有有机主义性质的世界观……人类世界也不曾疏远被神圣力量赋予生机的自然客观领域，自然与人相生相伴……这种形态的宗教思想可被称为‘万物有灵论’。”

张光直先生[91]的历史研究进一步印证方东美先生的推断：“在商周之早期，神话中的动物的功能，发挥在人的世界与祖先及神的世界之沟通上……青铜器的装饰花纹之以动物纹样为其中心特征……在安阳殷墟达到了高峰……包括：饕餮、夔、龙、虬、犀、鸮、兔、蝉、蚕、龟、鱼、鸟、凤、象、鹿、蛙、牛、羊、虎、马、猪……题材都是自他们生活的环境中取出。”（图 3.7）

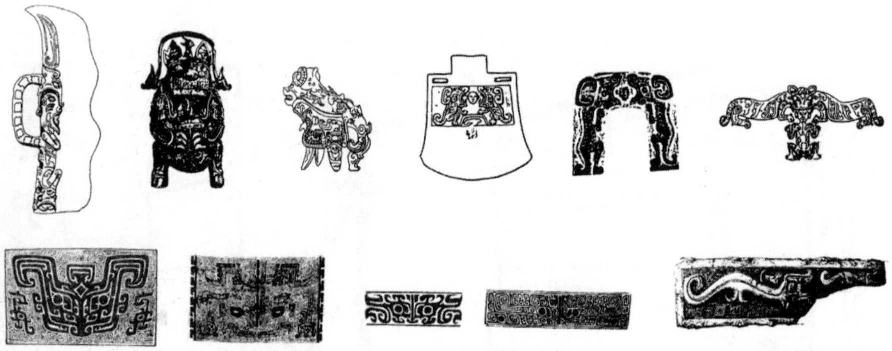

青铜器中的神兽、动物与人

《山海经》四方使者形象

青铜器花纹：人、神树与鸟

图 3.7　灵性生命主义（万物有灵意识）的符号表达

Fig.3.7　expressions of animism in ancient China

资料来源：张光直．中国青铜时代 [M]. 上海：三联书店，1995：277-450.

从这个意义上说，“原始生命主义”的本体意涵还存在更加广阔的维度，它试图将天地万物全部统合，形成了一个不可分割的有机整体。在顾及多种类型存有者的生物性满足的同时，还认为存有者之间具有生命形态的相似性与共通性，通过祭祀、供养、接引、模仿神鬼精灵、飞禽走兽、植物花草、山岳江河等活动，来实现自身生命形态的更大满足甚至永续。笔者将这种本体价值意识定义为“灵性生命主义”。

在中国传统城市营建史上，明确且系统地以“灵性生命主义”本体作为空间哲学创作，实际上较晚才出现。魏晋隋唐时期，将万物有灵的宇宙生命形态与人体作类比[26]，认为山水围合之间，自有胎息孕育之处，可呈神灵护佑，是为吉地。人死之后，灵魂也可依靠吉穴再度孕育结胎，进入下一次生命历程，使自身及其子孙的生物性得到最大满足。

《雪心赋正解》[153]：胎，指穴言，如妇人怀胎……息，气也，子在胞中，呼吸之气从脐上通于母之鼻息……孕者，气之聚也，融结土肉之内，如妇人之怀孕也；育者，气之生动，分阴、分阳，开口吐唇，如妇人之生产也……夫山之结穴为胎，有脉气为息，气之藏聚为孕，气之生动为育……立向贵迎官而就禄，作穴须趋吉而避凶……祖宗耸拔者，子孙必贵……将相公侯，胥此焉出。荣华富贵，何莫不由……星以剥换为贵，形以特达为尊。

所以风水的本体价值意识实际是在自身“灵性生命主义”框架下转向对“物性生命主义”与“德性生命主义”的囊括，并非属于儒（仁）、道（无为）的系统。

3.2　从“中庸为德”到儒家本体论价值系统的建立

从《易传》创作到宋明儒学复兴，儒家彻底突破了原始宇宙论以“巫”为核心的“天—人”沟通模式，并提出气易阴阳现实存在界，是引道入心，实现内向超越，成就圣人、君子境界（天人合一）的宇宙论基础，这一过程需要秉持的最高本体价值意识就是《论语》反复强调的“仁”①。如果说原始宇宙论衍生出一“原始生命主义”本体，那么儒家气化宇宙论则衍生出一“仁”本体，并涵盖“义、忠、孝、悌”等范畴。那么，儒家基于“仁”本体是如何开展空间哲学创作的？“山水”在儒家本体论当中具有怎样的哲学意涵？

---

① 《论语》一书中，“仁”字的出现概率很高，达 109 次。

3.2.1 至诚率性，执中守正

我们发现，在《论语》的文本当中，孔子将“仁”的最高标准定义为“中庸”（“中庸之为德也，其至矣乎！民鲜久矣”）。此后的《中庸》① 则基于《论语》对话式的文本模式，迈向更具哲学性、系统性的思辨与实践，并将“中”的哲学意涵进行阐释，如：“至诚率性、执中守正、不偏不倚、过犹不及、慎独自修、忠恕宽容、好察尔言、隐恶扬善”等。这使得“中”很容易成为从儒家本体论出发，践行“仁”最重要的空间符号，首先完成人生哲学向空间哲学转换。

《中庸》[219]：天命之谓性，率性之谓道，修道之谓教。道也者不可须臾离也，可离非道也。是故君子戒慎乎其所不睹，恐惧乎其所不闻。莫见乎隐，莫显乎微，故君子慎其独也。喜怒哀乐之未发，谓之中；发而皆中节，谓之和。中也者，天下之大本也；和也者，天下之达道也。致中和，天地位焉，万物育焉……中庸其至矣乎，民鲜能久矣……舜其大知也与！舜好问而好察尔言，隐恶而扬善，执其两端，用其中于民，其斯以为舜乎……诚者，天之道也；诚之者，人之道也。诚者不勉而中，不思而得，从容中道，圣人也。诚之者，择善而固执之者也。

到此，中国传统城市空间营造反复出现的“中”符号，至少有两个不同出处：一个是以原始空间哲学之宇宙论为进路的“建中立极”“天心十道”，诉诸“天极崇拜”“昆仑崇拜”等。另一个则是以儒家空间哲学之本体论为进路的“致中和”“中庸”“执中守正”，诉诸最高本体价值意识“仁”。“中”的这种一体两面性，使得其可以依靠类似的空间形态特征，横跨原始空间哲学与儒家空间哲学。但如何阐述、践行“中”，成为两大空间哲学的绝对界限。

《周礼》不乏关于“中”的论述：

《周礼·周礼·天官冢宰第一》：惟王建国，辨方正位，体国经野，设官分职，以为民极。

《周礼·地官·大司徒》：以土圭之法测土深，正日影，以求地中。日南则影短，多暑；日北则影长，多寒；日东则影夕，多风；日西则影朝，多阴。日至之景尺有五寸，谓之地中：天地之所合也，四时之所交也，风雨之所会也，阴阳之所和也。然则百物阜安，乃建王国焉。制其畿方千里而封树之。

---

① 原是《礼记》第三十一篇，内文的写成约在战国末期至西汉之间，笔者是谁尚无定论，一说是孔伋所作（子思著《中庸》），另一说是秦代或汉代的学者所作。宋朝的儒学家对《中庸》非常推崇而将其从《礼记》中抽出独立成书，朱熹则将其与《论语》《孟子》《大学》合编为《四书》。

《周礼·考工记》：匠人建国，水地以县，置槷以县，眡以景，为规，识日出之景与日入之景，昼参诸日中之景，夜考之极星，以正朝夕。

从原文可见，《周礼》对“中”的获取，是借用了“观象授时”所采用的“圭表测影”之法，这是曾经萌生原始空间哲学之宇宙论的技术基础。但是就此判断《周礼》之“中”即代表“天极崇拜”未免太过草率。

首先，“辨方正位、以为民极”郑玄注曰[118]：“‘正位’者，谓四方既有分别，又于中正宫室，朝廷之位，使得其正也……极，中也。言设官分职者以治民，令民得其中正，使不失其所故也……百人无主，不散则乱……皇建其有中之道，庶民于之取中于下。人各得其中，不失所也。”① 可见，《周礼》择中思想并非源于天极崇拜，而是本体价值意识上的执中守正、不偏不倚，选取居中、适宜的空间区位便于治理、照顾人民。

其次，“日南则影短，多暑；日北则影长，多寒；日东则影夕，多风；日西则影朝，多阴。日至之景尺有五寸，谓之地中”，也透露了“择中”同时考虑地理、气候的适宜性，并非天极崇拜。“天地之所合也，四时之所交也，风雨之所会也，阴阳之所和也”与《易传》和《中庸》的论调极为契合；“然则百物阜安，乃建王国焉。制其畿方千里而封树之”再次透露了“择中”面对的是经验现实世界的政治格局，同样是儒家的立场。

《易传·系辞》：鼓之以雷霆，润之以风雨。日月运行，一寒一暑……乾知大始，坤作成物。乾以易知，坤以简能……可久则贤人之德，可大则贤人之业。易简而天下之理得矣。天下之理得，而成位乎其中矣。

《易传·彖·乾》：大哉乾元，万物资始……云行雨施，品物流行……首出庶物，万国咸宁。《中庸》：中也者，天下之大本也；和也者，天下之达道也。致中和，天地位焉，万物育焉。

最后，“夜考之极星”非常难得地出现了“天极”的范畴，但“以正朝夕”（郑玄注：朝夕即东西②）随即透露了观测极星只是为了辨别空间方位，并未出现秦咸阳、汉长安、元大都、明北京规划之“象天极”“正紫宫于未央”等原始宇宙论的渲染。故《周礼》之“择中”应为“中庸之中”，并非“天盖之中”。

“中”在不同空间哲学当中意涵的差异，使我们可以更加清晰地照见明、清

① 李学勤编．周礼疏注 [M].（汉）郑玄注．（唐）贾公彦疏．北京：北京大学出版社，1999：4-5.
② 李学勤编．周礼疏注 [M].（汉）郑玄注．（唐）贾公彦疏．北京：北京大学出版社，1999：1149.

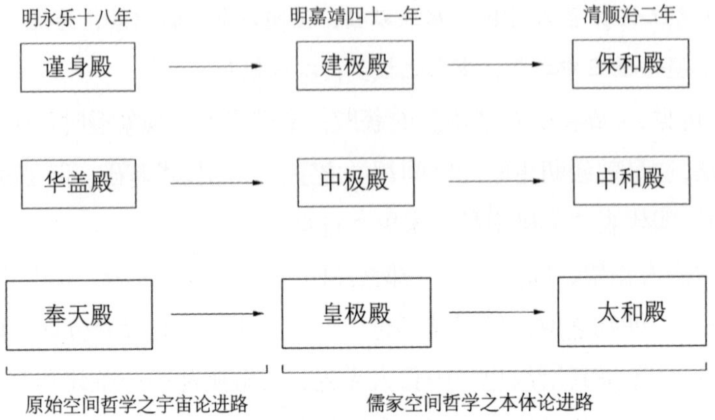

图 3.8 明清紫禁城三大殿之空间哲学切换

Fig.3.8 switches of spatial philosophy among three halls in Forbidden City form Ming to Qing dynasty

资料来源：笔者自绘

两代宫城空间哲学定位的变迁（图 3.8），如：

明代北京城营建之初（明永乐十八年，公元 1420 年），紫禁城中央三大殿建筑名为“奉天殿”“华盖殿”“谨身殿”。明朝永乐十九年（公元 1421 年）四月初八三大殿便遭雷火毁于火灾；明正统五年（公元 1440 年）三大殿重修，到六年九月，“奉天、华盖、谨身三殿，乾清、坤宁二宫成”①；明嘉靖三十六年（公元 1557 年）四月，三大殿再次被雷火烧毁；明嘉靖四十一年（公元 1562 年）九月，三大殿重修完毕，嘉靖帝下令“奉天殿”改名为“皇极殿”，“华盖殿”改名为“中极殿”，谨身殿改名为“建极殿”。其中“皇建有极”的思想出自《尚书·洪范》，在这里，“极”并非“天极”，而是指“中道”，取中庸之意，与《周礼》之“辨方正位，体国经野，设官分职，以为民极”的意思相同。

《尚书·洪范·皇极》：皇建其有极。敛时五福，用敷锡厥庶民。惟时厥庶民于汝极……王道荡荡；无党无偏，王道平平；无反无侧，王道正直。会其有极，归其有极。

清顺治元年（公元 1644 年），清皇室入主紫禁城，第二年改“中极殿”为“中和殿”，改“皇极殿”为“太和殿”，改“建极殿”为“保和殿”。“中和”即取自《中庸》之“中也者，天下之本也；和也者，天下之道也”。“太和”与“保和”取自《易传·彖·乾》之：“乾道变化，各正性命，保合太和，乃利贞”。

也就是说，虽然紫禁城在设计之初是以原始宇宙论为进路（如前文 2.1），但明末、清初通过对殿名的两次更改，重新塑造了一套空间哲学系统。“中”的哲

① 《明英宗实录》

学意涵已从原始空间哲学之宇宙论切换为儒家空间哲学之本体论。乾隆御书于"中和殿"之牌匾"允执厥中"即是最为明确的体现。另从清人刚入关对于风水（原始空间哲学）的态度来看，他们更加热衷于关注经验现实世界的儒学，不难证明这种空间哲学切换的实质性。

《尚书·大禹谟》：人心惟危，道心惟微，惟精惟一，允执厥中。

《论语·尧曰》：咨尔舜，天之历数在尔躬，允执其中。

康熙《金陵御制碑文》：有德者昌，无德者亡，与山陵风水原无关涉。

《周礼》空间哲学之形上学体系的不断明晰，使我们可以采用四方架构理论来探讨一个困扰建筑史学界多年的老问题，即：《周礼》与《管子》的空间哲学分异究竟在何处？

在过去的研究中，大多数观点认为《周礼》更加强调"制"，而《管子》更加强调"宜"[①]。此外，贺业钜先生补充到，《管子》城市思想，"从基本概念直到具体措施，都是和西周旧制针锋相对的"，反映了"新兴封建地主阶级意识"。

但是，张杰先生不以为然[②]："贺氏的观点似乎给人一种错觉，那就是《周礼》在设计策略上是机械的，过分强调理想概念，而《管子》则强调因地制宜……其实只要我们仔细分析一下《周礼》的一些有关内容就会发现这种看法是非常片面的。《周礼·掌固》：'若造都邑，则治其固，与其守法。凡国都之竟有沟树之固，郊亦如之。民皆有职焉。若有山川，则因之。'……这显然与《管子》的因地制宜的观点完全一致……就是说'图'上表达的方整之形或规定是一种概念……古人早就……作了清楚的剥离……《周礼》与《管子》的差异性并不在表面上的'制'与'宜'的辩证，而在'文化体系'上"。

遗憾的是，对于这个"文化体系"，张杰先生并没有做过多说明。

笔者则认为，从"四方架构"理论出发，很容易辨析《周礼》与《管子》的"文化体系"关系与差异：

从相似性上来看，两套空间哲学的本体价值意识在哲学史上有内在的继承关系，儒家本体价值意识的源头就是原始农耕时代所遗留的"德性生命主义"，从孔子对于管仲的高度评价[③]，以及儒家将《尚书》作为"十三经"的重要构成部分

① 苏畅.《管子》城市思想研究 [M]. 北京：中国建筑工业出版社，2010：138-169.

② 张杰. 中国古代空间文化溯源 [M]. 北京：清华大学出版社，2012：121-122.

③ 《论语·宪问》："子路曰：'桓公杀公子纠，召忽死之，管仲不死。' 曰：'未仁乎？' 子曰：'桓公九合诸侯，不以兵车，管仲之力也。如其仁，如其仁。' 子贡曰：'管仲非仁者与？桓公杀公子纠，不能死，又相之。' 子曰：'管仲相桓公，霸诸侯，一匡天下，民到于今受其赐。微管仲，吾其被发左衽矣。岂若匹夫匹妇之为谅也，自经于沟渎，而莫之知也？'"

都可以证明。

从差异性来说，《管子》城市思想之的形上学体系属于原始空间哲学，虽然是先秦创作，但至少可追溯到东周以前三千年的城市建设经验；而《周礼》的形上学体系则属于儒家空间哲学，较为完整、系统地反映了儒家在轴心时代的天人关系重建，前文已经论证。

故《管子》与《周礼》各自分属于不同的空间哲学四方架构，前者脱胎于“绝地天通”，讲“以社会整体的生物性满足为特质的本体价值意识”，后者脱胎于“天人合一”，讲“天下有道”以及“以仁为核心的本体价值意识”。中间隔着一层周代儒家哲学革命所创造的“天道观”。

接下来或许会有这样的疑问：管子四篇[①]的“精气论”是典型的“天道观”论述，为何说《管子》核心思想却没有天道观？

那是因为，从《管子》的创作背景[②]可得知，战国稷下学宫糅合诸家的真实目的并非仅为了彰显各家本体价值，而是围绕“富国强兵、王霸天下”的政治目的服务，这是地地道道的原始“德性生命主义”，亦不同于之后法家性恶论的路数。就好像“罢黜百家、独尊儒术”[③]也未见得汉武帝真正愿意接受儒家意识形态。儒家、道家、法家、墨家、兵家、农家等，只要有利于“德性生命主义”的贯彻，皆可兼容统一，并行不悖。因此，理解《管子》城市思想的关键并不在于其内容是什么，而是为什么要创作这些内容。尽管《管子》书中不乏“天道观”论述，但其“利用”天道观的原始本体价值意识实则贯穿全书，这也是历史上很难[④]对《管子》进行哲学定位的真正原因。

既然《周礼》的“择中”由儒家空间哲学之本体论而发，也就意味着支撑“择中”空间营造活动的是一套“价值系统”，而非像秦咸阳规划中所主要采用的原始宇宙论“知识系统”。二者在空间规划方面所要遵循的尺度严格性、目的性完全不同。这就很好地说明了，为何在中国传统城市营建过程中，凡体现儒家礼制特征的城市（图 3.9，图 3.10），没有一个是严格遵循起初《周礼》设定的空间结构与尺度的。故“因地制宜”与儒家空间哲学并无对立关系，以此来辩证《管子》与《周礼》

① 《管子·内业》《管子·白心》《管子·心术上》《管子·心术下》。

② 《管子》作书跨越战国与秦汉，亦非一人所著，糅合诸家。

③ 孔子的政治理想是实现“天下大同”，而“独尊儒术”是为实现汉帝国的“道统”。

④ 如在《汉书·艺文志》中《管子》列入道家类，而在《隋书·经籍志》中则改列法家类。另见罗根泽．管子探源 [M]. 长沙：岳麓书社，2010.

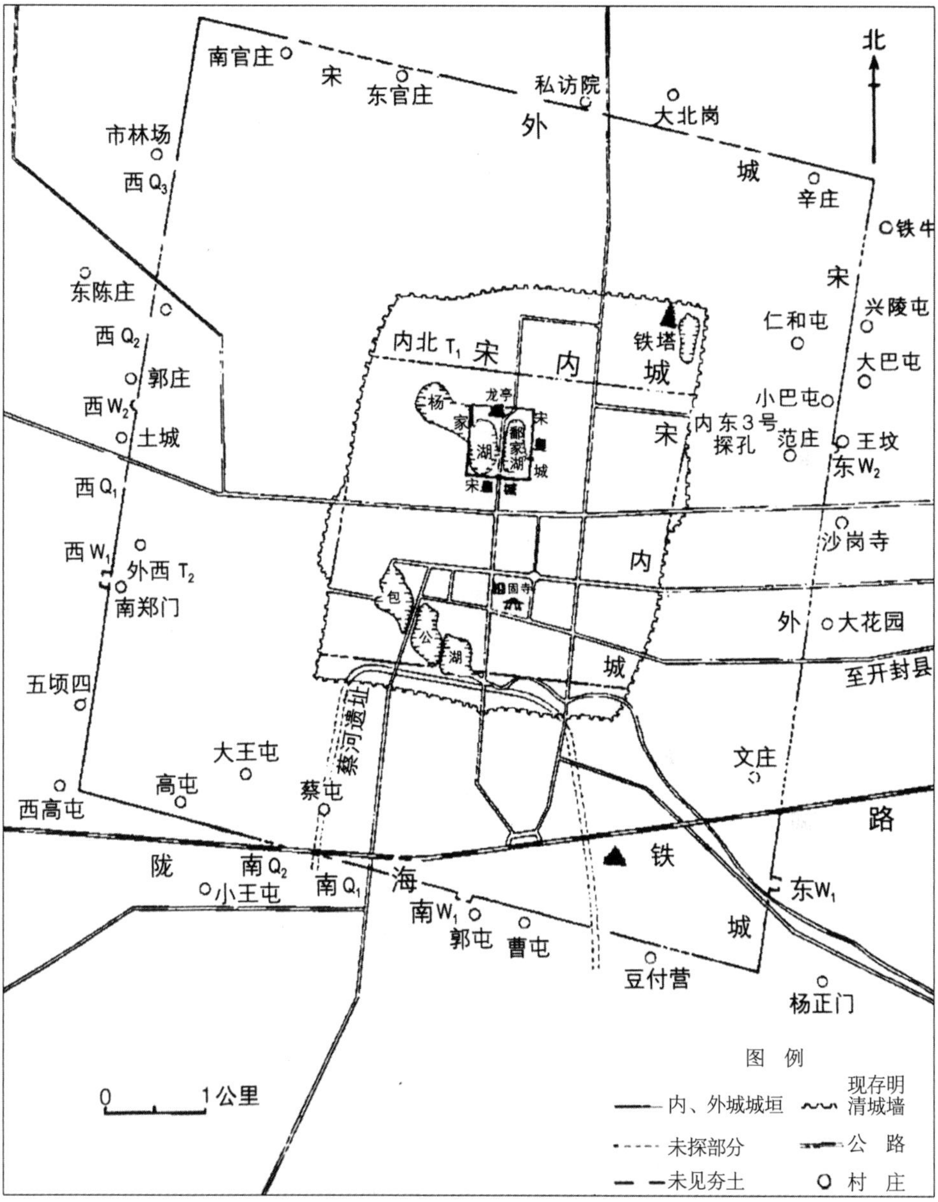

图 3.9 具有儒家礼制特征的城市：北宋东京（今开封）

Fig.3.9 cities with etiquette in ancient China: Dongjing (Northern Song Dynasty)

资料来源：刘春迎．考古开封 [M]. 郑州：河南人民出版社，2006：115.

注："北宋东京由外城、内城和皇城三重城垣构成，并有护城河环绕，形成严密的防御体系。外城始建于后周时期，北宋时期又加筑了马面、瓮城、战棚等设施，十分坚固，并有护城河，城墙'阔十余丈，壕之内外，皆植杨柳'，粉墙朱户，禁人往来"，"'取虎牢土为之，坚密如铁，受炮所击唯凹而已。'内城介于外城和皇城之间，为保护京师的第二道屏障。皇城，为官府要地，宋真宗时期，'以砖垒皇城'，为中国城墙包砖之始；四角修筑角楼，则开皇城建角楼之先河，这些建造设计方法为元明清时期所继承……开封城内 10 厢 128 坊，共计普通居民近十万户，是当时世界上最大的城市。"吴良镛．中国人居史 [M]. 北京：中国建筑工业出版社，2014：258-263.

实则一大误会。

孔颖达《礼记正义》[144]：礼从宜……天时有生也，地理有宜也……夫君子行礼，必须使仰合天时，俯会地理，中趣人事，则其礼乃行也①。

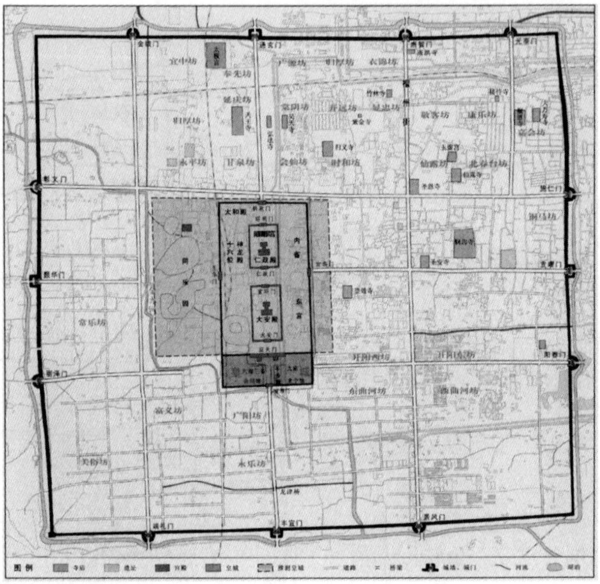

金中都城复原示意图

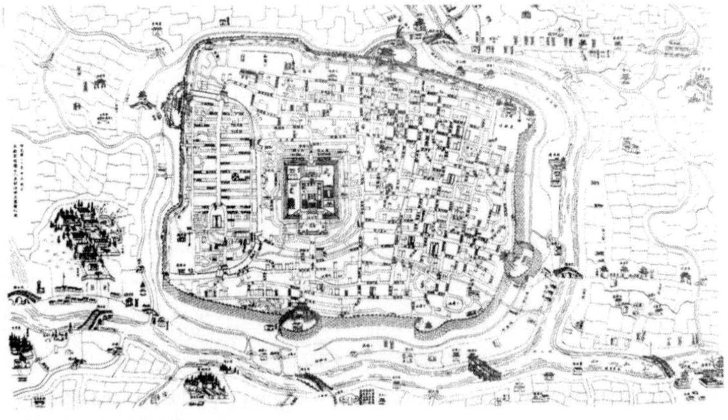

清光绪二十年成都城池图

图 3.10　具有儒家礼制特征的城市：金中都、清成都

Fig3.10　cities with etiquette in ancient China: Zhongdu (Jin dynasty) , Chengdu (Qing dynasty)

资料来源：侯仁之，岳升阳．北京宣南历史地图集 [M]. 北京：学苑出版社，2009；应金华，樊丙庚．四川历史文化名城 [M]. 成都：四川人民出版社，2000.

① 李学勤编．礼记正义 [M].（汉）郑玄注．（唐）孔颖达疏．北京：北京大学出版社，1999：11-718.

3.2.2 山水比德，名正言顺

《论语·雍也》：知者乐水，仁者乐山；知者动，仁者静；知者乐，仁者寿。

在《论语·雍也》当中，虽然水并非知者，山亦非仁者，但一“乐”字，事实上将“山水”与儒家的本体价值意识等同。说明“山水”在儒家形上学中除了具有“天道造化、理气凝聚”等气化宇宙论的知识意义而外，更是充斥着儒家本体价值意识的空间符号[①②]。既然“择中”也是由儒家本体而发，那么在“择中”过程里对位“山水”也就顺理成章，这在很大程度上拓宽了儒家空间哲学之本体论进路，使其城市营造的视阈可以将人工环境与自然环境一并统筹。

此外，儒家在中国哲学史上又被称为“名教”，被冠以“正名主义”，主张倡“仁”必先“正名”。

《论语·子路》：名不正，则言不顺；言不顺，则事不成；事不成，则礼乐不兴；礼乐不兴，则刑罚不中；故君子名之必可言也，言之必可行也，君子于其言，无所苟而已矣。

“正名”的初衷是否是维持封建礼教政治，加强道德伦理约束的手段本文暂且不论，但“名”及其载体（牌坊匾额）作为一种可视的符号确可成为儒家空间哲学最为直接的本体论进路。

至此而言，儒家空间哲学的本体论进路至少有三条：“执中守正”“山水比德”“名正言顺”，以下图示皆可反映出这三条进路的同时运用（图 3.11- 图 3.13）。

① 《荀子·宥坐》：“孔子观于东流之水，子贡问曰：‘君子所见大水必观焉，何也？’孔子对曰：‘以其不息，且遍，与诸生而不为也，夫水似乎德；其流也则卑下倨邑，必修其理，此似义；浩浩乎无屈尽之期，此似道；流行赴百仞之嵠而不惧，此似勇；至量必平之，此似法；盛而不求概，此似正；绰约微达，此似察，发源必东，此似志；以出以入，万物就以化絜，此似善化也。水之德有若此，是故君子见必观焉。’”

② 《尚书大传·略说》：“夫山，草木生焉，鸟兽蕃焉，财用殖焉，生财用而无私为焉。四方皆代焉，无私予焉。出云风以通乎天地之间。阴阳和合，雨露之泽，万物以成，百姓以飨。此仁者之所以乐于山者也。”

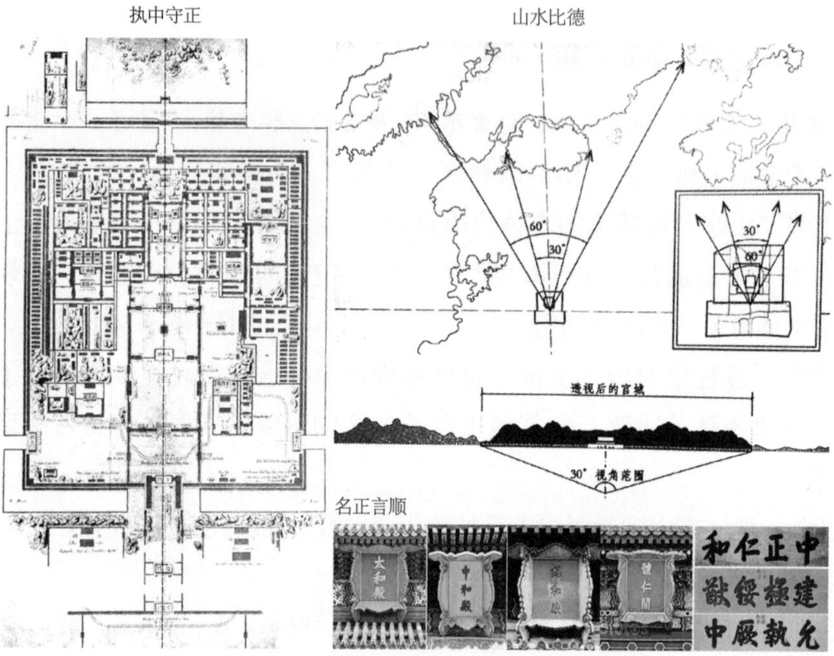

图 3.11　清紫禁城规划反映的儒家空间哲学之本体论进路
Fig.3.11　Confucius value in Forbidden City（Qing dynasty ）
资料来源：笔者根据相关资料收集

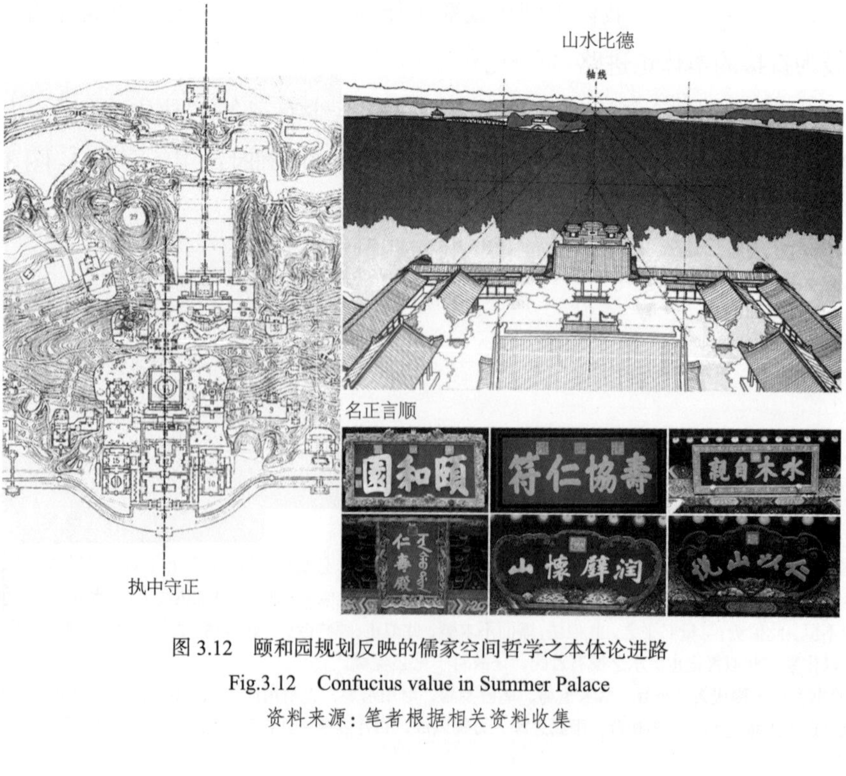

图 3.12　颐和园规划反映的儒家空间哲学之本体论进路
Fig.3.12　Confucius value in Summer Palace
资料来源：笔者根据相关资料收集

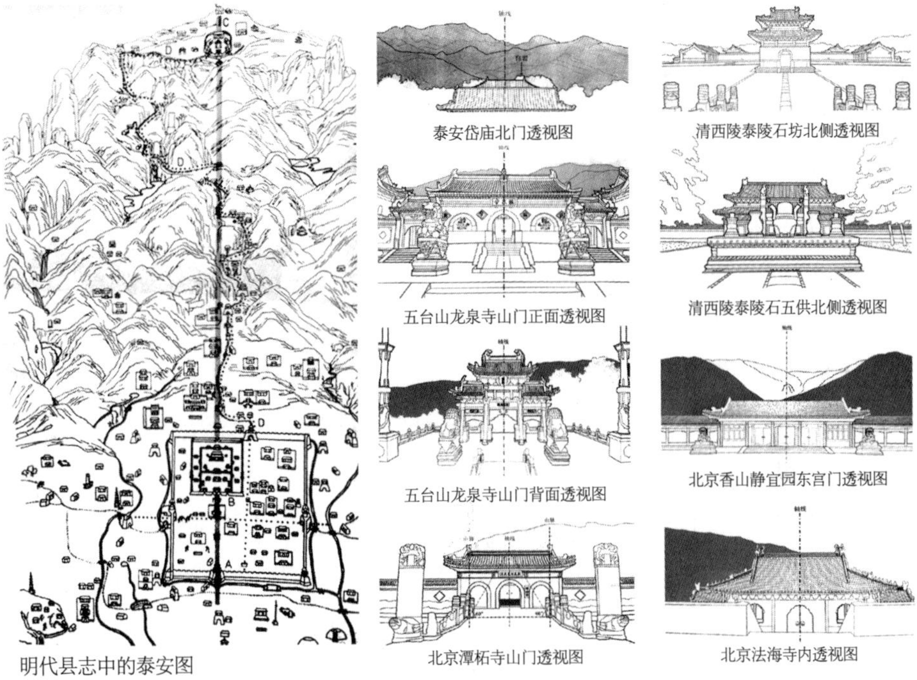

图 3.13 其他案例反映的儒家空间哲学之本体论进路

Fig.3.13 Confucius value in other cases

资料来源：笔者根据相关资料收集

3.3 从“有无相生”到道家本体论价值系统的建立

道家本体价值意识的产生包含两大推理系统：一套是由《老子》建立的“抽象思辨”进路，得到“无为”本体；另外一套则是由《庄子》建立的气化宇宙论进路，得到“逍遥”本体。二者虽有差异，但并无直接矛盾，《庄子》亦继承和深化①了《老子》的“无为”本体，故皆可归并为道家本体论范畴，成为人生哲学向空间哲学转换的共同价值遵循。下面简要陈述道家两大本体的推演逻辑及自然“山水”在其中如何被赋予的价值意识。

3.3.1 上善若水，上德若谷

首先是“无为”本体。

在 2.3 节曾提到，《老子》几乎没有做具体的宇宙论知识建构，或者说基本延

① 《庄子·天下》：“无为为之之谓天，无为言之之谓德。”《庄子·天地》：“古之畜天下者，无欲而天下足，无为而万物化，渊静而百姓定。”《庄子·大宗师》：“芒然彷徨乎尘垢之外，逍遥乎无为之业。”

续了先秦气化宇宙论的一般立场，所以《老子》对本体价值意识的获取自然不能完全基于宇宙论。杜保瑞先生曾认为："老子的整个形上思想的观点，可以归纳在两个不同的思维脉络下来讨论……抽象思辨……实存律则……而这两个层次的思考基本上属于形上学问题意识的'本体论'范畴。"① 照此思路，"无为"本体是基于对整体存在界最高概念范畴"道"的抽象思辨以及现实转化得到的。那么，先来回溯老子是如何描写这个"道"的。

《老子·第四章》②《老子·第五章》③《老子·第十四章》④《老子·第二十五章》⑤《老子·第三十五章》⑥ 皆是对"道"的抽象思辨：

《老子》首先肯定"道"是抽象普遍的存在，是万物宗主，并非其他存有者（如上帝鬼神）所生之物；其次指出"道"无声、无形、无象，不易明显被人察觉，它是天地万物变化的总原理，不归属于任何事物，独立不殆地运行，没有名字，强名之曰"道"，同时其原理并无人能赋予的道德性，故曰"天地不仁"；接下来用"大、远、逝、反、寂、寥"等意向作为对道之抽象性征的进一步刻画，再以天、地、人三者为例，指出"道"的抽象性征必然在这些具体对象上显现，故"天大，地大，人亦大"，大即代表"道"的抽象性征；最后得出，人对"道"之性征的掌握是透过天地所代表的整体存在界运行法则的体认而找出的，天地运行取法于"道"，"道"之运行取法于自身，故曰"道法自然"。

"道"之抽象性征虽然如此，但思辨过程并未产生任何本体价值意识可供遵循。"圣人"要秉持"道"的普遍原理行事，就必须进一步将"道"的规律落实、转换在人文环境当中加以认识归纳，才能实现。早在 20 世纪 90 年代，杜保瑞先生⑦ [220] 就曾总结出，老子认识整体存在界最终得到了四条所谓的"实存律则"，即：

---

① 杜保瑞 . 反者道之动——老子新说 [M]. 北京：华文出版社，1997：10.

② 《老子·第四章》："道冲而用之或不盈……吾不知谁之子，象帝之先。"

③ 《老子·第五章》："天地不仁，以万物为刍狗；圣人不仁，以百姓为刍狗。天地之间，其犹橐籥乎？虚而不屈，动而愈出。多闻数穷，不如守中。"

④ 《老子·第十四章》："视之不见，名曰夷；听之不闻，名曰希；搏之不得，名曰微。此三者，不可致诘，故混而为一。其上不皦，其下不昧，绳绳兮不可名，复归於无物。是谓无状之状，无象之象，是谓恍惚。迎之不见其首，随之不见其后。执古之道，以御今之有。能知古始，是谓道纪。"

⑤ 《老子·第二十五章》："有物混成，先天地生。寂兮寥兮，独立而不改，周行而不殆，可以为天地母。吾不知其名，字之曰道，强为之，名曰大。大曰逝，逝曰远，远曰反。故道大，天大，地大，人亦大。域中有四大，而人居其一焉。人法地，地法天，天法道，道法自然。"

⑥ 《老子·第三十五章》："执大象，天下往。往而不害，安平泰。乐与饵，过客止。道之出口，淡乎其无味，视之不足见，听之不足闻，用之不足既。"

⑦ 杜保瑞 . 反者道之动——老子新说 [M]. 北京：华文出版社，1997：37.

“有无相生”“反者道之动”“玄同”“玄德”，层层递进。“实存律则”实际上就是《老子》本体论从对“道”的抽象思辨至本体价值意识提出之“推论过程”，是老子体认“道”后获得的现实观念，下面简要梳理：

1. 有无相生[①]

“天下万物生于有，有生于无”，“有”是在平常生活世界中的一个特意认取活动，“有”的意义结构是立基于它的“有的不发生”之“无”的意义结构中；就“有无相生”而言，任何概念的出现，都是伴随它的对立面被否定为前提，谈“美”已有“恶”的观念,谈“善”已有“不善”的观念等。将“有生于无”与“有无相生”放在一起讨论，即得到第一条律则：任何事物在认识中出现之时，它的发生的否定面（即它不发生）与它的意义的否定面（即它的对立面）都同时出现了。

2. 反者道之动[②]

由于事物在被意识到存在（有）状态时，它已经蕴含了被它排斥及否定了的对立面（无），故在事物朝着被意识到的意义之路尽极地发展时，它未被意识到的对立面之意义也一样地尽极发展，当对立面意义终于茁壮到认知者无法忽略的地步，就会迫使认知者清楚明确甚至惊讶恐惧的认知它。所以“反者道之动”成为第二条律则：由于人们常忽略第一条律则，故事物往往朝向它的对立面发展，认识的焦点最终会因此被迫聚集在它的反方向。

3. 玄同[③]

“兑、门、锐、纷、光”建立了“有”的意义结构，“塞、闭、挫、解、和”的反向作用建立了“无”的意义结构，文本强调“无”最终会消解这个特别突出的“有”，即在描述“反者道之动”的最终走向。故得出第三条律则：由于人们常常忽略第二条律则，最终天道会将一切特别突出、片面的存在表现予以消解。

4. 玄德[④]

“玄德”是《老子》在描述“道对待天地万物的态度”,即“供给而不宰割”“主持而不主导”。《老子》认为天地不采取有价值性的认知态度，因此不曾出现一个

---

① 《老子·第四十章》：“天下万物生于有，有生于无。”《老子·第二章》：“天下皆知美之为美，斯恶已。皆知善之为善，斯不善已。故有无相生，难易相成，长短相形，高下相盈，音声相和，前后相随。”《老子·第一章》：“无，名天地之始；有，名万物之母。”

② 《老子·第四十章》：“反者道之动，弱者道之用。”

③ 《老子·第五十六章》：“塞其兑，闭其门；挫其锐，解其纷；和其光，同其尘。是谓玄同。”

④ 《老子·第十章》：“生之，畜之，生而不有，为而不恃，长而不宰，是谓玄德。”《老子·第五十一章》：“道生之，德畜之，物形之，势成之。是以万物莫不尊道而贵德。道之尊，德之贵，夫莫之命而常自然。故道生之，德畜之；长之育之；成之熟之；养之覆之。生而不有，为而不恃，长而不宰。是谓玄德。”

意义上的“有”，在意义上它仍是“无”，所以“玄德”是“生而不有，为而不恃，长而不宰”，这个“有、恃、宰”的态度，其实就是在认识上没有必要发生的“有”。其理论基础仍在“有无相生”“反者道之动”和“玄同”。故得出第四条律则：天道对待万物，从未产生一个“有”的价值意义，它保留了事物发展的本来面相，让在它们在自然轨迹中自然地发展，故不会导致“玄同”。

可以看出，四条“实存律则”，从“有无相生”延伸，实际上架构了《老子》抽象思辨与价值意识产生的逻辑关系，《老子》所有的推论最终都基于“有无相生”而指向“道对待天地万物的态度”——“玄德”，故“圣人”秉持“天道”行事，所遵循的本体，也就是这个“玄德”。

当然《老子》亦将“玄德”再次纳入“有无相生”的逻辑框架，进行了“异词同义”的丰富替换与论述①，如：无为、朴、不欲、静、曲、枉、洼、敝、少、不自见、不自伐、不自矜、不争、弱、缺、拙、讷、损等。从文本替换“玄德”意涵所使用的概念范畴来看，出现频率最高的就是“无为”，故可将“无为”最终确定为《老子》哲学的核心本体价值意识来理解（对于“无为”，老子已经定义清楚，但后来仍出现不少解释偏差②③）。

和《论语》的逻辑类似，《老子》亦在本体论中对“山水”赋予了价值意识。但“山水”在这里的意涵不再是“知者乐水，仁者乐山”，而是“上善若水，上德若谷”，亦体现出儒、道本体的显著差异，如：

《老子·第八章》：上善若水，水善利万物而不争。处众人之所恶，故几于道。

---

① 《老子·第三十七章》：“道常无为而无不为……镇之以无名之朴，夫将不欲。不欲以静，天下将自正。”《老子·第二十二章》：“曲则全，枉则直，洼则盈，敝则新，少则得……不自见，故明；不自是，故彰；不自伐，故有功；不自矜，故长。夫唯不争，故天下莫能与之争。”《老子·第四十章》：“反者道之动，弱者道之用。”《老子·第四十五章》：“大成若缺……大直若屈，大巧若拙，大辩若讷。”《老子·第四十八章》：“为学日益，为道日损。损之又损，以至于无为。无为而无不为。取天下常以无事，及其有事，不足以取天下。”……

② 魏晋王弼《老子指略》言：“道以无形无名成济万物，故从事于道者，以无为为君，不言为教。”无形无名固然是道体的抽象性征，但由抽象性征到价值意识是一个哲学的跳跃，王弼不识这个跳跃。其实在老子系统里，“无为”来自道体的实存律则，即“有无相生”。这是王弼注老的错解之处。

③ 更有甚者将“无为”冠以消极、出世、阴谋、不作为等意涵。实际上，“无为”并非“不作为”，而是强调“不自私”“谦虚”“守弱”“不争”，故以“上善若水、上德若谷”来比喻。对于儒家的“仁”本体，《老子》亦不完全否定，而是认为“仁”虽可以使主体达到“亲而誉之”的状态，但也容易跌入“反者道之动”的实存律则，最终落得假仁假义或伤人伤己，故更加推崇“不知有之”，这反映在《老子·第十七章》当中（“太上，不知有之；其次，亲而誉之；其次，畏之；其次，侮之”）。这章描述了四种形态的领导者：第一种，属于道家形态，秉持天道，作出了巨大贡献，但人们却不知道有这样一个人；第二种，属于儒家形态，一方面服务大众，一方面也得到了荣誉；第三种，属于法家形态，严刑峻法让人生畏，虽也能成就功业，但积累了太多仇恨，亦可能被推翻；第四种领导者昏庸无能，存有私心，最终落得百姓唾骂。由此可知：儒家的“仁”只是《老子》本体论的次等目，其次“无为”亦强调入世服务天下。

居善地，心善渊，与善仁，言善信，正善治，事善能，动善时。夫唯不争，故无尤。

《老子·第十五章》：古之善为士者，微妙玄通，深不可识。夫唯不可识，故强为之容……敦兮，其若朴；旷兮，其若谷……保此道者，不欲盈。

《老子·第四十一章》：明道若昧，进道若退，夷道若颣，上德若谷，广德若不足……大白若辱，大方无隅，大器晚成，大音希声，大象无形，道隐无名。

十分明显，无论是“上善”“不争”“旷”“不盈”还是“上德”，《老子》都是在借“山水”来谈“无为”本体，故“无为”在《老子》框架中亦可同“山水”之性征通约，这就明确为道家空间哲学提供了第一条本体论进路。以下举例说明：

1.《园冶》[221]之《兴造论》《园说》《相地》

根据“无为”本体价值，人居环境的营造应在最大程度上减少雕琢、修饰、突显的痕迹，力求“损之又损”，最后将自身的特质消隐在自然山水或城市邻里当中，这是其与“朴、静、敝、少、不自见、不争、弱、拙、谦、损”等衍生本体的通约关系所决定的。

在明代《园冶·兴造论》中，计成将“惟雕镂是巧，排架是精”与“无窍”等同，强调兴造主在立意传达而非精艺雕琢：

世之兴造，专主鸠匠，独不闻三分匠、七分主人之谚乎？非主人也，能主之人也。古公输巧，陆云精艺，其人岂执斧斤者哉？若匠惟雕镂是巧，排架是精，一架一柱，定不可移，俗以‘无窍之人’呼之，甚确也……园林巧于“因”、“借”，精在“体”、“宜”，愈非匠作可为，亦非主人所能自主者，须求得人，当要节用。

《园冶·园说》更是强调空间营造的随机性与消隐性，心怀万物而不争，巧妙地将“无为”本体作了空间哲学的转化：

凡结林园，无分村郭，地偏为胜，开林择剪蓬蒿；景到随机，在涧共修兰芷。径缘三益，业拟千秋，围墙隐约于萝间，架屋蜿蜒于木末。山楼凭远，纵目皆然；竹坞寻幽，醉心既是。轩楹高爽，窗户虚邻；纳千顷之汪洋，收四时之烂漫。梧阴匝地，槐荫当庭；插柳沿堤，栽梅绕屋；结茅竹里，浚一派之长源；障锦山屏，列千寻之耸翠，虽由人作，宛自天开。

《园冶·相地》中，除“山林地”“村庄地”“郊野地”“傍宅地”“江湖地”都符合《园冶·园说》中“地偏为胜”的谦让原则，“城市地”的选择也力图消隐自身：

市井不可园也；如园之，必向幽偏可筑，邻虽近俗，门掩无哗。开径逶迤，竹木遥飞叠雉；临濠蜒蜿蜒，柴荆横引长红，院广堪梧，提湾宜柳，别难成野，兹易为林……足征市隐，犹胜巢居，能为闹处寻幽，胡舍近方图远。

2. 圆明园之“杏花村馆”“澹泊宁静”等

在圆明园建设之初，作为帝国的最高统治者，雍正的理想是将现实与想象中所有的美丽和优雅都汇聚在他的离宫，乾隆即位后再行扩建，形成了著名的“圆明园四十景”。其中：西北面堆砌假山以象昆仑，中南部“九州清晏”以像帝国版图，主要采用了原始空间哲学的宇宙论进路；“正大光明”“勤政亲贤”“鸿慈永祜”主要采取了儒家空间哲学之本体论进路；“方壶胜境”“蓬岛瑶台”主要遵循了道家空间哲学之异化宇宙论进路。

但正如圆明园又被誉为“万园之园”一样，其他空间哲学进路亦有发挥。圆明园在模仿中国南方迷人的自然风景，再现中国诗歌与绘画意境当中，透露了《老子》所代表的道家空间哲学之本体论进路。圆明园中的雍正，经常将自己装扮成古代文人、农夫的形象，寄情于山水。或许文人、农夫所追求的淡泊生活，正是权力包裹中的雍正其内心深处的渴望。“杏花村馆”“澹泊宁静”“武陵春色”“映水兰香”“多稼如云”“北远山村”等[222]空间营造（图 3.14），皆在一定程度上反映了道家“无为”本体的进入，在四十景当中并不突显。

3.3.2 至乐无乐，至誉无誉

其次是“逍遥”本体。

《庄子》内七篇被公认由庄周自作，各章意旨连贯清晰，先来简要回顾：

《逍遥游》开篇名义，通过拉开不同生命意境的对比度①，提出了其最高本体——“逍遥”；其后，《齐物论》撤除了人类世界为了满足欲望所提出的所有合理化借口②，指出真正的大道并没有具体的知识和意义，应视天地万物为一，本来无有分别与标准；继而，《养生主》借“庖丁解牛”诉说了人如何在复杂的社会关系中游刃有余，使生命得到保全，不和任何利害关系起正面冲突③；《人间世》揭示了世道之黑暗残酷难以改变，同时调侃讽刺了孔子及其追随者意图改造世界的天真理想；《德充符》明确了“才全而德不形”的道家圣者标准；《大宗师》提出

① 《庄子·逍遥游》：“小知不及大知，小年不及大年。”

② 《庄子·齐物论》：“未成乎心而有是非，是今日适越而昔至也。是以无有为有。无有为有，虽有神禹且不能知，吾独且奈何哉……类与不类，相与为类，则与彼无以异矣……天地与我并生，而万物与我为一……夫大道不称，大辩不言，大仁不仁，大廉不嗛，大勇不忮……仁义之端，是非之涂，樊然肴乱，吾恶能知其辩！”

③ 《庄子·养生主》：“为善无近名，为恶无近刑。缘督以为经，可以保身，可以全生，可以养亲，可以尽年……彼节者有间，而刀刃者无厚；以无厚入有间，恢恢乎其于游刃必有余地矣。”

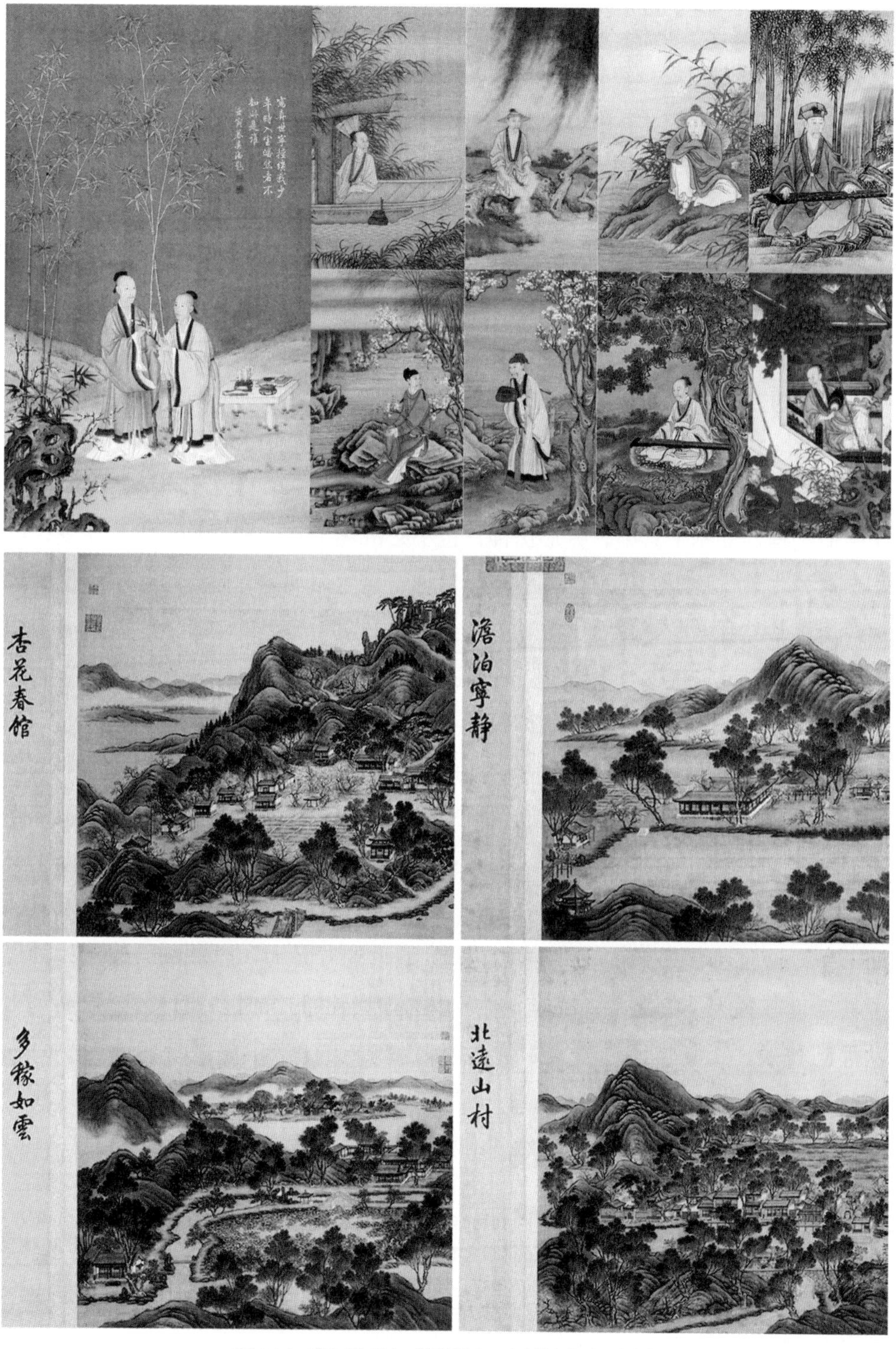

图 3.14 雍正扮相与《圆明园四十景图咏（局部）》

Fig.3.14 Yong Zheng the King and painting of Yuanming Yuan (partial)

资料来源：笔者根据相关资料收集

了如何达成身心自由的修炼之道（心斋、坐忘的工夫论）;《应帝王》设想了得道者治理人间世界，让百姓过自由生活的理想。

在本体论方面，内七篇不乏对“道体”的抽象思辨，如包含：“道体实存”[①]“非物”[②]“不死不生”[③]“不可封限”[④]“不可名言”[⑤]等抽象性征，与《老子》的观点十分类似。但“逍遥”本体价值意识的最终建立，并未重复《老子》“实存律则”之路，而是直接从其气化宇宙论的知识系统中获取。基本逻辑如下：

“道”从来不会因其泽及万世，长于上古，覆载天地而雕刻众形，而标榜自己的仁义、尊贵、巧妙。生命现象只是气聚气散之间的一段历程，如白驹过隙，从本质上看万物并不存在任何高低、是非、对错、好坏、美恶、尊卑、贵贱的价值区分，一切都是气化流变，自然而已，所有的价值都是世人刻意编造的。对于领悟宇宙现象的圣者而言，不必将喜怒哀乐等情绪变化、仁义忠孝等道德判断赋予生命过程，受制于其中，劳形伤神，也不必沉迷于功名利禄的追求和享受，或陷于对死亡（气散）的恐惧。人应当简单地看待生命现象，超越世俗的价值，远离政治斗争与利益争夺，将主要精力发挥在自然赋予自己的才能上，使内心自由快乐。因为天地一气，万物皆种，故逍遥自适，乘物游心。

如果《老子》的“无为”本体，还有“利万物而不争”的社会政治理想与人事管理智慧，并与儒家“仁”本体存在着一定的互补性，那么《庄子》的“逍遥”则是完全否定任何刻意的社会体制，不愿为任何政权服务，哪怕是以仁义道德为说辞的。以老子“无为”本体作为空间哲学进路，消隐自身，损之又损，固然也顺从了他所领悟的“道”，但对于庄子来说，“上善若水，水善利万物而不争”或许都是多余的。故被《庄子》继承的“无为”已被细微改动，抽离了其入世服务天下的意涵，完全成为个人精神出世的价值参照，与“逍遥”可以等同替换，正如《庄子·大宗师》言：“芒然彷徨乎尘垢之外，逍遥乎无为之业。”

下面我们进一步来检视，自然“山水”在《庄子》本体论当中的哲学意涵。

---

① 《庄子·大宗师》:“夫道有情有信，无为无形；可传而不可受，可得而不可见；自本自根，未有天地，自古以固存；神鬼神帝，生天生地；在太极之先而不为高，在六极之下而不为深，先天地生而不为久，长于上古而不为老。”

② 《庄子·知北游》:“物物者非物，物出不得先物也，犹其有物也。”

③ 《庄子·大宗师》:“杀生者不死，生生者不生。其为物无不将也，无不迎也，无不毁也，无不成也。其名为撄宁。撄宁也者，撄而后成者也。”

④ 《庄子·齐物论》:“夫道未始有封，言未始有常，为是而有畛也。”

⑤ 《庄子·齐物论》:“既已为一矣，且得有言乎？既已谓之一矣，且得无言乎？一与言为二，二与一为三。自此以往，巧历不能得，而况其凡乎！故自无适有，以至于三，而况自有适有乎！无适焉，因是已！”

《庄子·秋水》：秋水时至，百川灌河，泾流之大，两涘渚崖之间，不辨牛马。于是焉，河伯欣然自喜，以天下之美为尽在己。

《庄子·知北游》：山林与，皋壤与，使我欣欣然而乐与。

《庄子·山木》：庄子行于山中，见大木，枝叶盛茂。伐木者止其旁而不取也。问其故，曰："无所可用。"庄子曰："此木以不材得终其天年。"

《庄子·齐物论》：汝闻人籁而未闻地籁，汝闻地籁而未闻天籁夫……夫大块噫气，其名为风。是唯无作，作则万窍怒呺，而独不闻之翏乎？山林之畏佳，大木百围之窍穴……前者唱于而随者唱喁……而独不见之调调、之刁刁乎……夫吹万不同，而使其自己也，咸其自取，怒者其谁邪？

尽管庄子借自然"山水"传达本体价值意识的文句多种多样，但它们都具有相同的哲学意涵，即：无论自然"山水"之形态、情状如何聚散、盈缺、沉降、荣朽、动静，都是自然而已，本体"逍遥"；真正的"道"没有特定的目的与价值取向（齐物论），故无须在自然"山水"之上建立任何道德成见（客观上批判了孔子的"知者乐水，仁者乐山"）；人可闻见人籁但常不知地籁，即便细心听见地籁也难体悟无声的天籁，面对自然，应"欣然"处之，"欣然"亦是"逍遥"，"逍遥"即是无人为设定价值的终极价值。所以，《庄子》为道家空间哲学提供了第二条本体论进路。然而，像对待《老子》"无为"本体一样，历史上亦不乏学者对《庄子》的"逍遥"本体进行曲解，进而扭转了"山水"在其中本来的哲学面向。

西晋玄学家郭象《庄子注》，影响甚广，极大程度上误读了《庄子》的形上学体系。他认为天地以万物为体，则无一独立之天矣，只是万物纷纭自己而已；万物以自然为正，仍然没有一个超越的自然以为依据，而是万物以己性为主。

《庄子注》："天地者，万物之总名也。天地以万物为体，而万物必以自然为正。自然者，不为而自然者也。故大鹏之能高，斥鴳之能下，椿木之能长，朝菌之能短，凡此皆自然之所能，非为之所能也。不为而自能，所以为正也。"

可见，郭象否定了"道体实存"（这是中国哲学史上的孤例），将"逍遥"彻底推向虚无，故《庄子》"小知不及大知、小年不及大年"等超越精神在郭象那里全部滑落，成为贵族门阀荒于政治治理，垄断社会阶层流动的本体论依据。

此外，《庄子注》还为涉俗政治人物杜撰了一套"迹本合一说"（既在官场又心向神仙）。因为道体已被郭象取消，此说仅取自《庄子》言说神仙的若干文字，从心理意境上描述山林归趣，却不能建立任何本体价值基础。总而言之，"郭象取消了道体的存有论哲学，将造成宇宙论、本体论及工夫论、境界论皆不能谈的严重理论后果，并且，他的名教并非儒家的鞠躬尽瘁、死而后已的名教，他的自然亦非道家的出世主义的神仙向往，如此的哲学亦即不应说为调和了名教与自然以及沟通儒道哲学的系统了。①"

《庄子注》：所谓无为之业，非拱默而已。所谓尘垢之外，非伏于山林也……夫体神居灵而穷理极妙者，虽静默闲堂之里，而玄同四海之表，故乘两仪而御六气，同人群而驱万物。

郭象"迹本合一说"显示，魏晋玄学一方面继承了道家学说，一方面也异化了道家的本体。门阀、权贵、士人怡情山水的创作活动（园林、书画、文学、哲学），很难等齐划一，并非都能秉持《庄子》的"逍遥"本体。

当然，也不是所有士人都被郭象类似的言论所蛊惑，下面来看看，汉末至东晋几位士人对"逍遥"本体的准确诠释及其空间哲学转换。

"后汉三贤"②之一的仲长统在《乐志论》中极言自然山水之美，开启魏晋以下士大夫怡情山水之胸怀与内心自觉，也是较早将《庄子》"逍遥"本体进行空间哲学转换的案例。明朝李贽引此段后评价③了两个字——"至乐"，此"至乐"，当然指代《庄子·至乐》篇意旨④，"至乐"亦是"逍遥"。

《乐志论》：使居有良田广宅，背山临流，沟池环潜，竹木周布，场圃筑前，果园树后。舟车足以代步涉之艰，使令足以息四体之役……踌躇畦苑，游戏平林，濯清水，追凉风，钓游鲤，弋高鸿……安神闺房，思老氏之玄虚；呼吸精和，求至人之仿佛……逍遥一世之上，睥睨天地之闲。不受当时之责，永保性命之期。如是，则可以陵霄汉，出宇宙之外矣。岂羡夫入帝王之门哉！

三国时期，应休琏撰《与从弟君苗、君胄书》，其中山水之美与哀乐之情交织，深会庄子之"哀乐无端"，足为其内心自觉之说明。对此余英时先生[223]评论道："自兹以往，流风愈广，故七贤有竹林之游，名士有兰亭之会。其例至多，盖不胜枚举……田园或别墅之建筑尚有其精神之背景，即汉魏以来士大夫怡情山水之意识是也……下迄西晋南朝，而未尝中断也。"⑤

① 见于杜保瑞教授个人网站之论文《郭象哲学创作的理论意义》。
② 王充、王符、仲长统。
③《藏书·卷三十七儒臣传·仲长统》
④《庄子·至乐》："至乐无乐，至誉无誉。"
⑤ 余英时．中国知识人之史的考察 [M]. 桂林：广西师范大学出版社，2014：313.

应休琏《与从弟君苗、君胄书》:闲者北游，喜欢无量，登芒济河，旷若发朦。风伯扫途，雨师洒道。按辔情路，周望山野……逍遥陂塘之上，吟咏菀柳之下……弋下高云之鸟，饵出深渊之鱼。蒲且赞善，便嬛称妙。何其乐哉!

东晋诗人陶渊明之《桃花源记》的空间铺陈，也贯彻了庄子“逍遥”本体。笔者发现《桃花源记》与《庄子》前四篇的文意逻辑恰好一一对应（表3.2）。也就是说,陶渊明很有可能参照《庄子》文本,借《桃花源记》完成了一次以“逍遥”为本体论进路的空间哲学转换，所述之言皆是暗语，并不随意。对于为何渔人要舍船；为何有口；为何豁然开朗；为何桃花源中人与外人隔；为何无论魏晋；为何渔人辞去后仍“说如此”；为何“高尚士”往而无果，寻病终等等问题的答案全在《庄子》前四篇当中。

表3.2 《庄子》前四篇与《桃花源记》的文本逻辑比对

Tab.3.2 comparison between Zhuang Zi and Tao Hua Yuan Ji

《庄子》	《桃花源记》节选
《逍遥游》: 北冥有鱼，其名为鲲。鲲之大，不知其几千里也……抟扶摇而上者九万里……野马也，尘埃也，生物之以息相吹也。	人捕鱼，忘路之远近，便舍船，从口入，豁然开朗。
《齐物论》: 其分也，成也；其成也，毁也。凡物无成与毁，复通为一。唯达者知通为一，为是不用而寓诸庸。庸也者，用也;用也者，通也;通也者，得也。适得而几矣。因是已，已而不知其然谓之道。	土地平旷，屋舍俨然，阡陌交通，鸡犬相闻。
《养生主》: 为善无近名，为恶无近刑。缘督以为经，可以保身，可以全生，可以养亲，可以尽年……以无厚入有间，恢恢乎其于游刃必有余地矣……泽雉十步一啄，百步一饮，不蕲畜乎樊中。神虽王，不善也。	避时乱，不复出焉，遂与外人间隔，不知有汉，无论魏晋。
《人间世》: 夫道不欲杂，杂则多，多则扰，扰则忧，忧而不救……所存于己者未定，何暇至于暴人之所行！且若亦知夫德之所荡而知之所为出乎哉？德荡乎名，知出乎争。名也者，相轧也；知也者，争之器也。	人云：不足为外人道也，辞去，得其船，说如此，人随其往，遂迷，高尚士，规往，寻病终。

资料来源：笔者自绘

在其《归去来兮辞》①《饮酒》②中,“逍遥”本体价值意识再次浮现,如果说仲长统之《乐志论》还有贵族式田园生活的味道，那么陶渊明的田园已经回归朴素了。

① 《归去来兮辞》:“归去来兮，田园将芜胡不归……实迷途其未远，觉今是而昨非。舟遥遥以轻飏，风飘飘而吹衣……乃瞻衡宇，载欣载奔。僮仆欢迎，稚子候门。三径就荒，松菊犹存。携幼入室，有酒盈樽。引壶觞以自酌，眄庭柯以怡颜……云无心以出岫，鸟倦飞而知还……木欣欣以向荣，泉涓涓而始流。善万物之得时，感吾生之行休。已矣乎！寓形宇内复几时？曷不委心任去留？胡为乎遑遑欲何之？富贵非吾愿，帝乡不可期。怀良辰以孤往，或植杖而耘耔。登东皋以舒啸，临清流而赋诗。聊乘化以归尽，乐夫天命复奚疑！”

② 《饮酒·其五》:“结庐在人境，而无车马喧。问君何能尔？心远地自偏。采菊东篱下，悠然见南山。山气日夕佳，飞鸟相与还。此中有真意，欲辨已忘言。”

对于陶渊明田园诗所做的空间哲学转换，汉宝德先生评论到："心情消极的知识分子，对国事不再有进取的意念了，虽然仍然可以'隐于世'，而他们的选择，在可能的范围内，是以'入山林'为优先的。这并不表示庄子是赞成退隐山林的[①]……所以避世的人，是伪借庄子之名……真正的庄子的信徒，是田园派的思想家……亲自下田耕作，以求自奉……人生的修为就在于纯、素的追求上……庄子的思想，透过陶渊明的灵犀，才真正通到自然的景观……后读书人建造园林，无不遵循这一思想方向。[②]"

继陶渊明，东晋末年，大作家庾信写过一篇《小园赋》，表现出真正爱好自然的文人，如何敏感地在自己平凡的园子里，为平凡的景象所感动。园子并没有什么刻意的布局，也没有造景的观念，朴雅纯真，深得"逍遥"意旨。

《小园赋》：尔乃窟室徘徊，聊同凿坯……有棠梨而无馆，足酸枣而非台。犹得敧侧八九丈，纵横数十步，榆柳两三行，梨桃百余树……草树混淆，枝格相交。山为篑覆，地有堂坳……一寸二寸之鱼，三竿两竿之竹。云气荫于丛著，金精养于秋菊……落叶半床，狂花满屋。名为野人之家，是谓愚公之谷……草无忘忧之意，花无长乐之心。鸟何事而逐酒？鱼何情而听琴？

一千多年来，陶渊明描述的田园生活成为无数中国知识人内心的向往，归根结底，他们追寻的不仅是一个具体的空间环境，更是由《庄子》传递的本体价值意识——"逍遥"。但逍遥毕竟是超越世俗价值后个人精神层面的出世主义，这也就限定了无"逍遥"心境必无"逍遥"意境。倘若桃花源吸收了世俗价值，姑且也就一美丽山村罢了，仅剩下感官享受层面的意义。从"逍遥"本体被庄子发掘的那一刻起，就注定其只兼容"才全而德不形"的主体（图 3.15），而非借山林田园避世享乐、附庸风雅的虚伪之辈。

白居易《自题小园》：不斗门馆华，不斗林园大。但斗为主人，一坐十馀载。回看甲乙第，列在都城内。素垣夹朱门，蔼蔼遥相对……亲宾有时会，琴酒连夜开。以此聊自足，不羡大池台。

① 《庄子·刻意》论述了庄子对消极避世的态度："刻意尚行，离世异俗，高论怨诽，为亢而已矣。"即：磨砺心志崇尚修养，超脱尘世不同流俗，谈吐不凡，抱怨怀才不遇而讥评世事无道，算是孤高卓群罢了。

② 汉宝德．物象与心境：中国的园林 [M]. 北京：三联书店，2014：65.

图 3.15 北宋 范宽《溪山行旅图》、明代 仇英《桃源仙境图》、明代 唐寅《骑驴思归图轴》

Fig.3.15 Northern Song Dynasty, Fan Kuan, painting of Xi Shan Xing Lv; Ming Dynasty, Qiu Ying, painting of Tao Yuan Xian Jing; Ming Dynasty, Tang Yin, painting of Qi Lv Si Gui

资料来源:《溪山行旅图》存于台北"故宫博物院",网络获取;《桃源仙境图》摄于2015年苏州博物馆仇英作品特展;《骑驴思归图轴》摄于2015年上海博物馆吴湖帆藏品展。

3.4 从"离苦得乐"到佛家本体论价值系统的建立

3.4.1 无相无住，般若空性

从原始佛教—部派佛教—大乘佛教的历史演化来看,佛教本体论经历了由"苦谛（舍离欲望、离苦得乐）—般若（无相无住、本自性空）—菩提（上证佛道,下度众生）"等意涵不断充实的过程。《心经》的相关论述就涵盖了这三个不同面向的本体价值意识。而关于原始佛教本体论之"苦谛",在前面的《四十二章经》中已略有涉及，不再赘述。本节着重讨论对中国传统空间哲学影响更深（包括受此波及的日本）的大乘佛教本体——"般若"与"菩提"。

《心经》[224]：三世诸佛，依般若波罗蜜多故，得阿耨多罗三藐三菩提……能除一切苦，真实不虚。

首先来谈谈"般若"。《金刚经》在论说世间一切现象时，得出有相无常、幻有性空、实相非相的结论，并指出洞彻此者之智慧或价值意识即为“般若”，“般若”亦是破除一切名相执着所呈现的真实。“佛说般若，即非般若，是名般若”，即佛“所说的般若”是出于广度众生的目的而在文字层面的权宜设计，并非“实相般若”本身，众生借此文字得般若智慧时，则一切名相皆可舍弃。

《金刚经》[224]：须菩提，若菩萨有我相、人相、众生相、寿者相，即非菩萨……凡所有相皆是虚妄。若见诸相非相，即见如来……是实相者，即是非相……一切有为法，如梦幻泡影，如露亦如电，应作如是观……佛说般若，即非般若，是名般若……诸菩萨摩诃萨，应如是生清净心，不应住色生心，不应住声、香、味、触法生心，应无所住而生其心。

禅宗六祖慧能《坛经·般若品》则对“般若”进行更为简明的解释：

《坛经·般若品》[224]：一者常，二者无常，佛性非常非无常，是故不断，名为不二。一者善，二者不善；佛性非善非不善，是名不二。蕴之与界，凡夫见二，智者了达其性无二，无二之性即是佛性……心量广大，遍周法界。用即了了分明，应用便知一切。一切即一，一即一切。去来自由，心体无滞，即是般若……般若者，唐言智慧也。一切处所，一切时中，念念不愚，常行智慧，即是般若行……般若无形相，智慧心即是，若作如是解，即名般若智。

杜保瑞先生在辨析①《肇论》②的般若思维时，曾指出：“中国哲学的本体论哲学问题可有抽象性征与实存性体之两路的思维之区别，前者论于对本体论哲学的最高概念范畴作为一个抽象的对象的性征之检别，后者论于这个道体作用在人存有者主观感受上的终极意义，前者转出境界哲学的终极境界描述情状，后者转出工夫哲学的入手蕲向……唯有佛教哲学的般若思维是在道体问题的层次上能有两路合一的一个形态，空既是存在的性征，缘起性空，空也是实存的道体，所以般若是实相……这是佛教哲学思辨与体证两路彻底的一个表现……以般若学为佛教本体论之主张，则本体是有，其义为般若，般若义涵为空，粗解之可谓不有不无。”

既然“般若”为“无住无相”智慧，“不二”智慧，那么世人所见、所感之“自然山水”亦是“外相”，本自性空。这也暗示出，有别于模仿、渲染“须弥山”等佛教世界模型的宇宙论进路，佛家空间哲学还存在从“般若空性”直接摄入的本体论进路，即在空间营造当中“体空证空”。

---

① 该文为杜保瑞先生参加“第十一届国际佛教教育文化研讨会”而作，1997年7月，主办：台湾华梵大学。

② 《肇论》由鸠摩罗什门下僧人僧肇所著，是较全面系统地发挥佛教般若思想的论文集。《肇论》主要由四篇论文组成，即《物不迁论》《不真空论》《般若无知论》《涅盘无名论》。

《坛经·般若品》：善知识！世界虚空，能含万物色像，日月星宿，山河大地，泉源溪涧，草木丛林，恶人善人，恶法善法，天堂地狱，一切大海，须弥诸山，总在空中。世人性空，亦复如是。王维《终南别业》：中岁颇好道，晚家南山陲。兴来每独往，胜事空自知。行到水穷处，坐看云起时。偶然值林叟，谈笑无还期。

唐代寒山有诗云："人问寒山道，寒山路不通。夏天冰未释，日出雾朦胧。似我何由届，与君心不同。君心若似我，还得到其中……吾心似秋月，碧潭清皎洁。无物堪比伦，教我如何说。"亦如柳宗元之《江雪》云："千山鸟飞绝，万径人踪灭。孤舟蓑笠翁，独钓寒江雪。"

相关研究[225-226]显示，这些刻画孤绝、空寂、透彻、纯净、不可说之意境的文学作品所传达出的本体价值意识正是"般若"，同时不乏与之相对应的绘画作品呈现（图 3.16）。那么中国人是否曾从"般若"本体进入，开展了空间营造?

对此，汉宝德先生在整理中国园林发展脉络时捕捉到了一些关键信息①可作为印证："唐代的文人间确实发展出一种类似岸上清洪的水池观，名曰'盆池'。我们可以想象对于中下级官僚，在干燥的华北大地上，即使有园池建设的打算，也未必能达到目的，水在华北是非常珍贵的东西。有水池而保持池水常满是很不容易的，文人们要欣赏水景，有时候就不得不靠一点想象力。'盆池'是什么呢?在文献中可以看出，乃由水源缺乏，只好在院子里埋下一个盆子，倾水其中，聊充水池。"

杜牧《盆池》：凿破苍苔地，偷他一片天。白云生镜里，明月落阶前。

杜牧《石池》：通竹引泉脉，泓澄深石盆。惊鱼翻藻叶，浴鸟上松根。残月留山影，高风耗水痕。谁家洗秋药，来往自开门。

白居易《官舍内新凿小池》：帘下开小池，盈盈水方积。中底铺白沙，四隅甃青石。勿言不深广，但取幽人适。泛滟微雨朝，泓澄明月夕。岂无大江水，波浪连天白。未如床席间，方丈深盈尺。清浅可狎弄，昏烦聊漱涤。最爱晓暝时，一片秋天碧。

方干《于秀才小池》：一泓潋滟复澄明，半日功夫劚小庭。占地未过四五尺，浸天唯入两三星。鷁舟草际浮霜叶，渔火沙边驻小萤。才见规模识方寸，知君立意象沧溟。

浩虚舟《盆池赋》：达士无羁，居闲创奇。陷彼陶器，疏为曲池。小有可观，

① 汉宝德. 物象与心境：中国的园林 [M]. 北京：三联书店，2014：119.

图 3.16　南宋马远《苇岸泊舟》《独钓寒江图》《水图 · 洞庭风细》与牧溪《叭叭鸟图》
Fig.3.16　Ma Yuan, painting of Wei An Bo Zhou, Du Diao Han Jiang and Shui; Mu Xi, painting of Ba Ba bird
资料来源：网络收集

本自挈瓶之注；满而不溢，宁逾凿地之规。原夫深浅随心，方圆任器。分玉嫽馀润，写莲塘之远思。空庭欲曙，通宵之瑞露盈盘；幽径无风，一片之春冰在地。观夫影照高壁，光涵远虚。

这种盆池到了宋代渐不流行，或与宋文化南移至多水地区有关。但在宋文中亦偶尔一见。

陆游《作盆池养科斗数十戏作》：小小盆池不畜鱼，题诗聊记破苔初。未听两部鼓吹乐，且看一编科斗书。

从这些文学记录来看，唐代某些园林空间营造与佛教“般若”本体发生了紧密联系，“白云生镜里，明月落阶前”“影照高壁，光涵远虚”“苍苔白沙”“方寸沧溟”的格调，与后来的日本枯山水庭园十分相似（图 3.17），这种“水镜”咏涵宇宙，却不过瓢水之盈亏而已的观想，实则对应中国智者从“般若”本体进入人生实践体证之“心镜”，与以往巫、儒、道的世界观与价值意识大不相同（附录 L）。

图 3.17　日本平楷邸枯庭

Fig.3.17　Karesansui of Japan

资料来源：汉宝德 . 物象与心境：中国的园林 [M]. 北京：三联书店，2014：121.

较为遗憾的是，中国城市空间营造的这一“般若空性”进路，并没有在本土蓬勃延续，而是转瞬即逝。这或许与“舍宅为寺”的礼制渊源，封建专制的强势压制[227]，以及原始农耕文明遗留下来的萨满鬼神观（异化为求神拜佛）有较大关系。正如大兴佛法①的梁武帝在禅宗初祖菩提达摩眼中并无功德一样，对于“般若空性”的深刻领悟与实践仅存在于少数高僧、隐士的内心世界当中，并未彰显为真正的普世价值乃至城市空间景象。

虽然受到其他空间哲学进路的挤压与束缚，但从菩提达摩到六祖慧能，以般若工夫为主要修行进路的禅宗法脉在理论层次上逐步建构成熟，并开枝散叶，传播海外[228]。机缘巧合的是，宋元期间，荣西、道元把禅宗带到了日本，此时幕府将军完成了对国家政治的钳制，伴随大唐安史之乱后日本本土民族意识觉醒（物哀）②，儒家思想在日本不再具备之前③的政治基础。相对于奈良六宗和儒学④，禅宗更加受到日本武士阶层与社会下层的青睐（所谓“临济将军，曹洞土民”），客观上为其提供了充分的政治条件与时间进行空间符号的转化。今天多数研究显示[229-230]，日本平安时代以后的空间营造（图 3.18、图 3.19）与禅宗之“般若空性”本体有着密切的关系。其基本特征为，直视事物变迁的无常（空），排除平安时代以前华丽的修饰，结合物哀的民族性，追求枯拙、寂静、脆弱的空间境界。

其中，枯山水庭园（图 3.20）的营造更将“体空证空”推向极致[231-232]：

（1）枯—凝固—般若。这种观点⑤认为，枯山水庭园摈弃了所有的动态景观，也不使用开花植物，而是使用一些枯沙、常绿树、苔藓、砾石等静止不变的元素，营造出“永恒静谧”的景观氛围，赋予了庭园时间凝固的神秘力量。而这种“凝固”对应了顿悟与禅定对时间、因果的超越。

---

① （唐）杜牧《江南春》：千里莺啼绿映红，水村山郭酒旗风。南朝四百八十寺，多少楼台烟雨中。

② 本居宣长（公元 1730—1801 年），《源氏物语玉の小栉》。

③ 日本奈良、平安时代，中日文化交往频繁，此时原始神道已经不能适应建立以天皇为最高统治者的中央集权国家之历史趋势。通过“大化革新”（公元 645 年），以天皇为首的统治者兴隆佛法，也注重儒学教育，但儒学的影响远不及佛教。佛教被特别用来提高天皇权威，巩固中央集权，增强民众的统一意识，培养忍让无争的精神。此间，中国大乘佛教三论宗、法相宗、华严宗、律宗以及佛教学派中的成实宗、俱舍宗，相继传入日本（奈良六宗），流行于上层社会。有学者考证，奈良佛教与平安佛教在社会政治文化领域影响较大，信仰色彩更浓，而哲学思辨较少。参照：杜继文 . 佛教史 [M]. 南京：江苏人民出版社，2008：332-349.

④ “子不语怪力乱神”即是对天皇神格信仰的巨大挑战；即便可将天皇替换为帝王位格，儒家礼制规范也形成对地方幕府政权的束缚。公元 1185 年，以源赖朝为首的关东武士集团灭平氏，夺得政权。源氏在镰仓设立幕府，开始了幕府政权的武士统治时期。镰仓幕府结束（公元 1333 年）后，经历了室町幕府（公元 1338-1573 年）和江户幕府（公元 1603-1867 年），都是幕府掌握实权，天皇只拥有虚位。

⑤ 王发堂，杨昌鸣 . 禅宗与庭园——对日本枯山水的研究 [J]. 哈尔滨工业大学学报，2007（2）：13-18.

图 3.18　京都西本愿寺

Fig.3.18　Nishi-Honganji Temple in Kyoto

资料来源：笔者自摄

注：本愿寺是净土真宗最大教派，为亲鸾所创，最初为 1272 年（文永九年）所建大谷本愿寺，后经历多次战乱迁徙，1591 年（天正十九年）第 11 任门主显如得到关白丰臣秀吉支持，迁至现址。

图 3.19　京都二条城

Fig.3.19　Nijo Castle in Kyoto

资料来源：笔者自摄

注：二条城位于当时古城京都的二条通尽头，城以街道名称命名，突出地立于四条街道的中央。二条城的城堡和宫殿建于公元 1603 年，是当时德川家的第一代将军德川家康为保卫京都御所（皇宫）而修建，同时也为到京都拜访天皇时能够居住而建。

图 3.20 京都龙安寺石庭与大德寺大仙院

Fig.3.20 Ryoanji rock garden and Wong Tai Sin Temple in Kyoto

资料来源：笔者自摄

注：龙安寺是由室町时代应仁之乱东军大将细川胜元于宝德二年（公元 1450 年）创建的禅宗古寺；大仙院建于公元 1513（永正十年）年前后，是大德寺中最古老的院落。

（2）枯—物哀—般若。这种分析[①]认为，日本枯山水常常去除了真山真水的质感并采用了粗犷、冷峻和坚固的沙石，体现了对事物衰亡的沧桑之美，透过枯山水可观照现象世界的无常，进而证得般若。

3.4.2 圆融广大，普度慈航

其次来谈谈“菩提”。依般若智慧，照见五蕴皆空，固然可获得成佛的关键法

① 徐晓燕 . 从禅宗思想解读日本枯山水的精神内涵 [J]. 安徽建筑，2007（3）：7-10.

门，但是对于中国大乘佛学而言，有情众生无明迷惘，苦海轮回，尚未得渡，终不究竟。因此，以般若本体为“基础”，发“上证佛道，下化众生”的大愿，被视为“阿耨多罗三藐三菩提（无上正等正觉）”。

《地藏菩萨本愿经》[233]：佛告定自在王菩萨：一王发愿早成佛者，即一切智成就如来是。一王发愿永度罪苦众生，未愿成佛者，即地藏菩萨是。（后人总结为：众生度尽，方证菩提，地狱未空，誓不成佛）

《大智度论》[234]：菩萨初发心、缘无上道，我当作佛，是名菩提心。

故利益一切众生，让其获得如来正等正觉果位的希求心，成为中国大乘佛学的基于“般若”本体开发的又一重要的价值意识——“菩提”。后来“菩提”本体被细化为“大智”“大行”“大悲”“大愿”“大慈”五个面向，对应为“文殊菩萨”“普贤菩萨”“观音菩萨”“地藏王菩萨”“弥勒菩萨（佛）”五种载体，并由此转变为一千多年来盛行于中国民间的菩萨信仰。

《华严经》[235]：菩提心者，则为一切诸佛种子，能生一切诸佛法故。菩提心者，则为良田，长养众生白净法故。菩提心者，则为大地，能持一切诸世间故。菩提心者，则为净水，洗濯一切烦恼垢故。菩提心者，则为大风，一切世间无障碍故。菩提心者，则为盛火，能烧一切邪见爱故。菩提心者，则为净日，普照一切众生类故。菩提心者，则为明月，诸白净法悉圆满故。

“菩提”的本体特征正如《华严经》全名①当中的“大方广”意涵②，以一心遍法界之体用，广大而无边，无有分别，圆融无碍，由此具备了空间哲学符号转换的途径。

在中国，五大菩萨（亦说四大）各设名山道场③（山西五台山文殊菩萨道场、四川峨眉山普贤菩萨道场、浙江普陀山观音菩萨道场、安徽九华山地藏王菩萨道场、浙江雪窦山弥勒菩萨道场），其地位并不亚于由来已久的“五岳（见 3.1）”。既有菩萨道场，必行普度众生之义（南宋以来还设“五山十刹”）。

其中，峨眉山作为普贤菩萨道场与《华严经》记载有密切关系：

《华严经》：西南方有处名光明山，从昔以来，诸菩萨众于中止住。现有菩萨，名曰贤胜（普贤）与其眷属三千人，常在其中而演说法……善财童子伫立妙高峰上，

① 《大方广佛华严经》

② “大”即包含，“方”即轨范，“广”即周遍。

③ 正如《峨山图志》云：“凡伟大民族之历史每与其山岳有密切之关系。奥林帕斯山之于希腊，昆钦景加山之于印度，关乎中国，何独不然？有五岳名山，亦有佛教圣地。”

观此山如满月，大放光明。

虽然在佛家的眼中，如果将大行普贤与峨眉相比，峨眉山只是沧海之一粟，即便有地理区位、历史传说（蒲公①）、空间景象（佛光）等因素的共同烘托与印证。然而，峨眉之有普贤，则如同在极微小、极平凡的事物中，放入了巨大无朋的东西——这正是佛家空间哲学的“菩提”本体进路。

由此可见，类似于儒家空间哲学赋予山水以“知、仁”本体，道家空间哲学赋予山水以“无为、逍遥”本体，佛家空间哲学同样可将其“菩提”本体注入自然山水。相对于“般若空性”，“菩提”本体更容易取得中国古代封建专制政治的认可②。“山如满月，大放光明”亦在借山水言说“菩提”本体之“大方广”的价值意识特征。此外，从峨眉山金顶，经洗象池、万年寺、伏虎寺等，直至山脚的大佛寺③，乃向东至乐山城，凌云山大佛（今乐山大佛），从烟波浩渺的佛光圣境，延伸入纷繁喧闹的城市邻里，再到商船往来的城市江畔[236]，由“愿”到“行”，层层递进，充分将“菩提”本体穿插入城市的宏观区域当中（图3.21、图3.22）。

浙江普陀山，自古被誉为“海天佛国”。从唐代慧锷和尚的神遇④算起，普陀山作为观音菩萨道场，虽也历经战乱洗劫，但亦延绵了上千年。除此传说，普陀山的由来与《华严经》卷六十八的记载亦密不可分：

《华严经》：于此南方，有山，名补怛洛迦（普陀洛伽）。彼有菩萨，名观自在（观世音菩萨）。汝诣彼问，菩萨云何，学菩萨行，修菩萨道，即说颂曰：海上有山多圣贤，众宝所成极清净。华果树林皆遍满，泉流池沼悉具足。勇猛丈夫观自在，为利众生住此山。汝应往问诸功德，彼当示汝大方便。

---

① 《峨眉山志》记载，东汉明帝永平六年（公元63年）“六月一日，有蒲公者，采药于云窝，见一鹿欹迹如莲花，异之，追之绝顶无踪”。因问在山上结茅修行的宝掌和尚，和尚说是普贤菩萨“依本愿而现像于峨眉山”。蒲公归家后即舍宅为寺，于是峨眉山就发展成普贤菩萨的道场。

② 例如：载初元年（公元690年），东魏国寺僧法明等撰《大云经》四卷，上表说武后是弥勒佛下世，应当代唐执政。《大云经》问世后，弥勒将下凡为女皇君临天下的说法在民间广为流传，而武则天也乐意自诩“弥勒”。当年十月，武则天即在洛阳应天门登基，帝号“慈氏越古金轮圣神皇帝”，“慈氏”即弥勒。武则天曾在登基前一年，更名为“曌”，寓意像佛一样“光明遍照”，乃是利用了佛教“菩提”本体的哲学意涵。

③ 始建于明万历三十七年（公元1609年），1996年重建，今更名为大佛禅院，设普贤殿，视为普贤菩萨的脚，寓意实践。

④ 唐咸通四年（公元863年）春，日本天台宗慧锷大师，在五台山请到一尊观音圣像，用肩背到明州开元寺。四月，乘船回国，途经梅岑山（今普陀山）潮音洞附近，遇到大风浪，船不能行。夜里，慧锷梦见一个老和尚云：“汝但安吾此山，必令便风相送。”此后，慧锷把这个梦告诉众人，大家都感到惊异，于是把观音像放在潮音洞旁，祈拜而去。普陀山居民张氏把观音像请到家里供奉，称“不肯去观音”。到后梁贞明二年（公元916年），地方官府在张宅故址建“不肯去观音院”。

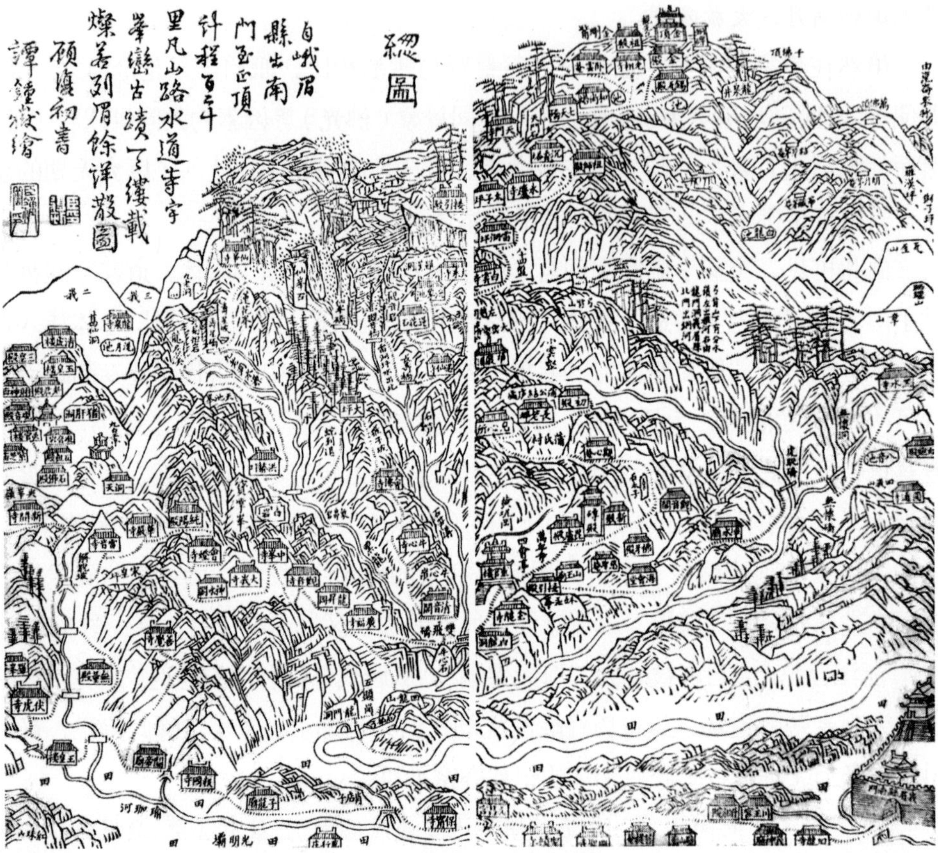

图 3.21 峨眉山普贤菩萨道场总图

Fig.3.21 Samantabhadra Bodhisattva of Emei

资料来源：清光绪十四年《峨山图志》

经历代营建，普陀山三大寺除了前寺“普济寺”①，后寺“法雨寺”②，还有佛顶山寺“慧济寺”。慧济寺初建于明代，清乾隆五十八年（公元 1793 年）改庵

① 普济寺又名前寺，它的前身正是“不肯去观音院”。公元 1080 年（元丰三年）宋神宗听了各位大臣对民间传闻的描述，下诏改建当时山上唯一的寺院“不肯去观音院”为“宝陀观音寺”，并且钦命此山专门供奉观音。从此，普陀山也成为朝廷钦定的观音道场。宋嘉定七年（公元 1214 年），皇帝御书“圆通宝殿”匾额，定为专供观音的寺院。明洪武十九年（公元 1421 年）实行海禁，命汤和进山烧殿毁佛，并将僧人迁到明州栖心寺（今宁波七塔寺），直至明孝宗弘治元年（公元 1488 年），才迎佛回山，重建寺院。明世宗嘉靖年间（公元 1522-1566 年），普陀山的寺庙被毁，宝陀观音寺也未能幸免。明神宗万历三十三年（公元 1605 年），朝廷派太监张千来山扩建宝陀观音寺于灵鹫峰下，并赐额“护国永寿普陀禅寺”，寺庙规模宏大，一时甲于东南。康熙八年（公元 1669 年），荷兰殖民者入侵普陀，该寺除大殿未毁外，其余均荡然无存。康熙三十八年（公元 1699 年），修建护国永寿普陀禅寺，并赐额“普济群灵”，始称“普济禅寺”。清雍正九年（公元 1731 年），扩建殿堂及用房，寺庙规模之大，前所未有。

② 法雨寺也称后寺，创建于明万历八年（公元 1580 年）。清康熙三十八年（公元 1699 年）兴修大殿，并赐“天花法雨”匾额，故得今名。现存殿宇 294 间，计 8800 平方米。全寺分列六层台基上，入门依次升级。中轴线上前有天王殿，后有玉佛殿，两殿之间有钟鼓楼。后依次为观音殿、玉牌殿、大雄宝殿、藏经楼、方丈殿。观音殿又称九龙殿，九龙雕刻十分精致生动。

图 3.22 清代乐山城图及凌云山图

Fig.3.22 Qing Dynasty, painting of Le Shan

资料来源：应金华，樊丙庚．四川历史文化名城 [M]. 成都：四川人民出版社，2000：143-148.

为寺。光绪时又大加建，并经朝廷批准请得藏经及仪仗，钦赐景蓝龙钵、御制玉印等。从此，一切规制与普济、法雨鼎峙。全寺建筑别具一格，依山就势，横向排列，殿堂宽敞壮丽，整座寺院深藏于森林之中，以幽静称绝。大雄宝殿盖彩色琉璃瓦，阳光之下光芒四射，形成“佛光普照”奇景，煞是壮观。

由此可见，无论是《华严经》的“海上有山多圣贤……为利众生住此山”，还是明朝抗倭名将侯继高所书“海天佛国”；无论是康熙皇帝为普济寺赐额“普济群灵”，还是为法雨寺提笔“天花法雨”（亦有近代弘一法师李叔同提笔），都可得出普陀山历代的空间营造，都极度重视“菩提”本体对于自然山水环境的注入，与峨眉山普贤菩萨道场如出一辙。

群山、百川、大海之清静空灵、广大圆满、无尽无碍是“菩提”本体愿力的巨大彰显；而深入城市市井，广施佛法于有情众生，亦是“菩提”本体重视行为实践的体现。上证佛道，下化众生，自上而下，由广及微，中国诸多佛教名山（图 3.23、图 3.24）亦采用了相同的空间哲学本体进路。①

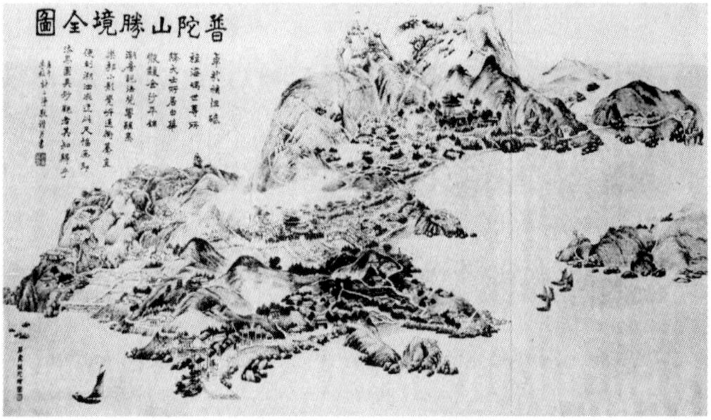

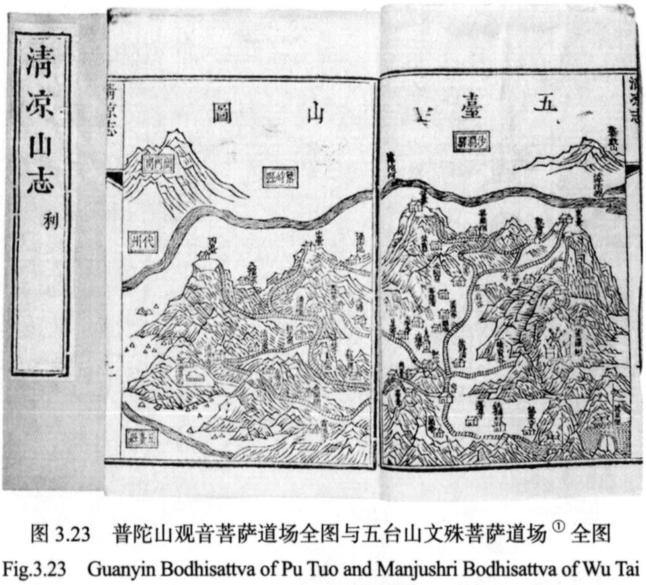

图 3.23 普陀山观音菩萨道场全图与五台山文殊菩萨道场① 全图

Fig.3.23 Guanyin Bodhisattva of Pu Tuo and Manjushri Bodhisattva of Wu Tai

资料来源：（民国）王亨彦．普陀洛伽新志 [M]. 苏州：弘化社，1931；清乾隆《清凉山志》。

① 《华严经》云:“东北方有处，名清凉山，从昔已来，诸菩萨众，于中止住。现有菩萨名文殊师利，与其眷属，诸菩萨众，一万人俱，常在其中而演说法。斯言犹漫。”又《宝藏陀罗尼经》云:“佛告金刚密迹主言，我灭度后，于南赡部洲东北方，有国名大震那。其中有山，名曰五顶，文殊童子游行居住，为诸众生于中说法。及有无量天龙八部围绕供养。”

图 3.24　九华山地藏王菩萨道场① 全图

Fig.3.24　Store Bodhisattva of Jiu Hua

资料来源：清代木刻《东南第一大九华天台胜境全图》

① 《九华山化城寺记》载，唐开元末，有僧地藏，系新罗王子金氏近属，落发，涉海，舍舟登岸，辗转至江南青阳九华山，“岩栖涧汲”，苦心修持。至德初，青阳人诸葛节等为其苦修的德行所感动，遂买下原为僧檀号住寺的旧基（旧额为“化城”）重建新寺。建中初池州太守张岩奏请朝廷移旧额置新寺，曰“化城寺”。其后，僧徒日众，连新罗国僧人闻说，也渡海来九华相从。贞元十年（公元 794 年），金乔觉忽召众告别，示寂时“山鸣石陨”，“寺中扣钟，无声堕地”，“堂椽三坏”。金乔觉的肉身“趺坐函中”，3 年后，僧徒开缸，见颜状如活时，“舁动骨节，如撼金锁”。按佛经上说的“菩萨钩锁，百骸鸣矣”，僧徒们便说他是地藏菩萨的化身，并建造肉身墓塔供奉。传说墓地岭头常发光如火，故名其岭为“神光岭”。从此，九华山就成为地藏菩萨的“应化”之地。

3.5 小结：山水文化体系之本体论的解释架构

通过对原始、儒家、道家、佛家四套空间哲学之价值意识的大致还原，我们可以归纳出山水文化体系之本体论的解释架构（表 3.3）。

表 3.3 山水文化体系之本体论的解释架构

Tab.3.3 interpretive structure of Ontology (Theory of Value) on shan-shui cultural system

	本体论价值系统要点
原始	原始生命主义：物性生命主义、德性生命主义、灵性生命主义（万物有灵论）。对现世与超现世生物性满足的追求。山水成为是本体价值意识的惯用比附对象。 相关文献：择地形之肥饶者……乃以其天材、地之所生。（《管子·度地》）因天材，就地利，故城郭不必中规矩，道路不必中准绳。（《管子·乘马》）拟富贵于茫茫指掌之间，认祸福于局局星辰之内。（《雪心赋》）体赋于人者，有百骸九窍，形著于地者，有万水千山……胎息孕育，神变化之无穷，生旺休囚，机运行而不息……（《雪心赋正解》）
儒家	仁、义、礼、智、信、孝、悌、忠。执中守正、山水比德、名正言顺。山水成为是本体价值意识的惯用比附对象。 相关文献：知者乐水，仁者乐山；知者动，仁者静；知者乐，仁者寿。（《论语·雍也》）礼从宜……天时有生也，地理有宜也……必须使仰合天时，俯会地理，中趣人事，则其礼乃行也。（《礼记正义》）
道家	无为、逍遥。上善若水、上德若谷、至乐无乐、至誉无誉。山水成为是本体价值意识的惯用比附对象。 相关文献：上善若水，水善利万物而不争。（《老子·第八章》）上德若谷，广德若不足。（《老子·第四十一章》）秋水时至，百川灌河，泾流之大……河伯欣然自喜，以天下之美为尽在己。（《庄子·秋水》）山林与，皋壤与，使我欣欣然而乐与。（《庄子·知北游》）庄子行于山中，见大木，枝叶盛茂。伐木者止其旁而不取也。（《庄子·山木》）然则纯朴之体，与造化而梁津……卜居动静之间，不以山水为忘……（《洛阳伽蓝记·亭山赋》）
佛家	苦谛、般若、菩提。无相无住、本自性空、上证佛道、下度众生。山水成为是本体价值意识的惯用比附对象。 相关文献：三世诸佛，依般若波罗蜜多故，得阿耨多罗三藐三菩提……能除一切苦，真实不虚。（《心经》）世界虚空，能含万物色像，日月星宿，山河大地，泉源溪涧，草木丛林……须弥诸山，总在空中。（《坛经·般若品》）菩提心者，则为大地，能持一切诸世间故……则为净水，洗濯一切烦恼垢故……（《华严经》）

资料来源：笔者自绘

4 工夫论

工夫论，是四方架构的操作系统，即参照宇宙论、本体论共同搭建的形上学体系，针对实践方式、实践过程进行具体阐释，是通向理想空间境界的必要途径。

4.1 从“卜宅相宅”到原始工夫论操作系统的建立

山水文化体系之原始宇宙论与原始本体论的完整建构，催生了较为丰富的空间营造程序，如:卜宅、相宅、堪舆、风水等。虽然这些方法具有内容差异或重叠，但无论如何组织，它们都是基于相同的世界观与价值意识而发，只是选择运用的符号有所侧重。从历史发展来看，卜宅、相宅要先于堪舆、风水，后期又有纠正、伪变、合流的趋势。

4.1.1 寻龙问祖，点穴立向

《尚书·召诰》记录了较早的卜宅、相宅操作程序。“卜”即采用火灼龟裂预测吉凶，取得神示;“相”即勘察基址、选择朝向。

《尚书·召诰》[142]:惟太保先周公相宅。越若来三月，惟丙午朏，越三日戊申，太保朝至于洛，卜宅。厥既得卜，则经营。越三日庚戌，太保乃以庶殷攻于洛汭。越五日甲寅，位成。

其大意是:太保召公在周公之前，先去察看、规划，到了三月初三月亮初出，是丙午日，隔了三天是戊申日，太保早上到了洛邑，占卜营建的地方，他得到了吉兆，就开始丈量勘察。又隔了三天是庚戌日，太保便带领众多殷商遗民在洛水隈曲处量定了墙垣和宫室的基址，又隔了五天，到了甲寅日，勘察规划工作结束。

清代《钦定书经图说·召诰》[117]描绘的太保相宅图与洛汭成位图（图4.1），生动地反映了这个“相”的场景。图中有两个侍从手执长杆，来回测量，并有专人记录。根据宋代杨甲《六经图》[237]的记载①，以及明代王鏊《震泽集·送袁山人序》[238]关于堪舆术“倒杖法”的交代②,可以证明“相”之过程与《周髀算经》“圭表测影”确定空间方位的方法完全一致。即通过观测木杆日影的变化过程可简便获取东南西北四个基本方向;以及利用木杆通过人眼观测,使被观测物、木杆、人眼三点形成一条直线,从而确定建筑物方位。

图 4.1　太保相宅图与洛汭成位图

Fig.4.1　scenes of Luo Yi planning in Xi Zhou dynasty

资料来源:(清)《钦定书经图说》

明代黄佐《北京赋》:及至定京师，建辰极也，县水树臬，规元矩黄。晷纬冥合，龟筮袭祥。营缮厘其务，司空提其纲。

① “于定星之昏，正四方而星中时，谓夏之十月，以此时而作楚丘之宫庙。又度以日影而营表其位，正其东西南北而作楚丘之宫室。”

② 曰:“吾闻寻龙易，定穴难。子独何以定之？”曰:“余以倒杖之法定之。何以为倒杖也？……《周礼·匠人》:树八尺之臬，而度日出入之景，以定东西，又参日中之景，以正南北。此吾倒杖法之所以出也。夫气之来也，有俯仰、正仄、缓急、强弱、逆顺。吾以杖法迎之逆、取其顺、顺其逆、聚取其散、散取其就，急取其缓，缓取其急，浮沉吞吐，加减饶借，依法裁之，毫发不爽，此杖法之妙也。”

《清会典》[239]：凡相度风水，遇大工营建，委官相阴阳，定方向，诹吉兴工。

然而秦代以后，儒家学说逐步占据学术统治地位（“子不语怪力乱神”① 或“务民之义，敬鬼神而远之”②），故原来卜宅、相宅等活动的合法性就存在质疑。事实反映，从卜宅、相宅到后来的堪舆、风水，虽然理论逻辑被完整地继承下来，但其实践样态却历尽曲折，发生了很大变化。首先是卜宅、相宅活动被迫从“巫术”向“数术”转向。

《汉书·艺文志·数术略》[187]：形法者，大举九州之势以立城郭室舍形，人及六畜骨法之度数、器物之形容以求其声气贵贱吉凶。犹律有长短，而各征其声，非有鬼神，数自然也。

这种转向主要集中于两点，即：操作过程从“巫卜”的偶然性、随机性转向“度数”的统一性、确定性；以及相地活动不再是帝王的特权，开始传入民间。

《旧唐书·吕才传》[240]：太宗以阴阳书近代以来渐致讹伪，穿凿既甚，拘忌亦多，遂命才与学者十馀人共加刊正，削其浅俗，存其可用者。

《四库全书·钦定协纪辨方书·辨讹》[241]：术士好奇而嗜利，讹言繁兴，此以为吉，彼以为凶，自汉褚少孙补《史记》已言之，况又经六代、唐、宋、元、明以来，其谬说又不知凡几。二十四向而神煞盈千，六十甲子而术家盈白，以前民利用之具而成惑世诬民之书，不可不辨也。

但是无论如何，风水术始终没有被完全推翻，除了民间与大部分统治者依然秉持原始鬼神观而外，晋郭璞《葬经》、唐卜应天《雪心赋》、宋蔡元定《发微论》等空间哲学创作，通过“价值混淆、避重就轻、点到即止”等策略，将这套工夫论系统传承了下来，其核心创造就是对“气”概念的借用以及对儒家“天道观”的附和。

《葬经》[242]：葬者，藏也，乘生气也。夫阴阳之气，噫而为风，升而为云，降而为雨，行乎地中，谓之生气。生气行乎地中，发而生乎万物。

《雪心赋正解》[153]：盖闻天开地辟，山峙川流，二气妙运于其间。一理并行而不悖，气当观其融结，理必达于精微。

《发微论》[243]：盖术家惟论其数，元定则推究以儒理，故其说能不悖于道。如云水本动，欲其静，山本静，欲其动……善观者以有形察无形，不善观者以无形蔽有形。皆能抉摘精奥，非方技之士支离诞谩之比也。

① 《论语·述而》

② 《论语·雍也》

从表面上看，以上文本叙述与儒家《易传》之“阴阳气化宇宙论”的创作并无二致，《发微论》更以“儒理”挂牌，意图与原始空间哲学之形上体系脱钩，重塑其合法性。但是，像《葬经》以及《雪心赋》等众多其他内容则暗藏与儒家（甚至道家）天道观相悖的目的，时刻挑动着“原始生命主义”的神经。正如张杰先生所言：“我们很难想象，当时作为一种普遍的社会实践，堪舆术的传播会是以正统、高雅的‘儒学’面目出现的。”①

《葬经》：王侯崛起，形如燕巢……形如覆釜，其巅可富。形如植冠，永昌且欢。形如投算，百事昏乱……牛富凤贵，螣蛇凶危，形类百动，葬皆非宜，四应前接，法同忌之。

《雪心赋正解》[244]：体赋于人者，有百骸九窍……胎息孕育，神变化之无穷；生旺休囚，机运行而不息……纷纷拱卫紫微垣，尊居帝座……拟富贵于茫茫指掌之间，认祸福于局局星辰之内。大富大贵，而大者受用，小吉小福，而小者宜当。

原始空间哲学的操作方法跟选择的形上学符号有密切关系。实际上，风水术内部也因此有细微差异。历史上风水术曾形成两大派别。

明代王祎《王忠文集·杂著》[245]：其术则本于晋郭璞所著《葬书》二十篇……后世之为其术者，分为二宗。一曰宗庙之法，始于闽中，其源甚远，至宋王伋乃大行其为说……一曰江西之法，肇于赣人杨筠松……其说主于形势，原其所在，即其所止以定位向，专注龙穴砂水之相配，其它拘忌，在所不论。其学盛行于今，大江南北，无不遵之。

这里的“宗庙之法”即“理气宗”，“江西之法”即“形势宗”。前者以天文、星卦、方位及固定模式为主；后者以空间环境为考虑对象，根据山水形势及“龙、穴、砂、水”的关系确定选址。但无论“天文星卦”还是“寻龙察砂”，其背后的宇宙论体系是完全一致的。由于理气宗从星卦入手，即选择“天极符号系统”作为参照，故其运行原始空间哲学的意图过于明显，且附会较多，所以不易取得儒家意识形态下的合法性。而采用“昆仑符号系统”开局，视山为祖，并吸纳“气”概念的“形势宗”则隐匿较深，故其境况就相对宽松许多。

4.1.2 觅金度地，城池水利

无论是卜宅、相宅还是后来的寻龙问祖、点穴立向，其工夫论都同时涵盖了“原

① 张杰．中国古代空间文化溯源 [M]. 北京：清华大学出版社，2012：321.

始空间哲学宇宙论”与“原始空间哲学本体论”两条进路的符号系统，可谓双管齐发，综合集成。但前文2.2的论述就曾得出，“原始空间哲学本体论”包含三大层次（物性生命主义、德性生命主义、灵性生命主义）。风水术虽然都顾及了三大层次的本体价值意识，但从“寻龙问祖”开始就已表明，三大层次是由“灵性生命主义”作为统筹①，只是在适应天道观的理论建构过程中，操作手段逐渐从“巫术”转向“数术”，“灵性生命主义”逐渐从“显性”转向“隐性”。

“灵性生命主义”由显转隐固然是附和儒、道天道观的一种途径，但并不彻底。倘若要使原始空间哲学完全适应秦以后天道观主导的政治背景，从理论上讲还存在另一种途径，即将灵性生命主义完全冻结，只让“物性生命主义”与“德性生命主义”来充当本体价值意识。

下面以历史上有名的三次城市选址及营建活动进行比对与说明。

（1）《尚书·盘庚》[142]：肆上帝将复我高祖之德，乱越我家。朕及笃敬，恭承民命，用永地于新邑。肆予冲人，非废厥谋，吊由灵各；非敢违卜，用宏兹贲。

此段记录了商代晚期商王盘庚决心迁都（由奄到殷，即今山东曲阜至河南安阳）的原因，大意是：“我虔诚敬奉上帝，神灵暗示了我们迁居的好处，我是在发扬神龟的吉示。”其中提到了“上帝”与“占卜”。

（2）《诗经·公刘》[250]：笃公刘，于胥斯原……陟则在巘，复降在原……逝彼百泉，瞻彼溥原。乃陟南冈，乃觏于京。于时言言，于时语语……笃公刘，既溥既长，既景乃冈。相其阴阳，观其流泉。其军三单，度其隰原。彻田为粮，度其夕阳，豳居允荒。笃公刘，于豳斯馆。涉渭为乱，取厉取锻。止基乃理，爰众爰有。夹其皇涧，溯其过涧。止旅乃密，芮鞫之即。

该文叙述周族首领公刘带领周民自邰迁豳、初步定居并发展农业的史绩，时间在盘庚迁殷的前夕。文中记载，公刘到达豳地并发现一处广阔平坦的土地；第二步，登临附近的小山，勘察周围的地形，接下来又再次来到平广之地再做勘测；第三步，勘察水源条件，发现城市选址的合适位置，并和大家共同商量；第四步，确定选址，查明水源及流向，丈量土地，开始准备进行农业生产活动；第五步，

① 在《尚书·洪范》中体现得极其明显：“稽疑：择建立卜筮人，乃命卜筮。曰雨，曰霁，曰蒙，曰驿，曰克，曰贞，曰悔，凡七。卜五，占用二，衍忒。立时人作卜筮，三人占，则从二人之言。汝则有大疑，谋及乃心，谋及卿士，谋及庶人，谋及卜筮。汝则从，龟从，筮从，卿士从，庶民从，是之谓大同。身其康强，子孙其逢，汝则从，龟从，筮从，卿士逆，庶民逆吉。卿士从，龟从，筮从，汝则逆，庶民逆，吉。庶民从，龟从，筮从，汝则逆，卿士逆，吉。汝则从，龟从，筮逆，卿士逆，庶民逆，作内吉，作外凶。龟筮共违于人，用静吉，用作凶。”

渡过渭水开采石料，广建房屋。值得注意的是，整篇文字并未谈及占卜之事，城址选定依靠的是对地形、地势、水源、土地资源等实际要素的考虑。

（3）《尚书·洛诰》[142]：予惟乙卯，朝至于洛师。我卜河朔黎水，我乃卜涧水东，瀍水西，惟洛食；我又卜瀍水东，亦惟洛食。伻来以图及献卜。

此段文字记载了周公向周成王汇报的洛邑选址营建工作的情况，大意是："我先占卜了黄河北方的黎水地区，我又占卜了涧水以东、瀍水以西地区，仅有洛地吉利。我又占卜了瀍水以东地区，也仅有洛地吉利。于是请您来商量，且献上卜兆。"

虽然这里同样涉及了占卜活动，但是，占卜的前提必然是三处地区皆适合城市营建，否则为何仅在这三个地区进行占卜？也就是说，类似于曾经公刘度地、勘察与客观评价地形、地势、水源、土地资源的工作已经提前进行了，只是省略不提，占卜仅仅是最后多选一的环节。

通过比对可以发现：在（1）（3）的工夫论当中，以占卜为代表的灵性生命主义进路发挥着城市营建的决策性作用。而在（2）的操作系统中，并无涉及灵性生命主义的本体进路，完全是按照物性生命主义与德性生命主义的务实原则进行空间勘测与营建。比对（2）和（3）可见，周人在接手商王朝之前，城市空间营建很有可能缺乏较强的灵性生命主义意识；而在替代商王朝后，即便承接了巫文化遗产，但也是在务实判断的基础上进行。（1）（2）（3）三种工夫论类型中，只有（2）是将灵性生命主义意识完全冻结，并让我们很容易联想到约在其一千年后出现的《管子》。

前文曾指出，《管子》城市思想的出处至少可以上溯至东周前三千年，实际比《周礼》更为原始。《诗经·公刘》的操作方法很好充当了《管子》出现之前的德性生命主义进路，也就是城市空间营造只按照社会整体的生物性满足为原则运行，不过度关注灵性生命主义的达成，自然也不会和天道观产生直接冲突。

在这样的操作框架下，地形、地势、水资源、土地资源、矿产资源、自然灾害、军事防御、交通运输等诸多现实要素必须进行现世性的务实判断，而非靠占卜或风水。下面仅从觅金、度地、城池、水利四个方面进行工夫论梳理：

（1）觅金。张光直先生早在20世纪80年代，研究了夏商周三代都城迁徙情况与铜锡矿源的分布①，认为：青铜器是三代统治者的必要工具，而铜锡矿不免成为各国逐鹿的重要对象；九鼎不但是通天权力的象征，更是制作通天工具的原料

---

① 张光直. 中国青铜时代[M]. 上海：三联书店，2013：43-70.

与技术独占的象征，没有青铜器，三代朝廷就打不到天下；三代期间需矿量甚大，而矿源较少，需随时寻求新矿；三代各有一个不变的圣都，也各有若干迁徙行走的俗都；俗都的迁徙范围与铜锡矿分布基本吻合（图 4.2）。虽然张先生的结论还不足以成为学界的定见，但矿产资源分布必然是中国青铜时代乃至以后的铁器时代城市选址需要考虑的重要操作内容。

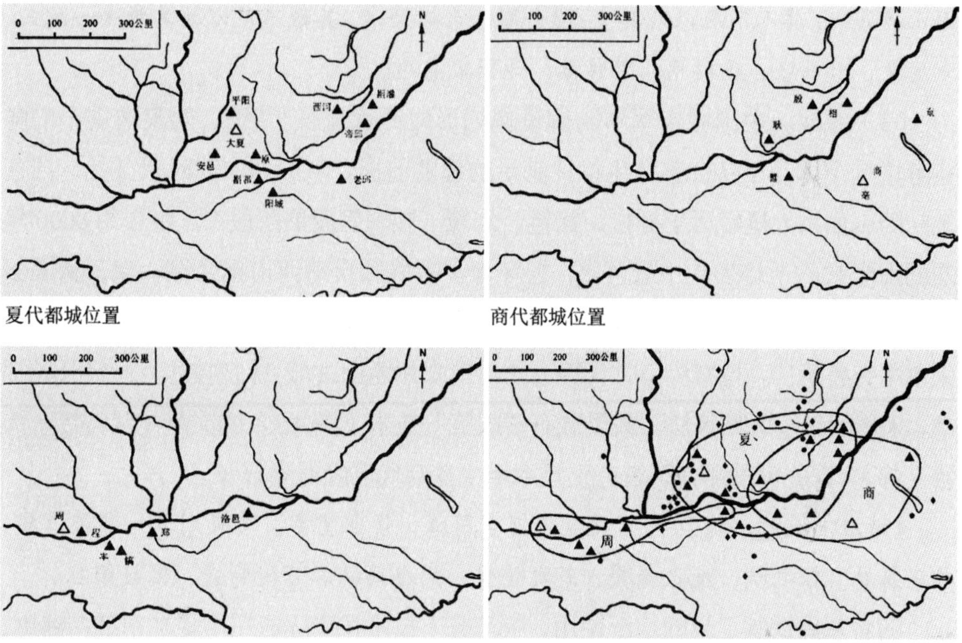

夏代都城位置　　商代都城位置

周代都城位置　　三代都城分布与铜锡矿分布之间的地理关系

图 4.2　夏、商、周三代都城迁徙与铜锡矿分布吻合

Fig.4.2　capital distribution and copper-tin distribution in Xia, Shang and Zhou Dynasties

资料来源：张光直．中国青铜时代 [M]. 上海：三联书店，2013：45-61.

（2）度地。《诗经 · 公刘》记述了早期城市选址的工作步骤，地形、水源、环境容量是其重要勘察内容，与后来《管子》确立的城市思想方法如出一辙，《管子》在总结前代经验上进一步将土地选择原则及其管理模式系统化。

《管子 · 度地》[217]：故圣人之处国者，必于不倾之地，而择地形之肥饶者。乡山，左右经水若泽。内为落渠之写，因大川而注焉。乃以其天材、地之所生，利养其人，以育六畜。

《管子 · 乘马》：地者，政之本也。是故，地可以正政也……地之不可食者，山之无木者，百而当一。涸泽，百而当一。地之无草木者，百而当一……命之曰：

地均以实数……三岁修封，五岁修界，十岁更制，经正也。十仞见水不大潦，五尺见水不大旱。十一仞见水轻征，十分去二三，二则去三四，四则去四，五则去半，比之于山。

《管子·八关》：夫山泽广大，则草木易多也；壤地肥饶，则桑麻易植也；荐草多衍，则六畜易繁也……夫国城大而田野浅狭者，其野不足以养其民；城域大而人民寡者，其民不足以守其城；宫营大而室屋寡者，其室不足以实其宫；室屋众而人徒寡者，其人不足以处其室；囷仓寡而台榭繁者，其藏不足以共其费……故曰，审度量，节衣服，俭财用，禁侈泰，为国之急也。

（3）城池。中国城市军事防御设施的形成源远流长[251-259]，对聚居安全的务实考虑是个体乃至社会整体生物性满足的重要前提。从原始农耕时代开始，居住地的防御体系大概经历了栅栏、篱笆、沟壕、城垣等发展阶段①。距今约8000年的湖南澧县八十垱彭头山聚落②，把环壕、围墙和自然河道结合在一起，构成了严密的聚落防御体系。距今约6000年的澧县城头山城址城垣采用堆筑法，墙基采用平夯叠筑③。与城头山时代接近的河南郑州西山古城④，在技术上已经开始提高，采用的是小版堆筑法。最早载有“版筑”技术（图4.3）的文献是《诗经·大雅·绵》，据此可推测，版筑夯土技术至少在商代已经得到普及。

《诗经·大雅·绵》：乃召司空，乃召司徒，俾立室家。其绳则直，缩版以载，作庙翼翼。捄之陾，度之薨薨，筑之登登，削屡冯冯。百堵皆兴，鼛鼓弗胜。

随着东周铁制工具的广泛使用，版筑夯土技术在实际应用中更加精细，铺垫、原料和附加的防御设施呈现多样化⑤，同时还充分利用地理环境来提高防御性⑥。《左传·宣公十一年》记载了城池建设的实际操作步骤与层级管理，《管子·度地》记载了多重城防体系及与地形地势的配合。从长时段来看，城池防御设施在中国古代至近代的城市空间演进中占有举足轻重的地位，目前发现的大多数东周城址基本上都可以归入城市行列，其主要推动力就是城池等防御设施的修建。

① 张学海．城起源研究的重要突破——读八十垱遗址发掘简报的心得，兼谈半坡遗址是城址[J]. 考古与文物，1999（1）：36-42.

② 湖南省文物考古研究所．湖南澧县梦溪八十垱新石器时代早期遗址发掘简报[J]. 文物，1996（12）：26-38.

③ 湖南省文物考古研究所．澧县城头山屈家岭文化城址调查与试掘[J]. 文物，1993（12）：19-30；湖南省文物考古研究所．澧县城头山古城址1997-1998年度发掘报告[J]. 文物，1999（6）：4-17.

④ 国家文物局考古领队培训班．郑州西山仰韶时代城址的发掘[J]. 文物，1999（7）：4-15.

⑤ 孙敬明等．山东五莲盘古城发现战国齐兵器和玺印[J]. 文物，1986（3）：31-34.

⑥ 周口地区文化局．扶沟古城初步勘查[J]. 中原文物，1983（2）：67-71；丘刚．扶沟古城初步勘查[J]. 中原文物，1994（2）：22-25；朱永刚等．辽宁锦西邰集屯三座古城址考古纪略及相关问题[J]. 北方文物，1997（2）：16-22.

图 4.3 中国古代至近代版筑工艺示意图

Fig.4.3 fortification technology in ancient China

资料来源：许宏 . 最早的中国 [M]. 北京：科学出版社，2009：83.

《左传·宣公十一年》:令尹蔿艾猎城沂,使封人虑事,以授司徒。量功命日,分财用,平板干，称畚筑，程土物，议远迩，略基趾，具糇粮，度有司，事三旬而成，不愆于素。

《管子·度地》:内为之城,城外为之郭,郭外为之土阆,地高则沟之,下则堤之,命之曰金城。树以荆棘,上相穑著者,所以为固也。岁修增而毋已,时修增而毋已,福及孙子，此谓人命万世无穷之利，人君之葆守也。

（4）水利。城市营建与发展除了要应对现实战争带来的人为灾难，也要时刻防备地震、洪灾、火灾、风暴等自然灾害。由于水对氏族生命具有无可替代的支撑作用与潜在的破坏性，并且江河湖海的涨落亦有一定规律可循，故城市防灾当以防洪首当其冲。《吴越春秋》《通鉴纲目》的相关记载①,以及淮阳平粮台古城②、郑州商城③、偃师商城④、安阳殷墟⑤等考古发掘资料证明[260-263],作为军事防御工程的城垣与壕沟同时具备防洪功能；同时周代以前的城市建设已有考虑给水、排水、排洪等设施的铺设。西周至春秋战国时期，夯土技术不断改进，城墙防冲刷

① “鲧筑城以卫君，造廓以守民，此城廓之始也。”“帝尧六十有一载，洪水……帝尧求能平治洪水者，四岳举鲧，帝乃封鲧为崇伯，使治之。鲧乃大兴徒役，作九仞之城，九年迄无成功。”

② 贺维周 . 从考古发掘探索远古水利工程 [J]. 中国水利，1984（10）：32-33.

③ 中国社会科学院考古研究所 .1958-1959 年殷墟发掘简报 [J]. 考古，1961（2）：65.

④ 赵芝荃，徐殿魁 . 偃师尸乡沟商代早期城址 [C]// 中国考古学会第五次年会论文集 . 北京：文物出版社，1988：12.

⑤ 北京大学历史系考古教研室商周组 . 商周考古 [M]. 北京：文物出版社，1979.

设施以及防洪堤明确出现，高台建筑兴起，城市排水系统更加完善，大型水利工程都江堰建成。《管子》的创作更不乏较为系统的防洪理论，涉及城市选址与堤沟渠排水系统的建设、管理、监督。

《管子》：凡立国都，非于大山之下，必于广川之上；高毋近旱，而水用足；下毋近水，而沟防省……使海于有蔽，渠弭于有渚，环山于有牢……地高则沟之，下则堤之……内为落渠之写，因大川而注焉……请为置水官，令习水者为吏大夫、大夫佐各一人，率部校长官佐各财足。乃取水左右各一人，使为都匠水工。令之行水道、城郭、堤川、沟池、官府、寺舍及州中当缮治者……若夫城郭之厚薄，沟壑之浅深，门闾之尊卑，宜修而不修者，上必几之。

秦以后，砖石材料应用于城墙修筑，城市围护能力进一步提升[264-266]。此外，堤防、瓮城、水城沟渠、丁坝①、海塘建筑②、洪水预报③、机械排水④等防洪排涝策略得到广泛推广。（图 4.4）

吴庆洲⑤先生曾梳理出中国古城防洪八大方略（防、导、蓄、高、坚、护、管、迁）与七大防洪措施（国土整治与流域治理、城市规划上的防洪措施、建筑设计上的防洪措施、城墙御洪的工程技术措施、城市

江陵堤防全图

温州古城水系图

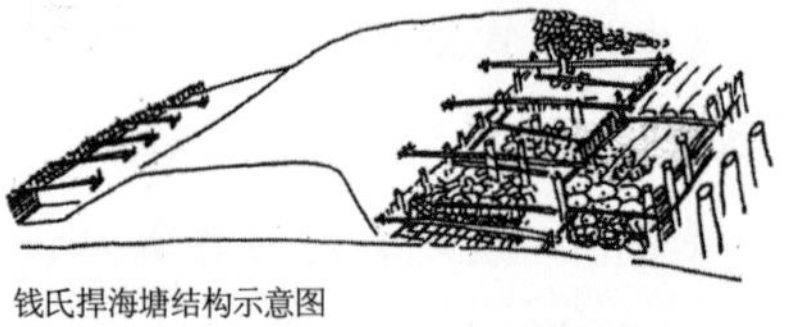

钱氏捍海塘结构示意图

翻车示意图

图 4.4　中国古代相关防洪排涝策略图示

Fig.4.4　flood prevention strategy in ancient China

资料来源：《光绪江陵县志》《光绪永嘉县志》《五代钱氏捍海塘发掘简报》《中国水利百科全书》

① “南朝齐永明十六年，沅、靖诸水暴涨，至常德没城五尺。”“后唐副将沈如常于城西南百步、东南一里各造二石柜以捍水固城。”《天下郡国利病书 · 常德府堤考略》《清嘉庆常德府志》。

② 郑肇经 . 中国水利史 [M]. 北京：商务印书馆，1939：317.

③ 中国科学院自然科学史研究所地学史组 . 中国古代地理学史 [M]. 北京：科学出版社，1984：148-151.

④ 《道光河南通志 · 卷五》

⑤ 吴庆洲 . 中国古城防洪研究 [M]. 北京：中国建筑工业出版社，2009：475-531.

防洪设施的管理措施、非工程性的城市防洪措施、抢险救灾及善后措施)，可谓中国古代人居环境营建在防洪领域的重要工夫论总结。

4.2 从“天下有道”到儒家工夫论操作系统的建立

4.2.1 国野一体，家国同构

孔子对“天”的最高承诺是变“天下无道”为“天下有道”。“道”的落脚点就是要建立“经验现实世界的道德秩序”，“礼”即是实现这一目标的重要手段。

《论语·季氏》：天下有道，则礼乐征伐自天子出；天下无道，则礼乐征伐自诸侯出。自诸侯出，盖十世希不失矣；自大夫出，五世希不失矣；陪臣执国命，三世希不失矣。天下有道，则政不在大夫。天下有道，则庶人不议。

在工夫论方面，《周礼》是最先与现实世界之伦理、政治、宗教、经济、军事、法律结合的系统，下面简要梳理（图 4.5、图 4.6）：

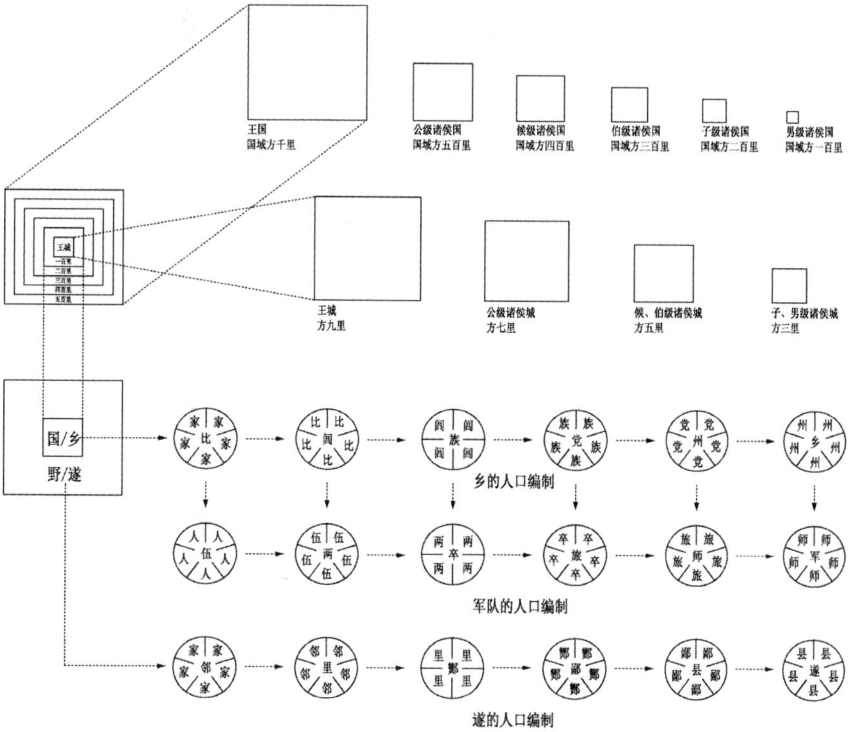

图 4.5 《周礼》的空间层级与人口编制模式

Fig.4.5 space levels and population staffing in Zhou Li

资料来源：笔者自绘

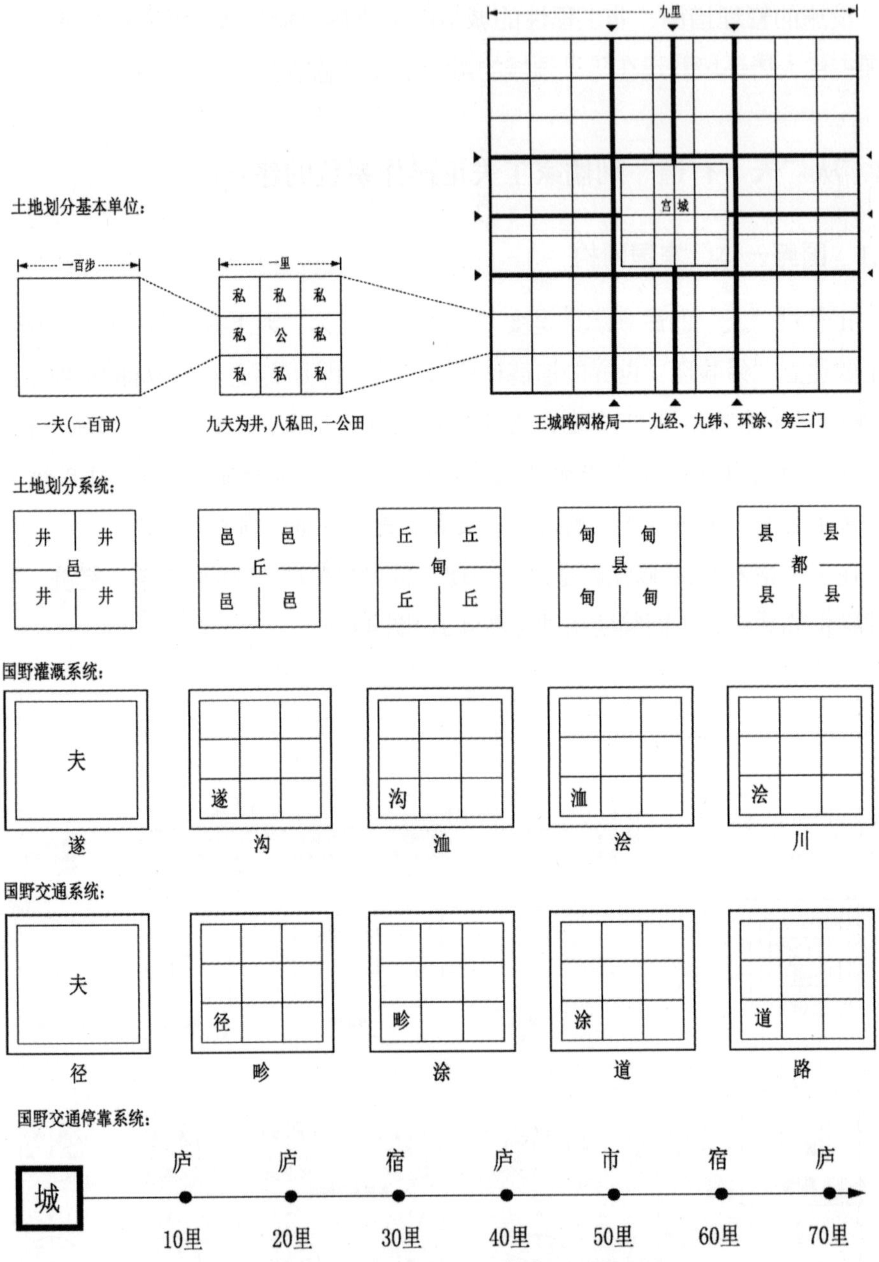

图 4.6 《周礼》的土地划分与灌溉、交通模式

Fig.4.6 patterns of land subdivision, irrigation and transportation in Zhou Li

资料来源：笔者自绘

（1）整体构型：城市空间规划与国土空间规划的标准精密对接，建立以城市中心连同周围区域所构成的城邦国家制度，堪称国野一体，家国同构。

（2）城市等级：将天下城邦分为三级：王城、诸侯城、卿大夫采邑（都）。

（3）国域大小：国域分为王国与诸侯国，分别由天子与诸侯直接管理。王国国域方千里，公、侯、伯、子、男五级诸侯国域按方五百里、四百里、三百里、二百里、百里递减。各诸侯国对应级别，按二分之一、三分之一、三分之一、四分之一、四分之一的比例向天子上缴所得租税。

（4）城池大小：王城方九里；公的诸侯城方七里；侯、伯的诸侯城方五里；子、男的诸侯城方三里；卿大夫采邑按照所在王国的等级再次细分，大都取其三分之一，中都取其五分之一，小都取其九分之一。

（5）国域构成：每国国域分为“国”“野”两大部分。以王国国域为例，王城及城外百里范围以内属于“国”范围；王城百里之外属于“野”范围。

（6）人口管理：“国”“野”内生活劳动的人口分别对应“乡”“遂”。各分为六个层级：五家为比，五比为闾，四闾为族，五族为党，五党为州，五州为乡；五家为邻，五邻为里，四里为酂，五酂为鄙，五鄙为县，五县为遂。

（7）军队编制：五人为伍，五伍为两，四两为卒，五卒为旅，五旅为师，五师为军。故每乡按家所出一人，可组成一军，一军为一万两千五百人。天子直接拥有六乡六遂，故天子六军，共七万五千人。此外，大国三军，次国二军，小国一军。

（8）土地划分：六尺为步，方百步为百亩，又称一夫，九夫一井，井方一里。一般情况下，八家共同耕一井，各受私田百亩公田十亩，公私田总和为八百八十亩，余二十亩以为庐舍。若民受上田，一家百亩；若民受中田，一家二百亩；若民受下田，一家三百亩。定期重新分配，三年换土易居，是为“井田制”。以此扩展为覆盖天下国野的网格系统：四井为邑，四邑为丘，四丘为甸，四甸为县，四县为都。城市空间设计亦以井田格网系统为根据。

（9）灌溉与交通：一夫之地间用小沟分割，广深各二尺，称为“遂”；每井地共用一水井，十夫有沟，百夫有洫，千夫有浍，万夫有川，构成了多层级农业灌溉体系[①]。灌溉系统与交通系统重叠，即遂上有径，沟上有畛，洫上有涂，浍上有道，川上有路，联系国野。这种空间体系还直接渗透到具体的城邑设计中，如：“经涂九轨，环涂七轨，野涂五轨……环涂以为诸侯经涂，野涂以为都经涂。”国野之间的交通干道亦设置休息点：“凡国野之道，十里有庐，庐有饮食；三十里有宿，宿有路室，路室有委；五十里有市，市有候馆，候馆有积。”

① （汉）郑玄《周礼正义》：“十夫二邻之田，百夫一酂之田，千夫二鄙之田，万夫四县之田。遂、沟、洫、浍皆所以通水於川也……万夫者方三十三里少半里，九而方一同……则遂从沟横，洫从浍横，九浍而川周其外焉。”李学勤编．周礼疏注 [M].（汉）郑玄注．（唐）贾公彦疏．北京：北京大学出版社，1999：392.

与主体身份对应的体系化的空间组织手段并非将事物严格限定，恰恰相反，《周礼》亦强调对不同地区、不同地形地貌、不同土壤条件下的土地资源采取差异化利用措施①[267]。过去对《周礼》的研究过度着眼于“制”的方面，而忽略了“宜”的论述，正如《朱子语类·小戴礼记》言：“《王制》四海之内九州，州方千里，及诸建国之数，恐只是诸儒做个如此弄法，其实不然，建国必因其山川形势，无截然可方之理”，以下操作方法即涉及了土地资源考察、评估、改良、利用等多个方面：

（1）以“土会之法”考察地形地貌特征，进行资源分类，也作计算税赋的依据：“以天下土地之图，周知九州之地域广轮之数……以土会之法，辨五地之物生：一曰山林，其动物宜毛物，其植物宜早物。其民毛而方。二曰川泽，其动物宜鳞物，其植物宜膏物，其民黑而津。三曰丘陵，其动物宜羽物，其植物宜窍物，其民专而长。四曰坟衍，其动物宜介物，其植物宜荚物，其民皙而瘠。五曰原隰，其动物宜赢物，其植物宜丛物，其民丰肉而庳。因此五物者民之常。”

（2）以“土圭之法”进行国土测量，辨方正位，选择气候适宜的地区进行城市营建：“以土圭之法测土深。正日景，以求地中。日南则景短，多暑；日北则景长，多寒；日东则景夕，多风；日西则景朝，多阴。日至之景，尺有五寸，谓之地中，天地之所合也，四时之所交也，风雨这所会也，阴阳之所和也。然则百物阜安，乃建王国焉，制其畿方千里而封树之。”

（3）以“土宜之法”，辨别不同地区适宜生存、生产的人民与农业产品，作为土地分配的依据：“以土宜之法，辨十有二土之名物，以相民宅而知其利害，以阜人民，以蕃鸟兽，以毓草木，以任土事。辨十有二壤之物而知其种，以教稼穑树艺。”亦如《孝经援神契》云：“黄白宜种禾，黑坟宜种麦，苍赤宜种菽，洿泉宜种稻。”

（4）以“土化之法”对土壤质量进行不同方式改良，提高环境容量：“草人掌土化之法以物地，相其宜而为之种。凡粪种，騂刚用牛，赤缇用羊，坟壤用麋，渴泽用鹿，咸潟用貆，勃壤用狐，埴垆用豕，强壏用蕡。轻爂用犬。”

（5）以“休田之法”将土地分为上、中、下等，分别可受百亩、二百亩、三百亩。上等地每年耕种，其中菜地五十亩；中等地、下等地以百亩为单位隔年交换种粮，余为菜地。如：“不易之地，岁种之，地美，故家百晦。一易之地，休一岁乃复种，地薄，故家二百晦……上地，夫一廛，田百亩莱五十亩，余夫亦如之。中地，夫一廛，

① 张慧，王奇亨．中国古代国土规划思想、理论、方法的辉煌篇章——《周礼》建国制度探析 [J]. 新建筑，2008（3）：98-102.

田百亩，莱百晦余夫亦如之。下地，夫一廛，田百亩，菜二百亩，余夫亦如之。”

另外，钱穆先生还补充道：“至其所以名为井田者，或是数家同井，资为灌溉，为当时耕垦土地一个自然的区分。或是阡陌纵横，形如井字般，略如后世所述井九百亩之制度。其详不可知。总之所谓一井，只是一组耕户和别一组耕户之划分。至于用数目字来精密叙述，则多半出于后来学者间之理想和增饰。整齐呆板，并非真相……公田不必定在中央，一井不必定是八家。”①

由此可见，《周礼》创作的核心思想是架构出符合儒家世界观与价值观的空间哲学工夫论。虽然参照《周礼》，后世朝廷礼制设计多有改良或改革，但这种对身份关系[268]、差序格局②、政治程序、空间秩序、赋贡结构、资源利用等进行高度组织与集成的方法，在儒家天道观的护持下被顽强地继承下来（图 4.7），成为中华文化独特的空间模式，非其他空间哲学工夫论所能替代。

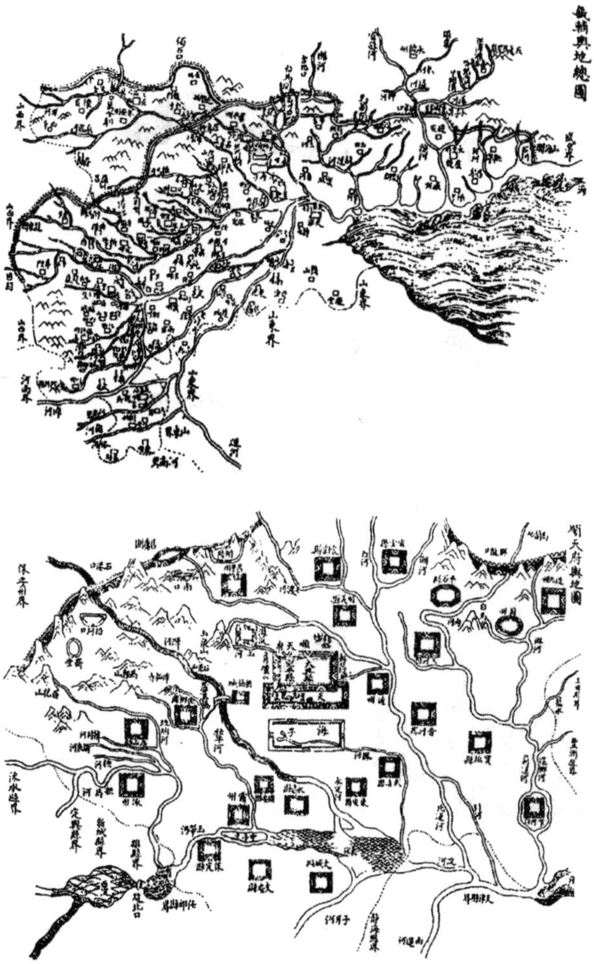

图 4.7　畿辅舆地总图、顺天府舆地图

Fig.4.7　regional planning of Beijing in Qing dynasty

资料来源：清《畿辅通志》卷一十三至四十四

注：清政府设立直隶布政使直接管理畿辅地区，辖 10 府、23 州、120 县，其中顺天府包括 22 县。它们形成了以皇城为中心，以众多府州县为拱卫，众多关隘、驿站、辅司为交通、信息、服务节点的多层级城镇网络，部分聚居点的选址、规模、功能设定是完全遵循礼制的。

① 钱穆 . 两汉经学今古文平议 [M]. 北京：商务印书馆，2001：407-409.

② 费孝通 . 乡土中国 [M]. 北京：人民出版社，2015.

4.2.2 功料定额，比类增减

从国土空间规划到城市空间规划，以《周礼》为代表的儒家空间哲学之工夫论贯穿全局，事无巨细，空间要素的方位、多少、大小、高低、宽窄等按礼制都有详细规定。深入到更加微观的领域，后世有（宋）李诫《营造法式》与（清）工部《工程作法则例》作为补充，更为全面。

李约瑟、梁思成、林徽因等学者较为强调《营造法式》的礼制标准 [269-272]。

如李约瑟分析《营造法式》对一些典型建筑部件尺寸、比例进行规定的现象，得出结论："所有的中国建筑都是以一种标准或几种确定尺寸的模数为依据设计建造的。①" 后来，这种以西方现代科学为基础的视角，深刻地反映在梁思成、林徽因先生对中国传统建筑空间哲学工夫论的阐释中。

梁思成先生在《图像中国建筑史》（1946 年）中言："每个部件的规格、形状和位置都取决于结构上的需要……中国古代建筑和最现代化的建筑之间有着某种基本的相似之处……随着这种体系的逐渐成熟，出现了为设计和施工中必须遵循的一套完备规程……它们都是官府颁发的工程规范……某种标准大小的，用以制作斗拱中的拱的木料……材分为八种规格（图 4.8）。视所见房屋的类型和官式等级而定。" ②

林徽因先生在《论中国建筑之几个特征》（1932 年）中提到："在原则上，一种好建筑必含有以下三要点：实用、坚固、美观……中国建筑……曾经包含过以上三种要素……建筑的优点……深藏在那基本的，产生这美观的结构原则里……成熟之后，必有相当时期因承相袭，不敢，也不能，逾越已有的则例，这期间常常是发生订定则例章程的时候……在结构上有极自然又合理的布置，几乎可以说它便是结构法所促成的……我们架构制的原则适巧和现代'洋灰铁筋架'或'钢架'建筑同一道理，以立柱横梁牵制成架为基本……而同时因材料之可能，更作新的发展，必有极满意的新建筑产生。" ③

张杰 ④、潘谷西 ⑤ 等学者则更加强调《营造法式》的礼制程序 [273]。

他们认为，作为制度，《营造法式》应该是《周礼》体系的延伸；其次，《营造

---

① 梁思成 . 中国建筑史 [M]. 天津：百花文艺出版社，2005：46-53.

② 梁思成 . 图像中国建筑史 [M]. 天津：百花文艺出版社，2000：62-97.

③ 林徽因 . 论中国建筑之几个特征 [J]. 中国营造学社汇刊，1932，3（1）：163-179.

④ 张杰 . 中国古代空间文化溯源 [M]. 北京：清华大学出版社，2012：163-169.

⑤ 潘谷西，何建中 .《营造法式》解读 [M]. 南京：东南大学出版社，2005：1-3.

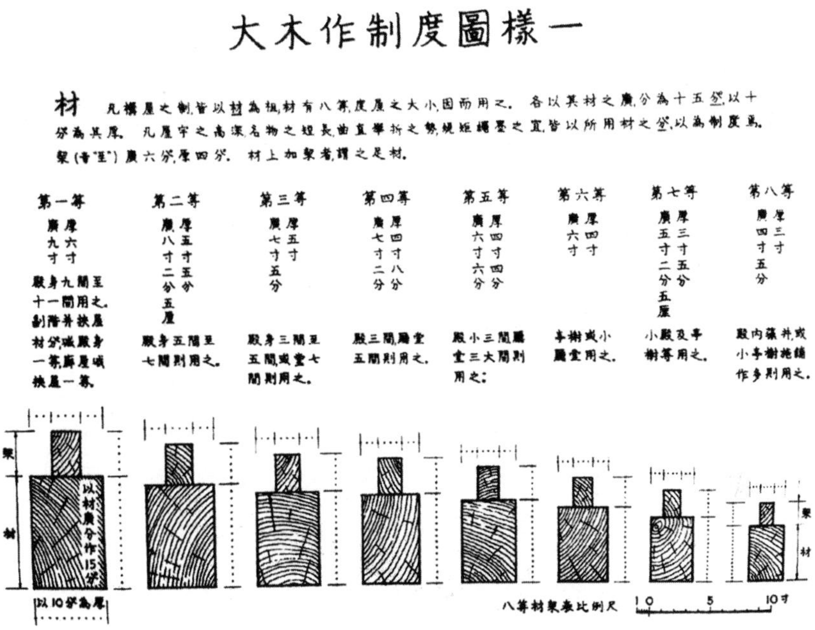

图 4.8 《营造法式》材栔制度示意图

Fig.4.8 timber-size system in Ying Zao Fa Shi

资料来源：梁思成．梁思成全集（第七卷）[M]. 北京：中国建筑工业出版社，2001：378.

法式》是当时皇家指定的法规，其主要目的是控制工程定额，以遏制建设中的贪污与偷工减料等积弊，"而非一般性技术著作"①。这种观点其实来自《周礼》与《营造法式》相关论述的一致性，如：

《周礼·大宰》：大宰之职，掌建邦之六典，以佐王治邦国。郑玄注："典，常也，经也，法也。"贾公彦引《释言》说：法者，以其经常者即是法式。

《周礼·大宰》又云：以九式均节采用。贾疏进一步解释说：式为依常多少，用材法式也。明代王应电《周礼翼传·冬官司空补义》佐证：人心不节，则无限制。富者欲过，贫者欲及。百工不节，则竞为淫巧。荡上心而滋人欲，靡有纪极。书立政有准人守法，有司也。孟子谓工不信度，以准人之职废耳。故冬官当有准人一属，则律、度、量、衡各有其则。宫、室、器用各有其制。淫巧、奢丽何自而兴，非不节自正之道乎？

《营造法式》：而斲轮之手，巧或失真；董役之官，才非兼技，不知以材而定分，乃或倍料而取长。弊积因循，法疏检察……恭惟皇帝陛下仁俭生知……丹楹刻桷，

① "虽然在制度上，礼制体系对建筑有严格的式样和总体尺寸的规定，但它们不是设计学意义上的，就像一件官式服饰，它的式样、做工需要体现相应的官员级别，但具体尺寸却要根据着装人的具体身材制作。在礼制系统中，这种量体裁衣的工作才是真正意义上的设计工作。"

瑶巧既除；菲食卑宫，淳风斯复……类例相从，条章具在……窃缘上件法式系营造制度工限等，关防功料，最为要切，内外皆合通行。

整合以上两种观点，笔者认为，无论是强调礼制标准还是礼制程序①，它们都共同隶属于儒家空间哲学的工夫论当中。尽管将《营造法式》的标准体系进行放大，并以此附和现代建筑理论，很大程度上属于一种跨语境解读[274]（与当时西方主流建筑理论相关），忽略了儒家形上学体系，但如果因《营造法式》建立了“功限”“料例”的定额体系就否定“制度”“图样”蕴藏的设计学意义也过于独断。综合来看，《营造法式》的典型式样、模数体系与功料定额体系，主要是为儒家形上学框架下的身份社会建立对应的工程用度依据，属于工夫论范畴。

基于早期的部件模数编译成果②，后来张十庆、乔迅翔等学者[275-276]对《营造法式》的具体操作办法进行了更为深入研究，重现了变造用材制度③与功料用度计算方法④。限于本文主题范围，择其精要概述：

《营造法式》由“总释”“制度”“功限”“料例”“图样”五个部分构成，其中，又以“功限”“料例”作为用度计算的参照系。如：“诸开掘及填筑城基，每各五十尺一功（壕寨功限）”；“蜡面，每长一丈，广一尺：黄蜡五钱，木炭三斤，细墨五钱（石作料例）”；等等。架构出一系列“做某事，每……（工作量），需要若干功和若干料”的事件样板。但这还只是静态的。

由于实际工程功限、料例构成情况多样，必须有相适应的数量变化形式作为换算途径。考察实际功限、料例的数量关系，有三种情况：一是有明确功限、料例数值参照，只存在工作量的变化；二是举出功限、料例的样板，并标明增减法，由二者算出具体数值；三是没有详细规定，仅举出对应样板，再乘以系数得出。

对于第一种情况，“每……”是事件标准工作量，其他情况与《营造法式》界定的“功限”“料例”内容一致，在计功计料时，以预算的事件数量与标准量相乘，即可得出。

对于第二种情况，如：“造作功并以第六等材为准。材长四十尺，一功。材每

---

① 梁思成先生在《营造法式注释》中提到：“一则以明确等级制度，以维护封建统治等级、体系；一则以统一建筑形式、风格，以保证一定的艺术效果和艺术水平；更重要的是制定严格的料例、功限，以杜防贪污盗窃。”但同时又说：“《营造法式》是北宋官订的建筑设计、施工的专书。它的性质略似于今天的设计手册加上建筑规范。它是中国古籍中最完善的一部建筑技术专用书。”可见，梁、林并非否认《营造法式》的管理学意义，而是将工作重心放在设计学意义的研究。

② 梁思成．梁思成全集（第七卷）[M]. 北京：中国建筑工业出版社，2001：369-513.

③ 张十庆．《营造法式》变造用材制度裸析 [J]. 东南大学学报，1990（5）：8-13.

④ 乔迅翔．《营造法式》功限、料例的形式构成研究 [J]. 自然科学史研究，2007（4）：523-535.

加一等，递减四尺；材每减一等，递增五尺（大木作功限）”或“应安砌所须矿灰，以方一尺五寸砖，用一十三两，每增减一寸，各加减三两（砖作料例）”，最终适用功限、料例的数量，等于标准功限、料例增加或减去一部分变量。

对于第三种情况，如“诸工作破供作功依下项：瓦作结瓦；泥作、砖作铺垒安砌；砌垒井；窑作垒窑；右本作每一功，供作各二功（壕寨功限）”或“凡安勘、绞割屋内所用名件、柱额等，加造作名件功四分；卓立、搭架、钉椽、结裹，又加二分（大木作功限）”，这是针对一些琐碎，难以统计的辅助功种或材料进行计算的方法，实际数值由事件样板乘以规定系数得出。

由此可见，《营造法式》创造性地建立了“制度—功限与料例—比类增减”三步式的空间礼制标准与程序：在“制度”中列举典型式样与尺寸；“功限与料例”则根据“制度”制定单个部件的劳动定额与材料限量；“比类增减”要求计算实际工程的劳动量与材料量时按照典型部件的功限与料例进行调整。

4.3 从“杖策孤征”到道家工夫论操作系统的建立

秦始皇焚书坑儒，迷信方士，汉武帝独尊儒术，亦向往神仙，这些极具独裁色彩的思想整顿行动是对中国轴心时代文化成果的严重篡改，影响极其深远，历代皇室多有效仿。汉儒杜撰的“百神大君”（《春秋繁露》）与阴阳家、方士、道教策划的“神仙世界”（《列子》《吕氏春秋》《淮南子》）皆非先秦儒家、道家真原，而是“巫”文化的再度抬头与混淆。故弥山跨谷，倚高筑台，构琼楼广厦，仿东海仙岛，行酒池肉林，显权位财富，虽托名于道家，实为异化的萨满教逻辑。

汉末至南北朝时期，政治动荡，儒学中衰。当魏晋玄学在被混淆的文化系统中为调和“名教”与“自然”奋力辩证时，极少头脑清醒的知识分子不愿阿谀奉承，攀附权贵，也不愿消极避世，附庸风雅，只能放弃经世济民、服务天下的初衷，隐逸于田园山林，以求自奉。他们的精神出路便是由道家开创的“方外”世界，即依靠纯粹的“内向超越”。

从田园山林景致与人格修为的密切关系而推演出的园林思想，在南北朝时期得到了充分发展，继而开辟了中国园林的“洛阳时代”（南北朝至北宋，参见北魏杨衒之《洛阳伽蓝记》、北宋李格非《洛阳名园记》），也深入影响到其后的“江南时代”（南宋至明末，参见南宋周密《吴兴园林记》、明王世贞《游金陵诸园记》）。和模仿神仙世界的宫苑式园林不同，真正士人田园式园林的营造过程回避了《列子》异化后的道家宇宙论知识，而是完整地继承了老庄文本原初的形上学意旨。

《洛阳伽蓝记·亭山赋》：然则纯朴之体，与造化而梁津……悟无为以明心，托自然以图志，辄以山水为富，不以章甫为贵。任性浮沈，若淡兮无味……卜居动静之间，不以山水为忘。

4.3.1 因借剪裁，择良选奇

受老子“实存律则”与庄子“齐物论”的影响，自然“山水”对于道家形态的知识人而言，并非简陋粗鄙[①]，他们完全可凭借精心的构思与轻微的改造营建出理想的居住环境。所以，在道家空间哲学之工夫论的建构上，“因借剪裁”成为最核心也是极具考究的工作：“因借”是因道家宇宙论建构出“天地一气、万物皆种”的无垠世界可供参照；“剪裁”是因道家本体论赋予了自然山水“无为”“逍遥”的价值意识，故无须主体多加造作。

这也透露出，穷奢极欲地去建筑华丽的房屋，或凭借龟筮占卜、堪舆风水来确定选址朝向，不可能被这套操作系统接受[②]。

南北朝诗人谢灵运，承汉魏两晋以来士大夫欣赏自然之共同精神，以山水入诗，在南朝诗史上具有划时代的成就。其《山居赋》堪称中国园林新创期最重要的一篇大文章。因为谢灵运的人生际遇与陶渊明差异较大，其依靠祖先基业不至于面对“不为五斗米折腰”的境遇，故有学者认为其隐居造园具有无病呻吟的一面，但笔者认为这并不影响我们从工夫论角度对《山居赋》进行研究。

从《山居赋》“谢平生于知游，栖清旷于山川”以及“昔仲长（仲长统）愿言，流水高山；应璩（应休琏）作书，邙阜洛川”的创作背景来看，谢灵运必然将道家形上学作为空间营造的进路。同时文章中部有一段文字生动叙述了他营造的经过，具有重要的工夫论意义：

《山居赋》：爰初经略，杖策孤征。入涧水涉，登岭山行……非龟非筮，择良选奇……面南岭，建经台；倚北阜，筑讲堂……对百年之高木，纳万代之芬芳……

---

① （唐）刘禹锡《陋室铭》：“山不在高，有仙则名。水不在深，有龙则灵。斯是陋室，惟吾德馨。苔痕上阶绿，草色入帘青。谈笑有鸿儒，往来无白丁。可以调素琴，阅金经。无丝竹之乱耳，无案牍之劳形。南阳诸葛庐，西蜀子云亭，孔子云：何陋之有？”需要指出的是，出自《论语·子罕》的“陋”原先是“落后闭塞”之意，形容夷人居住之地。刘禹锡虽引孔子之语，但已将“陋”的意涵切换为“简陋粗鄙”，“何陋之有”在这里实为道家看待万物的价值意识。

② （清）李渔《伊山别业成·寄同社五首·其五》：“但作人间识字农，为才何必擅雕龙。养鸡只为珍残粒，种桔非缘拟素封。酒少更栽三亩秫，花多添饲一房蜂。贫居不信堪舆数，依旧门前看好峰。”

因山为郭……践湖为池。南山相对，皆有崖岸。东北枕壑，下则清川如镜，倾柯盘石，被袄映渚。西岩带林……葺基构宇，在岩林之中，水卫石阶，开窗对山，仰眺曾峰，俯镜浚壑……北倚近峰，南眺远岭，四山周回，溪涧交过。

文中的这位主人执杖自行，涉水登岭，不避风雨，不分晨昏，为的是寻觅最佳的景致，他择以良奇，不靠卜筮。至于屋宇建筑则是非常简朴，尚无工丽之巧，显然保持了田园式园林特质。整个过程，“造”的工作并不多，着重在“选”，也就是反复运用“因借”之法。其中，物不过是草木鸟兽，景无非是山川谷冈，大多是基地本来所具有的自然要素。

到唐代，士人别业的发展主流既没有模仿当时贵族园林的奢侈，也没有接续魏晋私家园林的华丽，而是趋向简朴，回归自然。由于庄园制度的流行，官员与由民间商人转变的地主等大多拥有大片土地，他们可以结合自然环境，略加改造，经营一个自己喜爱的隐居环境。

卢鸿一《草堂诗序》：草堂者，盖因自然之溪率，前当墉恤，资人力之缔构。后加茅茨，将以避燥湿，成栋宇之用；昭简易，叶乾冲之德。道可容膝休闲，谷神同道，此其所贵也。及靡者居之，则妄为剪饰，失天理矣。（图 4.9）

图 4.9 唐代 卢鸿一《草堂十志图》（局部）

Fig.4.9 Tang Dynasty, Lu Hongyi, painting of Cao Tang Shi Zhi (partial)

资料来源：原图存于台北“故宫博物院”

白居易《庐山草堂记》：三间两柱，二室四牖，广袤丰杀，一称心力。洞北户，来阴风，防徂暑也。敞南甍，纳阳日，虞祁寒也。木，斫而已，不加丹；墙，圬而已，不加白。碱阶用石，幂窗用纸，竹帘，纻帏，率称是焉。堂中设木榻四，素屏二。

王维是盛唐时期的中级官员，却有能力在离长安不远的地方买下整座山谷，作为休闲奉母的场所，据传世《辋川图》（图 4.10）等资料显示，辋川园二十一景中，有一半完全没有建筑，或兼具生产性景观，或为完全未经人力加工的自然景观，如巨石、瀑布等，很大程度上延续了魏晋以来田园式园林的操作方法。

图 4.10　五代 郭忠恕《临王维辋川图》（局部）

Fig.4.10　Five Dynasties, Guo Zhongshui, painting of Wang Chuan（partial）

资料来源：原图藏于台北“故宫博物院”

《旧唐书 · 王维传》：得宋之问蓝田别墅，在辋口；辋水周于舍下，别涨竹洲花坞，与道友裴迪浮舟往来，弹琴赋诗，啸咏终日。尝聚其田园所为诗，号《辋川集》。《辋川集 · 序》：余别业在辋川山谷，其游止有孟城坳、华子冈、文杏馆、斤竹岭……漆园、椒园等，与裴迪闲暇，各赋绝句云尔。

唐代文人中，柳宗元是对园林与建筑最有兴趣的，其留下的文章，多与园林有关。在《钴鉧潭西小丘记》中，提及其转任西山后，如何开辟园林的过程：

他先找到西山口，进而发现钴鉧潭，潭边有小丘，丘上有竹树，小丘上的石头突出隆起、高然耸立，破土而出、争奇斗怪；丘甚小，经打听是片弃地，多年不能售，故欣然以四百文钱买了下来；随即取用器具，铲割杂草，砍伐杂树，烈火焚之，使美好的树木、竹石都显露出来；登丘远望，可见高山、浮云、溪流、鸟兽；枕席而卧，可感清澈明净、悠远空旷、恬静幽深的境界。

《钴鉧潭西小丘记》：丘之小不能一亩，可以笼而有之……问其价，曰：“止四百。”余怜而售之……即更取器用，铲刈秽草，伐去恶木，烈火而焚之。嘉木立，美竹露，奇石显。由其中以望，则山之高，云之浮，溪之流，鸟兽之遨游，举熙熙然回巧献技，以效兹丘之下。枕席而卧，则清泠之状与目谋，瀯瀯之声与耳谋，悠然而虚者与神谋，渊然而静者与心谋。

一片山林荒地，起初在世俗眼中并无多少价值，通过清除秽杂，树木、奇石显露出来，足供观赏。所有要素都是原本环境所具备的，只凭因借剪裁之功便可。相似的工作方法在其《永州韦使君新堂记》中被再次提及，并指出世人为了造园搬运山石、耗费人力未必可得天作地生的自然意境。

《永州韦使君新堂记》：辇山石，沟涧壑，陵绝险阻，疲极人力，乃可以有为也。然而求天作地生之状，咸无得焉……既焚既酾，奇势迭出。清浊辨质，美恶异位。视其植，则清秀敷舒；视其蓄，则溶漾纡余……凡其物类，无不合形辅势，效伎于堂庑之下。外之连山高原，林麓之崖，间厕隐显。迩延野绿，远混天碧，咸会于谯门之内。

时至北宋，中国士人园林的发展已极为成熟完备，地处华夏之中的洛阳，经唐、五代、宋多番经营，荟萃了当时士人园林的精华。在众多洛阳园林中，“独乐园”[①]虽小，却因其主人司马光之人格修为[②]而独树一帜。从《独乐园记》开篇引“鹪鹩巢林，鼹鼠饮河”之寓言[③]即表明，“独乐园”必以《庄子》“逍遥”本体作为空间营造进路，而其“因借剪裁”的操作过程亦属道家空间哲学之工夫论范畴（图 4.11）。

《独乐园记》：熙宁四年迂叟始家洛，六年买田二十亩于尊贤坊北关，以为园。其中为堂……堂南有屋一区，引水北流，贯宇下。中央为沼，方深各三尺。疏水为五派，注沼中……自沼北伏流出北阶，悬注庭中……自是分而为二渠，绕庭四隅，会于西北而出……堂北为沼，中央有岛，岛上植竹……围三丈，揽结其杪，如渔人之庐……沼北横屋六楹，厚其墉茨，以御烈日。开户东出，南北列轩牖，以延凉飔。前后多植美竹，为消暑之所……沼东治地……杂莳草药……畦北植竹……

---

① 北宋李格非《洛阳名园记》载：“司马温公在洛阳，自号‘迂叟’，谓其园曰：‘独乐园’，园卑小，不可与它园班。”

② 王安石拜相后，大刀阔斧实施新法，很多反对新法的大臣和士大夫受到排挤，他们纷纷退出政治中心汴京，自请外放表明立场，而洛阳随之成为汴京之外的一个文化中心。由于无力阻止王安石变法，熙宁六年（1073 年），司马光在洛阳尊贤坊旁买地 20 亩，建成独乐园。司马光闲居洛阳 15 年，与同道中人诗酒相会、往来赠答，主动疏远政治。

③ 司马光《独乐园记》：“若夫鹪鹩巢林，鼹鼠饮河，不过满腹各尽其分而安之，此乃迂叟之乐也。”《庄子·逍遥游》：“鹪鹩巢于深林，不过一枝；偃鼠饮河，不过满腹。”

图 4.11　明代 仇英《独乐园》(局部)
Fig.4.11　Ming Dynasty, Qiu Ying, painting of Du Le Yuan (partial)
资料来源：摄于 2015 年苏州博物馆仇英作品特展

交相掩以为屋。植竹于其前，夹道如步廊，皆以蔓药覆之。四周植木药为藩援……圃南为六栏，芍药、牡丹、杂花各居其二……不求多也……洛城距山不远，而林薄茂密，常若不得见。乃于园中筑台，构屋其上，以望万安、轩辕，至于太室。命之曰："见山台"。

4.3.2　生拙去弊，以小见大

自北宋开始，商业经济逐渐取代曾经以土地为中心的经济活动，同时科举制度改革[①]促进了社会阶层的垂直流动。士、农、工、商的固定界限逐步破除，政治权力与财富逐渐分离。靖康之变以后，宋室南渡，江南地区人口急剧增加，达官富贾对土地的取得更加困难，城市园林营造走向小型化，池和石的地位愈加突出，"叠石为山""曲径通幽"成为有限空间下营造园林景观时兴的处理手法，由此奠定了今后江南园林的空间基调。

《游金陵诸园记》：武氏园在南门小巷内，园有轩四敞，其阳为方池，平桥度之，可布十席，桥尽数丈许为台，有古树丛峰菉竹外护，池延袤不能数十尺，水碧不受尘。

《娄东园林志》：吴氏园……地不能五亩，繇左方入，一楼当之，前方沼，沟于楼下，裁通后池。水启西窦，出得岩岭，上下亭榭，山阴有堂，堂右层楼，左浸平池中，曲桥渡东沜，亭冠其阜，后植绿竹，以地限，不能有所骋目。

① 北宋科举制度改革主要体现在两个方面：一是严格科举制度，改革考试程式，提倡公平竞争，阻止试场舞弊，保证取士权牢牢掌握在皇帝手中；二是改革考试内容和取士科目，纠正士"习非所用，所用非所学"的流弊，为封建统治阶级造就和选拔有用人才。

到了明代，江南仍旧是全国经济中心，随着商人地位日益提高，阶级观念日益淡泊，江南奢靡之风大为流行。时至明末，朝政紊乱，宦官当道，仕进无门，士人中亦流行一种犬儒的生活观，才子流连青楼亦成美谈。此时的园林似乎与道家的精神出世再没有了关联，逐步走向世俗化、生活化、大众化①。

陆楫《蒹葭堂杂著摘抄》[277]：要之，先富而后奢，先贫而后俭。奢俭之风，起于俗之贫富，虽圣王复起，欲禁吴越之奢难矣……苏杭之境，为天下南北之要冲，四方辐辏，百华毕集，使其民赖以市易为生，非其俗之奢故也。

李乐《见闻杂记》[278]：昨日到城市，归来泪满襟。遍身女衣者，尽是读书人。

但正如《老子》那句“反者道之动”。当江南园林一部分追随风尚，向装饰、热闹之路挺进时，另一部分则反弹为观念性的发展，脱离现实，追求个人理想，返归道家本体。在明末，文徵明、唐寅、董其昌、八大山人等超然世外的绘画风格对世俗繁饰的园林营造产生了反动效应（图 4.12、图 4.13）。

图 4.12 明代 文徵明《拙政园图咏》（局部）

Fig.4.12 Ming Dynasty, Wen Zhengming, painting of Zhuo Zheng Yuan（partial）

资料来源：原图藏于纽约大都会博物馆

① 对此汉宝德认评论道：“中国文化已经没有明显的贵族与平民之分了，也没有乡俗与高贵之别了。儒、佛、道早已融为一体，理想与现实混为一谈，宗教与迷信不再划分。这样的文明最恰当的象征，就是江南的园林。”

图 4.13　唐寅《落霞孤鹜图》、董其昌《葑泾访古图》、八大山人《水木清华图》
Fig.4.13　Tang Yin, painting of Luo Xia Gu Wu; Dong Qichang, painting of Feng Jing Fang Gu; Zhu Da, painting of Shui Mu Qing Ha
资料来源：原图分别藏于上海博物馆、台北"故宫博物院"、南京博物院

在绘画理论方面，明顾凝远《画引·论生拙》[279] 有很好的说明："画求熟外生，然熟之后不能复生矣，要之烂熟圆熟则自有别，若圆熟则又能生也。工不如拙，然既工矣，不可复拙。惟不欲求工而自出新意，则虽拙亦工，虽工亦拙也……生则无莽气故文，所谓文人之笔也。拙则无作气故雅，所谓雅人深致也。"

精于园林的士人亦有相应论调。计成言 [221]："园林巧于因借，精在体宜，愈非匠作可为，亦非主人所能自主者，须求得人，当要节用。"郑元勋题词曰："是惟主人胸有丘壑，则工丽可，简率亦可。否则强为造作，仅一委之工师、陶氏，水不得潆带之情，山不领迴接之势，草与木不适掩映之容，安能日涉成趣哉？"李渔言："土木之事最忌奢靡，匪特庶民之家当崇简朴，即王公大人亦当以此为尚。"文震亨言："宁古无时，宁朴无巧"。

可见，无论是绘画还是园林，在明末清初同时走向一种对抗世俗价值的分离运动。园与画本来道理相通，都是某种空间呈现，画家有时亦是园匠①，故采用“生拙”去除绘画中的“圆熟弊障”，也可应用到园林营造当中。这一文化转向深刻地反映在计成《园冶》、李渔《闲情偶寄》[280]、文震亨《长物志》[281]之空间操作系统的理论建构中。

（1）首先，“因借体宜”的总原则在空间营造中被继续强调，如：

《园冶·兴造论》：因者，随基势之高下，体形之端正，碍木删桠，泉流石注，互相借资；宜亭斯亭，宜榭斯榭，不妨偏径，顿置婉转，斯谓精而合宜者也。借者，园虽别内外，得景则无拘远近，晴峦耸秀，绀宇凌空，极目所至，俗则屏之，嘉则收之，不分町疃，尽为烟景，斯所谓巧而得体者也。

《闲情偶寄·居室部·高下》：总有因地制宜之法：高者造屋，卑者建楼，一法也；卑处叠石为山，高处浚水为池，二法也。又有因其高而愈高之，竖阁磊峰于峻坡之上；因其卑而愈卑之，穿塘凿井于下湿之区。总无一定之法，神而明之，存乎其人。

《长物志·卷三·水石》：（叠山）要须回环峭拔，安插得宜。

《长物志·卷十·位置》：位置之法……高堂、广榭、曲房、奥室，各有所宜（卷十·位置）。

（2）其次，结合江南园林的小型化特征，直接将绘画手法应用于有限的空间场景，视粉墙为纸张，视叠石为画石，视窗棂为画框，视画框为窗棂，提倡构思巧妙，以小见大，如：

《园冶·峭壁山》：峭壁山者，靠壁理也。借以粉壁为纸，以石为绘也。理者相石皴纹，仿古人笔意，植黄山松柏、古梅、美竹，收之圆窗，宛然镜游也。

《闲情偶寄·居室部·界墙》：界墙者……家之外廓是也。莫妙于乱石垒成，不限大小方圆之定格，垒之者人工，而石则造物生成之本质也……就石工斧凿之余，收取零星碎石几及千担，垒成一壁，高广皆过十仞……大有峭壁悬崖之致。

《闲情偶寄·居室部·窗栏第二》：开窗莫妙于借景，而借景之法，予能得其三昧（扇面窗、无心画、梅窗）。

（3）另外，试图摒弃一些过于世俗的做法，提出了修正意见与改进措施，如：

① 如明末清初园林设计家张涟就师承董其昌，《清史稿》载：“张涟，字南垣，浙江秀水人，本籍江南华亭。少学画，谒董其昌，通其法，用以叠石堆土为假山。谓世之聚危石作洞壑者，气象蹙促，由于不通画理，故涟所作，平冈小阪，陵阜陂纮，错之以石，就其奔注起伏之势，多得画意，而石取易致，随地材足，点缀飞动，变化无穷。为之既久，土石草树，咸识其性情，各得其用……某树下某石置某处，不借斧凿而合。及成，结构天然，奇正阁不入妙。以其术游江以南数十年，大家名园多出其手……康熙中卒。后京师亦传其法，有称山石张者，世业百馀年未替。吴伟业、黄宗羲并为涟作传，宗羲谓其移山水画法为石工，比元刘元之塑人物像，同为绝技云。”

《园冶·屋宇》：时遵雅朴，古摘端方。画彩虽佳，木色加之青绿；雕镂易俗，花空嵌以仙禽。

《园冶·装折》：古以菱花为巧，今之柳叶生奇。

《园冶·栏杆》：栏杆信画而成，减便为雅。古之回文万字，一概屏去，少留凉床佛座之用，园屋间一不可制也。

《园冶·白粉墙》：历来粉墙，用纸筋石灰，有好事取其光腻，用白蜡磨打者。今用江湖中黄沙，并上好石灰少许打底，再加少许石灰盖面，以麻帚轻擦，自然明亮鉴人。

《园冶·磨砖墙》：如隐门照墙、厅堂面墙，皆可用磨成方砖吊角，或方砖裁成八角嵌小方；或小砖一块间半块，破花砌如锦样。封顶用磨挂方飞檐砖几层，雕镂花、鸟、仙、兽不可用，入画意者少。

《园冶·漏砖墙》：凡有观眺处筑斯，似避外隐内之义。古之瓦砌连钱、叠锭、鱼鳞等类，一概屏之，聊式几于左。

《园冶·掇山》：时宜得致，古式何裁？深意画图，余情丘壑。未山先麓，自然地势之嶙嶒；构土成冈，不在石形之巧拙。

《园冶·曲水》：曲水，古皆凿石槽，上置石龙头喷水者，斯费工类俗，何不以理涧法，上理石泉，口如瀑布，亦可流觞，似得天然之趣。

《长物志·卷一·室庐》：（门）用木为格，以湘妃竹横斜钉之，或四或二，不可用六；窗忌用六，或二、或三、或四，随宜用之；（照壁）青紫及洒金描画俱所最忌，亦不可用六；筑台忌用六角，随地大小为之。

由此可见，明末的园林分离运动表面上具有反潮流、反传统色彩，实际上体现了中国文化精英对当时之世俗价值与腐败政治的对抗与疏离；绘画、园林理论的交互创作一方面继承了中国文人山水画与文人山水园的历史脉络①，另一方面也显示了道家空间哲学工夫论的再度抬头。《园冶》《闲情偶寄》《长物志》对“因借体宜”的强调固然是对以往道家空间哲学之工夫论的重申，但此时的世俗境况亦不同于两晋唐宋，除了“因借体宜”，更应“生拙去弊”。

现存的江南园林大多为清末遗物，明代江南园林实物已不能照见。因此，我们不能说今天所见的江南园林甚至北京皇家园林受了计成、李渔、文震亨的影响，

① 如李渔《拟构伊山别业未遂》云：“拟向先人墟墓边，构间茅屋住苍烟。门开绿水桥通野，灶近清流竹引泉。糊口尚愁无宿粒，买山那得有余钱。此生不作王摩诘，死后还须葬辋川。”

亦不能滥用《园冶》《闲情偶寄》《长物志》等进行解说。明钱榖的《小祇园图》（图 4.14）代表了一种既接受江南园林空间尺度与基调，又试图回归道家本体的造园思想。笔者认为其较大程度地接近于《园冶》造园主旨，可作今人观想。

图 4.14　明代 钱榖《小祇园图》

Fig.4.14　Ming Dynasty, Qian Gu, painting of Xiao Di Yuan

资料来源：汉宝德．物象与心境：中国的园林 [M]. 北京：三联书店，2014：74.（馆藏不详）

4.4　从“觅心明心”到佛家工夫论操作系统的建立

历史上，较为统一、稳定的佛家空间哲学工夫论体系并未形成。处于不同时间、不同制度、不同地域环境的工夫论演绎常常呈现出较大差异。古印度之那烂陀、幕府时代之日本京都、高棉王国之吴哥城等深受佛教影响的时空，根据自身的理解与符号的选择申说其知识与价值。

由于佛教对中国传统城市营造活动的影响较为有限，并长期受到其他空间哲学的渗透与压制（尤其是儒家空间哲学），所以很难说其有较为独立的空间营造操作方法可被总结。根据相关历史事实，笔者认为或许“觅心万转”与“明心见性”这两个方面，较能概括其空间哲学多样化的操作方法。

其一，“心”为空间上与精神上的“中心”，对应“须弥山”或“佛菩萨化身”，整个操作过程就是寻找中心，定位中心、定义中心，烘托中心，“万转”即为相关朝拜活动(卍)或围绕中心开展多层次的聚居活动；其二，“心或性”为“本体”，“明心见性”即通过内省、照见与“本体”相互对应的空间状态，并直接以此作为目标进行空间营造。十分明显，前者更多接续的是佛教宇宙论与“菩提”本体进路，后者更多接续的是佛教“般若”本体论进路，下面以例说明。

4.4.1 圣山雪域，寺镇罗刹

在吐蕃王朝建立以前，西藏各部落经历了数千年的相互吞并与演进，形成“十二个大部落”与“四十个小邦”。公元633年（唐贞观七年），吐蕃第三十三代赞普松赞干布征服各部落，建立了统一的吐蕃王国，迁都拉萨，并根据自然地理将所辖区域划分为“五如”①。大局初定，松赞干布采取了联姻策略。他先后迎娶了邻国尼泊尔的尺尊公主（公元635年）与大唐帝国的文成公主（公元641年），以巩固政权。由于文成公主与尺尊公主出嫁时，各自带来一尊释迦牟尼佛等身像②，为了供养这两尊全藏最为神圣的佛像，松赞干布决定建寺供奉（大昭寺和小昭寺），此为藏地奉行佛法之始。

根据《西藏王臣记》[282]记载③，由于大昭寺建造之初屡建屡毁（准备供奉尺尊公主带来的释迦牟尼佛八岁等身像），藏王与尺尊公主便请教了精通地理的文成公主（或相关大唐侍从），获知拉萨并不具足八种吉祥之相，并有五种地煞，其形为一仰卧的罗刹女④，沃塘湖为女魔心血聚集之处，应在此建寺镇压，但在建寺之前要在四如各地建十二处神殿⑤镇压女魔四肢、关节等（图4.15）。藏王随后

① 乌如，以今拉萨为中心；要如，包括今天山南地区；叶如，则以今日喀则地区南木林县为中心；如拉，以今日喀则地区谢通门县为中心；孙波如的范围大致是今天的那曲地区与青海省的连接地带。

② 尺尊公主带来的是释迦牟尼八岁等身像，文成公主从长安带来释迦牟尼十二岁等身像。

③ 《西藏王臣记》：“王刀赤准便同松赞王商量修建寺庙事宜。松赞王说：‘由你尽量往好的方面修建吧’！她依照松赞王的吩咐，当即在山前的草地上修建庙宇。不幸的是，白天所修建筑物，晚间即遭鬼神捣毁……推算结果是，拉萨这个地方并不具足八种吉祥之相，而且有八种或五种地煞，原来雪域吐蕃这个地方，形如一个仰卧的女魔。”

④ 《慧琳意义》卷二十五中记载：“罗刹，此云恶鬼也。食人血肉，或飞空、或地行，捷疾可畏。”同书卷七又说：“罗刹娑，梵语也，古云罗刹，讹也（中略）乃暴恶鬼名也。男即极丑，女即甚姝美，并皆食啖于人。”

⑤ 先在卫藏四如建四镇边寺：即在约如，魔女的左肩上建昌珠寺；在伍如，魔女的右肩上建嘎采寺；在如拉，魔女的左足上建仲巴江寺；在叶如，魔女的右足上建藏章寺；在魔女左肘上建洛扎科廷寺；在魔女的右肘上建楚布寺；在魔女的左膝上建扎东哲寺；在魔女右膝上建真格杰寺。以上四寺史称镇节或再镇边四寺。还有四镇翼寺：在魔女左掌心上建龙塘卓玛寺；在魔女右掌心上建朋塘吉曲寺；在魔女的左足心上建蔡日喜铙卓玛寺；在魔女的右足心上建仓巴弄伦寺。共为十二镇魔寺。

图 4.15 西藏镇魔图
Fig.4.15 image map of ancient Tibet
资料来源：次旺塔西

采纳了文成公主的建议，一年后，大昭寺与小昭寺同时竣工[①]。

当时法律明确规定[②]（除了红山、磨盘山、铁山）拉萨城任何建筑物都不得高于大昭寺。贵族可以建造的高度为三层，普通人只能建到两层；同时，世俗建筑、贵族府邸或其他建筑不能在女儿墙顶部设置边玛墙[③]——这是宗教建筑专用。

后来，在藏传佛教特有祈祷方式“转经”的影响下，拉萨城逐步形成“囊廓、八廓、林廓”三条以大昭寺为中心的转经道[69, 283]。其中，“囊廓”，意为“内圈”，位于大昭寺内；“八廓”，意为“中圈”，位于大昭寺外围；“林廓”，意为“外圈”，是围绕拉萨老城（包含药王山、布达拉宫、小昭寺等）的大转经线。万字符号“卍”即是对这种宗教活动的高度抽象。

从“释迦牟尼等身像”“罗刹女”“十二神庙”“坛城造型”“建筑高度规定”“建筑装饰规定”“转经线”等关键词来看，吐蕃王朝从建设之初就试图沿着“寻找—定位—定义—烘托—围绕一个佛教世界最高中心”的空间哲学操作系统而陆续展开，这个最高中心就是“大昭寺”，而其他寺庙及其周边聚落代表“次级中心”，形成诸多散落在山河大地上的曼陀罗（图 4.16）。

① 据藏文史籍记载，最初大昭寺内供奉的是尺尊公主带来的释迦牟尼八岁等身像（不动金刚），小昭寺供奉文成公主带来的释迦牟尼十二岁等身像（觉卧）。8 世纪前半期，金城公主入藏后，将此二像对换，自此供奉觉卧仁波切的大昭寺便具有了不可动摇的地位。

② [挪] 拉森 . 拉萨历史城市地图集 [M]. 李鸽，曲吉建才译 . 北京：中国建筑工业出版社，2005：65.

③ 边玛墙是藏区宗教建筑立面顶部所作的结构性装饰物，由柽柳丛的细枝制成，这些细枝被剪短到大约 40 厘米长，用皮绳捆绑，然后用黏土和木销加固，均匀地剪断后露出末端堆置，一般呈现为紫色。

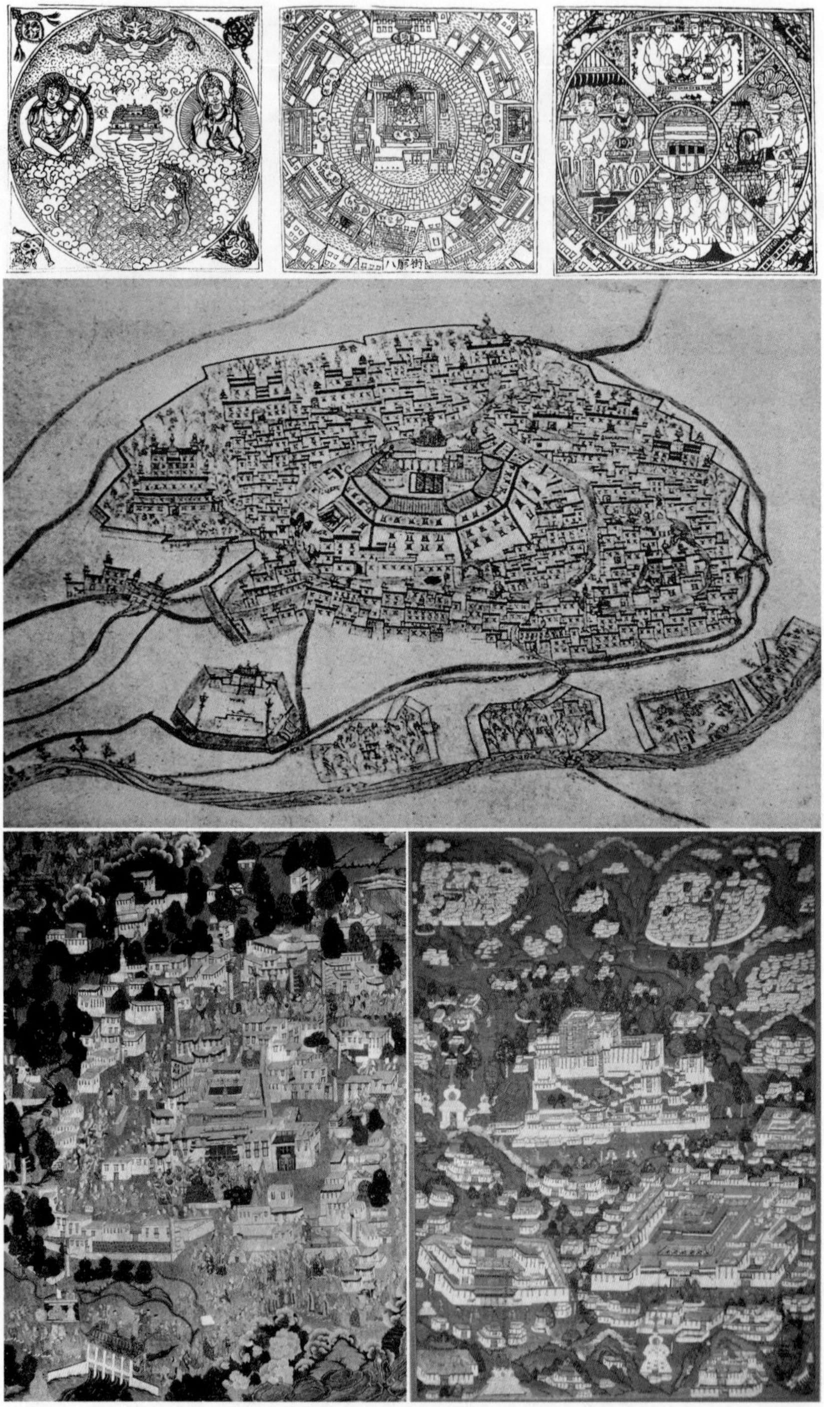

图 4.16　以大昭寺为中心建构山河大地上的曼陀罗

Fig.4.16　construction of Shan-shui Mandala with Jokhang Temple as the center in Tibet

资料来源：高晓涛，西达．八廓曼陀罗 [M]. 上海：上海人民出版社，2009：2-68；拉森．拉萨历史城市地图集 [M]. 李鸽，曲吉建才译．北京：中国建筑工业出版社，2005：61-66.

4.4.2 道宣百丈，纵列异变

1. 道宣式：“觅心万转”的汉地延续

而在汉地，这一操作方法虽受到了儒家礼制格局的限制，但查阅相关文献依然能发现某些思想方法得到了延续①[284]。唐高宗乾封二年（公元 667 年），律祖道宣依据佛教戒律及僧侣学修，在《关中创立戒坛图经》和《中天竺舍卫国祇洹寺图经》中提出的一个“总有六十四院”的理想佛寺模式——“道宣式”（图 4.17）。这一佛寺用地方整，规模颇大，网格状的街巷交通系统把整个寺院划分成几十个空间单位。按照功能归属，大致分为五区[285]：

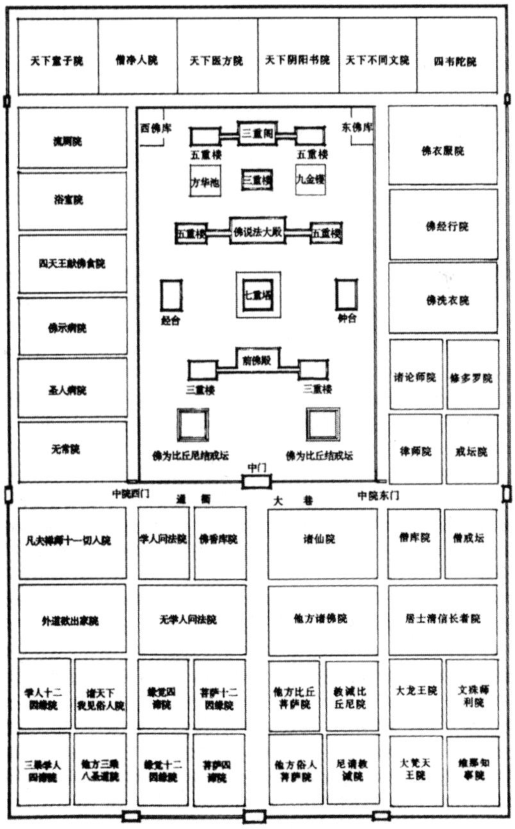

图 4.17　道宣式佛寺布局

Fig.4.17　temple pattern of Dao Xuan

资料来源：傅熹年 . 中国古代建筑史（第二卷）[M]. 北京：中国建筑工业出版社，2001：479.

① 漆山 . 学修视角下的中国汉传佛寺空间格局研究——由三个古代佛寺平面所引起的思考 [J]. 建筑师，2014（2）：32-40.

（1）中部佛区——法事和礼仪区；

（2）南部二十六院——对外学修区，为居士、比丘、比丘尼等团体设置的分类学院，兼具居住功能；

（3）东部七院——内部学修区，包括经院、律院、论院、戒坛等僧团学修空间，兼具居住功能；

（4）北部六院——外学及杂学区，包括儒学、医方、阴阳、童蒙、净人等学院；

（5）西部六院——后勤服务区，包括流厕、浴坊、医疗、献食、衣服等。

佛区是全寺的精神中心，可谓“寺中之寺”，最核心处为“七重塔”（塔象征佛化身与须弥山），彰显礼仪性和象征性。宏伟的公共性殿堂在该区沿中轴线有序排列，自南至北依次是：“中门—前殿—七重塔—大殿—三重楼—三重阁”。

根据史料和考古研究，“道宣式”在众多隋唐佛寺建设中得到了相当程度的实现。普通寺院常有数院至十数院，如卫国寺“有小院十一”，而大寺则可多至数十至上百院，如大慈恩寺“凡有十院，屋四千余间”①，西明寺“凡有十院，屋四千余间”，章敬寺“总四千一百三十余间，四十八院”②等。这一模式在日本也是实例众多，日僧宗觉在《祇垣图经》序言中说：“道宣模式作为建设日本佛寺和佛塔的范本，具有无可估量的价值。”③这种制度一经推广，城市中佛塔林立，不言而喻。

从“道宣式”的空间结构来看，其依然延续了“觅心万转”的操作方法，只是这个“心”从“坛城”缩小为“塔”，并采用“寺中之寺”的手段来进行围绕和包裹，而其他布局变化只是结合儒家礼制作出的相应调整。此外，从“道宣式”的功能组织上看，它如同一个佛教大学，体现出当时各大宗派尚未正式确立之百花齐放、和平共处的状态。

2. 百丈式：以“明心见性”独辟蹊径

随着中国禅宗“马祖创丛林，百丈立清规”，一种脱离于“道宣式”的独立佛寺体系逐步产生（“百丈式”）。起初，这一模式仅是作为禅宗弘法基地存在，但在唐末“会昌法难”令其他各宗破坏严重、元气大伤时，这一寺院模式以其优良的适应性得到大放异彩。到宋真宗时，翰林学士杨亿向朝廷呈进《百丈清规》，为这一模式取得了合法地位，并借政府力量在全国推行，深刻地影响了自中唐到宋元间中国佛教空间营造的思想方法。

① 《大慈恩寺三藏法师传》

② 《长安志》

③ ［日］高楠顺次郎.《大正新修大藏经·渡边海旭》

《敕修百丈清规·古清规序》[286]：百丈大智禅师以禅宗自曹溪以来多居律寺，虽列别院，然于说法住持，未合规度，故常尔介怀。乃曰："佛祖之道，欲诞布化元，冀来际不泯者，岂当与诸部阿笈摩教为随行耶！"或曰："《瑜伽论》《璎珞经》是大乘戒律，胡不依随哉？"师曰："吾所宗，非局大小乘，非异大小乘，当博约折中，设于制范务其宜也。"于是创意，别立禅居。

根据《怀海传》《禅门规式》《禅苑清规》《敕修百丈清规》等文献资料，以及参考日本京都东福寺所藏的《大宋诸山图》中灵隐、天童、万年、径山等南宋禅宗"五山十刹"的布局图样，我们可以获悉"百丈式"布局特征（图 4.18）：由南至北沿中轴线依次布置山门、法堂（演法传法之堂）、方丈（长老住持之居所）；法堂西侧为大僧堂（僧众集体禅修、起居、饮食、议事之所）、经藏；法堂东侧设厨库（厨房、库房及职事堂等）、钟楼；主要建筑的外围，附建相应配套设施。由于大僧堂、厨库在布局中地位重要、规模较大，故客观上形成了一条较强的东西向轴线，与南北中轴线交会于法堂前的中心庭院内[285]。

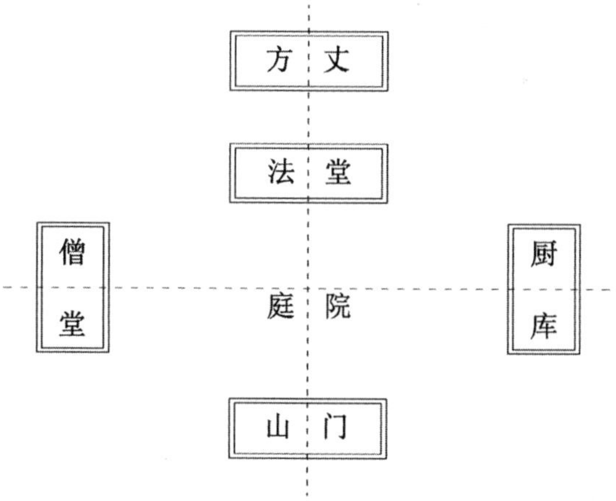

图 4.18 百丈式佛寺布局

Fig.4.18 temple pattern of BaiZhang

资料来源：笔者自绘

表面上看，"百丈式"的空间组织似乎延续了"道宣式"的"向心性"，可以看作"觅心万转"操作方法的"再度浓缩"。但仔细观察却可发现，"百丈式"撤销了以佛教宇宙论为基础的偶像崇拜功能，"不立佛殿，唯树法堂"；同时，空间中心仅为庭园，不再有实体建筑。这种迹象表明"百丈式"不可能继承于"道宣式"。那么，它的空间哲学进路究竟在哪？

学者漆山曾用六个“不二”来概括“百丈式”的操作原则，即：教团与所处文化环境不二、教团与所处物质环境不二、寺院组织与空间不二、教育和信仰不二、生活和修行不二、集体和个体不二。参照3.4.1部分的内容，我们便可以清晰定位出这个“不二”的价值意识实际上就是大乘佛教的本体——“般若空性”。也就是说“百丈式”接续的不是佛教宇宙论进路，而是佛教本体论进路，这就和其“禅宗”背景完全吻合了。

禅宗的最大特色就是“不立文字，教外别传，直指人心，见性成佛”，即：直接将本体纳入最高境界状态来指导人生实践，不需过多讨论宇宙论知识与工夫修行细节。转化为空间哲学工夫论即为：通过内省、照见与“本体”相互对应的空间状态，并直接以此作为目标进行空间营造。这种极为特殊的操作方法在步骤上不作停留，可总结为“明心见性”，与前文所提及的民间智者之枯山水营造实际如出一辙，只是对象不同而已，前者为出家寺庙，后者为在家庭园。

六祖慧能偈子：菩提本无树，明镜亦非台，本来无一物，何处惹尘埃。

3. 纵列式：“觅心万转”的复辟与异变

“百丈式”实为中国佛家空间哲学工夫论的重要革新。“百丈式”以后，禅宗迫于社会传统习俗的压力开始进行妥协，某些寺庙甚至将佛殿重新纳入寺院且排在法堂之前，这一微小的变化，预示了另一种空间操作模式的产生。

宋以后，儒学重兴，三教关系日益密切，佛教与民众现实需要的结合更为紧密，浸染上了浓厚的专制色彩，沿着礼制化、实用化、鬼神化的方向迅猛发展。历经数百年演变，中国佛寺布局逐渐形成一套通行的“纵列式”操作方法：

设置一条深长的中轴线作为整个佛寺建筑群的主轴线；沿佛寺的纵深方向依次排布山门、钟鼓楼、天王殿、大雄宝殿、自宗所尊的佛殿、其他佛或菩萨殿、法堂、藏经阁等主要建筑，形成中路佛殿区；在中路东西两侧附设寺院内部生活区及后勤服务区（图4.19）。这是一套大众熟知的佛寺布局模式，其影响之深之远，即令许多当今的新建佛寺仍顽强地延续着这一做法。一方面，“纵列式”以“百丈式”格局作为基础，填充了佛殿，并结合礼制在纵向空间层次进行较大延伸，强化了空间等级，将“觉悟的层次”与“权力的层次”紧密挂钩；另一方面，“山门—天王殿—大雄宝殿”的核心序列呈现出“须弥山”结构，只是这个图示不再以立体的“坛城”或“塔”作为载体，而是将“须弥山”之垂直构成要素彻底地“平面化”，一定程度上又回到了“觅心万转”的操作方法。但这样的操作方法，既难以企及吐蕃时代对觉悟的虔诚心态，也不可能产生道宣时代百花齐放的思想氛围，更缺

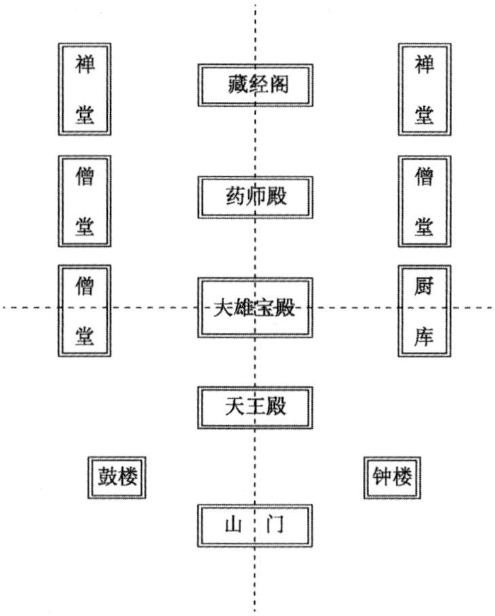

图 4.19 纵列式佛寺布局
Fig.4.19 tandem temple pattern
资料来源：笔者自绘

乏百丈时代纯正的“般若”精神与平等的僧团风范。它的出现意味着中国大乘佛教日渐一日消弭于礼仪、崇拜和经济活动的袅袅尘烟当中，异变为一种宇宙论混淆、本体论模糊的世俗信仰。

4.5 小结：山水文化体系之工夫论的解释架构

通过对原始、儒家、道家、佛家四套空间哲学之操作办法的大致还原，我们可以归纳出山水文化体系之工夫论的解释架构（表 4.1）。

表 4.1 山水文化体系之工夫论的解释架构
Tab.4.1 interpretive structure of GUN FU LUM on shan-shui cultural system

	工夫论操作系统要点
原始	觅金度地、城池水利、寻龙问祖、点穴立向。 相关文献：故圣人之处国者，必于不倾之地……乡山，左右经水若泽。内为落渠之写，因大川而注焉。(《管子·度地》) 凡立国都，非于大山之下，必于广川之上；高毋近旱，而水用足；下毋近水，而沟防省。(《管子·乘马》) 崇山忽起，作镇一方，莫之与京者，是曰祖山。群垄横出，力有长短，众之所趋，彼独开张，断续拱护，是为正干……护从冈峦，孰多孰寡，孰短孰长，则得水得局，可概见也。(《葬经翼·分龙篇六》) 寻到龙成局会，气止水交，重作穴矣，乃将杖尾指定堂气朝案正中恰好之所……谓之天心十道，此定穴要紧正法也……(《地学·天心十道》)

续表

	工夫论操作系统要点
儒家	国野一体、家国同构、工料定额、比类增减。 相关文献：以天下土地之图，周知九州之地域广轮之数，辨其山林、川泽……令五家为比，使之相保；五比为闾，使之相爱；四闾为族，使之相葬；五族为党，使之相救；五党为州，使之相赒；五州为乡，使之相宾。(《周礼·地官司徒第二·大司徒》) 则律、度、量、衡各有其则。宫、室、器用各有其制。(《周礼翼传·冬官司空补义》) 关防功料，最为要切，内外皆合通行…… (《营造法式》)
道家	因借剪裁、择良选奇、生拙去弊、以小见大。 相关文献：爰初经略，杖策孤征……非龟非筮，择良选奇。(《山居赋》) 然而求天作地生之状，咸无得焉……既焚既酾，奇势迭出。清浊辨质，美恶异位。(《永州韦使君新堂记》)总有因地制宜之法：高者造屋，卑者建楼，一法也；卑处叠石为山，高处浚水为池，二法也。又有因其高而愈高之，竖阁磊峰于峻坡之上；因其卑而愈卑之，穿塘凿井于下湿之区。(《闲情偶寄·居室部·高下》) 时宜得致，古式何裁？深意画图，余情丘壑。未山先麓，自然地势之嶙嶒；构土成冈，不在石形之巧拙。(《园冶·掇山》) 曲水，古皆凿石槽，上置石龙头喷水者，斯费工类俗，何不以理涧法，上理石泉，口如瀑布，亦可流觞，似得天然之趣…… (《园冶·曲水》)
佛家	坛城式、道宣式、百丈式、枯庭式、纵列式。 《西藏王臣记》《关中创立戒坛图经》《中天竺舍卫国祇洹寺图经》《敕修百丈清规》《盆池》《官舍内新凿小池》等。

资料来源：笔者自绘

5　境界论

境界论，即是对理想状态的描述，是四方架构的目标系统，也是宇宙论知识系统、本体论价值系统、工夫论操作系统的一个汇聚点与落脚点。由于很多历史文本、图像信息，不免同时涵盖两个、三个甚至四个基本哲学问题的讨论（如《华严经》之“山如满月，大放光明”，《于秀才小池》之“一泓潋滟复澄明”等就同时涵盖了本体论与境界论），所以，为了不过度重复前面三论已经引用过的案例（案例必然附带了境界状态信息），本章对山水文化体系之境界论的讨论均十分简要，旨在对不同空间境界状态进行明确分类，探究不同境界的总体导向。

5.1　六种山水空间境界

5.1.1　“物性山水”“神性山水”的空间境界完成

原始宇宙论生成以“天极崇拜”为核心的上帝、鬼神、巫觋、四方、五位、两绳、四维、八方、九宫、十二度、苍龙、河图、洛书、水、昆仑等符号体系（原本并不包含太极、阴阳、八卦、五行等符号），但在权力结构的设计上，出现了绝对的二元划分，强调“绝地天通”，即对不同人群有不同的政治安排。其中，“山”的知识意义存在于其“天圆地方＋天柱昆仑”的宇宙结构当中，具有强烈的宗教与政治含义，昆仑山山顶正对北极星的图示证明中国人最初的山岳崇拜其实源于天极崇拜；而“水”在原始宇宙论中，是先于天地生成的万物根本，是天极神行游九宫的最初方位，是万数之本“一”所对应的抽象性物质要素，这也说明中国人最初的水崇拜同样归咎于天极崇拜。

由于“绝地天通”的缘故，原始空间哲学之本体论内部产生了巨大分异。在现世层面，生成“物性生命主义”与“德性生命主义”两大本体价值意识，其核心是一般个体与社会整体对现世生物性满足的追求，基本内涵是“现世主义”“务实主义”“感官主义”。在超越现世层面，生成“灵性生命主义”的本体价值意识，其核心是将天地万物全部统合，形成了一个不可分割的有机整体。在顾及多种类型存有者的生物性满足的同时，还认为存有者之间具有生命形态的相似性与共通性，通过祭祀、供养、接引、模仿、比附山岳江河、神鬼精灵、飞禽走兽、花草树木等活动，可实现自身生命形态的更大满足甚至永生永续。

由于该宇宙论与本体论和后来周代“天道观”属于不同的哲学创作，加之儒家意识形态逐渐占据主导，故其工夫论的操作程序并不能堂而皇之地施展，随即演化出两种应对方案：其一，以《管子》为代表，将超现世的“灵性生命主义”冻结（“信仰天堂，但不相信天堂”），只让现世层面的“物性生命主义”与“德性生命主义”来充当本体价值意识。在这样的操作框架下，地形、地势、水资源、土地资源、矿产资源、自然灾害、军事防御、交通运输等诸多现实要素，必须在城市营建中进行务实判断，而非靠占卜或风水术。山水之功用除了支持社会生产，同时也可满足一定的感官享受。其二，以风水术为代表，将操作过程从“巫卜”的偶然性、随机性转向“度数”的统一性、确定性，并通过“价值混淆、避重就轻、点到即止”等策略，积极附和儒家“天道观”，将这套操作系统隐秘传承，其表现形式为“寻龙问祖、点穴立向”。

所以，原始空间哲学的境界完成，是基于“绝地天通”的宇宙论权力切割，本体论价值系统的内部分异和工夫论操作系统的不同取向推进的，空间境界最终展现为两种截然不同的目标。一种是被迫中断与宇宙论、“灵性生命主义”本体的联系，只在现世层面进行空间营造，赋予山水“物质性”，即“物性山水空间境界”，如：“国多财，地辟举，仓廪实，衣食足，乡山经水，利养其人。”（《管子》）一种则较为完整地继承其宇宙论、本体论等形上学意涵，赋予山水“神圣性”，即：“神性山水空间境界”，如：“民神异业，山川融结，神降嘉生，民以物享，祸灾不至，求用不匮。”（《国语》《葬经》）

5.1.2 “德性山水”的空间境界完成

儒家空间哲学的创作，是基于原始空间哲学之“天—人”关系的彻底反思与重构开始的。在宇宙论部分，上帝从一个作威作福的神秘角色，在周人（原初儒家）那里转变为天地间持有最高道德的存有者。“民意”也因此成为平行于“巫礼”，联系天人的第二条渠道。到了春秋战国时代（轴心时代），王权衰落，诸侯并起，礼崩乐坏，孔子不禁追问“礼之本”，决心从内部彻底改造这一传统。他开辟了“天命”的新格局，完全否定“天”的神格化定位，将其转换成超越宇宙万有的精神力量，同时否定鬼神对经验现实世界的主宰地位，将“礼”背后“巫”内涵，替换成为“仁”内涵，提出沟通天人的媒介不必依靠外在的巫觋之术（外向超越），而应通过个人道德修养，引道入心，进而实现“内向超越”，汇通天道。

儒家对原始宇宙论的颠覆，必然引发对其自身宇宙论的建构。在此过程之初，先秦儒家借《易传》注解《易经》，开启了原始宇宙论向“阴阳气化宇宙论”的哲学切换，天地主宰在原有“上帝”（或天极）的框架中衍生出一高级范畴——“太极”或“天道”。“河图”与“太极图”的哲学意涵界限在此一目了然。到了宋明时代，儒家宇宙论更趋完整与严谨。基于周敦颐的宇宙发生论、张载的气化宇宙论、邵雍之易学进路的宇宙时空观，南宋朱熹总结出一套理气共构的宇宙论哲学，回应了孔子的态度。就此，“山水”在儒家宇宙论当中的哲学意涵，已由原始宇宙论的昆仑崇拜、水崇拜转变即为“天道造化、理气凝聚”。

在本体论部分，《论语》提出了儒家最高本体价值意识——“仁”，并且将义、忠、孝、悌等范畴含摄于其中。之后的《中庸》迈向更具哲学性、系统性的思辨与实践，并将“中”的哲学意涵进行阐释。使得“中”很容易成为从儒家本体论出发，践行“仁”本体最重要的空间符号，这已完全不同于原始宇宙论对“中”的阐释（天盖之中）。基于《论语》《中庸》《周礼》，儒家空间哲学最终建立了一套符合自身本体价值意识的空间营造进路，“执中守正”“山水比德”“名正言顺”都是基于“仁”本体而发。

在工夫论部分，《周礼》与经验现实世界之伦理、政治、经济、军事、法律等方面密切结合，在国土空间规划与城市空间营造方面亦形成详细的工夫论操作系统，涵盖城市等级、国域大小、城池大小、国域构成、人口管理、军队编制、土地划分、灌溉与交通等诸多内容。礼制化的空间组织手段并非将事物严格限定，《周礼》亦强调对不同地区、不同地形地貌、不同土壤条件下的土地资源采取差异化利用措施，如：土会之法、土圭之法、土宜之法、土化之法、休田之法等。尽管基于《周礼》，后世礼制多有改良或改革，但这种对身份关系、政治程序、空间秩序、赋贡结构、资源利用等进行高度组织与集成的方法，在儒家天道观的护持下被顽强地继承下来，成为中华文化独特的空间模式。深入到更加微观的空间领域，后世有（宋）李诫《营造法式》与（清）工部《工程作法则例》作为补充，更为全面。

所以，儒家空间哲学的境界完成，是基于对原始宇宙论的颠覆，“天—人”关系的重建，本体论价值系统的更新和工夫论操作系统的精密设计等路径推进的。它赋予了山水“道德性”及其全新的宇宙论基础，力图实现经验现实世界的道德秩序，即“德性山水空间境界”，如：“天地位焉，乾坤交泰。万国咸宁，元亨利贞。

山水比德，千里封树。礼从宜，择善而固执之也。”（《易传》《周礼》《论语》《礼记正义》《中庸》）

5.1.3 “自性山水”的空间境界完成

道家空间哲学，同样始于对“礼”及“天人关系”反思。但和孔子将“古礼”之精神核心“巫”替换为“仁心”的渐进改造方式不同，道家不屑于做这种局部性的更改，他们强烈质疑“礼”的必要性与合理性，选择将儒家联系“天—人”的“仁—礼”系统完全颠覆，进而注入全新的内容。

在宇宙部分，《老子》所谈不多，随着《庄子》的出场，儒、道宇宙论的界限才完全呈现。《庄子》一方面继承了先秦气化宇宙论的一般基调，同时以“寓言”方式提出了一个“仙存有”的气化宇宙论。虽然儒、道都秉持气化宇宙论来与原始宇宙论进行知识切割，但前者是借削弱鬼神的主宰性地位来申说的（子不语怪力乱神），后者是改变鬼神的位格形态特征来表达的（用仙话替代神话）；前者肯定经验现实世界的实有与唯一，后者则追寻超越经验现实世界的高级精神领域（方外）；前者认为宇宙运行具有可知、可说、可模仿的秩序性；后者则认为宇宙运行超越于世俗人群的认知能力。从道家气化宇宙论的角度上看，“山水”当然也是“气”浮沉聚散的结果，但道家论气必以“流变之气”，非儒家之“生生之气”；同时由于《庄子》采用寓言将“山水”从人居环境拔升至仙居环境的重要构成，故“山水”的宇宙论意涵随即转换成“气之流变，仙之居所”。

由于道家哲学创作的早熟与深邃，导致后来某些所谓道家（实为阴阳家、杂家、方士、道士、政客等）不识《庄子》神仙寓言初衷，反倒具体刻画，走向异化与堕落，并开创了两套影响极为深远的空间哲学之宇宙论进路，即：琼楼广厦系统与东海仙岛系统。幸运的是，理论的扭曲并没有被高级文化精英接纳，汉末以后，随着“士”阶层的形态变迁，道家原初“天地一气、万物皆种”的世界观被顽强地保留了下来，并以诗歌、绘画、园林三种空间载体交互呈现，为中国文人山水诗、文人山水画、文人山水园复合系统提供了重要的知识参照。

在本体论部分，道家建立了两大推理系统：一套是《老子》的“抽象思辨”与“实存律则”进路，通过“有无相生—反者道之动—玄同—玄德”四条律则推演，得到“无为”本体，以此赋予自然山水“上善若水”“上德若谷”的价值意识；另一套是《庄子》气化宇宙论进路，即无论自然山水之形态、情状如何聚散、盈缺、沉降、荣朽、动静，都是自然而已，本体“逍遥”，没有特定的目的与价值取向，故无须在此之上建立任何道德成见。

在工夫论部分，“因借剪裁”成为最核心也是极具考究的工作。“因借”是因道家宇宙论建构出“天地一气、万物皆种”的无垠世界可供参照；“剪裁”是因道家本体论赋予了自然山水“无为”“逍遥”的价值意识，故无须主体多加造作。这也透露出，穷奢极欲地去建筑华丽的房屋，或凭借龟筮占卜、堪舆风水来确定选址朝向，不可能被这套操作系统接受。魏晋至北宋期间，谢灵运、卢鸿一、白居易、王维、柳宗元、司马光等人的园林营造深得此法，各有建树。宋室南渡以后，江南地区人口急剧增加，达官富贾对土地的取得更加困难，园林营造走向小型化发展。到明末，江南园林一部分追随风尚，向装饰、热闹之路挺进，另一部分则反弹为观念性的发展，脱离现实，追求个人理想，返归道家。文徵明、唐寅、沈周、董其昌、八大山人等超然世外的绘画风格对世俗繁饰的园林营造产生了反动效应。经计成、李渔等整合，“因借体宜”的总原则在空间营造中被再次强调，并结合江南园林的小型化特征，直接将绘画手法应用于有限的空间场景，提倡“生拙去弊、以小见大”，进行了更为系统的工夫论创作。

所以，道家空间哲学的境界完成，是基于对儒家气化宇宙论之“内向超越系统”载体（礼）的彻底质疑与批判，本体论价值系统的深层思辨和工夫论操作系统的因应体证推进的。它赋予山水“自由性（无为与逍遥）”，借以达致高级精神领域——“方外”，故名“自性山水空间境界”，如：“野马尘埃，生息相吹。朴旷静拙，山水为富。为而不恃，长而不宰。执大象，百姓皆谓我自然。”（《庄子》《老子》《洛阳伽蓝记·亭山赋》）

5.1.4 “空性山水”“度性山水”的空间境界完成

原始佛教在印度经历部派时期的讨论后，逐渐从个人离苦得乐（证阿罗汉果）的实践目的，转向以救度众生、成菩萨成佛为究竟法门的大乘佛学。东汉以后，随着被翻译的佛经不断在中国集结、传播，中国人对佛教世界观与价值观的认识也逐步加深。

宇宙论方面，中国大乘佛教认为：一须弥山、九山八海、一日月、四大部洲、六欲天、上覆以初禅三天，为一小世界；集一千小世界，为一小千世界；集一千小千世界，为一中千世界；集一千中千世界，为一大千世界。其中：现象世界因众生“心生灭相”的作用而生，并非实有，虽有而非实，心生灭作用收摄一切现象于心内而为“阿黎耶识”（万法唯识）；有情众生皆有佛性，众生皆可成佛；不同境界的存有者可照见不同层次的世界，层次越高，色法构造越精细；若境界较低，心染无明，便难以看破现象世界的真相，受制于无休止的轮回；菩萨、佛发菩提心，可化身成人救度众生，但成佛关键不在他度而是已度，已度的内因来自如来佛性；世界的存在就是一场无始无终的造佛运动。由于佛教宇宙论包含一个以“须弥山”为中心的理想世界模型，故导致后世某些佛教信徒或佛教政体将其具体化为宗教符号，试图在现实世界中去刻画和建构，作为观想、朝拜、聚居等活动的中心。在中国，这个模型主要出现了两种变体：第一种为“浮屠”（梵语：Buddha），亦称为“佛图”或“塔”；第二种为“曼陀罗”（梵语：Mandala），亦称为“坛城”，二者共同开辟出佛家空间哲学之宇宙论进路。

本体论方面，佛教经历了由“苦谛（舍离欲望、离苦得乐）—般若（无相无住、本自空性）—菩提（上证佛道，下度众生）”等意涵不断充实的过程。

在对“般若”的讨论中，《金刚经》认为，一切现象有相无常、幻有性空、实相非相，并指出洞彻此者之智慧或价值意识即为“般若”，“般若”亦是破除一切名相执着所呈现的真实。故世人所见、所感之“自然山水”亦是“外相”，本自性空（《坛经》）。这也暗示出，有别于模仿、渲染“须弥山”等佛教世界模型的宇宙论进路，佛家空间哲学还存在从“般若空性”直接摄入的本体论进路，即在城市空间营造当中“体空证空”。

在对“菩提”的讨论中，《地藏菩萨本愿经》《大智度论》《华严经》等认为，有情众生无明迷惘，苦海轮回，尚未得度，终不究竟，因此，以般若本体为“基础”，发“上证佛道，下化众生”的大愿，被视为“阿耨多罗三藐三菩提（无上正等正觉）”。因此，“菩提”的本体特征正如《华严经》全名当中的“大方广”意涵，以一心遍法界之体用，广大而无边，无有分别，圆融无碍，继而具备了空间哲学符号转换的途径。在中国，五大菩萨各设名山道场，将“菩提”本体注入“自然山水”，行救度众生之义。

工夫论方面，由于佛教对中国古代空间营造活动的影响较为有限，并长期受到其他空间哲学的渗透与压制（尤其是儒家空间哲学），所以很难说其有较为独立的空间营造操作方法可被总结。根据相关历史事实，笔者认为或许“觅心万转”与“明心见性”这两个方面，较能概括其空间哲学的思想方法。

其一，“心”为空间上与精神上的“中心”，对应“须弥山”或“佛菩萨化身”，整个操作过程就是寻找中心，定位中心、定义中心，烘托中心，“万转”即为相关朝拜活动（卍）或围绕中心开展多层次的聚居活动。

其二，“心或性”为“本体”，“明心见性”即通过内省、照见与“本体”相互对应的空间状态，并直接以此作为目标进行空间营造。前者集中体现在藏传佛教地区，以及汉地的“道宣式”“纵列式”佛教空间营造，主要接续宇宙论与“菩提”本体进路；后者巧妙运用于“百丈式”佛教空间营造，以及唐宋时期中国乃至之后日本的枯山水庭园营造，主要接续“般若”本体进路。

所以，佛家空间哲学的境界完成，是基于须弥世界的生动刻画，“唯识学”与“般若学”的形上学建构以及工夫论操作系统的双向演绎推进的。它赋予自然山水“般若空性”与“无上正等正觉（菩提）”两大本体特征，故最终生成两种空间境界。一种为“空性山水空间境界”，如：“千山鸟飞绝，万径人踪灭。孤舟蓑笠翁，独钓寒江雪。”（柳宗元《江雪》）一种为“度性山水空间境界”，如：“山如满月，大放光明，普照一切众生类故。”（《华严经》）

5.2 总体理论认知

5.2.1 理论样态：四重四方架构

通过对山水文化体系之宇宙论、本体论、工夫论、境界论的探究，可将“四论”之要点合并为具有“四重四方”结构特征的理论认知体系，即：山水文化体系的解释架构（表 5.1）。这基本回答了本文在开篇所提出的重要问题，即在人居环境科学领域内，山水文化体系在理论上究竟具有怎样的构成样态。

表 5.1 山水文化体系的解释架构

Tab.5.1 interpretive structure of the spatial philosophy of mountain human settlements

	宇宙论	本体论	工夫论	境界论
原始（巫）	神化宇宙论。天圆地方、绝地天通、政教合一、巫君合一。倡导外向超越的天人关系。重要的符号有：天极、昆仑、水、河图、洛书、苍龙、白虎、朱雀、玄武、二十八宿、四方、五位、八方、九宫、十二度、五岳、四镇、四海、四渎等。其中，“水”是天地万物生成以前的原初状态；天地生成以后，自地以上皆天，山在天中；“山水”成为架构天地万物的空间枢纽；神（帝）居于天，人居于地，人和神的联络只可依靠巫（君）来完成，山更是巫进入神界的天梯。天、地、山、水、人、神、巫等全部存有物和存有者皆被划归于一个有机整体的空间框架	福、禄、寿、喜（对现世与超现世生物性满足的追求） 山水成为本体价值意识的惯用比附对象	觅金度地 城池水利 寻龙问祖 点穴立向	物性山水境界： 国多财，地辟举， 仓廪实，衣食足， 乡山经水，利养其人。 神性山水境界： 民神异业，山川融结， 神降嘉生，民以物享， 祸灾不至，求用不匮

续表

	宇宙论	本体论	工夫论	境界论
儒家	气化宇宙论。立足于实有、唯一的经验现实世界。巫的外向超越功能被取消，鬼神的主宰性地位被否定，提倡引道入心，建立了内向超越的天人关系。“天—山水—地”的基本空间图示并没有发生改变，山水乃天道造化，理气凝聚，依然是架构天地万物的空间枢纽。原始宇宙论当中祭祀五岳、四镇、四海、四渎等文化形态被保留，具有界定经验现实世界道德秩序的新意义	仁、义、礼、智、信、孝、悌、忠 山水成为本体价值意识的惯用比附对象	国野一体 家国同构 工料定额 比类增减	德性山水境界： 天地位焉，乾坤交泰。 万国咸宁，元亨利贞。 山水比德，千里封树。 礼从宜，择善而固执之也
道家	仙存有的气化宇宙论。立足于超经验现实世界（方外）。倡导内向超越的天人关系。独与天地精神往来。“天—山水—地”的基本空间图示并没有发生改变，山水乃气化流变，仙之居所，依然是架构天地万物的空间枢纽	无为、逍遥 山水成为本体价值意识的惯用比附对象	因借剪裁 择良选奇 生拙去弊 以小见大	自性山水境界： 野马尘埃，生息相吹。 朴旷静拙，山水为富。 为而不恃，长而不宰。 执大象，百姓皆谓我自然
佛家	轮回宇宙论。立足于超经验现实世界。倡导内向超越的天人关系。重要的符号有：须弥山、十法界、九山八海、四大部洲、小千、中千、大千、阿赖耶识等。“天—山水—地”的基本空间图示并没有发生改变，山水在其中对应的是有情众生觉悟的层次及其所在的国土，仍旧是架构天地万物的空间枢纽	苦谛、般若、菩提 山水成为本体价值意识的惯用比附对象	坛城式 道宣式 百丈式 枯庭式 纵列式	空性山水境界： 千山鸟飞绝，万径人踪灭。 孤舟蓑笠翁，独钓寒江雪。 渡性山水境界： 山如满月，大放光明， 普照一切众生类故

资料来源：笔者自绘

此表显示，山水文化体系既非过去采用“天人合一、道法自然”等含混话语就能清晰诠释，亦不可直接纳入现代生态学范畴，它其实具有更加精密的逻辑组织关系与多元化的思想观念构造，如：只有在“绝地天通”的原始宇宙论中，才能谈及对现世与超现世生物性满足的价值追求，继而派生《管子》城市营建思想与风水术；只有在经验现实世界实有、唯一的儒家气化宇宙论中，才能否定鬼神的主宰性地位，继而将“仁、义、礼、智、信”树立为本体价值，为《周礼》《营造法式》等礼制空间营造过程建立形上学基础；只有在道家之“仙”存有的气化宇宙论中，才可论及“无为、逍遥”本体，继而成就桃花源与后世文人山水园林、山水画之形上学根基；只有在缘起缘灭的佛家轮回宇宙论中，才能衍生“苦谛、般若、菩提”本体，使西藏拉萨、四大佛教名山以及东渡日本的枯庭等物质空间找到清晰的形上学进路。

5.2.2 显著特征：多元山水形上学的应用

通过对山水文化体系之形上学体系的还原（见上文表 5.1 的宇宙论与本体论部分），我们发现，“山水”范畴在其中无不扮演着极其重要的知识意义与价值意义：

巫文化将“水”视为天地万物生成以前的原初状态，将山视为巫进入神界的天梯，并建立了原始生命主义的本体价值意识；后来的儒家虽不语怪力乱神，但讲山川乃理气凝聚，并以此纳入经验现实世界的礼制系统，进而比附“仁”与“知”本体；道家独与天地精神往来，依托山水刻画“仙存有”的超经验现实世界，以此比附“无为”与“逍遥”本体；佛教将“须弥山”作为每个大千世界之一小世界的中心，并以山水论“般若”“菩提”本体。

可以说，无论形上学形态、超越模式存在多大差异，中国古人在空间实践中所面对的现实世界及其领悟的精神世界都是一个“天—山水—地”的一元世界（图5.1），“山水”一直都是架构天地万物的“空间枢纽”和本体价值意识的惯用“比附对象”。如果抽离山水，天地二分，天人二元，现有山水文化体系相应的知识系统与价值系统难以自言其说，更不用说以此推导的操作系统与目标系统了。所以，山水文化体系之形上学体系可以被归结为“山水形上学”。这基本解释了“山水”范畴对于传统空间文化为何如此之重要的缘故。

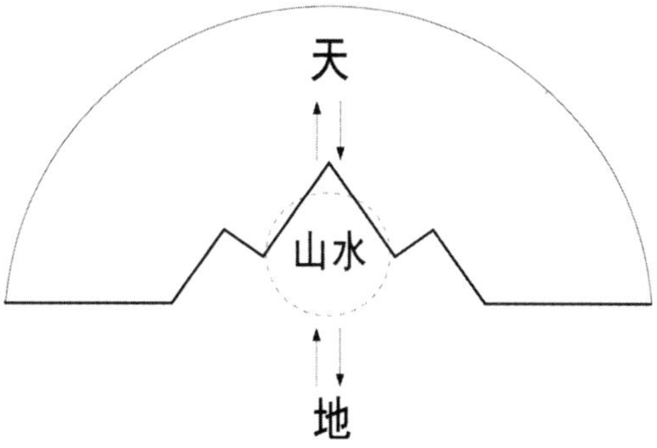

图 5.1 “天—山水—地”一元世界的空间图示

Fig.5.1 spatial graphic of Sky-Shan-shui-Earth

资料来源：笔者自绘

5.2.3 工作原理：山水形上学空间实现的两条进路与三种操作模式

杜保瑞先生[55]曾指出，属于人生实践领域的“工夫论”可根据形上学进路组合方式不同分为修炼、修养、修行三种形态：“修炼”是一种在宇宙论意义下的实践思维，它主要参照知识系统发生，作用于物质性的身体（如道教通过服食丹药等手段追求长生），因此我们可以说宇宙论是其工夫修炼的进路；“修养”是一种在本体论意义下的实践思维（如儒家之“格、致、诚、正、修、齐、治、平”），它通过秉持价值意识的手段作用于精神性的心理，因此我们可以说本体论是其工夫修养的进路；“修行”是一种综合宇宙论与本体论的实践思维（如佛教之“布施、持戒、忍辱、精进、禅定、智慧”），它同时参照知识系统与价值系统进行，既作用于身体也作用于心理，因此我们可以说宇宙论与本体论是工夫修行的进路。

值得注意的是，这种基于“宇宙论知识”，或基于“本体论价值”，或兼具二者的形上学进路，在山水文化体系的运行当中同样存在，如：

（1）风水术之“寻龙问祖、点穴立向、坐胎生气、藏风得水”即是参照天圆地方、昆仑中柱的原始宇宙论图示和超现世生物性满足的价值意识，属于空间修行。《管子》之“利养其人，以育六畜……因天材，就地利，故城郭不必中规矩，道路不必中准绳”即是参照了现世生物性满足的价值意识而发，并未直接采用原始宇宙论，属于空间修养。

（2）《周礼》之“惟王建国，辨方正位，体国经野，设官分职，以为民极……以土会之法，辨五地之物生：一曰山林……二曰川泽”与儒家《论语》《中庸》所阐述的“仁”本体有直接关联，属于空间修养。

（3）圆明园之“蓬岛瑶台”“方壶胜境”则是参照了《列子》对神仙世界的过度刻画，属于空间修炼。桃花源、辋川园、独乐园等田园式园林理想注重“因借剪裁、生拙去弊”，兼具道家宇宙论进路与本体论进路，其中“因借”回应了道家“天地一气、万物皆种”的无垠世界，“生拙”回应了“无为”“逍遥”的价值意识，属于空间修行。

（4）“坛城（曼陀罗）模仿”（如拉萨古城、颐和园须弥灵境等）主要参照了须弥山、四大部洲、铁围山等佛教宇宙论知识，属于空间修炼。“苍苔白沙、方寸沧溟”（如杜牧之《盆池》、浩虚舟之《盆池赋》以及后来的日本枯山水）即是通过内省、照见与佛教“般若空性”本体相互对应的空间状态，属于空间修养。

由此可见，传统人生实践与空间实践不仅共用着多套“山水形上学”，而且具有相同的形上学进路（宇宙论与本体论），并能呈现出三种彼此类似的操作模式（人或空间的修炼、修养、修行），致使存有者人格境界与相同形上学体系下的空间境界达成普遍的从属关系，即：某种人格境界对应地存在于某种空间境界（图 5.2）。

这一工作原理的发现，较好地回应了本文一开始引用的吴良镛先生之观点：“中国古代园林与建筑、城市并行发展……遗留下来的文化遗产，是中华山岳自然风景的精华，既富自然景观之美，又兼人文景观之胜，呈现出我国独有的、尚待进一步发掘的山水文化体系与中国民族的人格精神”，客观上将“山水文化体

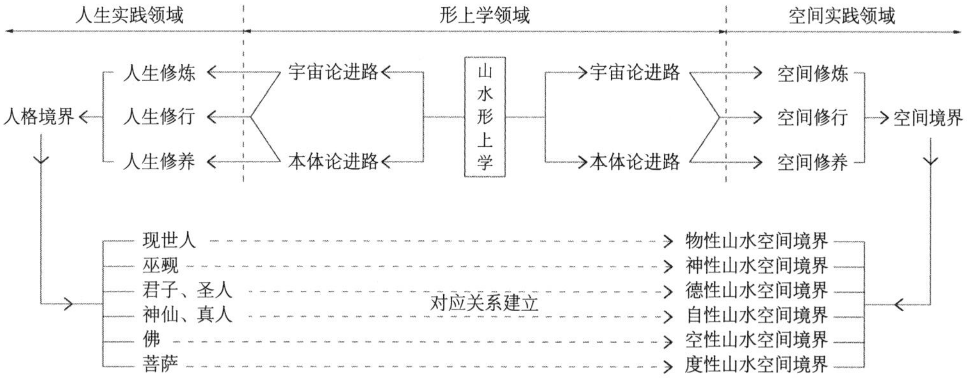

图 5.2 山水文化体系的工作原理

Fig.5.2 working mechanism of the spatial philosophy of mountain human settlements

资料来源：笔者自绘

系—人格境界—空间境界”三者纳入共同的理论认知体系，便于今后之中国人居史研究更加准确地理解、捕捉传统空间实践与其实践主体（人）的整体性关联。

5.3 小结：六种山水空间境界的总体导向——显隐山水系统

综上，笔者发现：中国古人曾基于所处的自然山水环境（自然系统），创作多样化的“山水形上学”，并将其中的世界观与价值观广泛地融入进人工空间的营造过程（人类系统、社会系统、居住系统、支撑系统）。就自然山水环境而言，它具有明确的物质性，为现实可见之“山水”，是谓“显山水”；就贯彻了山水形上学的人工空间而言，它隐藏着极为独特的精神要素（其中之“山水”存在于由多种形上学构筑的虚拟世界与价值体系，虽不可见但可感悟），可谓“隐山水”。中国古人就是利用了山水范畴的双关性（环境属性与文化属性），有效建立起物质世界与精神世界的密切关联。当着眼于物质领域时，“显山水”因其现实宏阔尺度必然包含了“隐山水”；当着眼于精神领域时，“显山水”则烘托且从属于“隐山水”背后之虚拟化的无垠世界。这种相互区分、相互包含、相互融合的“虚拟现实”现象，传递出中国古代人居环境空间境界的本质，即：“显隐山水系统”（图5.3）。而六种山水空间境界（物性山水、神性山水、德性山水、自性山水、空性山水、渡性山水）虽然在形上学意涵或进路上存在差异，亦是不同形态的显隐山水系统。

该思想方法在传统国学语境中常被称为“外师造化，中得心源”，也很类似

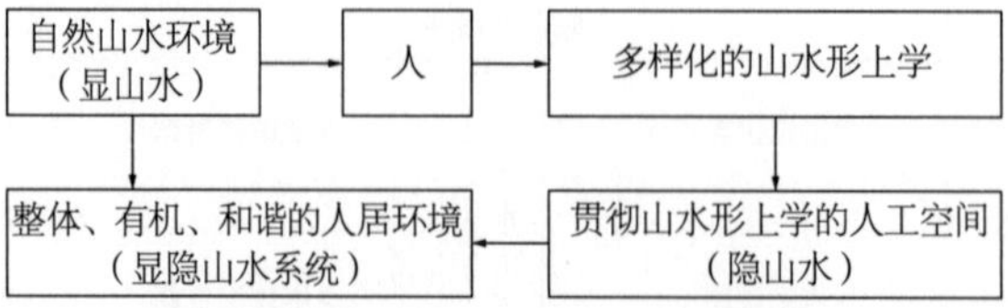

图 5.3 “显隐山水系统”的生成机制

Fig.5.3 generative mechanism of explicit-implicit Shan-shui system

资料来源：笔者自绘

于吴良镛先生[287-288]总结的“生成整体论”①②。可以说，中国人几千年的人居实践，惯将“山水”收归内心，又以物质载体传达出来，由“意”到“象”再到“言”，层层递进，反复循环。数不清的历史城市、历史建筑、历史园林，甚至包括绘画书法、诗词歌赋、生活器具等“精微造化”，既在山水环境中生成，亦在知识系统与价值系统中包含了对自然山水无尽的向往与想象③。

从这个意义上讲，今天所谓的“望得见山、看得见水”中的“山水”则是明确的“显山水”，而“乡愁”则是包含了多元山水形上学的传统世界观、价值观、生活方式与历史文化遗产，是典型的“隐山水”，或言“乡愁”亦饱含虚拟的“山水”。“望得见山、看得见水、记得住乡愁”应当视为一个“整体”（而非将传统文化传承从现代生态文明建设中抽离进而分别看待），即传统“显隐山水系统”建设思想的当代意识。

---

① “中国古代城市建设者在利用自然的同时，融入了对自然山水的审美。山水文化是我国传统文化的重要组成，深入到社会生活的各个层面，也深刻地影响了传统美学观念；在城市建设中形成了众多别具诗情画意和中国山水文化审美特征的城市……中国传统城市与建筑结合自然条件的空间布局，往往遵循不断追求整体性或完整性原则，逐步达到最佳结合，堪称绝妙的城市设计创造。”吴良镛．中国建筑与城市文化 [M]. 北京：昆仑出版社，2009：252-253.

② “其哲学思想根源是中国传统的‘生成整体论’：中国传统规划设计的精华是整体，但很多人往往忽略了整体的逐步生成——即每个生成的地方都是整体，加起来是更大的整体……中国传统规划的根基在‘生成整体论’。”吴良镛．建设文化精华区 促进旧城整体保护 [J]. 北京规划建设，2012（1）：8-11.

③ 如（清）翁方纲题仇英《剑阁图》对联：“扫地焚香澄怀观道，模山范水镂月裁云。”

6 实践论

本文的理论认知研究部分（第2章至第5章），围绕山水文化体系的理论解释问题，从宇宙论、本体论、工夫论、境界论这四个基本哲学问题出发，追溯“山水”范畴在以上四个问题部类、四种思想流派（巫、儒、道、佛）当中的真实意涵与哲学功能，还原出山水文化体系的解释架构，并从四重四方架构的理论构成样态中，总结出多元山水形上学的差异性与共通性，最后认为，山水文化体系之空间境界（物性山水、神性山水、德性山水、自性山水、空性山水、渡性山水）的总体导向可被归结为“显隐山水系统”。

然而，“中国古代人居规划设计参与的主体多样，是全社会的共同创造……除了官吏、文人、工匠，帝王、贵族、艺术家、僧人等也都是人居环境规划设计的重要参与者”[①]。所以，根据人格境界与空间境界的对应关系（前图5.1）可以得出：人格境界之社会构成的复杂性与动态性，必然造成显隐山水系统之空间境界构成的复杂性与动态性。

那么，在实际情况中，构成“显隐山水系统”的六种空间境界大都扮演了什么角色？是否有规律可循？六种空间境界之间存在哪些复杂的历史组织关系？

本章即试图展开这方面的研究工作，由简到繁、着眼全局分四个部分讨论：

（1）观察我国历史城市之物性山水或神性山水的实际存在状态与历史组织关系，以重庆、都江堰、温州、福州、阆中为例。

（2）观察我国历史城市之德性山水在神性山水当中的实际存在状态与历史组织关系，以北京、南京、成都、丽江为例。

（3）观察我国历史城市之自性山水，或空性山水，或渡性山水在神性山水、德性山水中的实际存在状态与历史组织关系，以苏州、杭州、大理为例。

（4）伴随研究视角的层层拓展，被关注之空间境界的层层叠加，不断总结实

① 吴良镛．中国人居史[M]. 北京：中国建筑工业出版社，2014：499-505.

践规律，最终建立山水文化体系之实践认知体系。

（注：因为研究目的不是梳理每个历史城市之完整信息，而是基于不同视角探寻众多样本背后之空间哲学联系，故仅就每个历史城市的主要发展脉络与特定历史情景进行空间哲学分析、定位、联系。）

6.1 文化根基决定了物性山水或神性山水是多数实践的初始导向

物性山水或①神性山水是原始空间哲学的目标系统，而原始空间哲学又是巫文化的重要内容。在中国历史上，巫文化所扮演的角色始终是基础性、普遍性的，它不仅成形最早，覆盖范围也最大②。下面以重庆、都江堰、温州、福州、阆中这五座历史城市为例，分析物性山水或神性山水的实际存在状态及其历史组织关系。

6.1.1 物性山水的普遍性与顽强性——以重庆为例

物性山水，由原始空间哲学之物性生命主义与德性生命主义本体价值驱动，简言之是从（个体的、集体的）现世生物性满足愿望上而发（见于 3.1.1 与 3.1.2），故创造物性山水之过程，属于空间修养工夫，包括觅金度地、城池水利等（见于 4.1.2）。单独观察我国历史城市之物性山水的实际存在状态，在于排除其他五种山水境界之影响。这里选择以重庆为例，原因在于历史上的重庆在对神巫信仰与轴心时代文化成果的吸纳方面，均不突出（并非没有），具有较好的样本分析价值。

《山海经·海内经》：西南有巴国。太葜生咸鸟，咸鸟生乘厘，乘厘生后照，后照是始为巴人。

《华阳国志·巴志》[289]：昔在唐尧，洪水滔天，鲧功无成。圣禹嗣兴，导江疏河，百川蠲修，封殖天下，因古九囿，以置九州；仰禀参伐，俯壤华阳，黑水、江、汉为梁州……周武王伐纣，实得巴、蜀之师……巴师勇锐，歌舞以凌殷人，前徒倒戈……武王既克殷，以其宗姬封于巴，爵之以子，古者远国虽大，爵不过子，故吴、楚及巴皆曰子。

从“大禹治水，娶于涂山”到“助武克商，舞凌殷人”，巴人虽早被纳入天下，封于梁州，最后冠以姬姓，得子爵，但其早期历史（西周以前）却一直晦暗不明。

① 见 5.1.1 可知，物性山水实际包含于神性山水，故采用“或”而不采用“和”。

② 今人所谓之“民俗文化”绝大部分来自巫文化。

据《华阳国志》载，巴人“民质直好义，土风敦厚，有先民之流……重迟鲁钝，俗素朴，无造次辨丽之气。其属有濮、賨、苴、共、奴、獽、夷蜑之蛮”，这说明以巴人聚居区域为代表的早期荒蛮地区（山环水绕、江峡相拥）与中原文化的联络并非紧密，也未必有道德冲动去接纳与现世生物性满足不太相干的知识与价值。

春秋战国时代，巴国因长期受到楚国、蜀国的制约，多次被迫迁都，先后在清江、川峡之间至江州立国，后又迁至垫江（今合川）、阆中。公元前 316 年，秦灭巴蜀，两年后，设巴郡治阆中，同年建江州城，此时江州城仅作为军事城邑和区域政治中心①。秦建江州城 500 多年以后的三国蜀汉时期，为满足军事割据需要，刘备命令大将李严在江州一带驻守，并在今渝中半岛东南沿江地带建造大城。李严大城即成为江州城城市发展史上确知的第二处城址②。

魏晋南北朝时期，巴郡政治、军事地位日渐衰微，其先后成为荆州、益州、巴州、楚州的一个辖区。至隋唐时已为一普通州郡（渝州），较夔州都督府（今奉节）地位更难企及，且长期沦为为朝廷贬谪官员、流放罪犯之地。可以说，历隋、唐、五代、北末至南宋中期，重庆城市范围在三国李严大城基础上持续了一千年[290-291]，直至南宋晚期，元兵来袭，为巩固西线防区，重庆府城面积才较旧城扩大了 1 平方公里，初步奠定了之后明清重庆城的大致范围③。（图 6.1）

时期	秦—汉	三国—南宋	明清
形态特征图示	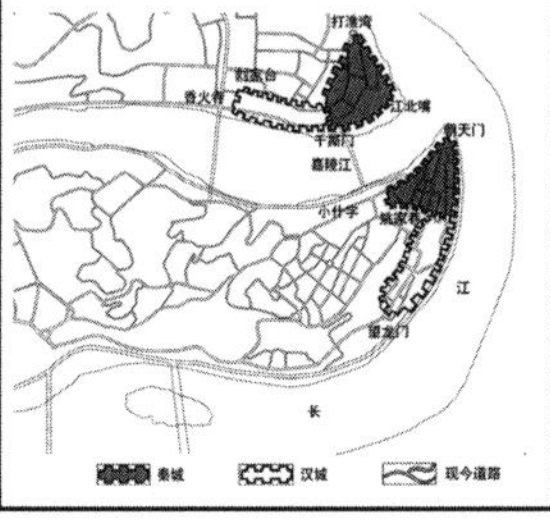	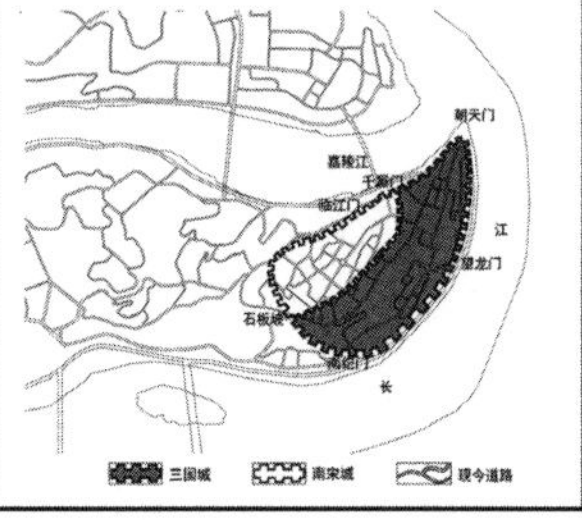	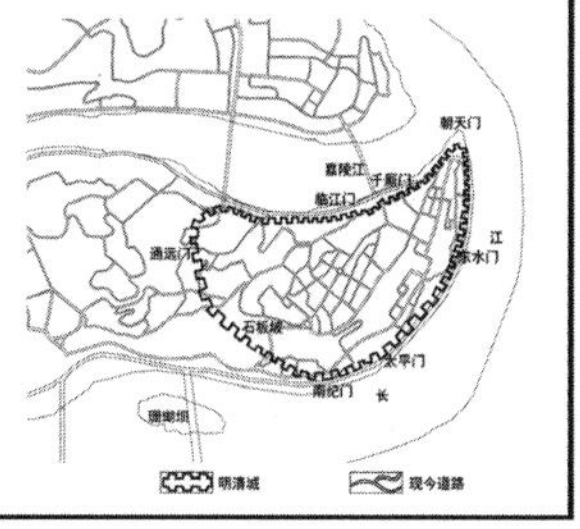

图 6.1 重庆城址示意图（秦至清）

Fig.6.1 map of Chongqing from Qin and Han dynasties, three Kingdoms era to Song and Qing dynasties

资料来源：赵万民等 . 山地人居环境七论 [M]. 北京：中国建筑工业出版社，2015：169.

---

① 城市依“北府南城”进行布局，官署建筑建于江北。至汉代，江州城较秦时有所扩展，由江北嘴向西拓至约 1 平方公里，而两江半岛主要沿长江向南，延伸至望龙门一带，南北合计约 1.5 平方公里。

② 蜀汉重臣李严放弃江北城，将城市建于两江半岛之上，巧借天险以设城墙，开凿削壁，使其易守难攻。

③ 此时的重庆城（巴县）军事、财政地位上升，通过对丘陵山区进行耕地开发，生产力和商业水平也有所提高。城墙建造中结合制砖技术，在城门、城楼等重点地段使用砖材。建筑群组织方式为开放的街巷制，民间建造活动较为自由，建筑形式与用料常常突破礼制的束缚，在布局上依山就势。

《华阳国志·巴志》[289]：巴子虽都江州，或治垫江，或治平都，后治阆中。其先王陵墓多在枳。

《三国志·蜀志·后主传》[292]：建兴四年春，都护李严自永安还江州，住江州，移大城。

《宋季三朝政要》[293]：彭大雅守重庆时，蜀已残破，大雅披荆棘，冒矢石，竟筑重庆城，以御利、阆、蔽夔、峡，为蜀之根柢。

明洪武初年，天下大定，重庆在宋末旧址上进行了第四次筑城，城墙以条石砌筑，环江为池，民居院落依山就势，沿江商贸尤为兴盛，逐渐成为集政治、军事、经济、交通等多种功能于一身的区域中心城市。明末农民起义以后，清政府施行“湖广填四川”政策，重庆城市经济得到恢复，城市规模进一步扩大，至乾隆十九年（公元 1754 年），重庆府同知移驻江北，分巴县长江以北地区置江北厅，南岸也已出现稀疏的居民点。“全城……依崖为垣，弯曲起伏，处处现出凸凹，转折形状，街市斜曲与城垣同。横度甚隘，通衢如陕西、都邮各街，仅宽十余尺，其他街巷尤狭。登高处望，只见栋檐密接，几不识路线。所经房屋，概系自由建筑，木架砖柱，层楼平房相参互，临街复无平线。”[294]（图 6.2）

《巴县志》（乾隆）：明洪武初，指挥戴鼎因旧址砌石城，高十丈。周二千六百六十丈七尺，环江为池，门十七，九开八闭，象九宫八卦……三江总汇，水陆冲衢，商贾云屯，百物萃聚……水牵运转，万里贸迁。

《巴县志》（民国）：沿江为池，凿岩为城，天造地设。

总体而言，早期部族战争导致巴人①动荡的聚居活动，山水险峻衍生的紧张人地关系与封闭环境，扼两江交汇沿袭的军事要塞功能等因素，使得明清以前的重庆没有营建神性山水的迫切需要，更无太多闲暇去彰显轴心时代以后之文化成果，因此它首先是坚韧的、现世的、感官的。《管子》城市思想所倡导的德性生命主义本体与物性生命主义本体（见于 4.1.2），几千年来在这里得到了顽强继承（如：“城郭不必中规矩，道路不必中准绳”），即便后来出现了“象天法地，设十七座城门，九开八闭，象九宫八卦”等之类的神性山水伪饰②，但从底层价值认

① 巴人虽有神巫信仰及其物质留存（如三峡库区的神女信仰、土家族人广为流传的傩戏表演等），但实际考古证据表明，它与中原地区、成都平原地区的巫文化发展程度（如殷墟、三星堆、金沙等）相较，真是“小巫”见“大巫”。虽然巫文化曾在三峡地区发育，但未能转化保存系统性、复杂性的文明成果。

② 据原始空间哲学之宇宙论（见于 2.1），九宫与八卦的意涵是重合的，即都是洛书指代的八个方位，九宫也只是加入了“中”这一维度。明代重庆城将意涵相同的原始知识系统进行错位相加，继而附和神性山水，显得太过粗放草率。一个“象”字，暴露了“象天法地”只是为“十七门”讨一个说法而已，具体由来没有铺陈。它和秦咸阳之“焉作信宫渭南，已更命信宫为极庙，象天极”中的“象”相较，显得有些戏谑马虎。

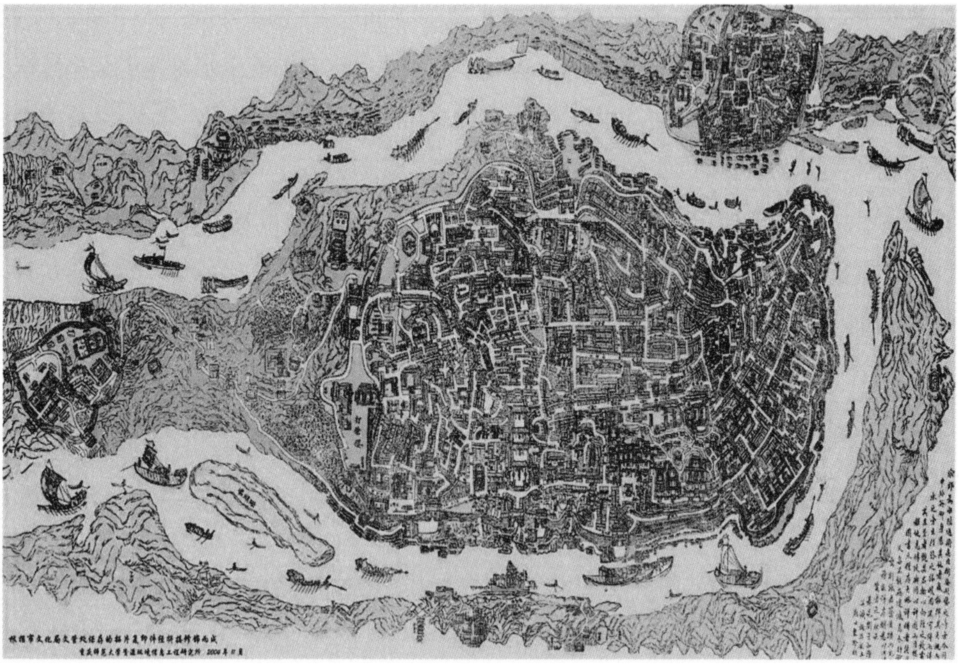

图 6.2 增广重庆地舆全图

Fig.6.2 map of Congqing in the late Qing dynasty

资料来源：重庆师范大学资源环境信息工程研究所

注:《增广重庆地舆全图》系重庆綦江人氏刘子如（1870—1948 年）依据张云轩《重庆府志全图》扩充刻制而成，原版已毁，现仅存的原版印刷品也多处模糊。上图由重庆师范大学赵纯勇、罗来麟教授等考证复原。

同上看，“信仰天堂，不相信天堂”仍是这座历史城市所体现出来的主体文化特质①。

另就物性山水的内容与覆盖面而言，重庆历史城市的变迁脉络，其实具有很强的代表性，只因中国人居史上地位显赫的城市屈指可数，然而对于大多数在宗教、政治方面位阶不突出，文化丰富度略显单一的城市而言，其空间哲学之形上学进路相对有限。于是“俗素朴”，趋利避害，靠天吃饭，繁衍后代，进而追逐活色生香、福禄寿喜等，成为中国古代空间营造活动最基础的价值遵循。

6.1.2 物性山水向神性山水迭变——以都江堰为例

如果说物性山水在中国古代人居环境中普遍存在（之后案例不再详细阐述），那么与之共同被纳入原始空间哲学目标系统的神性山水，其发生就得依靠特殊的

① 如今，我们仍可从重庆俗语“乱劈材”“莫吹那些虚的”，以及重庆特产“火锅”“小面”“江湖菜”当中，窥视这种隔绝于神性之外，追求现世生物性满足的小巫价值意识。

历史条件。否则，“绝地天通”将形同儿戏。下面以都江堰为例，从“治水”到“拜水”的空间变迁过程来观察我国历史城市之物性山水向神性山水迭变的某类情况。

“蚕丛及鱼凫，开国何茫然”[①]，“天府之国”的前身曾因岷江洪水肆意冲刷，百姓流离失所。战国末期，秦灭巴蜀，设蜀郡。秦昭王五十一年（公元前256年），时任蜀郡太守的李冰，率领当地百姓于岷江入川的瓶颈地带构筑“湔堋”[②]，分流岷江，引流灌溉，使成都平原在此后的两千多年里水旱从人，沃野千里（图6.3），也为当时秦统一中国奠定了物质基础。蜀汉建兴六年（公元228年），诸葛亮北征，以都江堰作为成都平原农业发展之支柱，征集兵丁1200人加以守护，并设专职堰官进行经常性的管理维护，开启今后历代设专职水利官员管理都江堰之先河。

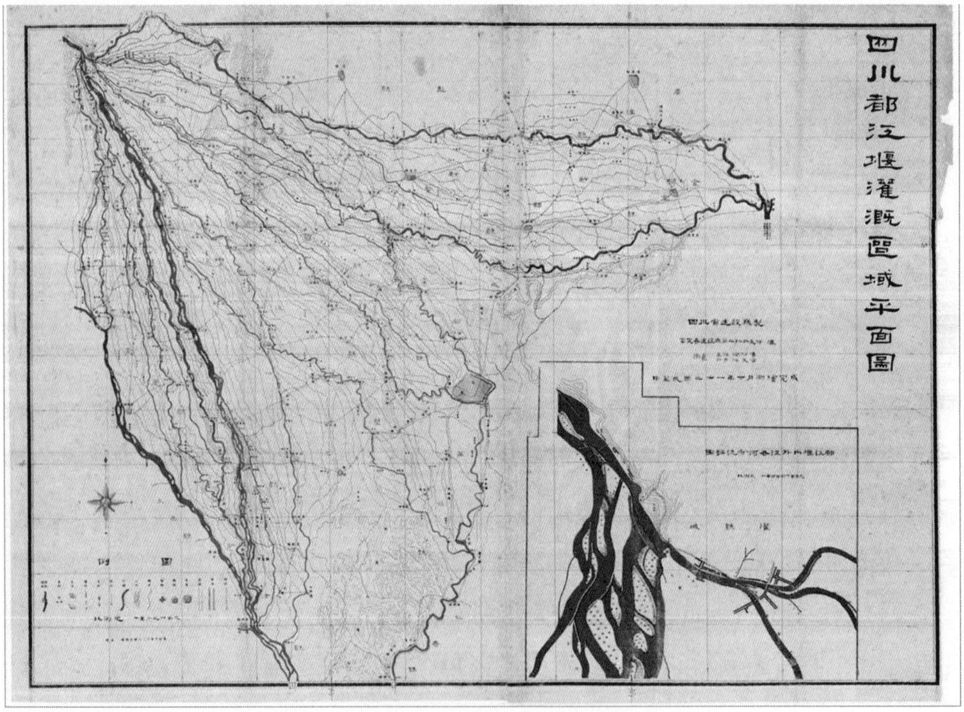

图6.3　都江堰灌溉区域图

Fig.6.3　irrigating area of Dujiangyan engineering

资料来源：台湾“中研院”近代史研究所档案馆

① 李白《蜀道难》。

② 李冰建堰初期，都江堰被称为“湔堋”。因为都江堰旁的玉垒山，秦汉以前被称为“湔山”，而那时都江堰周围的主要居民是氐羌人，他们把堰成为“堋”。

《史记·河渠书》[116]：于蜀，蜀守冰凿离堆，辟沫水之害，穿二江成都之中。此渠皆可分舟，有余则溉浸，百姓飨其利。

《华阳国志·蜀志》[289]：壅江作堋，穿郫江、检江，别支流双过郡下，以行舟船。岷山多梓、柏、大竹，颓随水流，坐致材木，功省用饶；又溉灌三郡，开稻田。于是蜀沃野千里，号为“陆海”。旱则引水浸润，雨则杜塞水门，故记曰：水旱从人，不知饥馑，时无荒年，天下谓之“天府”也。

然而，在疏导水患、安居利农这条原初的物性山水实践线索背后，都江堰之空间文化属性则因一个人的到来，逐渐迈上了新的历程。东汉顺帝时（公元126—144年），张陵（张道陵或张天师）从洛阳越秦岭到鹤鸣山修道，开创“天师道”，又于汉安二年（公元143年）至都江堰附近的青城山传道。此后道教与都江堰便结下了千丝万缕的关系，关于李冰治水事迹的神话传说亦不绝于耳。

《华阳国志·蜀志》[289]：冰能知天文地理……仿佛若见神，遂从水上立祀三所，祭用三牲，珪璧沈濆。汉兴，数使使者祭之……外作石犀五头以厌水精……于玉女房下白沙邮作三石人，立三水中，与江神要：水竭不至足，盛不没肩……冰凿崖时，水神怒，冰乃操刀入水中与神斗，迄今蒙福。

在道教的不断烘托下，都江堰及李冰之地位于后世得到不断提升。南齐明帝改望帝祠为祭祀李冰的崇德祠。至唐代，凡有在此有治水功绩者，多被百姓视作神明，建庙供奉，如《龙城录》中载有赵昱师从青城山李珏，斩蛟龙治水有功，唐玄宗封其为王，百姓逢节遇疾拜之，无不应。宋代前后，李冰被敕封“大安王”“圣灵感王”“广济王”等，崇德祠改称“二王庙”，并于离堆设伏龙观①，始以道士掌管香火。至明洪武初，都江堰始正式筑城，清代时已然是神祠林立，祭祀盛行（图6.4）。由于道教的介入，二王庙不仅供奉李冰父子也供奉道教神像，伏龙观内现仍存有唐代金仙和玉真公主在青城山修道所用飞龙鼎。

《事物纪原·灵宇庙貌》[295]：秦孝文王时，为蜀郡守。自汶山壅江灌溉，三郡开稻田。历代以来，蜀人德之，飨祀不绝。伪蜀封大安王，孟昶又号应圣灵感王，开宝七年，改号广济王。

可以说，都江堰的构筑，源于单纯的德性生命主义与物性生命主义本体，从李冰水口分流至诸葛亮征兵守护，皆与保障成都平原现世生物性满足紧密相关，

① 位于都江堰离堆北端。创建年代不详。传说李冰父子治水时曾制服岷江孽龙，将其锁于离堆下伏龙潭中，后人依此立祠祭祀，北宋初改名伏龙观。

图 6.4　都江堰水利设施全图

Fig.6.4　Sketch of Dujiangyan engineering

资料来源：应金华，樊丙庚．四川历史文化名城 [M]. 成都：四川人民出版社，2000：131.

此时之主体空间境界仍属于物性山水。然而，都江堰毕竟功在千秋，后人功德难以企及，再加上道教在附近发源，故扩充原始空间哲学之宇宙论知识与灵性生命主义本体，将纪念二王功绩之场所升格为道教神殿也就顺理成章了。

关于道教，前文有所涉及（见于 2.3.3 至 2.3.5），其表面上虽秉持了一些道家宗旨，崇信老庄，但其四方架构本质上仍是巫的系统（道士的前身是方士，方士的前身是阴阳家，阴阳家的前身就是巫），只因老庄从未高举三清尊神，大肆宣扬玉皇大帝、太上老君等宇宙论知识。至于炼丹、辟谷、风水、镇符、看相、算命之术就更是道教的独创了。所以，都江堰空间实践脉络主要反映出物性山水迭变为神性山水之过程。拜水问道虽不是李冰的诉求，但与治水兴农一样，皆从属于原始空间哲学范畴，“绝地天通”由隐至显，平稳过渡。这一迭变机理显示，神性山水要从物性山水中脱胎需要特殊条件支撑。集中从事造神运动是一种方式（如我国很多历史城市都设有城隍庙、妈祖庙等），那么是否还有其他类型？

6.1.3　基于天极系统的神性山水实践——以温州为例

原始空间哲学之宇宙论本身具有丰富的知识（见于 2.1.5），意味着在物性山水中拔擢神性山水时，可供参照的符号与创作方式其实可以多种多样。大体来说，原始宇宙论的基本框架（前图 2.21）可以分为“天极系统”（天的部分）与“昆仑系统”（山、水、地的部分），昆仑山顶正对北极星之世界观构造则是两套系统的交汇处。在中国人居史上，从天极系统切入的神性山水营造事件其实很多，如

2.1.3 曾提到的秦咸阳、汉长安、隋大兴（唐长安）等，但它们大都因为是帝都之缘故，较多关注“天极”本身的空间哲学铺陈。下面则以郭璞营“斗城”温州为例（参照天极系统中的北斗），观察神性山水的其他生成状态。

《葬书》[242]：葬者，乘生气也，气乘风则散，界水则止，古人聚之使不散，行之使有止，故谓之风水，风水之法，得水为上，藏风次之。

以郭璞创《葬书》为标志，原始空间哲学至两晋逐成系统，后世谓之“风水”。时逢八王之乱、五胡乱华，晋室南迁，定都建康（今南京），位于今天中国东南沿海的温州，亦成为当时避难之所，人口集聚，位阶上升。东晋太宁元年（公元323 年），朝廷分临海郡立永嘉郡，以永宁县为郡治，建城前由当时著名风水学家郭璞相地选址。

明嘉靖《温州府志》记载：“晋明帝太宁癸未置郡，初谋城于江北，郭璞取土称之，土轻，乃过江，登西北一峰，见数峰错立，状若北斗，华盖山锁斗口，谓父老曰：若城绕山外，当骤富盛，但不免兵戈水火。城于山，则寇不入，斗可长保安逸。”

宋本《方舆胜览》[296] 亦载：“始议建城，郭璞登山，相地错立如北斗，城之外曰松台，曰海坛，曰郭公，曰积谷，谓之斗门，而华盖直其口；瑞安门外三山，曰黄土，巽吉，仁土，则近类斗柄。因曰：若城于山外，当骤至富盛，然不免于兵戈火水之虞。若城绕其颠，寇不入斗，则安逸可以长保。于是城于山，且凿二十八井以象列宿。又曰：此去一千年，气数始旺云。”（图 6.5）

图 6.5 温州之斗城格局

Fig.6.5 Beidou spatial pattern of Wenzhou

资料来源：笔者改绘

与此同时，郭璞还建议在“斗城”内凿二十八口水井，并以城外会昌湖①为水口，将城中五处潭水②用渠河联通，纵向以大街河、信河、九三河为主要河道，横向则由水网沟通，可遇潦不溢，通温气。这不仅解决了城内生活用水所需，亦回应了“界水则止……得水为上”的风水要领。宋人叶适后在《醉乐亭记》中称赞道：“因城郭之近必有临望之美……永嘉多大山，在州西者独行而秀……水至城西南，阔千尺，自峙岩私盐港。绿野新桥，波荡纵横，舟艇各出菱莲中，棹歌相应和，已而皆会于思远楼下。”这也难怪，永嘉被解释为“水长而美”，温州又被称为“水城”，丝毫不逊色于后来的苏州。

《弘治温州府志》[297]：凿井二十八以象列宿，街巷沟渠大小布列如井田状。

《永嘉县志》[298]：郭璞卜城时，谓城内五水配乎五行，遇潦不溢。东则伏龟潭，南则雁池，中则冰壶潭，北则潦波潭，西则浣纱潭。

清光绪《永嘉县志》载：“温州府城，周一十八里，北据瓯江，东西依山，南临会昌湖。晋明帝太宁元年置郡始城，悉用石。宋齐梁陈、隋唐因之。后梁开平初吴越钱氏增筑内城，旁通壕堑，外曰罗城。宋宣和二年故守刘士英加筑。建炎间增置楼橹马面。嘉定间郡守留元刚重修，建十门。元至正十一年重筑。明洪武十七年指挥王铭增筑。明嘉靖三十八年重修”。诸多记载显示，自郭璞营城后的一千多年，温州城址及其范围直至明清代均未发生大的改变，且凭借山水环抱、金汤之固，一次次免于刀兵之灾，走向繁荣（图 6.6）。

《元和郡县图志》[299]：本溪会稽东部之地，初闽君摇有功于汉，封为东瓯王……六年，辅公为乱于丹阳，永嘉、安固等百姓于华盖山固守，不陷凶党。

《永嘉县志》：倭寇并力攻城，城楼夜毁。通判杨岳备御有方，得免。

郭璞以松台、海坛、郭公、积谷四山为“斗魁”，以黄土、巽吉、仁土三山为“斗构”，视山为星③，又以二十八井象二十八宿，此一做法可上溯至秦咸阳“象天极”之意匠，也可下延至隋大兴（唐长安）之“众星拱极”格局；而相地称土则可追溯至伍子胥筑城相地，晁错审土地之宜。

但温州毕竟不是帝都，突出“天极”并不恰当，若要说郭璞在前人基础上多了些创建，即是坚持城绕斗魁，藏风聚气，乃原始空间哲学之宇宙论对先秦气化宇宙论的巧借与嫁接（见于 4.1.1）。

---

① 《读史方舆纪要》：“湖受三溪之水，弥漫城旁。起于汉晋间，至唐会昌四年，太守韦庸重浚治之，因名。”

② 即东伏龟潭、西蜃川浣纱潭、南雁池、北潦波及中冰壶潭。

③ 张衡《灵宪》：“地有山岳，以宣其气，精种为星。星也者，体生于地，精成于天，列居错跱，各有攸属。”

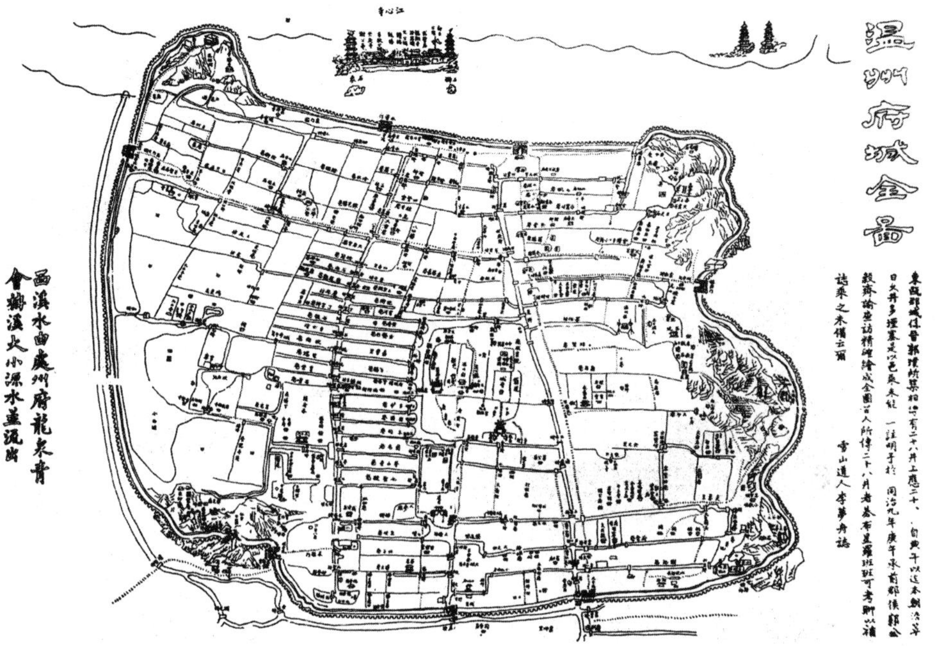

图 6.6 清代温州府城全图

Fig.6.6 sketch of Wenzhou in the Qing Dynasty

资料来源：哈佛燕京图书馆

另外，“水城”的营建不仅具有灵性生命主义的超现世价值意识（此去一千年，气数始旺云），也涵盖了德性生命主义与物性生命主义本体（见于 3.1.3），顾及了人们对现世生物性满足的基本需求（城市饮水、排水、防洪、水上交通等）。

所以，郭璞同时调动了原始空间哲学之宇宙论与本体论进路，进行“空间修行”。斗城、水城之立意，成为我国某些历史城市从天极系统切入神性山水营建过程的又一代表性力作。

6.1.4 基于昆仑系统的神性山水实践——以福州为例

如果说郭璞营温州时之知识着力点在“天极系统”，那么在营福州时，其知识侧重点则切换为“昆仑系统”①，由此提供中国人居史之神性山水样本的第三种具体面向。

福州建城最早可以追溯到春秋时代，越族统治者建立“冶城”，从“冶城”开始，晋建“子城”，唐建“罗城”，五代建“夹城”，宋扩建“外城”，明重建“府城”，

① 在后来的风水学中，天极知识系统主要由理气宗继承，昆仑知识系统主要由形势宗继承。

城市逐渐扩大，形成一个分片发展的城市群组，是一个逐渐生成的整体①。

其中，晋子城传说由郭璞选址立向，蕴含了“寻龙问祖”与“昆仑中墟”两项原始空间哲学实践。

《淳熙三山志》[300]：晋太康三年，既诏置郡，命严高治故城，招抚昔民子孙。高顾视险隘，不足以聚众，将移白田渡，嫌非南向，乃图以咨郭璞……于是迁焉……始修广其东南隅。

《福州府志》[301]：高顾视险隘不足容众，遂改筑子城。又凿迎仙馆前，连于澳桥，通舟楫之利，城西浚东西二湖，溉田数万亩，至今利之。

“寻龙问祖”指以昆仑为众山始祖，以山脉识龙行，进而确立城址。福州自内向外由海拔渐高的山岭呈层状环抱，具有以龙脉为特征的“顺骑龙局”之态，古人推究其龙脉为顺龙脊而落穴于尽头。即以西北大嘉山为祖山，龙从其腰处发脉，过行省小山坐其中，五凤山为父母山入首开帐，地势开阔。越王山（屏山）为主山，有乌、于二山左右护之，外侧东、西山左旗右鼓，真龙局中而行，层层过峡，是为贵龙。至方山正对为南案，两侧水系相送，洪江内抱，台江外卫，为龙之行止。故明代王世懋赞曰：“天下堪舆易辨者，莫如福州府。”②（图 6.7）

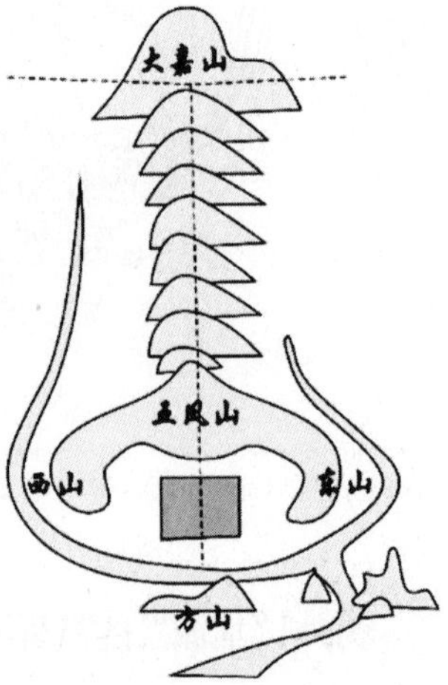

图 6.7　福州顺骑龙局

Fig.6.7　Fengshui pattern of Fuzhou

资料来源：杨柳 . 风水思想与古代山水城市营建研究 [D]. 重庆：重庆大学，2005：241.

而“昆仑中墟”传说是大禹治水时，为了填洪水而挖掘的山坑，同时也是古人对昆仑山顶、百神之所的生动描述。

《山海经》[160]：昆仑墟在西北，帝之下都。昆仑之墟方八百里，高万仞。上有木禾，长五寻，大五围。面有九井，以玉为栏，面有九门，门有开明兽守之，百神之所在。

《水经注》[302]：昆仑之丘，或上倍之，是谓凉风之山，登之而不死；或上倍之，

① 吴良镛 . 中国人居史 [M]. 北京：中国建筑工业出版社，2014：379.

② 王世懋《闽部疏》：“天下堪舆易辨者，莫如福州府。登行省三重楼，北视，诸山罗抱，龙从西北稍衍处，过行省小山坐其中。乌石、九仙二山，东西峙作双阙。其外托则东山，高大蔽亏日月，大海在其外。是谓鼓山，朱元晦所书天风海涛处也。西山迄逦稍卑，状若展旗，曰旗山，以配鼓。其前则印山，若屏为南案，似人巧凑泊而成者，然犹未睹水所经宿已。登乌石山望，则大小二水历历在目，大江从西南蛇行方山下，南台江稍近城而行。大江复从南稍折而东北，南台江水合之。汪洋龁漫，东下长乐入海。其山水明秀如此。”

是谓悬圃，登之乃灵，能使风雨；或上倍之，乃维上天，登之乃神，是谓太帝之居。禹乃以息土填鸿水，以为名山，掘昆仑虚以为下地。

《海内十洲记》[148]：昆仑山在西海之戌地，北海之亥地。去岸十万里有弱水周匝绕山，东南接积石圃，西北接北户之室，东北临大阔之井，西南近承渊之谷。此四角大山，寔昆仑之支辅也……山高平，地三万六千里，上有三角，面方，广万里，形如偃盆，下狭上广。故曰昆仑山有三角。其一角正北，干辰星之辉，名曰阆风巅；其一角正西，名曰玄圃台；其一角正东，名曰昆仑宫。其处有积金，为天墉城，面方千里，城上安金台五所。

用今人话讲，昆仑山顶地势平坦，上有三个角，每一角方广一万里，形状像倒扣的盆子，但上广下窄。三角呈品字布局，一角在正北，如北极之辉；一角在正东，一角在正西。这样的布局从南面看，得到的是古山字的景象。绘制于光绪六年（公元1880年）的《太华全图》（图6.8）形象地反映了这种形态。福州古城之三山格局也可以视为这种文化的反映[21]。

图6.8 太华全图拓本
Fig.6.8 rubbing of Kunlun peak
资料来源：华阴西岳庙灏灵殿图碑

此后福州历史城市形态的变迁[303]可视为在“三山模式”上进行轴线延伸与规模扩充①：唐末罗城（公元901年），平面呈不规则弧形，中轴线向

① “福州一城三山，人工环境与自然环境完美融合的格局并非一日而成，从晋代开始，福州城就一直沿着固定的中轴线生长扩展。这条城市中轴线，北对屏山，南对乌、于二山之间。宋代以前，乌、于二山尚在城外，形如门阙。宋代以后，围山入城。福州历史发展如图所示，轴线的生成归结为方法论上的‘生成整体论’。”吴良镛. 中国人居史 [M]. 北京：中国建筑工业出版社，2014：382.

东南延伸，有内外两重城垣；梁夹城（公元 908 年）将于山、乌山归入城内，其上各建一塔，城市中构成“三山两塔”之势；宋代突破城墙限制，继续沿中轴线发展为宋外城（公元 974 年）；元代随万寿与江南二桥的建设，城市向南扩张至烟台山；明清时期，城墙范围未有较大变化，在城北屏山建镇海楼（图 6.9）。

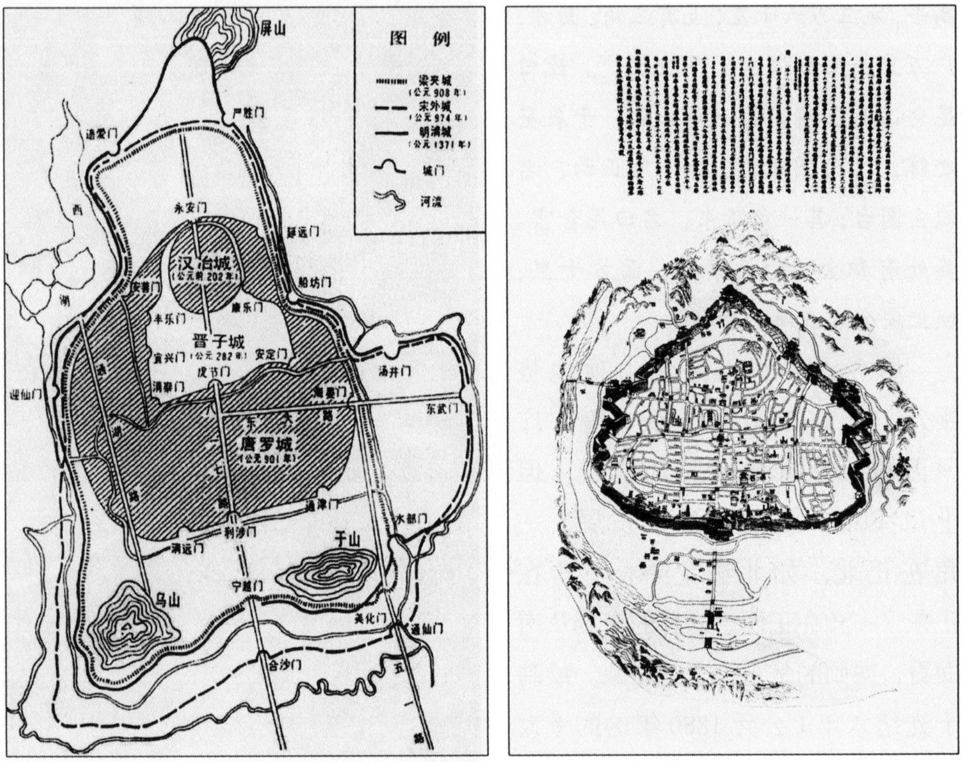

图 6.9　福州古代城垣变迁示意图与清代福州城图

Fig.6.9　sketch of ancient Fuzhou changes and Fuzhou city in the Qing dynasty

资料来源：阙晨曦，梁一池．福州古代城市山水环境特色及其营建思想探析 [J]. 福建农林大学学报，2007, 10（1）: 118-122；吴良镛．中国人居史 [M]. 北京：中国建筑工业出版社，2014：383.

可见，福州古城之空间实践脉络，牢牢把握住了原始空间哲学之宇宙论进路，进行空间修炼；寻龙问祖，追溯昆仑，是着眼区域乃至天下的山水格局考量；而利用“屏、于、乌”三山营造“昆仑中墟”，则是基于城市空间层次的山水格局考量；所谓“千尺为势，百尺为形”，两者叠合，“大山宫小山”，将昆仑崇拜思想发挥得淋漓尽致。故福州古城由晋至清的一千多年，主要维持的是基于昆仑系统的神性山水实践。由于后来风水之寻龙问祖思想得到广泛传播，类似的神性山水境界在中国人居史当中其实也广泛存在（后文还会涉及）。

6.1.5 协同天极系统与昆仑系统的神性山水实践——以阆中为例

郭璞营温州、福州事件，体现出原始空间哲学之知识运用的不同侧重。当然从理论上讲，神性山水的创作也可能具备更加全面的知识参照，即协同天极系统与昆仑系统共同搭建、回应原始宇宙论的整体框架。唐代至清代的阆中古城就是这样一个典型案例。

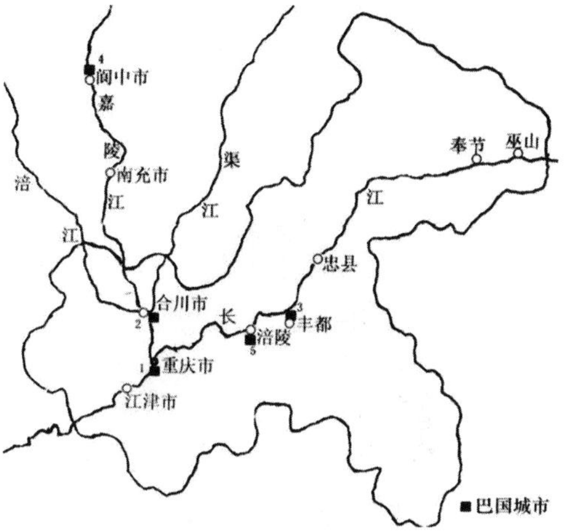

图 6.10 巴国城市分布示意图

Fig. 6.10 distribution of ancient “Ba” cities

资料来源：毛曦．先秦巴蜀城市史研究 [M]. 北京：人民出版社，2008：232.

春秋战国之际，巴国受楚国的制约，逐渐西移，都城由今丰都、涪陵、重庆、合川而至阆中。秦灭巴时，巴国的最后一个都城也就是阆中。（图 6.10）

《华阳国志·巴志》[289]：**巴子时虽都江州（今重庆），或治垫江（今合川），或治平都（今丰都），后治阆中（今阆中）。其先王陵墓多在枳（今涪陵）。**

阆中作为故巴子国都，位于金牛道、米仓道交汇处，扼汉中入巴蜀之重要通道①，军事地位十分重要。公元前 314 年，秦置巴郡后重点修筑了阆中城。至西汉，阆中仍隶巴郡。明嘉靖《保宁府志》载：“郡城在嘉陵江北，与锦屏山相对，为后汉建安六年（公元 201 年）益州刘璋所筑。”建安六年至成汉嘉宁二年（公元 347 年），阆中为巴西郡治，辖阆中、安汉、垫江、宕渠、宣汉、汉昌、南充国、西充国等八县，蜀汉名将张飞镇守阆中达 7 年之久②（公元 214—221 年）。

从汉到唐③，阆中民间星象研究久负盛名，落下闳、袁天纲、李淳风等著名星象家均曾定居于此。素有“风水宝地”之誉的阆中，或与他们当时的空间实践密

---

① 秦伐蜀时由今广元朝天驿进入嘉陵江河谷而入蜀地。

② 张飞伐吴前夕，他被部下范强、张达所杀，身葬于阆中，后人为其建有“桓侯祠”。

③ 隋末唐初，嘉陵江河床变化加剧，逐步向东岸侵蚀，汉城西部城垣沦为河滩，房屋街衢，毁损严重，城址因而逐渐向东岸迁移。清咸丰《阆中县志》载：“唐太宗贞观十一年移州东，唐高宗咸亨三年移蟠龙山侧，武后载初元年移县治于白沙坝张仪城。”除第三次迁至距汉城八公里的白沙坝外，前两次均在汉城附近，且仅限官署迁移，城址未移。唐城东南移后，由于城垣避开了江水冲刷，城址基本稳定下来，四向分设四座城门，东、西、北三面均有护城河，与今阆中古城格局大体相符。

切相关：唐城三面环水，以北面蟠龙山为父母山，以金耳山、印斗山为朝山，以南面的锦屏山为案山，分别象玄武、青龙、白虎、朱雀；水口西入，以玉台山为天门，东去以塔山为地户，成就“金城环抱”之势。此一空间格局与古代寻龙、察砂、观水、点穴、立向所要确定的理想人居环境形态几乎完全吻合。（图 6.11）

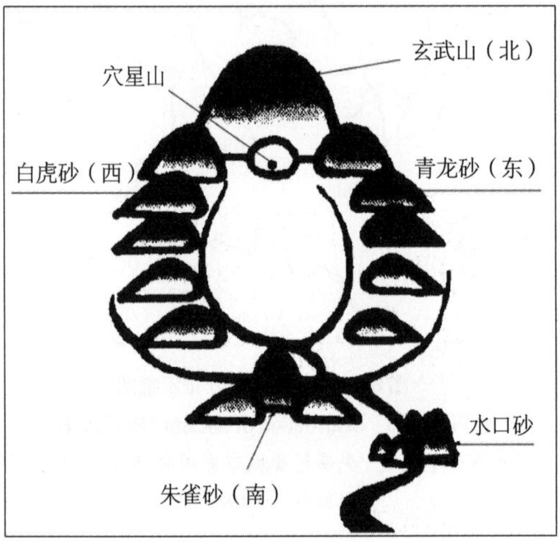

理想风水格局

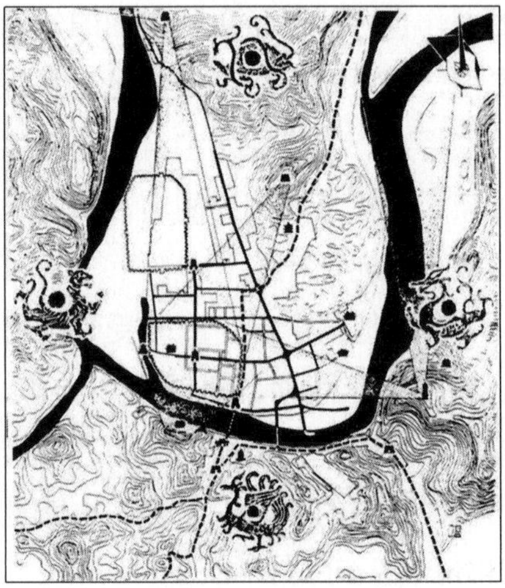

阆中古城风水格局

图 6.11　理想风水格局与阆中古城风水格局的比对

Fig.6.11　Fengshui pattern of Langzhong

资料来源：笔者改绘，参照王其亨等著《风水理论研究》

唐初武德年间（公元 618—626 年），鲁王灵夔、滕王元婴相继为阆州刺史，受道教影响，建府第，造宫苑（如华光楼、吕祖殿、八仙洞等），成就阆中“阆苑仙境”之名。至宋代，阆中以双栅子街、北街、迎恩街为南北向中轴线，和以铁塔寺、武庙街、城隍庙、西街构成城市东西向轴线，十字相交，应风水之“天心十道”，建中天楼，其余街巷皆以其为核心，向四面展开，呈棋盘式布局，街道不论东西南北，皆与远山相对，南北向街道走向短而密，东西向街道长而稀。

南宋末年，为抗元兵，阆中于城北十公里之大获山筑大获城，与古城构成南北子母城并立局面。宝祐六年（公元 1258 年），城破，阆中成为元军进攻南宋的重要据点，筑南津、五吉、河溪、梁山、锯山、土地、滴水七关合护，成金汤之固。至明代，阆中筑石城墙及富春、锦屏、澄清、威德四门，基本上恢复到宋城规模。清军入关后，将阆中作为四川省会治所，长达七年。今阆中古城主要为清初战后重建所留，但唐代遗留的空间格局基本未变（图 6.12）。

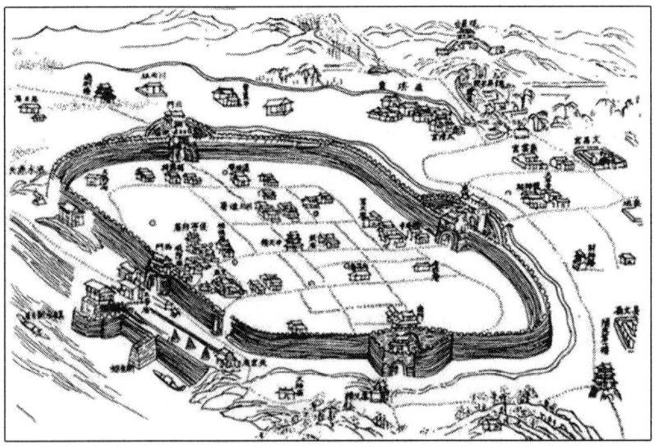

阆中城池图（清道光）

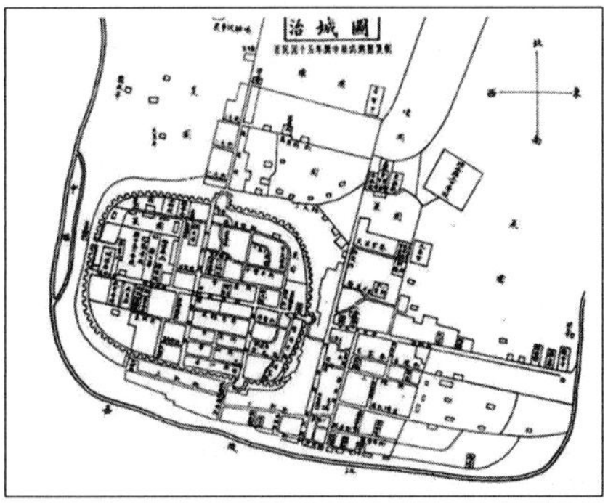

阆中城池图（民国）

图 6.12 阆中城池图（清道光、民国）

Fig.6.12 map of Langzhong in the Daoguang period and the Republican period

资料来源：应金华，樊丙庚 . 四川历史文化名城 [M]. 成都：四川人民出版社，2000：174-176.

总的来看，阆中古城格局与风水思想的契合一定不是偶然的。玄武山、青龙砂、水口砂、朱雀砂、白虎砂、穴星山等明确对位，金城环抱是五行水局之首选（见于前图 2.20），城市中轴偏移体现出成熟的“迎官”意识，“藏风得水”更是有过之而无不及。如果说晋人郭璞在营温州、福州时所运用的原始空间哲学更加关注鲜明主题的创作，如神来之笔，那么唐人及后世营阆中，则是古代相地择址的传统营建思想逐渐走向全面发力的重要标志。其所动用的原始空间哲学之宇宙论进路，就同时包含了天极系统（如四象）与昆仑系统（如寻龙），相互叠合，彼此增色，所以阆中古城之主体空间境界堪称神性山水的成熟样本。

6.2 德性山水大多基于已有神性山水空间格局的再开发与再解释

春秋战国时代的哲学切换，使得中国传统空间哲学创作派生出其他类型。当中，儒家思想的诞生与其重要地位的确立（先秦两汉），是难以回避的现象。从前文 2.2 中可见，儒家宇宙论内涵是不同于原始宇宙论的。基于“气易阴阳”（以《十翼》注解《易经》），论说经验现实世界的实有与唯一（北宋张载、南宋朱熹），继而否定鬼神的主宰性地位，构建家国天下的道德秩序等，成为儒家的理想。礼制即成为实现这一目标的重要手段。下面就以北京、南京、成都、丽江的典型历史情景为例，观察我国历史城市之德性山水在神性山水当中的几种实际存在状态与历史组织关系（因物性山水广泛存在，故不再做强调）。

6.2.1 神性山水与德性山水的重叠——以北京为例

《史记·周本纪》[116]：武王追思先圣王，乃褒封……帝尧之后於蓟……封召公奭於燕。

周初，武王封召公于燕（今北京房山区的琉璃河镇一带），又封尧之后人于蓟（今北京广安门以北，白云观以南一带），后蓟微燕盛，燕灭蓟，迁都于蓟。始皇二十五年（公元220年），秦设蓟县，为广阳郡郡治。汉高祖五年（公元前202年），刘邦封燕国于开国功臣卢绾，六年后卢绾叛乱，奔走匈奴，刘邦定立白马之盟①。元狩六年（公元前117年），汉武帝封皇子刘旦为燕王，定都蓟，元凤元年（公元前80年），刘旦反，燕国废，汉昭帝改为广阳郡，属幽州。

西晋泰始元年（公元265年），晋武帝封其弟司马机为燕王，复燕国，将幽州驻所迁至范阳（今河北省涿州市）。十六国后赵时，幽州驻所迁回蓟县，燕国改设为燕郡，历经前燕、前秦、前燕、后燕和北魏的统治而不变。公元756年，安禄山称帝，国号大燕，定都洛阳，以范阳②为东都。唐朝平乱后，复置幽州，归卢龙节度使节制。

五代初期，军阀刘仁恭在此建立地方政权，称燕王，后被后唐所灭。公元936年，在契丹的帮助下，叛将石敬瑭灭后唐，建立后晋，并在公元938年按约定将燕云十六州③献给契丹。会同元年（公元938年）契丹在幽州建立陪都，号“南京幽都府”。公元947年，耶律德光率军南下，攻灭后晋，改国号为“辽”。

从辽南京起，伴随北方少数民族势力的兴衰与汉地王朝政治权力的更迭，北京这座城市逐渐走向历史舞台的中央。

辽南京（图6.13）由唐代幽州城基础上兴建，仍以原十字大街为骨架，在城西南隅作“子城”（皇城）[304-305]，子城内又分宫殿区与园林区，延续了汉地礼制。除子城外区域，遵唐旧制，设二十六坊。

《辽史·地理志》[306]：城方三十六里，崇三丈，衡广一丈五尺。敌楼、战橹

---

① 国以永存，施及苗裔。非刘氏而王者，若无功上所不置而侯者，天下共诛之。

② 隋开皇三年（公元583年）废除燕郡，大业三年（公元607年），改幽州为涿郡。唐初武德年间，涿郡复称为幽州。天宝元年（742年），幽州改称范阳郡，治蓟县。

③ 幽州（今北京）、顺州（今北京顺义）、儒州（今北京延庆）、檀州（今北京密云）、蓟州（今天津蓟县）、涿州（今河北涿州）、瀛州（今河北河间）、莫州（今河北任丘北）、新州（今河北涿鹿）、妫州（今河北怀来）、武州（今河北宣化）、蔚州（今河北蔚县）、应州（今山西应县）、寰州（今山西朔州东）、朔州（今山西朔州）、云州（今山西大同）。

具。八门：东曰安东、迎春，南曰开阳、丹凤，西曰显西、清晋，北曰通天、拱辰。大内在西南隅。皇城内有景宗、圣宗御容殿二。东曰宣和，南曰大内。内门曰宣教，改元和；外三门曰南端、左掖、右掖。左掖改万春，右掖改千秋。门有楼阁，场场在其南，东曰永平馆。皇城西门曰显西，设而不开；北曰子北。

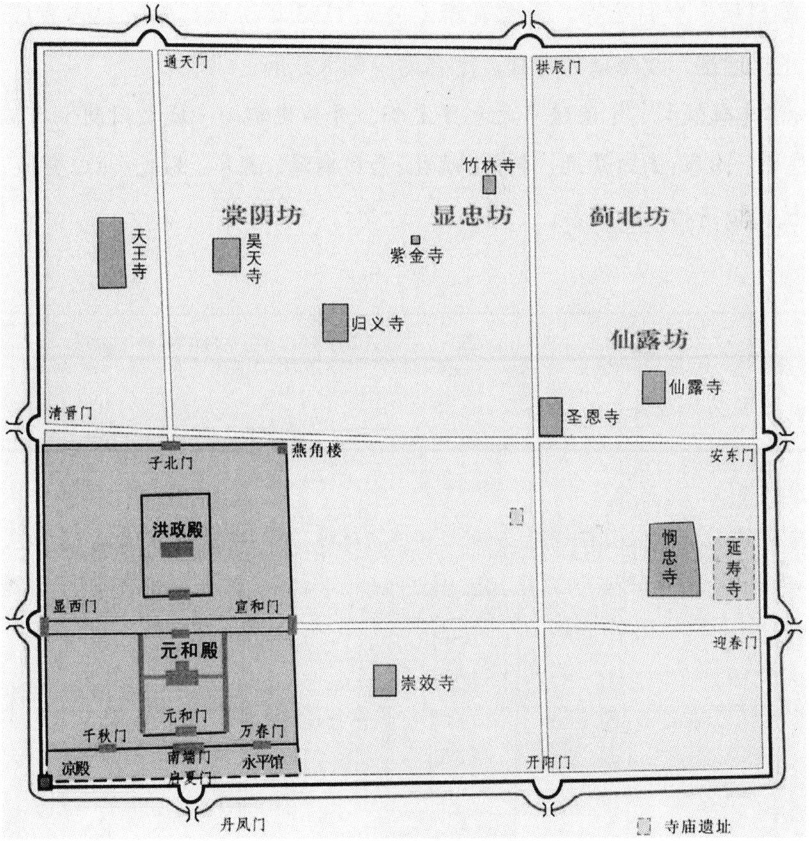

图 6.13 辽南京城图

Fig.6.13 Nanjing in the Liao period

资料来源：侯仁之，岳升阳．北京宣南历史地图集 [M]. 北京：学苑出版社，2009.

公元 1122 年，金人攻入辽南京，1127 年灭北宋，入主中原。公元 1141 年，南宋与金进行“绍兴议和”，淮水以北全部划归金朝版图。皇统九年（公元 1149 年），海陵王完颜亮弑君篡位，改元天德，并于天德三年（公元 1151 年）四月下诏自上京会宁府（哈尔滨市阿城区）迁都燕京，削上京之号，又任命尚书右丞张浩、燕京留守、大名尹卢彦伦等参照北宋东京规划，负责燕京城的扩建与宫室的营造。

此后，金中都（图 6.14）在辽南京城址基础上向东、南、西三个方向进行扩建，且特意效仿周礼王城模式，形成大城、皇城、宫城三套城格局。其一，皇城居中，包含宫城与园林，大城内以里坊制组织居民；其二，设“井田”主干路网，大城除北面后增设一门（光泰门），东、南、西三面均设“旁三门”；其三，于皇城东侧设太庙（仿周礼“左祖右社”之制），西侧设六部（仿周礼“六官”之制）；其四，城内增建礼制建筑，如祭祀天、地、风、雨、日、月的郊天坛、风师坛、雨师坛、朝日坛、夕月坛等。天德五年（公元 1153 年）城建事宜始告完成，改元贞元，正式迁都，改燕京为中都，定名为中都大兴府。

《析津志辑佚》[137]：海陵贞元元年定都，号为中都……城之门制十有二：东曰施仁、宣曜、阳春；南曰景风、丰宜、端礼；西曰丽泽、灏华、彰义；北曰会城、通元、崇智。改门曰清怡，曰光泰。

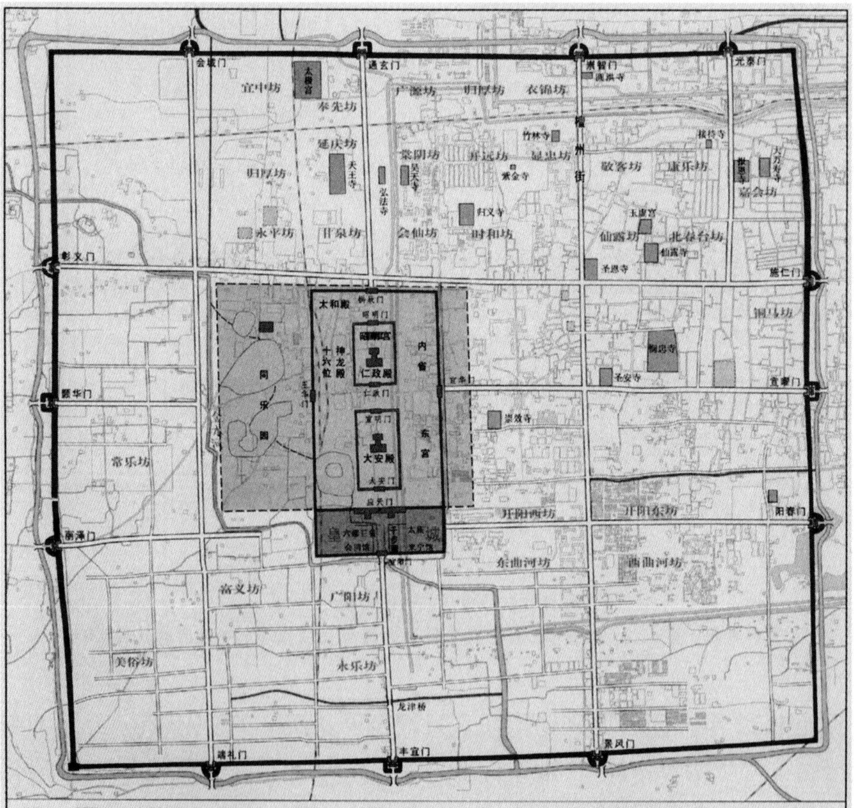

图 6.14　金中都城图

Fig.6.14　Zhongdu in the Jin period

资料来源：侯仁之，岳升阳．北京宣南历史地图集 [M]. 北京：学苑出版社，2009.

出于长期经营漠南汉地的需要，蒙哥汗六年（公元1256年），忽必烈命藩府之臣刘秉忠在驻帐附近占卜吉祥，选址修城，三年后，新城竣工，命名“开平”（今内蒙古多伦县西北闪电河畔）。

中统元年（公元1260年），忽必烈即位于此，称开平府。中统四年（公元1263年），定都开平，加号“上都”，未暑而至，先寒而南，成为常任之夏都，与燕京并称为两都。至元元年（公元1264年），“刘秉忠请定都于燕，主从之。诏营城池及宫室，乃号中都”。至元八年（公元1271年），用刘秉忠议，取《易经》“大哉乾元”之意，改国号为“元”；次年正式迁都，将“中都”更名为“大都”。

刘秉忠精于阴阳数术且推崇儒家，这一思想体系生动地反映在他主持元大都规划中（图6.15）[307-308]：

首先，以原始空间哲学之宇宙论进路确定重要功能空间之位置（中书省、枢密院、御史台、太庙、天师宫、海子、宫城、城门等）。

熊梦祥《析津志辑佚》：辨方位，设邦建都……始于新都凤池坊北立中书省。其地高爽……奠安以新都之位，置居都堂于紫微垣……以城制地，分纪于紫微垣之次。枢密院，在武曲星之次。御史台，在左右执法天门上。太庙，在震位，即青宫。天师宫，在艮位鬼户上。

孛兰肹《元一统志》[309]：海子，大都之中，旧有积水潭，聚西北诸泉水，流行于都城而汇此。汪洋如海，都人因名几。世祖带造都邑，壮丽阅庭，而海水镜净，正在立城之万寿山阴……取象星辰紫宫之后，阁道横贯，天之银汉也。

李洧孙《大都赋》[310]：昔周髀之言，天如盖倚而笠欹，帝车运乎中央。北辰居而不移，临制四方。下直幽都，仰观天文，则北乃天之中也。维昆仑之结根，并河流而东驰。历上谷而龙蟠，向离明而正基……象黄道以启途，放紫极而建庭。

黄文仲《大都赋》[310]：辟十一门①，四达幢幢。盖体元而立像，允合乎五、六天地之中。

其次，在以上空间格局之上，叠加儒家本体价值意识。如仍然采取周礼王城模式的外城、皇城、宫城之三重城垣形制；以皇城、宫城的中轴线作为全

① 一、三、五、七、九为天数；二、四、六、八、十为地数。将天数的中位五和地数的中位六相加得十一。

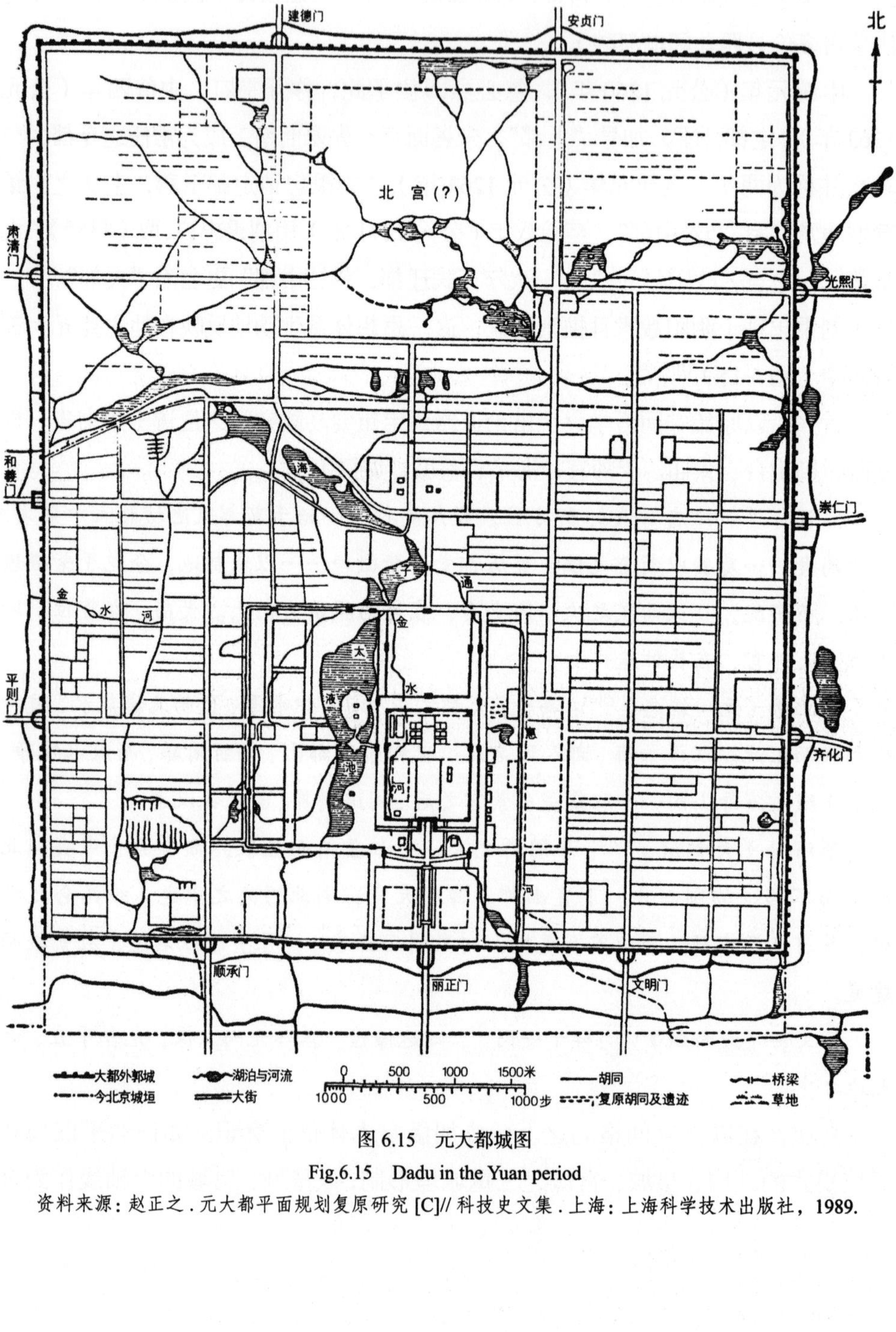

图 6.15 元大都城图

Fig.6.15 Dadu in the Yuan period

资料来源：赵正之 . 元大都平面规划复原研究 [C]// 科技史文集 . 上海：上海科学技术出版社，1989.

城的主轴线；借用《周易》《论语》《尚书》等儒家经典，对重要宫殿[①]、城门[②]、街坊[③]进行命名（名正言顺）；在东、南、西三面各开三门对周礼“旁三门”进行附和等。

洪武元年（公元1368年），徐达攻克元大都，改称北平。洪武十三年（公元1380年），朱棣就藩燕王于北平。建文元年（公元1399年），朱棣打着“清君侧”旗号起兵“靖难”。建文四年（公元1402年），燕军渡江直逼南京城下，京师遂破，朱棣于当年即皇帝位，次年改元永乐。靖难之役后，礼部尚书李至刚等奏称，燕京北平是皇帝“龙兴之地”，应当效仿明太祖对凤阳的做法，立为陪都。帝准，改北平为北京，改北平府为顺天府，称为“行在”。永乐十四年（公元1416年），朝廷商定迁都北京事宜，次年北京紫禁城动工。明永乐十九年（公元1421年）正月，朱棣迁都北京，北京再次成为天下拱卫的帝都。

明北京是在元大都基础上发展而来的：明初时，为堕王气，拆除了元代宫殿，

---

① 大明殿与大明门：“大明终始，六位时成，时乘六龙以御天”。
厚载门：“地势坤，君子厚德载物”。
光天殿：“艮止也，时止则止，时行则行，其道光明”。
拱宸殿：“为政以德，譬如北辰，居其所，而众星拱之”。

② 健德门，北西门，用乾卦，取意“乾者健也，刚阳之德吉”。
安贞门，北东门，为坎、艮之间，为复卦中讼卦，取意“乾上坎下，九四不克讼，复命渝，安贞吉”。
光熙门，东北门，艮卦，取意“艮，止也。时止则止，时行则行，动静不失其时，其道光明”。
崇仁门，正东门，震卦，取意“雷出地奋豫，先王作乐，崇德殷荐之”。
齐化门，东南门，巽卦，取意“齐乎巽，巽，东南也。齐也者，万物之洁齐也”。
文明门，南东门，离卦与巽卦之间，在复卦中也可以是同人卦，下离上乾。取意“文明以健，中正而应”。
丽正门，正南门，离卦，取意“离，丽也。日月丽乎天，百谷、草木丽乎土，重明丽乎正，乃化成天下”。
顺承门，南西门，坤卦，取意“至哉，坤元，万物资生乃顺承天”。
平则门，西南门，坤与兑之间，在复卦中近于师卦，为上坤下兑之象，取意“平亦谦之意也，谦不违则也”。
和义门，正西门，兑卦，取意“说万物者，莫说乎泽。和顺于道德而理于义”。
肃清门，西北门，位在兑乾之间，取意“夫清秋之气肃……凛乎霜，万物萧杀和肃清，西北之卦”。

③ 玉弦坊，按《周易》鼎玉铉大吉，以坊近中书省，取此义。
明时坊，地近太史院，取《周易》革卦，君子治历明时之义。
泰亨坊，地近东北寅方，取泰卦吉亨之义。
乾宁坊，地在西北乾位，取《周易》乾卦万国咸宁之义。
析津坊，燕地分野，土应析木之津，地近海子，故取析津为名。
嘉会坊，坊在南方，南方属礼，取《周易》嘉会之义。
和宁坊，取《周易》保合太和，万国咸宁之义。
由义坊，依《周易》八卦方位西方属“义”。
居仁坊，依《周易》八卦东方属“仁”。
万宝坊，大内前右千步廊坊门在西，依《周易》八卦方位，属秋，取万宝秋成义。
豫顺坊，按《周易》豫卦，豫顺以动，利建侯行师。
寅宾坊，在正东，取《周易》八卦，东为寅宾出日之义。
平在坊，坎在北方，取《尚书》“平在朔”。

但城市街道、建筑仍保留完整。东、南、西三面仍沿用元代城墙，另为保障城市安全，将大都城较空旷的北部放弃，在原北墙南五里修筑新城墙，在西北角顺应积水潭水势而偏折。永乐时，明成祖决定迁都北京，在元大都宫城处重建宫城，东西墙与元代重合，南北墙均南移数百米，皇城也在大都的基础上向东南各有拓展，与之相适应，太液池也向南扩展。又为彰显皇城气势，拆除原大都南城墙，在其南约两里处再筑新城墙，由此形成了一条彰显皇家精神、礼乐传统、层次分明、高潮迭起的南北中轴线。

明嘉靖时，为加强防御，在原来城池之外加筑外郭城，将天坛等礼制建筑包罗进来①，又将毁于雷火（奉天、华盖、谨身三殿）重新修建的三殿命名为皇极、中极、建极三殿（见于3.2.1），使南北中轴之礼制氛围更为浓厚。（图6.16）

值得注意的是，随着明代定都北京，相应的神性山水附和也多了起来。

董应举《皇都赋》[310]：国家定鼎金陵，成祖改卜，取象北极，盖示星拱之义，兼以压迫异类，显扬灵威……始基于南，亶其北旆。天启北土，乃殖乃昌。收虞都之疆迹，应箕尾之灵光。天则有枢，皇则有宅。汛六百年之氛翳，奠亿万载之丕则。控沙漠之绝域，凭滹河之横驶；枕居庸，标碣石；左环沧海，右拥太行；鸾峙凤翥，翼其有京……于是定鼎凝命，正离燕翼，卜郊立社，经野建极。辟四墉，开万雉。

盛时泰《北京赋》[310]：近则倚昌平以为脊，敞范阳以为胸。联山海以为带，拥上谷以为屏。惟玉河之澄澈，贯周回以为经。若诸水之蓄泄，视高下以流裡。百泉涌派而穴漩，孔洞元垂于深谷。远则据岳镇之中轴，匀东西之势雄。西以华山为虎，东以泰岱为龙。南岳南镇，益远益隆。五岭作案于岭，表江河襟带而朝宗。展明堂于奥海，拱朝拜于群峰。以此而较往昔，畴堪与之比崇。自洪蒙之初辟，奠河山以为界。天势崇于北极，地维虚于南盖。引日星以上腾，导江河而下派。法天明以居高，控地维而作带。故南北之相望，诚控驭之雄概。

---

① 嘉靖二十九年（公元1550年），蒙古俺答曾率兵攻至京城近郊。嘉靖帝命筑正阳、崇文、宣武三关厢外城，不久停止。两年后，给事中朱伯宸建议修筑外城，以固城防。起初设想在元大都旧址，向东、西、南、北四面展开，将内城和先农坛、天坛环绕起来，并在城之四角建筑角楼，以利警戒和防守。嘉靖帝采纳了这个建议。嘉靖三十二年（公元1553年）开始修建外城，亦称外罗城。工程开始后不久，发现实际工程量比原设想要大得多，人力、物力、财力不足，经与严嵩及工程负责人陈圭重新计议，决定分期施工，先筑南城墙一面。在筑完南墙7437米之后，东端折向北又筑一段（长3580米），与内城东南角抱接，西端一段（3313米）同样也和内城西南角抱接。南城墙四角建有角楼，但比内城角楼小得多。角楼为单檐十字脊，向外两面，一面开上下两排箭孔，每排3孔；另一面辟门。筑城时就地在墙外侧挖土夯筑，外皮包砖。城墙外修护城河。嘉靖四十三年（公元1564年），外城全部工程结束，使北京城的平面从正方型变成"凸"字型。北京内、外城就此定型。

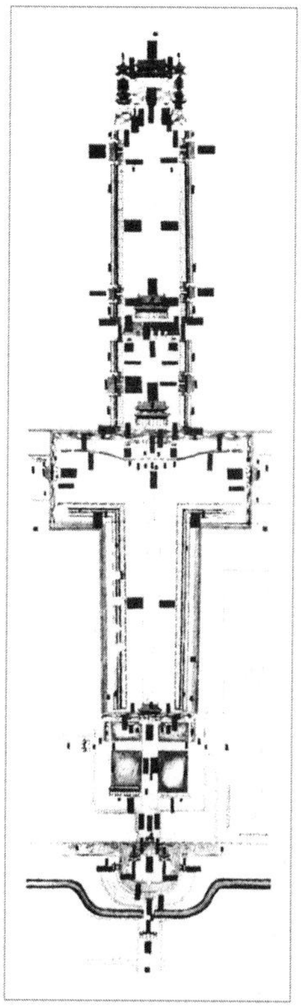

清 样式雷午门至正阳门修补图

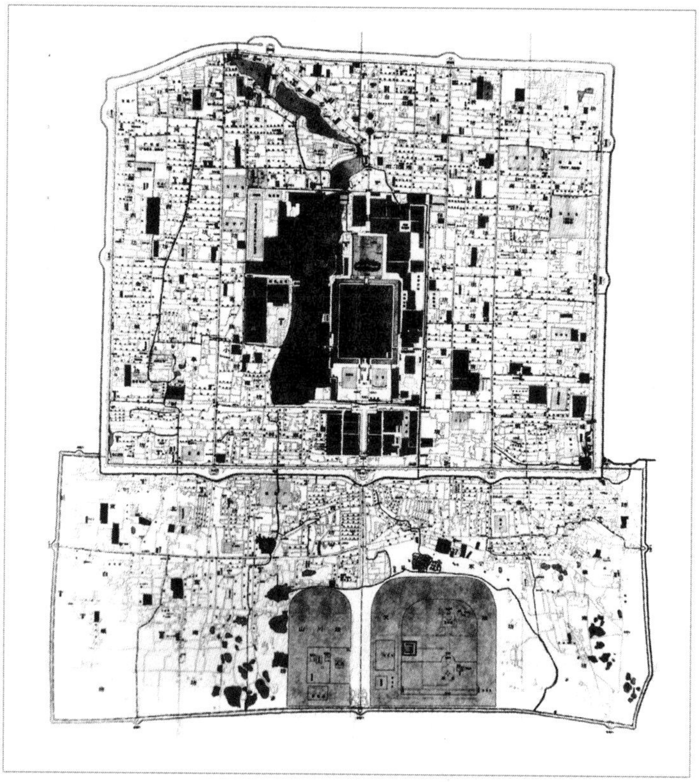

明北京城复原图

乾隆时期北京鸟瞰 清 徐洋 京师生春诗意图

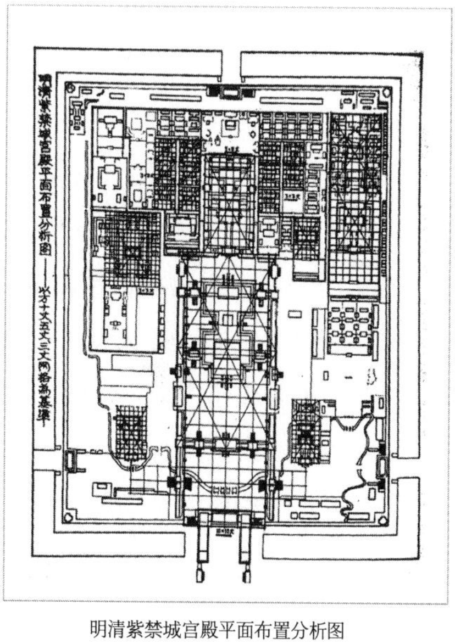

明清紫禁城宫殿平面布置分析图

图 6.16 明清北京建成情况

Fig.6.16 Beijing built in the Ming and Qing dynasties

资料来源：徐苹芳．徐苹芳文集：明清北京城图 [M]. 上海：上海古籍出版社，2012；吴良镛．中国人居史 [M]. 北京：中国建筑工业出版社，2014.

黄佐《北京赋》[310]：析木开津，玄冥司柚。望医闾以为镇，宗恒山以为岳。水环绕以为员，山雄峙以为幅……朝宗则河济、淮海，守险则渔阳、上谷……及至定京师，建辰极也，县水树臬，规元矩黄。晷纬冥合，龟筮袭祥。营缮厘其务，司空提其纲。命离娄使布绳，施隶首之算章。枕居庸于紫塞，环瀛海于扶桑。襟滹沱于清苑，拥太行于雒棠。

后来的清北京城，基本延续了明代北京城格局，所着力经营者在西北郊皇家园林，使得北京在原有的完整城市格局基础上，进一步形成与区域山水环境相结合的大气象[311-312]。（图 6.17）

总的来看，北京最初的选址设城与神性山水创作并无太大瓜葛；自周蓟城到辽南京，燕地从未呈现过天下帝都的大气象；故引南宋朱熹赞赏“冀都”的话①来为元之前的北京注入神性山水气质，或为后人臆断；从严格意义上讲，北京神性山水营造应从刘秉忠营建元大都开始算起，后在明清两代才不断发展茁壮（如明代人工加筑景山，成就了完整的横龙出穴，横骑龙局②）。

然而，作为入主中原的北方少数民族或篡位的明成祖而言，取得统治神州大地的合法性，仅依靠强势刀兵或神性山水言说是不够的，于是北京必须回到儒家的立场；金人最先明白了这个道理，其后，德性山水在这片土地上得到反复试验与扩充；九经九纬、王城居中、层层围合、左祖右社等儒家礼制信息，基于元大都确立的神性山水境界进行了再开发与再解释，使得北京主体空间境界最终呈现出神性山水与德性山水的重叠关系（暂不讨论道家、佛教空间哲学对北京的影响）。

所以，在元、明、清三代，北京城市轴线的空间哲学意涵有两说：若依原始空间哲学之宇宙论而言，天极系统与昆仑系统共同决定了北京的“天心十道”，天子之城，绝地天通，故伎重演罢了；若按儒家空间哲学之本体论而言，“惟王建国，辨方正位，体国经野，设官分职，以为民极”才是这座城市所应秉持的终极价值意识。两者从荀子所言：“其在君子，以为人道也；其在百姓，以为鬼事也。”

北京历史城市之神性山水境界与德性山水境界的重叠，反映了巫文化和儒家文化在中国人居史当中长期的相容关系（正如《易经》与《十翼》合成《周易》）。尽管儒家的诞生就与脱离鬼神世界有关，但儒家毕竟不提倡走极端。因为巫文化

① 《朱子语类》：“冀都山脉从云中发来，前则黄河环绕，泰山耸左为龙，华山耸右为虎，嵩山为前案，淮南诸山为第二案，江南五岭诸山为第三案，故古今建都之地莫过于冀，所谓无风以散之，有水以界之。”从朱熹所在的历史背景（南宋）以及文中描述的地理区位来看，“冀都”都不应指“北京”。

② 穴星山出脉方向与龙脉走向垂直。

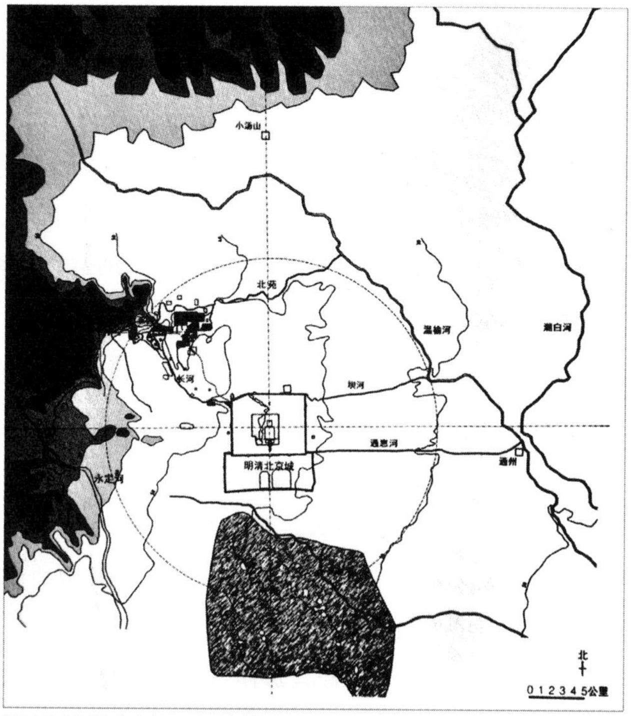

清代北京园林分布与“天心十道”

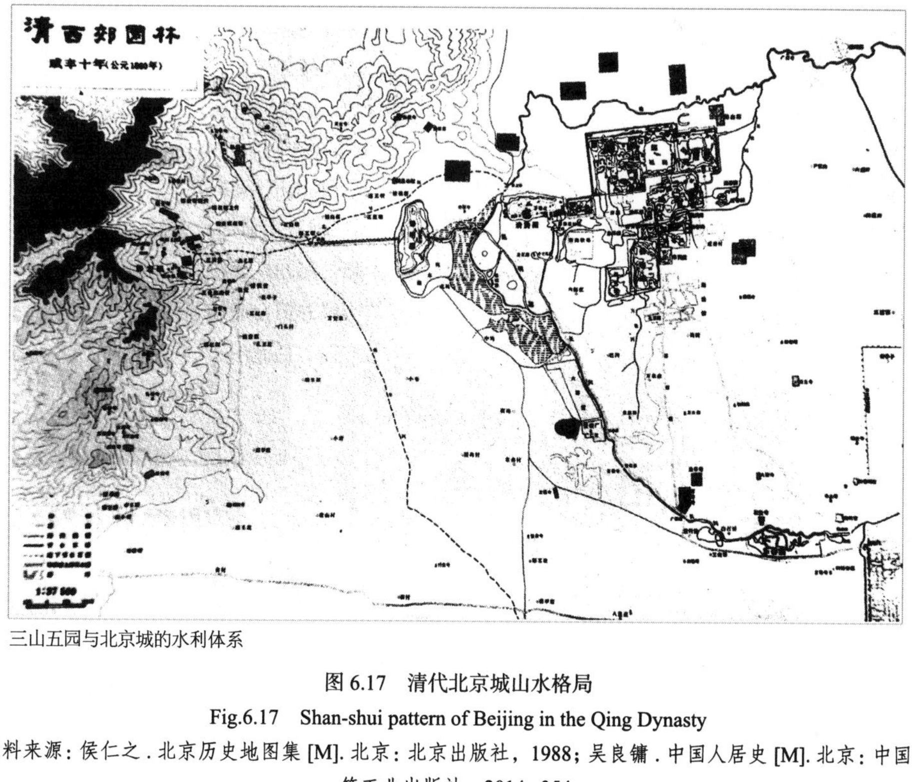

三山五园与北京城的水利体系

图 6.17 清代北京城山水格局

Fig.6.17 Shan-shui pattern of Beijing in the Qing Dynasty

资料来源：侯仁之．北京历史地图集 [M]. 北京：北京出版社，1988；吴良镛．中国人居史 [M]. 北京：中国建筑工业出版社，2014：354.

是中国传统文化的根基（正如鲁迅所言："中国的根柢全在道教"），故完全彰显"人道"去杜绝"鬼事"几乎难以实现，所以它最后还是选择了天下大同，和为贵。

6.2.2 德性山水对神性山水的迁就——以南京为例

神性山水与德性山水存在重叠可能，并不能说明巫和儒可以混为一谈①。相反，它们之间仍存在神权与"人权"的角逐。历史上的南京就提供了另一种组织关系，即：德性山水对神性山水的迁就。

《景定建康志》[313]：石头在其西，三山在其西南，两山可望而挹大江之水横其前；秦淮自东而来，出两山之端而注于江，此盖建邺之门户也。覆舟山之南、聚宝山之北，中为宽平宏衍之区，包藏王气，以容众大，以宅壮丽，此建邺之堂奥也。自临沂山以至三山，围绕于其左；自直渎山以至石头，溯江而上，屏蔽其右，此建邺之城郭也。玄武湖注其北，秦淮水绕其南，青溪萦其东，大江环其西，此又建邺之天然之池也。形势若此，帝王之宅宜哉！

《江南通志·江宁府图说》[314]：其地东控京口，西接历阳，南距宛陵，北界天长。武侯谓'龙蟠虎踞'，朱子亦言。岷山之脉，东尽于建康。山之所至，水亦会焉。钟山之左挟层峦而绵亘迤于西南……依北山以作镇，凭牛首而为阙，秦淮绕其阳，后湖荡其阴，磅礴扶舆，蕴藏灵懿。盖东南之壮丽，无过于此者矣。

西周初年，今南京地区成为泰伯五世孙周章的吴国封地。周灵王元年（公元前 571 年），楚国在今六合区已设有棠邑，置棠邑大夫，成为南京建城之始。春秋末年，吴王夫差在此筑冶城，开办冶铸铜器作坊。周元王四年（公元前 472 年），越灭吴后，范蠡在此筑城。公元前 333 年，楚威王熊商于石头城（今南京老城城西的石头山）筑金陵邑，金陵之名源于此。

《金陵古今图考》[315]：秦始皇……三十七年，东游会稽，过吴，从江乘浦渡，置江乘县，皆统于鄣。又以望气者之言，凿钟阜，断长陇，以泄王气。水自方山西北，巨流环绕，至石头，达于江，后人名曰秦淮。

《太平御览·吴录》[147]：刘备曾使诸葛亮至京，因睹秣陵山阜，叹曰：钟山龙盘，石头虎踞，此帝王之宅。

公元 211 年，孙权将治所由丹徒（今镇江）迁至秣陵（今南京），次年兴建了石头城，改"秣陵"为"建业"。黄龙元年（公元 229 年），孙权在武昌称帝，

---

① 康熙《金陵御制碑文》："有德者昌，无德者亡，与山陵风水原无关涉。"

九月即迁都于建业，将原将军府更名为“太初宫”，此为南京建都之始。至赤乌十年（公元247年），孙权改建太初宫，次年建成。依原始空间哲学之宇宙论进路，宫城东傍钟山，南枕秦淮，西倚大江，北临后湖（玄武湖），处天然屏障之内，周三百丈，宫城正殿称神龙殿，南面开五宫门，正门为公车门，东、西、北三面各开一门，为苍龙门、白虎门和玄武门；又于太初宫东面和北面设苑城，于西面为太子专设西苑，于苑城北设苑仓。至后主孙皓宝鼎二年（公元267年），于太初宫东北起昭明宫，周五百丈，在东距太初宫前轴线七十五丈形成一条平行的苑路，作为新的轴线直抵淮水北岸的南门大津（原太初宫前轴线后来成为“右御街”），苑路两侧为府寺廨署及军屯营地。水岸南侧设置横塘、查下、长干等居民里坊。

《三国志·吴主传》[292]：十年春正月，右大司马全琮卒。二月，权适南宫。三月，改作太初宫，诸将及州郡皆义作……十一年春正月，朱然城江陵。二月，地仍震。三月，宫成。

《金陵古今图考》[315]：赤乌十年，作太初宫，周回五百丈，作八门。前五门曰公车、曰昇贤、曰明阳、曰左掖、曰右掖，东一门曰苍龙，西一门曰白虎，后一门曰玄武。都城之正门曰宣阳。又南五里至淮水，有大航门。时都城皆设篱，曰古篱门。宫之后有苑城，晋所谓台城即此，今西十八卫以南、玄津桥大街以北皆是。赤乌四年，东凿渠，名青溪，自城北堑，泄玄武湖水，九曲西南入秦淮。西凿运渎，水自仓城东入今内桥，与青溪合，南由今乾道桥至斗门桥，达于秦淮。又夹淮立栅，谓之栅塘。金陵建都，自吴以始。

太康三年（公元282年）“建业”改称“建邺”。建兴元年（公元313年），为避晋愍帝司马邺之讳，改为“建康”。此后，东晋和南朝（宋、齐、梁、陈）的都城[316-317]基本沿用吴旧城，也在诸多方面进行修改与扩建，如：

以东吴苑路为基础，左祖右社，增辟九座城门，宫墙三重，外周八里；宫城于咸和年间，仿洛阳在吴昭明宫、苑城的旧址新建，称建康宫，又称台城。宫城南面为大司马门，直对都城正门宣阳门，两门之间有二里长的御道。御道两侧开有御沟，沟旁植槐、柳。大司马门前东西向横街，正对都城的东、西正门。南朝时期，为与右御街对称，又于中轴线东边七十五丈处修建驰道。

苑囿主要分布于都城东北郊，宫城北有华林园，原是东吴的旧宫苑，宋时加以扩建；覆舟山有乐游苑，宋时就东晋药圃建成；玄武湖在都城北，筑长堤以防水患，并引湖水通入华林园、天渊池和宫内诸沟，再下注南城壕；建康无外郭城，但其西南有石头城、西州城，北郊长江边筑白石垒，东北有钟山，东有东府城，东南两面又沿青溪和秦淮河立栅，故设篱门，成为外围防线。

都城南面正门即宣阳门，再往南五里为朱雀门，门外有跨秦淮河的浮桥朱雀航；宣阳门至朱雀门间五里御道两侧布置官署府寺；居住里巷主要分布在御道两侧和秦淮河畔，如秦淮河南岸的长干里，北岸的乌衣巷（东晋王、谢名门居住之地）；王公贵族的住宅多分布在城东青溪附近风景优美的地带；城中河道以秦淮河通长江，又从秦淮河引运渎直通宫城太仓，运输贡赋，北引玄武湖水南注青溪和运渎，以保证漕运和城壕用水；后至陈后主时期，建康城的繁华比起南梁时有过之而无不及，更为气派繁华。（图 6.18）

《金陵古今图考》[315]：东晋既亡，宋、齐、梁、陈相继为据，宫城、都城皆仍于晋，号京辇神皋……元嘉二年，于台城东西开万春、千秋二门。都城十二门，南面次西曰宣阳，次东改开阳曰津阳，最东曰清明，最西改陵阳曰广阳；北面次西曰玄武，次东曰广莫，最西曰大夏，最东曰延熹；正东面曰建春，次南曰东阳；正西面曰西明，次南曰阊阖。宣阳为正门，与宫大司马门直对；津阳与宫南掖对；建春、西明二门，达于宫前之直街者。宋于朱雀门之南，度淮五里，又立国门，在长干东南，以示观望。齐皆因之。梁置石阙于端门外，改朱雀门稍西，在今镇淮桥北。侯景攻台城，烧大司马门。陈复营治，改宫万春门为云龙，改千秋门为神武，改都城广莫门为北捷。

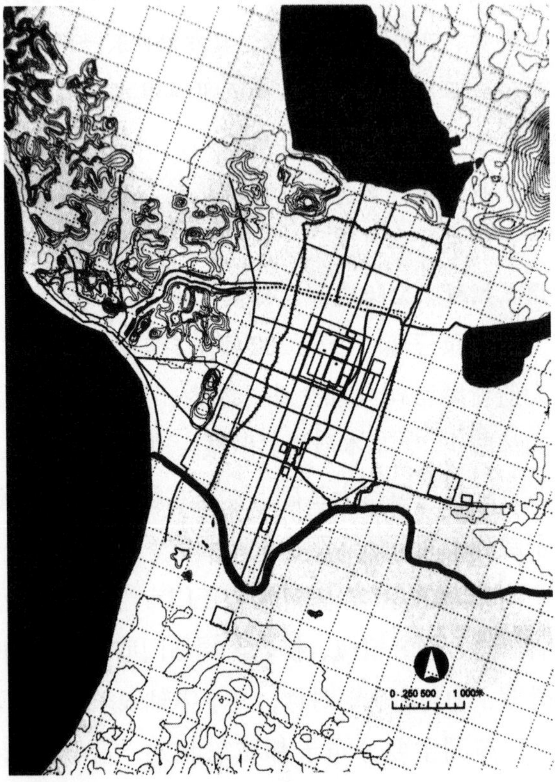

图 6.18　南朝建康格局

Fig.6.18　space pattern of Jiankang in the Southern Dynasties

资料来源：武廷海．六朝建康规划 [M]. 北京：清华大学出版社，2011.

陈祯明三年（公元 589 年），隋兵攻入陈朝首都建康，陈朝宣告灭亡。隋文帝担心这里王气再兴，故将建康城内所有的宫苑全部夷为平地，并将人口北迁。

隋炀帝时期，随着京杭大运河的开凿，“金陵”逐渐让位于扬州，即使后来的南唐再建金陵为西都，可六朝建康之形盛已不再。北宋灭南唐之后，南京建设颇多，城内“建府学，起祠祀，修桥梁”，繁荣一时。

至正二十六年（公元 1366 年），朱元璋受众臣建议①，命刘伯温勘定皇城，扩建应天府城，洪武元年（公元 1368 年），朱元璋建立明朝，定都南京。

《明实录》[318]：八月，庚戌朔，拓建康城。初，建康旧城西北控大江，东进白下门外，距钟山既阔远，而旧内在城中。因元南台为宫，稍卑隘。上乃命刘基等卜地定，作新宫于钟山之阳，在旧城东白下门之外二里许，故增筑新城，东北尽钟山之趾，延亘周回凡五十余里。规制雄壮，尽据山川之胜焉。

明南京城的营建大致分成四个阶段：第一阶段是在钟山的西南麓新筑皇城和改筑南唐以来的金陵旧城；第二阶段是自旧城的西北端沿外秦淮河向北筑新城墙直到龙江关（今下关）；第三阶段是建造聚宝门、三山门、通济门各主要城门，以及玄武湖旁城墙和各主要街道；第四阶段是建造外郭城。

其中，宫城南北长达 2.5 公里，东西宽达 2 公里，平面呈长方形，坐北朝南，分前朝三大殿和后廷六宫两部分。在宫城城垣上开筑城门有午门、左掖门、右掖门、东华门、西华门和玄武门。

皇城是护卫宫城的最近的一道城垣。城垣上开筑城门有洪武门、长安左门、长安右门、东安门、西安门、北安门。皇城和宫城合称为皇宫，皇宫依照《礼记》五门三殿的旧制，由外向内依次为洪武门、御道（千步廊）、外五龙桥、承天门、端门、午门、内五龙桥、奉天门，五门之后为“奉天殿、华盖殿、谨身殿”三大殿。御道东面设吏部、户部、礼部、兵部、工部等高级行政机构（只有刑部在太平门外），御道西面设最高军事机构“五军都督府”。从周礼左祖右社之制，在承天门、端门和午门一线以东，设太庙，此线以西，建社稷坛[319]。

洪武二十三年（公元 1390 年），朱元璋下令建造外郭城，设城门十六座（后增为十八座），最终形成四套城墙（宫城、皇城、京城、外郭）环环相套格局，依山傍水，蔚为大观。（图 6.19）

《金陵古今图考》[315]：自旧东门处，截濠为城……东尽钟山之南冈，北据山控湖，

① 冯胜：“金陵龙蟠虎踞，帝王之都，先拔之以为根本。然后四出征伐，倡仁义，收人心。勿贪子女玉帛，天下不足定也。”陶安：“金陵古帝王都，取而有之，抚形胜以临四方，何向不克？”叶兑：“今之规模，宜北绝李察罕（察罕帖木儿），南并张九四（士诚），抚温、台，取闽、越，定都建康，拓地江、广，进则越两淮以北征，退则画长江而自守，夫金陵故称龙蟠虎踞，帝王之都，籍其兵力，资财，以攻则克，以守则固。”

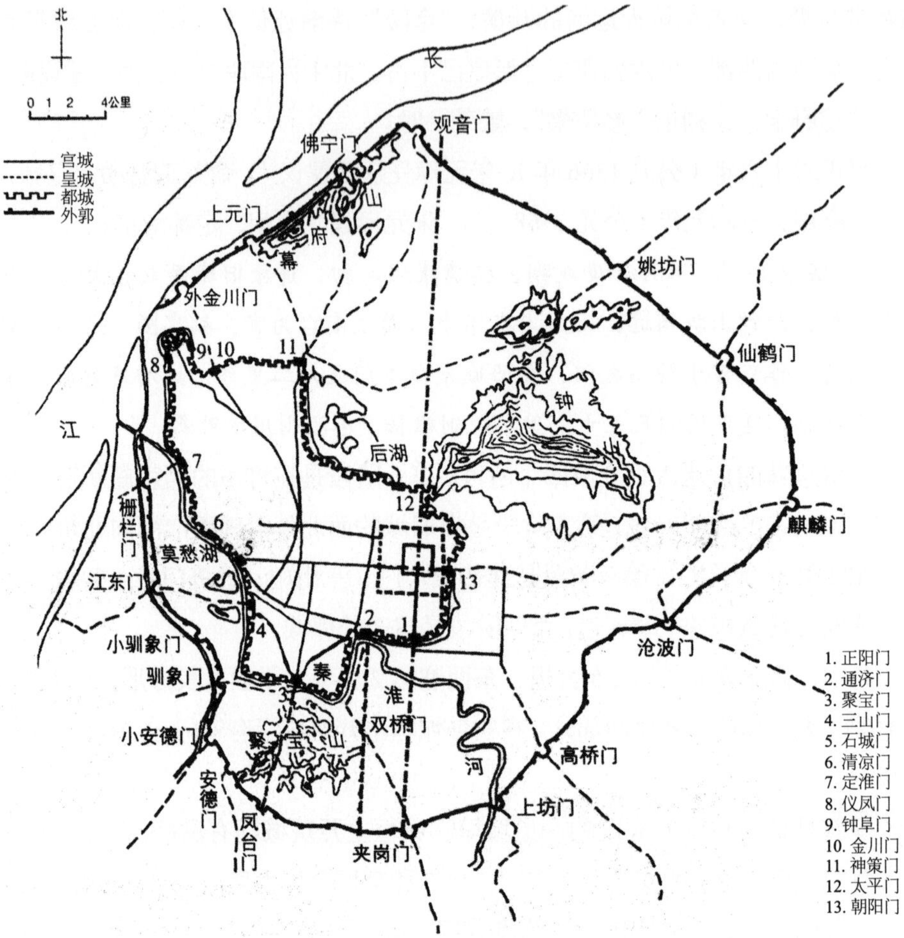

图 6.19　明南京

Fig.6.19　Nanjing in the Ming dynasty

资料来源：苏则民 . 南京城市规划史稿 [M]. 北京：中国建筑工业出版社，2008：149.

西阻石头，南临聚宝，贯秦淮于内外，横缩屈曲，计周九十六里。外郭西北据山带江，东南阻山控野，辟十有六门……周一百八十里。皇城居极东偏，正门曰洪武……西安门以北宫墙，即古都城之故址……郊坛在正阳门外东隅。洪武门北之左，列吏、户、礼、兵、工五部。吏部之北有宗人府；宗人府之后，有翰林院、詹事府、太医院。洪武门北之右，列、中、左、右、前、后五军都督府。后府之南，有太常寺；府之后有通政司、锦衣卫、钦天监。通政司之北有鸿胪寺、行人司……三十六卫环布于城中，五城兵马指挥司在城内者三，城外者二。南有坊以居民，北有营以设行伍卫，各有仓，什九在城西北。

明永乐十九年（公元 1421 年）正月，朱棣迁都北京，改南京为“留都”，设六部、都察院、通政司、五军都督府、翰林院、国子监等机构，官员的级别和京师相同。清代时改应天府为江宁府，设立两江总督，基本维持明城格局。

总的来看，虽然秦始皇泄金陵之王气，以及诸葛亮称赞石头城“虎踞龙盘”至今已无法考证，但南京起初的山水格局的确和传统营建思想彼此照应。南京龙源起于昆仑之干龙，为南龙尽头止处，脉自天目山转头西北，经茅山起伏，最后起宁镇诸山，宁镇山脉分三支自西入城；中支经宝华山、龙王山、灵山后起少祖钟山，钟山收束后，再起富贵山（龙广山）、覆舟山（九华山）、鸡鸣山（北极阁山）、五台山、鼓楼山等小山；北支经龙潭山、栖霞山、乌笼山、幕府山、狮子山、清凉山（石头山）等延长江南展开，形成屏障；南支则从汤山、青龙山、黄龙山、大连山、天印山（方山）并同跨过淮河的祖堂山、牛首山、聚宝山等形成环护。六朝建康选址取中干之末，以鸡鸣山为主山，为典型的横龙出穴（图 6.20），以覆舟山横于侧后，为鬼砂簇拥，中以红山为乐星，远以北支幕府山为屏障。

另外，自孙吴建业时，太初宫、神龙殿、苍龙门、白虎门、玄武门、宣阳门等诸多范畴也皆源自原始空间哲学宇宙论（天极系统），这与上述的“横龙出穴”模式（昆仑系统）彼此相应，成就了南京历史上第一版神性山水；后来的东晋、南朝也大多在此基础上进行扩充，神性山水境界基本恒定；至刘伯温堪舆明南京时，虽然他为明皇宫选择了新的山水轴线，但仍遵循“横龙出穴”大局，只是以富贵山（龙广山）为主山罢了，并未对神性山水的主体空间境界进行颠覆。

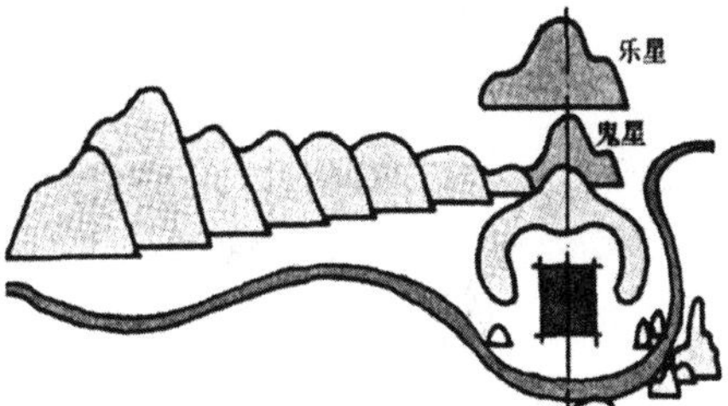

横龙出穴

南京横骑龙局

图 6.20 南京传统营建格局

Fig.6.20 Fengshui pattern of Nanjing

资料来源：杨柳．风水思想与古代山水城市营建研究 [D]. 重庆：重庆大学，2005：244.

然而，受前朝金中都与元大都营建哲学影响，为占领士林意识形态主导权，遵循儒家礼制突出德性山水也是在所难免，只是德性山水轴线向神性山水轴线作了迁就，并未偏执于正南北朝向（由于儒家的“执中守正”是从本体论而发，并非宇宙论进路，故即便不是理想的正南北向也可被接受)。因此，南京从六朝至明清，虽然对营建神性山水乐此不疲，但最终还是同元大都类似，完成了对德性山水的兼容，这一模式深刻地影响了后来明北京城的营造。

6.2.3 神性山水与德性山水的交错——以成都为例

除了重叠或一方妥协，在中国人居史中，神性山水与德性山水之历史组织关系还存在第三种情况，即各自依照自身知识与价值行事，形成交错格局，下面以成都为例加以说明。

《华阳国志·蜀志》[289]：蜀之为国，肇于人皇，与巴同囿。至黄帝，为其子昌意娶蜀山氏之女，生子高阳，是为帝喾。封其支庶于蜀，世为侯伯。历夏、商、周。武王伐纣，蜀与焉。其地东接于巴，南接于越，北与秦分，西奄峨嶓。地称天府，原曰华阳。故其精灵，则井狼垂耀，江、汉遵流。

《河图括地象》[320]：岷山之精，上为井络，帝以会昌，神以建福。

《尚书》[142]：岷山导江，东别为沱。泉源深盛，为四渎之首，而分为九江。

秦灭巴蜀以前，古蜀文化大约经历了蚕从、柏灌、鱼凫、杜宇、开明五个时代的发展(对应中原地区的夏、商、西周、春秋、战国时代)。今广汉三星堆遗址①证明，早在鱼凫时代(公元前1600—1046，相当于中原商代)，蜀人就已建立强大的奴隶制国家，并具有强烈的巫文化特征。

周朝末年，七国称王，杜宇始称帝于蜀(金沙文化)，号曰望帝，定都郫邑(今郫县)。晚年时，洪水为患，蜀民不得安处，乃使其相鳖灵治水。鳖灵察地形，测水势，疏导宣泄，水患遂平，蜀民安处。杜宇感其治水之功，禅让帝位于鳖灵，号曰开明。开明王朝共传十二世，王者皆称开明帝。大约在公元前5世纪中叶，开明九世将都城从广都樊乡(今双流)迁往成都②(图6.21)，构筑城池。

---

① 三星堆古遗址位于今四川省广汉市西北的鸭子河南岸，分布面积12平方千米，距今已有3000至5000年历史，是迄今在西南地区发现的范围最大、延续时间最长、文化内涵最丰富的古城、古国、古蜀文化遗址。现有保存最完整的东、西、南城墙和月亮湾内城墙。三星堆遗址被称为20世纪人类最伟大的考古发现之一，昭示了长江流域与黄河流域一样，同属中华文明的母体，被誉为“长江文明之源”。1986年发掘的两座大型商代祭祀坑，出土了金、铜、玉、石、陶、贝、骨等珍贵文物近千件。其中，一号坑出土青铜器的种类有人头像、人面像、人面具、跪坐人像、龙形饰、龙柱形器、虎形器、戈、环、戚形方孔璧、龙虎尊、羊尊、瓿、器盖、盘等。二号坑出土的青铜器有大型青铜立人像、跪坐人像、人头像、人面具、兽面具、兽面、神坛、神树、太阳形器、眼形器、眼泡、铜铃、铜挂饰、铜戈、铜戚形方孔璧、鸟、蛇、鸡等。

② 关于成都一名的来历，据《太平寰宇记》记载，是借用西周建都的历史经过，取周王迁岐“一年而所居成聚，二年成邑，三年成都”而得名。成者毕也，终也，成都的含义就是蜀国最后的都邑。

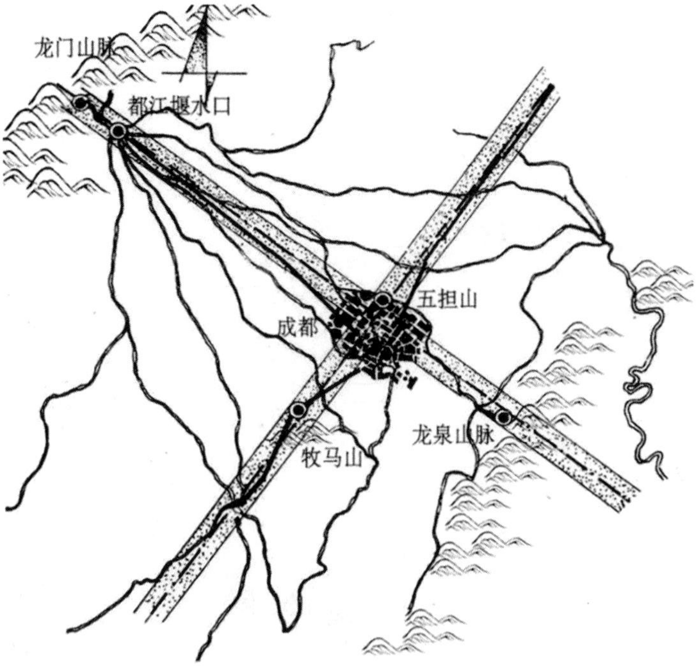

图 6.21 开明成都之“天心十道”

Fig.6.21 Axis of Chengdu in the Kaiming period

资料来源：笔者改绘，参照：应金华，樊丙庚．四川历史文化名城 [M]. 成都：四川人民出版社，2000：18.

公元前 316 年秦灭巴蜀，两年后于成都设蜀郡。公元前 311 年，张仪在开明成都的南面和西面扩筑“大城”和“少城”，并建城楼、垛口及城下军器仓库以加强防御。其后 60 年，李冰穿郫江、流江，二城南侧遂以双江为壕。汉武帝元鼎二年（公元前 115 年），随着经济和人口数量的发展，成都在“大城”和“少城”外形成多处小城[①]。

① 汉时成都丝织业十分发达，在南笮桥东，南流江（今南河）沿岸，是丝织作坊集中的地方，朝廷为了严格管理蜀锦生产，就在这里筑起城垣，设置专门的管理机构“锦官”，故称为“锦官城”。织锦工匠们居住的地方称为“锦里”或“濯锦厢”，这一段江又被称为“锦江”或“濯锦江”（《益州志》载：“成都织锦既成，濯于江水，其文分明，胜于初成，他水濯之不如江水也”）。除“锦官城”外，还有为屯兵卫城和军需物资转运修建的“军官城”，有车辆运具修建的“车官城”（今百花潭公园一带），为公办学堂修建的“学官城”，这种以特定功能为主，多城并联的格局在我国城建史上也是少有的。

表 6.1　古代成都城市形态演变过程

Tab.6.1　urban form evolution of Chengdu in ancient

时期	a. 先秦	b. 秦 - 南北朝	c. 唐
结构特征	单城，两江南流	两城相并，两江南流	双重城墙，两江环抱
形态图示	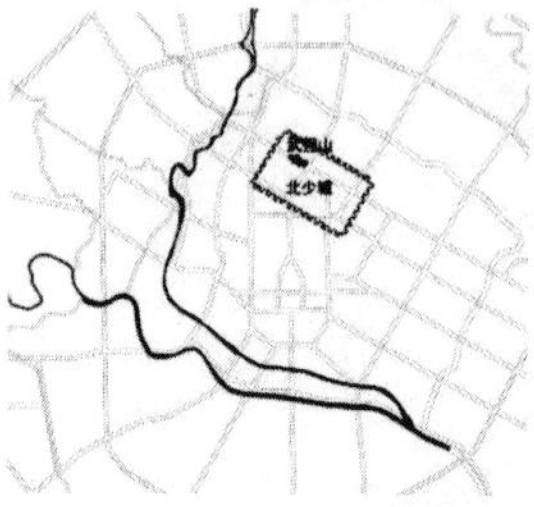	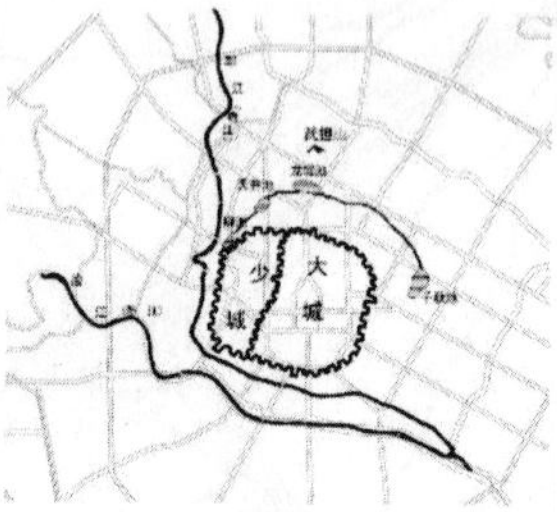	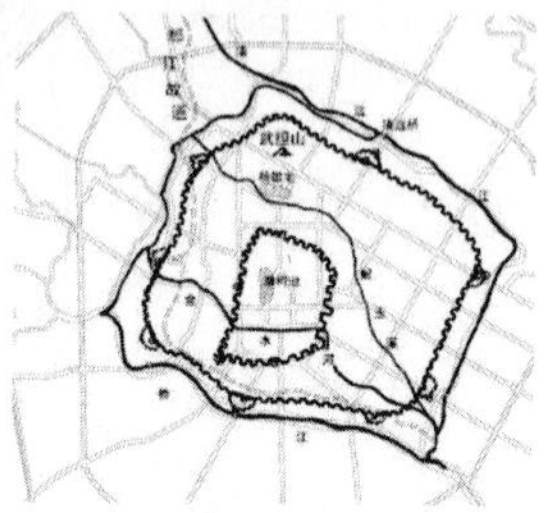
时期	d. 后蜀	e. 明	f. 清
结构特征	双重城墙（增设羊马城），两江环抱	中轴重城，两江环抱	三套路网，两江环抱
形态图示	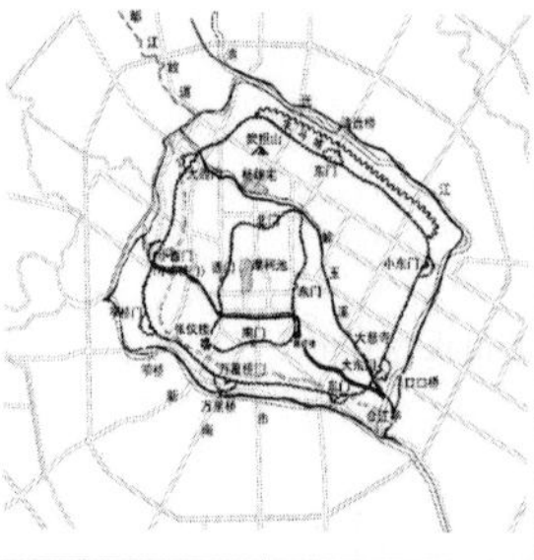	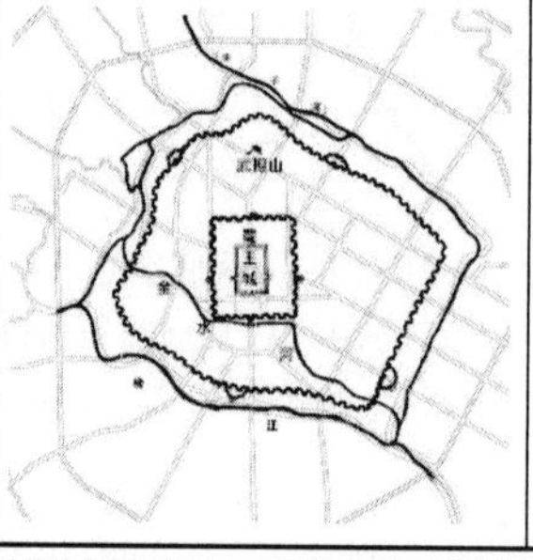	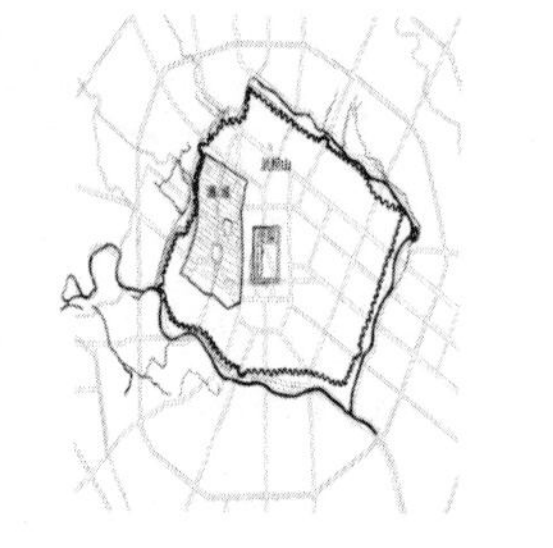

资料来源：李旭．成都城市形态演变及历史地域特征研究 [J]. 西部人居环境学刊，2015（6）：92-97.

两晋南北朝时期，成都因战事被毁[①]，仅剩大城。至隋代政局稳定，成都城在原有大城的基础上向西扩展，唐代扩筑罗城（太玄城），同时改道郫江绕城北，将故道疏通为金河，由此形成的两江抱城格局。前蜀时期（公元 908 年），王建改建“子城”，至后蜀时期，孟知祥在罗城外增筑羊马城以增强防御。

历经宋、元、明夏初战乱后，成都城破坏严重，至明洪武四年（公元 1371 年），由李文忠在原罗城城址上重建成都城。城池的规模与等级严格按照礼制，城墙外包砌砖石，设城门五座，城外又建月城，并建有敌楼与城壕以增强防御[②]。同时，

① 《资治通鉴·卷八十五》：“蜀民皆保险结坞，或南入宁州，或东下荆州，城邑皆空，野无烟火”。

② 《四川志·城池》：“因宋元旧城而增修之，包砌砖石，基广二丈五尺，高三丈四尺。复修堤岸以为固。内江之水，环城南而下。外江之水，环城北而东，至濯锦桥南而合。辟五门，各有楼，楼皆五间。门外又筑新月城，月城两旁辟门。复有楼一间，东西相向。城周回建敌楼一百二十五所。其西南角及东北角建二亭于上，俗传象龟之首尾。城东门龙泉路曰迎晖，南门双流路曰中和，西门郫路曰清远，北门新都路曰大安。其小西门曰延秋者，洪武二十九年（公元 1396 年）塞之。”

为彰显大明国威，于城池中心新建蜀王府城，后称“皇城”，城外设御沟，沟外又筑萧墙，改城市轴线为正南北朝向①。明末成都城再次毁于战乱，至清顺治八年（公元 1651 年），重修成都城，改内城为贡院②，于城内西侧建满城以供满族军民居住（满城③），由是成都大城中就套了两座小城，形成一大城包二小城之格局。清乾隆四十八年（公元 1783 年），在原城址基础上进行扩建，加固城墙并增加防御设施，此后城池范围至民国时期基本未变[321]。

总体而言（表 6.1），三星堆文化、金沙文化反映了早期古蜀文化之“绝地天通”的神性根基，因此，开明九世（战国时代）确立成都“天心十道”未必没有根据④。今推究开明成都所处的山水格局：一为脱龙就局⑤，即由昆仑山中干震龙出脉，至都江堰灵岩观音山、玉垒山后，便龙入平洋，穿田渡水，踪迹不现，到结穴处时，则以龙门、龙泉为左右屏障，前对牧马山，后枕五担山；二为朝水望山与天心十道相结合，即城市主轴线大致对准龙门山水口方位，与其垂直的次轴线平行于龙门、龙泉山脉，这与后来隋唐洛阳之朝水局⑥（图 6.22）极为类似。

然而明代蜀王府建设，迫使成都在沿袭开明轴线约 1800 年后，以辨方正位、坐北朝南的姿态，正式接纳儒家礼制。清代又改蜀王府为贡院，进一步确立了德性山水之中心地位，最终成就了神性山水与德性山水之交错格局（图 6.23）。成都主体空间境界在明初瞬间迭变，其本质是在原始空间哲学之宇宙论进路基础之

① 明王朝对成都城的建设，特别是蜀王府城的兴建十分重视，强调成都虽然偏居西南，但它一直是西南各地少数民族景仰敬重的地方，一定要建得宏伟壮丽，才能显示大明王朝的国威。遂将汉唐、前后蜀遗留下来的“子城”全部拆毁，在大城中心重新修建“蜀王府”，后人称之为“皇城”。蜀王府城布局，遵照儒家礼制，一改过去历代成都城主轴偏心的布局，确立正南其北的中轴线，是成都城市形态历史上一个重要的转折点。府城为砖城，周长五里，高三丈九尺，城外沿掘有“御沟”，沟外又筑“萧墙”，周长九里，高一丈五尺。形成内城（府城）、中城（萧墙）、外城（大城）的“重城”格局。明末，张献忠攻陷成都，曾以蜀王府为宫，两年后起义军撤离成都时纵火焚城，府城也毁于一旦。

② 公元 1655 年，于“蜀王府”的旧址上建“贡院”，作为全四川省考试举人之地。贡院主体建筑为“明远楼”和“至公堂”，皆沿南北中轴线布局。

③ 清代中期以后，满城已失去驻军防御的作用，成为成都满族旗人世代聚居的地方，以后又复称这里为少城。

④ 今人解释说，开明成都轴线偏移或有利于东南向采光，或与东北向城镇保持顺畅的交通关系，又或《彖》云“西南得朋，乃与类行”等，但笔者认为其理由并不充分。

⑤ 风水学认为，在龙水不同局时，脱龙局而合水局。

⑥ 风水水局分为五种：朝水局、枕水局、聚水局、横水局、顺水局，见前图 2.20。关于朝水局，明徐善继《地理人子须知·卷六》载：“朝水者，穴前特来之水也。此水至吉。盖风水之法，得水为上。穴既当朝，则得水矣。卜氏云：‘求吾所大欲，无非逆水之龙。’予谓逆水龙固美，不若当朝之穴为尤美也。爰逆水多是枝龙，岂如干龙，两水夹送，至将结作处，却翻身数节，逆当朝水结穴，力量极大。此所以不贵逆水之龙，而贵逆水之穴矣。但水固以特来当面朝穴为吉，若或直急冲射，湍怒有声，则反为凶。故来朝之水，又须屈折弯曲、悠扬深缓，方为合法。不可概以特朝为吉也。”明刘基《堪舆漫兴》云：“翻身作穴有洋潮，水若潮兮穴要高。直射无遮生祸患，之玄屈曲产英豪。”

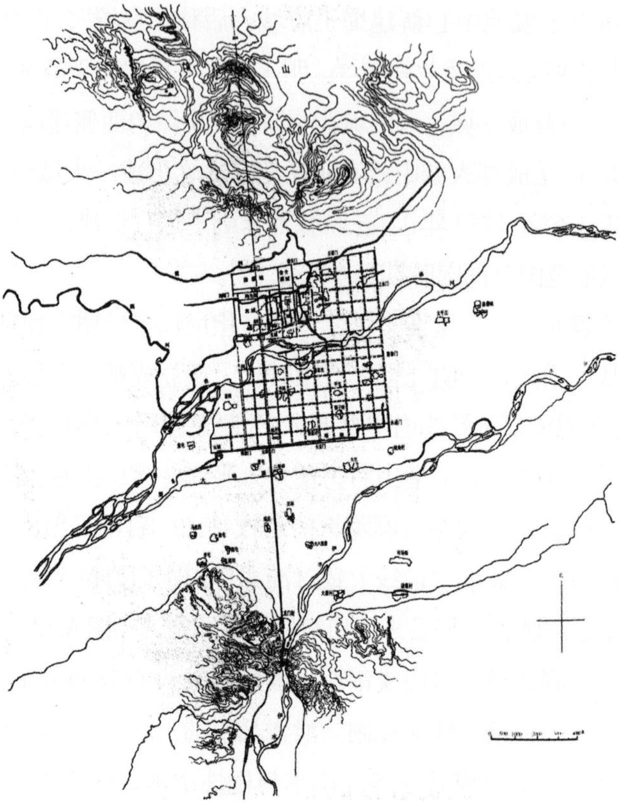

图 6.22　隋唐洛阳朝水局（城市轴线对准邙山伊阙）

Fig.6.22　Luoyang Chaoshui Ju in the Sui and Tang dynasty

资料来源：吴良镛，《中国古代城市史纲》英文本，1985 年联邦德国卡塞尔大学出版．

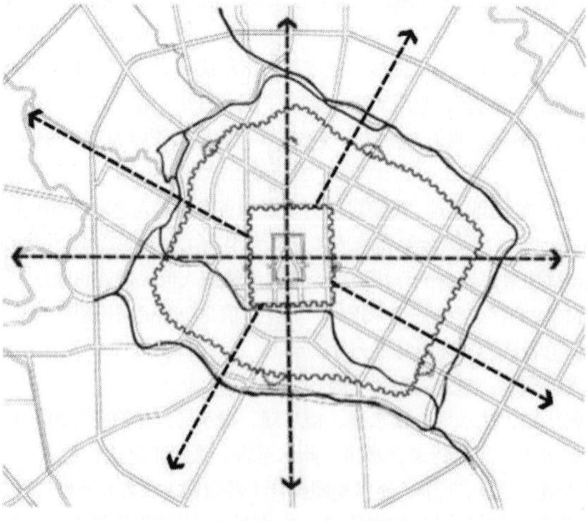

图 6.23　明代成都城的轴线交错

Fig.6.23　axis dislocation of Chengdu in in Ming dynasty

资料来源：李旭．成都城市形态演变及历史地域特征研究 [J]. 西部人居环境学刊，2015（6）: 92-97.

上，错位叠加儒家空间哲学之本体论进路，且从空间修炼模式转换为空间修养模式。这在当时亦属特例，因为即便像明南京这样的城市，也没有魄力使用德性山水去扭转神性山水根基。

6.2.4 神性山水对德性山水的溶解——以丽江为例

无论重叠、迁就、交错，以上三座历史城市之神性山水与德性山水境界均延续了较长时间，至今仍痕迹明显。但丽江历史城市的发展轨迹提供了第四种情况，即德性山水强势入驻神性山水，之后又很快被神性山水溶解，最后消失不显。

纳西族，原属古羌族分支，古称“摩沙夷”“磨些夷”“末些”“摩娑”“么些”“摩狄”“摩梭”等。秦至西汉，他们曾是分布于“筰都”（今四川汉源）一带的游牧民族（覆盖今凉山州西南部、雅安、甘孜南部、攀枝花、云南西北部地区）。东汉时，定笮一带盛产盐、铁和漆，引发朝廷争夺盐铁之利的战争。永平十七年（公元74年），汶山以西的白狼、槃木、唐菆等国（据《华阳国志》载其中也包含了纳西族先民）向东汉称臣纳贡，白狼王唐菆作诗三章，史称“白狼歌”①。

《史记·西南夷列传》[116]：西南夷君长以什数，夜郎最大；其西靡莫之属以什数，滇最大；自滇以北君长以什数，邛都最大；此皆魋结，耕田，有邑聚。其外西自同师以东，北至楪榆，名为巂、昆明，皆编发，随畜迁徙，毋常处，毋君长，地方可数千里。自巂以东北，君长以什数，徙、筰都最大……此皆巴蜀西南外蛮夷也。

《华阳国志·蜀志》[289]：定筰县筰，笮夷也。汶山曰夷，南中曰昆明，汉嘉、越巂曰筰，蜀曰邛，皆夷种也。县在郡西，渡泸水。宾刚徼，曰摩沙夷。有盐池，积薪，以齐水灌，而后焚之，成盐。汉末，夷皆锢之，张嶷往争。夷帅狼岑，槃木王舅，不肯服。嶷禽，挞杀之，厚赏赐馀类，皆安。

南朝梁、陈时期（公元6世纪），一支纳西先民经木里无量河流域，南迁至金沙江上游（今香格里拉县东南部）的三坝地带，至唐高宗时期（公元7世纪），部落集团首领叶古年，夺取了“濮獬蛮”所居住的“三赕”（今丽江坝子），介于吐蕃、南诏夹逢之间，求得生存。贞元十年（公元794年），在唐王朝的支持下，

① 《远夷乐德歌》：“大汉是治。与天合意。吏译平端。不从我来。闻风向化。所见奇异。多赐缯布。甘美酒食。昌乐肉飞。屈申悉备。蛮夷贫薄。无所报嗣。愿主长寿。子孙昌炽。”《远夷慕德歌》：“蛮夷所处。日入之部。慕义向化。归日出主。圣德深恩与人富厚。冬多霜雪。夏多和雨。寒温时适。部人多有。涉危历险。不远万里。去俗归德。心归慈母。”《远夷怀德歌》：“荒服之外。土地墝埆。食肉衣皮。不见盐谷。吏译传风。大汉安乐。携负归仁。触冒险狭。高山岐峻。缘崖磻石。木薄发家。百宿到洛。父子同赐。怀抱匹帛。传告种人。长愿臣仆。”

南诏攻破吐蕃神川都督府之地（今丽江）和昆明城（今盐源），纳西族的分布区域从藏族统辖转而纳入南诏的统辖范围之内。

公元 8 世纪，南诏国王异牟寻效法中原封禅文化，设五岳、四渎。其中，以苍山为中岳，以乌蛮乌龙山为东岳，以蒙乐山为南岳，以高黎贡山为西岳，以玉龙雪山为北岳，各建神庙。而北岳神庙①的修建，逐渐开启了后来丽江的聚居进程。

《南诏野史》[322]：封岳渎，以叶榆（大理）点苍山为中岳，乌蛮乌龙山（拱王山，又称轿子雪山）为东岳，银生府（景东）蒙乐山为南岳……越赕（腾冲）高黎贡山为西岳，巂州雪山玉龙山为北岳。封金沙江石下，祀在武定州，兰沧江祀在丽江府，黑惠江祀在顺宁府，怒江祀在永昌府，为四渎，各建神祠。

《元一统志》[309]：雪山庙，唐南诏蒙氏封是山为神祠，其神号日北岳安邦景帝。

唐宋时期，在今丽江大研古镇的范围内散布着几个半农半牧的纳西人村寨，这些村寨以纳西东巴②图腾而命名，如川底瓦（鹿地村）、巴瓦（蛙村）、阿余灿（猴子村）、拉日灿（有虎威的蛇村）等。至五代、辽宋时期，纳西族势力开始独立发展，宋仁宗时，纳西族酋长牟西牟磋自立为“摩挲诏大酋长”，雄踞滇西北。南宋宝祐元年（公元 1253 年），忽必烈率蒙古军队入侵大理，兵过摩娑诏，时任酋长阿琮阿良亲至剌巴江迎接，并跟随忽必烈攻打大理，获封土司。元宪宗四年（公元 1253 年），朝廷于罗波城（今金沙江泮石鼓镇）设置“茶罕章管民官”，至元八年（公元 1271 年），茶罕章管民官改置为茶罕章宣抚司，宣抚司之职由阿琮阿良之子阿良阿胡担任，治所仍在罗波城。

至元二十二年（公元 1285 年），丽江路宣抚司治所为统治地方之便③，由罗波城迁至大研（今丽江城址）。此地南有丘塘关、西有黄山哨、北有雪山关等，外围则有九河关、石门关、金沙江作为天然屏障（图 6.24），经过阿琮阿良到阿烈阿甲四代经营，大研古镇初具规模。此间，他们开凿西河，沿河布街，且将今四

① 古时的北岳庙曾屡建屡毁，现存建筑重建于清代晚期，位于丽江古城北 10 公里的白沙古镇。白沙古镇是木氏家族的发源地，木氏祖先就在这里修建了白沙街和北岳庙，一直到明代初（公元 1383 年）木氏家族才迁到大研镇今天木府所在地。

② 东巴教起源于原始巫教，同时具有原始巫教和宗教的特征。由于经文讲师被称作东巴，故名东巴教。东巴教为中国西南地区的纳西族所普遍信奉。东巴教属原始多神教，主要有祖先崇拜、鬼神崇拜、自然崇拜。宗教活动形式有祭天、丧葬仪式、驱鬼、禳灾、卜封等。

③ 阿良阿胡继任丽江军民宣抚司职务后，所辖领地扩大了，其治所原在地罗波城位于今白沙石鼓镇，依山枕江，挟持在大山大江之间，虽然于战乱年代是一个避乱世求生息的好地方，但却缺少发展余地，且不是其统治地域的理想地缘中心，因此阿良阿胡着手把治所罗波城迁往丽江坝。

方街所在的一片沼泽地修整辟为坪场，设露天市场，把原鹿地村、阿余灿的集市逐渐转移到此。

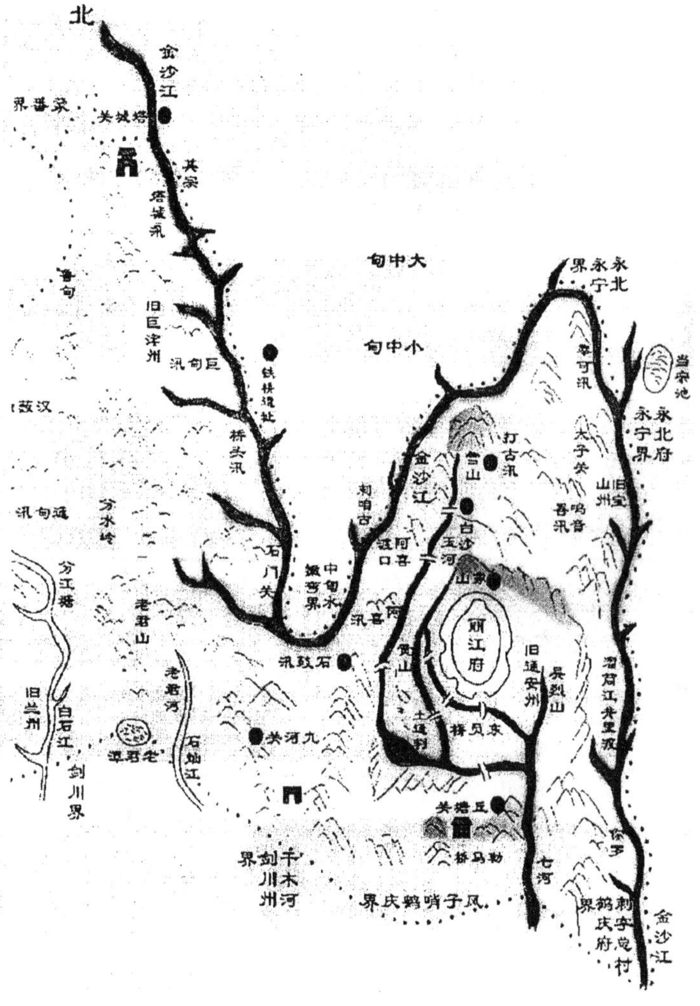

图 6.24 丽江山水格局

Fig.6.24 Shan-shui pattern of Lijiang

资料来源：于洪．丽江古城形成发展与纳西族文化变迁 [D]. 北京：中央民族大学，2007：52.

明洪武十五年（公元 1382 年），为南镇大理、北抵吐蕃，朱元璋钦赐时任丽江宣抚司之职的阿甲阿得以“木”姓，次年，又封赐木得世袭丽江土知府职务，实际掌控丽江地区统治权。自此，大研古镇进入了有史以来的快速扩展阶段：原为土坪场的四方街仿木府印铺设五花石板，联结中河（玉河）老城片区与西河西城片区的中心街场；以四方街为中心向四面八方开辟街巷路径；吸引移民进城，为其划拨宅基地，沿河修建商铺和民居；于古镇西南的狮子山之东侧兴建木府①，三清殿、玉音楼、光碧楼、护法殿、万卷楼、议事厅、仪门、忠义坊，坐西朝东，一字排开（图6.25）。至明末，大研古镇已经具有了相当的规模，居民达千余户[323]。明代著名旅行家徐霞客曾在其丽江游记中描述到："居庐骈集，萦坡带谷""民房群落，瓦屋栉比"，又称木氏土司府署"宫室之丽，拟于王者"，足见当时大研古镇营建的繁荣局面。

图6.25 明代木氏土司府复原图

Fig.6.25 recovery plan of Mu Fu in the Ming dynasty

资料来源：于洪．丽江古城形成发展与纳西族文化变迁[D].北京：中央民族大学，2007：53-57.

顺治十六年（公元1659年），清人入滇，丽江土司木懿投诚，次年批准"仍袭土知府之职，管理原管地方"。清雍正元年（公元1723年），为削弱土司权力，清廷实行"改土归流"政策，设流官知府衙署、东西盘营于金虹山下（避开土司府和四方街），且建造土筑城墙（后因质量粗陋，连年倒塌而毁）围护之（图6.26），并在衙署周围修建了城隍庙、东岳庙、西岳庙、文庙、武庙、丽江府学、雪山书院等。同时，流官废除了明代土司不允许平民修建"瓦房"的规定（平民只能居

① 徐霞客曾言："郡署据其狮子山南，东向临玉河。"

住传统木楞房），使有钱的地主阶级和商人、手工劳动者有机会改善生活居住条件，合院式民居建设遍及大研古镇；另外，流官还主持开挖了东河，开辟东城，搭建出更加完整的水系网络 [324-325]。东城与老城、西城则共同奠定了大研古镇现今的格局和规模（图 6.27）。

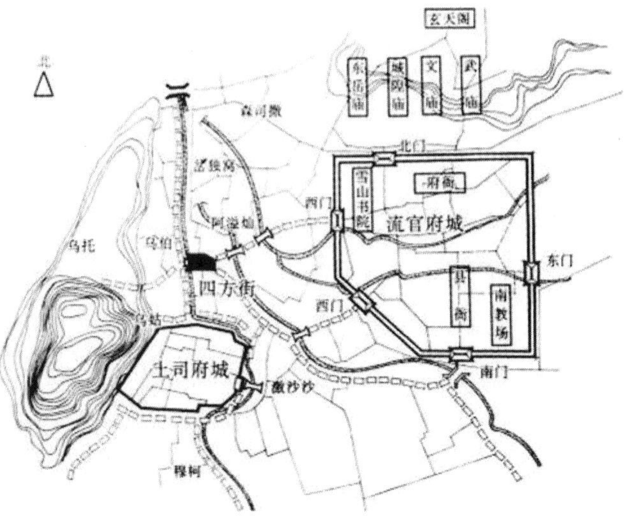

图 6.26　清代丽江古城
Fig.6.26　Lijiang in the Qing dynasty
资料来源：蒋高宸 . 丽江——美丽的纳西家园 [M]. 北京：中国建筑工业出版社，1997.

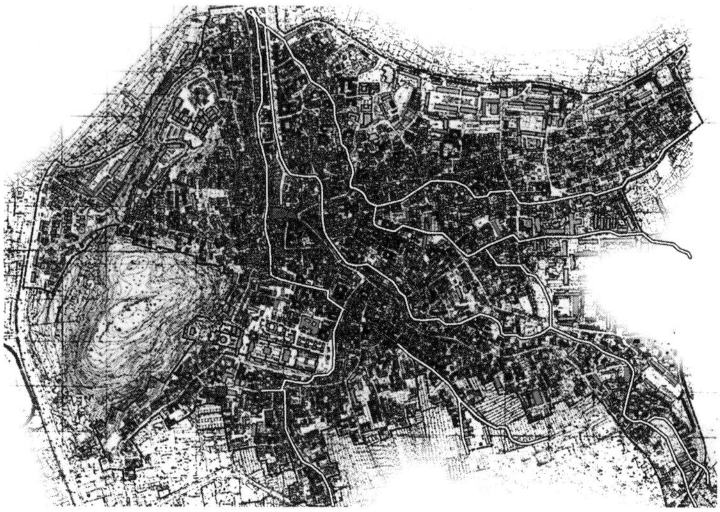

图 6.27　现今丽江古城总平面图
Fig.6.27　plan of Lijiang ancient city
资料来源：丽江市规划局

《光绪丽江府志稿》：在金虹山下旧志丽江旧为土府无城，本朝雍正元年改土归流，总督高其倬巡抚杨名时题请筑土围，下基以石，上覆以瓦，周四里，高一丈，设四门：东曰向日，南曰迎恩，西曰服远，北曰拱极。上皆有楼。又别为小西门，曰饮玉，以便民汲饮，后圮废。

总的来看，无论是纳西族本身所具备的巫文化根基（东巴教），还是南诏效仿中原王朝敕封五岳、四渎，丽江坝子最初的空间境界皆由神性山水主导；元代从罗波城迁居大研，表面上是为政治统治与军事防御提供便利，但同时也寻觅到一处可以藏风得水的风水佳穴；之后的明代，伴随世袭土司地位的确立，木氏以玉龙雪山为祖山，以狮子山为父母山，以三清殿为神庙将神性山水境界进一步呈现；而"木"姓乃由洪武皇帝从"朱"姓中分出，依原始空间哲学之宇宙论，"木"属东方，故木府采取坐西朝东格局，且古城不筑城墙（避免"困"局）；清廷"改土归流"，筑流官府城，取向正南北，乃试图通过注入德性山水压制原本神性山水的地位，但不巧的是，土筑城墙连年倒塌，最后不见，再未修复，只剩下零星的儒家文教建筑（如科贡坊）散落古城，最终融入原初的神性山水。

6.3 自性山水、空性山水、度性山水一般具有嵌入性与不稳定性

除了原始空间哲学、儒家空间哲学，中国人居史思想体系当然还有更加丰富的表达。接下来，让我们将研究视野做进一步扩大，以苏州、杭州、大理为例，分别观察我国历史城市之自性山水，或空性山水，或渡性山水在神性山水、德性山水中的实际存在状态与历史组织关系。

6.3.1 自性山水的嵌入——以苏州为例

道家空间哲学之发端，与魏晋知识人之形态变迁有众多关联（见于2.3.5与4.3.1），其发展脉络离不开中国文人山水画、文人山水诗、文人山水园的复合创作平台。苏州园林，闻名天下，是今人了解自性山水实际存在状态的重要窗口，也是探究自性山水与神性山水、德性山水之历史组织关系的重要途径。

《吴郡图经续记》[326]：苏州，在《禹贡》为扬州之域。《书》云："三江既入，震泽底定。"即此地也。至周，为吴国。始，泰伯与其弟仲雍，皆太王之子，王季历之兄也。泰伯以天下逊其弟王季，乃与仲雍南奔以避之，即其所居，自号"句吴"，吴民义而从之者千余家。当商之末世，筑城郭以自卫，遂为吴泰伯。

《姑苏志》[327]：吴在周末为江南小国，秦属会稽郡，及汉中世，人物财赋为东南最盛，历唐越宋，以至于今，遂称天下大郡……吴中诸山，奇丽瑰绝，实钟东南之秀。

泰伯①奔吴，率民建邦，至武王克殷，泰伯五世孙周章受封，吴地正式成为诸侯国。然周初“制礼作乐”以及后世儒家之“尚礼尊文”，对于这个远离中原的江南水乡而言，似乎是遥不可及的事情。正所谓“江南之俗，火耕水耨，食鱼与稻，以渔猎为业，虽无蓄积之资，然而亦无饥馁”。与此相反，商巫遗留的鬼神祭祀、娱神求仙之术，以及倡导因应顺变、无为自适的道家哲学却在这片灵山秀水之间早早地落地生根。

春秋时，礼崩乐坏，吴国称霸楚越，其城市营建与园林建造步入第一次高潮。吴王阖闾象天法地，自恃苍龙（前文图 2.41），筑造都城（采用“外城、内城、子城”三重城的型制），辟街衢，开河道②，建吴市③，又于大城外立射台，拥华池，猎长洲；吴王夫差立苏台，作天池，泛龙舟，陈妓乐。随着越灭吴，楚并越，勾吴成为楚国大夫春申君黄歇的封邑④。两汉时期，吴地基本延续先秦时代园林发展，但出现了笮家园（笮融）、五亩园（张长史）和陆绩宅院等新的园林品类，即文人私家园林。

《左传》[328]：今闻夫差次有台榭陂池焉，宿有妃嫱嫔御焉。一日之行，所欲必成，玩好必从。珍异是聚，观乐是务。

张衡《归田赋》：仲春令月，时和气清；原隰郁茂，百草滋荣。王雎鼓翼，仓庚哀鸣；交颈颉颃，关关嘤嘤。于焉逍遥，聊以娱情。

至魏晋南北朝时期，长期的政治动荡催生了道家哲学复兴及其空间实践，从帝王将相到公卿大夫、文人雅士，全国多地掀起了造园风潮，而吴地偏安于江南，文人私家园林也有所建树，如陆氏宅园、顾辟疆园、戴颙宅等。其虽无当时邺城、洛阳、建康园林之华丽，但素朴中深得老庄要旨。之后的隋至中唐时期，苏州的城建与园林活动依然遵循六朝的既有节奏，安静、持续地发展。

沈约《宋书·戴颙传》[329]：聚石引水，植林开涧，少时繁密，有若自然。

左思《招隐诗·二》：经始东山庐，果下自成榛。前有寒泉井，聊可莹心神。

---

① 泰伯，姬姓，周部落首领古公亶父长子，周代诸侯国吴国第一代君主。古公亶父欲传位季历及其子姬昌（即周文王），泰伯偕仲雍让位三弟季历而出逃至荆蛮，建立国家号勾吴。

② （汉）袁康《越绝书》：“从阊门到娄门，九里七十二步，陆道广二十三步；平门到蛇门，十里七十五步，陆道广三十三步，水道广二十八步。”

③ （清）顾震涛编《吴门表隐》：“吴市在乐桥，干将坊即东市门，又东有尽市桥；西市坊即西市门，又西则市曹桥。”

④ 春申君父子的桃夏宫与假君宫也成为后来秦汉郡守的居所，即“太守舍园”。

峭蒨青葱间，竹柏得其真。弱叶栖霜雪，飞荣流余津。爵服无常玩，好恶有屈伸。结绶生缠牵，弹冠去埃尘。惠连非吾屈，首阳非吾仁。相与观所尚，逍遥撰良辰。

隋开皇十一年（公元591年），因反叛骚乱频繁，危及苏州城安全，杨素于苏城西南横山（七子山）与黄山之间另筑城郭，州、县治悉移新廓。隋大业六年（公元610年）京杭大运河南端开通，苏州自此成为江南运河的航运中心。唐武德四年（公元621年）复吴郡为苏州，武德七年（公元624年）治所迁回原址。

安史之乱后，许多逃难的士人迁居吴地。此时的苏州在文化上实现了从自我欣赏到全国瞩目的跨越，即“天子去蜀，多士奔吴”。同时，苏州城市建设也取得了巨大进步，号称“城中大河三横四直，郡郭三百余巷”，“半酣凭槛起四顾，七堰八门六十坊”，同时出现了任晦宅园、孙园、陆龟蒙宅园等一批名园。

刘禹锡《白舍人曹长寄新诗，有游宴之盛，因以戏酬》：苏州刺史例能诗，西掖今来替左司。二八城门开道路，五千兵马引旌旗。水通山寺笙歌去，骑过虹桥剑戟随。若共吴王斗百草，不如应是欠西施。

白居易《九日宴集醉题郡楼兼呈周殷二判官》：半酣凭槛起四顾，七堰八门六十坊。远近高低寺间出，东西南北桥相望。水道脉分棹鳞次，里闾棋布城册方。人烟树色无隙罅，十里一片青茫茫。自问有何才与政，高厅大馆居中央。铜鱼今乃泽国节，刺史是古吴都王。

张继《枫桥夜泊》：月落乌啼霜满天，江枫渔火对愁眠。姑苏城外寒山寺，夜半钟声到客船。

光化元年（公元898年），钱镠据苏州，九年后接受后梁敕封，为吴越王。苏州属吴越国，为中吴府。这期间中原战乱不断，而东南吴越国却相对稳定，加上吴越王钱氏三代“好治林圃”，苏州建城艺术再次进入了一个黄金期。宋太宗二年（公元978年），吴越王钱俶，纳土归宋。之后的北宋推行“文人政治”，又因南宋时全国政治中心再次南移，使得两宋时期的苏州城（平江府）更加繁华，城涌现大量文人雅士①及其园林精品，形成“城园合一”的状态，如乐圃、桃花坞、隐圃、义庄、小隐堂、沧浪亭、招隐堂、秀野堂、窝庐、藏春园、网师园、如村、五柳堂等名园。

南宋《平江图》（图6.28）显示，当时的苏州水网如织，秩序井然，功能齐备（官署、庙宇、街市、居住区、仓库、贡院、坊表等）。

① 范仲淹、苏舜钦、梅尧臣、朱长文、叶梦得、范成大、李弥大等。

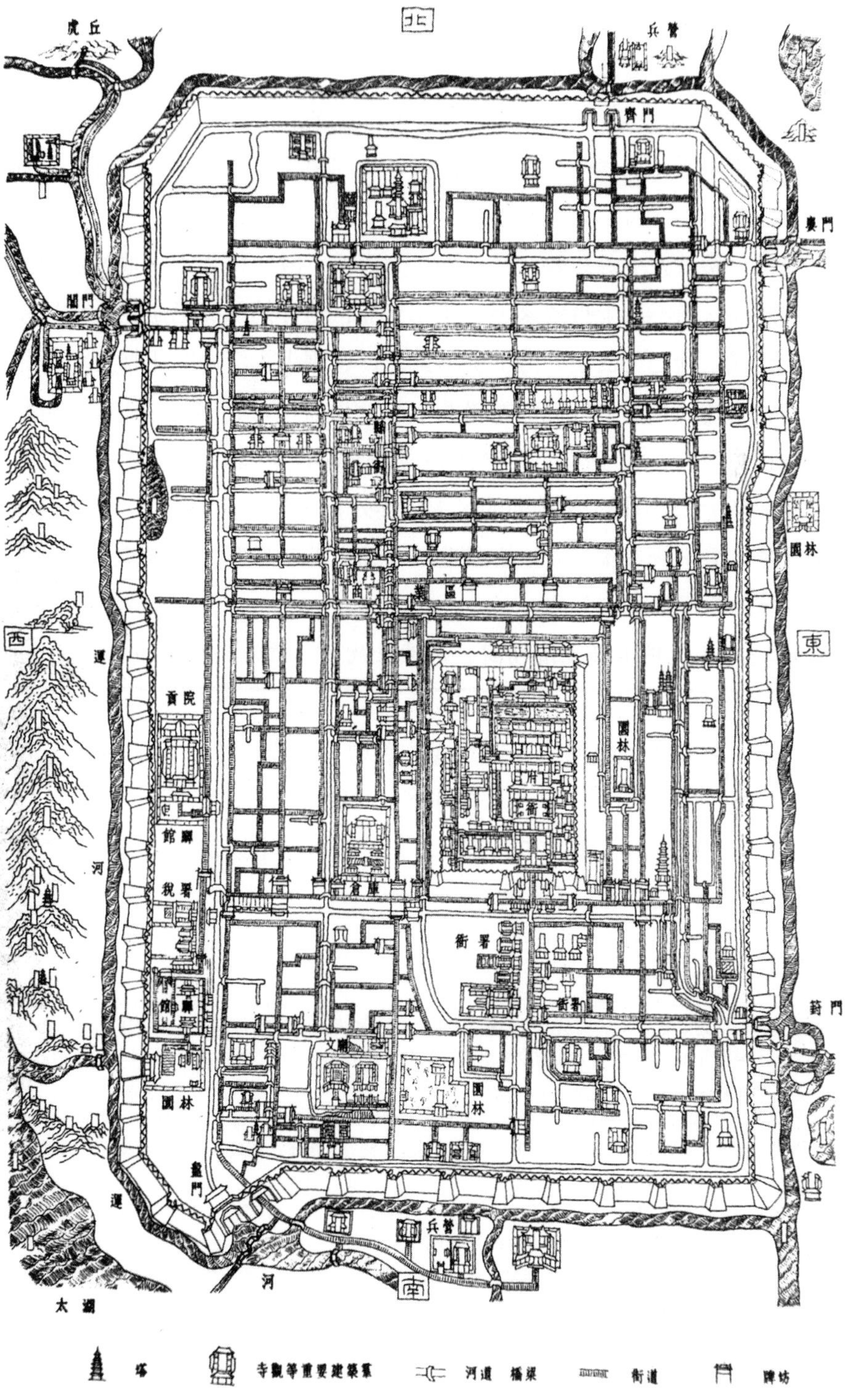

图 6.28　南宋平江图

Fig.6.28　map of Suzhou city in the Southern Song dynasty

资料来源：吴良镛 . 中国人居史 [M]. 北京：中国建筑工业出版社，2014：291.

归有光《沧浪亭记》：钱镠因乱攘窃，保有吴越，国富兵强，垂及四世，诸子姻戚乘时奢僭，宫馆苑囿，极一时之盛。

《吴郡图经续记》：自钱俶纳土……百有七年矣……井邑之富，过于唐世，郛郭填溢，楼阁相望，飞杠如虹，栉比棋布，近郊隘巷，悉甃以甓。冠盖之多，人物之盛。

至元代，蒙古人不善礼教，且视汉人为南蛮，故元代士人之地位较两宋有明显滑落。然而，虽不屑于报效家国、建功立业，但弃儒从商仍是士人们可以选择的出路。元代东南富贾云集，海上贸易繁荣，客观上为江南文化精英参与私家园林营造储备了物质基础，且提供宽松的政治背景。写诗、作画、造园、游园、居园成为一种高尚的生活方式，如：倪瓒的《狮子林图》《耕渔轩图》《水居图》，徐贲的《狮子林十二景图》，杨维桢的《玉山佳处记》等。

李日华《紫桃轩杂缀》[330]：士君子不乐仕，而法网宽，田赋三十税一，故野处者得以货雄，而乐其志如此。

《锡山志》：（倪瓒）日坐清閟阁，不涉世故间。作溪山小景，人得之如拱璧，家故饶赀。

入明后，苏州虽经历朝代更替的战乱浩劫（子城被毁坏），以及洪武时代的恶劣政治环境（《营缮令》① 以及对吴地横征暴敛），但从建文至崇祯，苏州名士②、名园③、名景（图 6.29、图 6.30）辈出，无论在数量上还是质量上，皆达致历史顶峰④。

---

① 《营缮令》（明洪武二十六年）："官员营造房屋不许歇山、转角、重檐、重栱及绘藻井，惟楼居重檐不禁……房舍、门窗、户牖，不得用丹漆；功臣宅舍之后留空地十丈，左右皆五丈，不许挪移军民居止；更不许于宅前后左右多占地，构亭馆、开池塘以资游眺。"

② 明代苏州名士：龚诩、夏昶、杜琼、徐有贞、刘珏、韩雍、陆昶、章珪、郑景行、陈符、吴宽、沈周、王鏊、文徵明、唐寅、祝允明、钱同爱、仇英、王宠、王守、蔡羽、汤珍、彭年、钱榖、陈淳、袁袠、陆师道、周天球、黄省曾、王谷祥、何良俊、杨循吉、文震亨……

③ 明代苏州名园：如意堂（杜琼）、葑溪草堂（韩雍）、小洞庭（刘珏）、有竹居（沈周）、东庄（吴宽）、耕学斋（西山徐氏）、锦溪小墅（陆昶）、玉峰郊居（龚诩）、南园（朱挥使）、可竹斋（王廷用）、晚圃（钱孟浒）、南园（郑景行）、奉萱堂（汤克卫）、素轩（陈宥）、魏园（魏昌）、耕学斋（徐衢）、雪屋（徐麟）、先春堂（徐季清）、停云馆与玉磬山房（文征明）、拙政园（王献臣）、桃花庵（唐寅）、怀星堂（祝允明）、有斐堂（钱同爱）、春庵（顾春潜）、真适园（王鏊）、安隐园（王铭）、且适园（王铨）、从适园（王延学）、薜荔园（徐缙）、本园（徐子）、天平山庄（范允临）、适适圃（申时行）、求志园（张凤翼）、归园田居（王心一）、梅花墅（许自昌）、寒山别业（赵宧光）、东畲山草堂（陈继儒）、弇山园（王世贞）……

④ 据光绪《苏州府志》粗略统计，苏州在周代有园林 6 处，汉代 4 处，南北朝 14 处，唐代 7 处，宋代 118 处，元代 48 处，明代 271 处，清代 139 处。丁应执．苏州城市演变研究——兼评苏州现代化城市建设 [D]. 南京：南京师范大学，2008.

虎跑泉

竹亭

憨憨泉

五圣台

虎丘山塘

跻云阁

图 6.29　明代苏州自然人文风貌（一）

Fig.6.29　Natural and cultural features of Suzhou in the Ming dynasty（A）

资料来源：明 沈周《虎丘十二景图册》（美国克利夫兰美术馆藏）

松庵

悟石轩

生公台

剑池

千顷云

千佛堂云岩寺塔

图 6.30　明代苏州自然人文风貌（二）

Fig.6.30　Natural and cultural features of Suzhou in the Ming dynasty（B）

资料来源：明 沈周《虎丘十二景图册》（美国克利夫兰美术馆藏）

1. 沈周的有竹居

沈周《奉和陶庵世父留题有竹别业韵六首》：比屋千竿见高竹，当门一曲抱清川……一区绿草半区苴，屋上青山屋下泉。如此风光贫亦乐，不嫌幽僻少人烟。

2. 吴宽的东庄

邵宝《东庄杂咏诗》：（竹田）楚云梦潇湘，卫水歌淇澳。吴城有竹田，亦有人如竹。（续古堂）别院青春深，嘉树郁相向。如闻杖屦声，升堂拜遗像。（南港）南港通西湖，晚多渔艇宿。人家深树中，青烟起茅屋……（方田）秋风稻花香，塍间白昼静。主人今古人，田是横渠井……（知乐亭）游鱼在水中，我亦倚吾阁。知我即知鱼，不知天下乐……（振衣冈）崇冈古有之，公独爱其顶。振衣本无尘，清风洒襟领。

3. 文徵明的停云馆

文徵明《甫田集》[331]：急澍涤嚣埃，方墀净于扫。寒烟忽依树，窗中见苍岛。日暮无来人，长歌薙芳草。道人淡无营，坐抚松下石……欲咏已忘言，悠然付千古。迭石不及寻，空棱势无极……怪石吁可拜，修梧净于洗……百卉凌秋瘁，坚盟怜穉松。谁令失真性，屈曲薙鬖松。终然夭矫在，寒月走苍龙……阶前一弓地，疏翠阴蕠蕠。有时微风发，一洗尘虑空。会心非在远，悠然水竹中。

4. 文徵明的玉磬山房

汤珍《文太史新成玉磬山房赋诗奉贺》：精庐结构敞虚明，曲折中如玉磬成。藉石净宜敷翠樾，栽花深许护柴荆。壁间岁月藏书旧，天上功名拂袖轻。草罢太玄无客到，晚凉高栋看云行。

5. 顾春潜的春庵

文徵明《顾荣夫园池》：临顿东来十亩庄，门无车马有垂杨。风流吾爱陶元亮，水竹人推顾辟疆。早岁论文常接席，暮年投社忝同乡。寄言莫把山扉掩，时拟看花到草堂。为爱高人水竹庄，几回系马屋边杨。每开蒋径延求仲，常伴山公有葛强。陋巷谁云无辙迹，城居曾不异江乡。春来见说多幽致，开遍梅花月满堂。

6. 王献臣的拙政园

唐寅《西畴图为王侍御作》：铁冠仙史隐城隅，西近平畴宅一区。准例公田多种秫，不教诗兴败催租。秋成烂煮长腰米，春作先驱两髻奴。鼓腹年年歌帝力，不须祈谷幸操壶。

文徵明《王氏拙政园记》：嘉靖十二年癸巳五月画。图中诸景凡三十有一：曰若墅堂、梦隐楼、繁香坞、倚玉轩、小飞虹、芙蓉隈、小沧浪、志清处、意远台、钓碧水、华池、深净亭、待霜亭、听松风处、怡颜处、来禽囿、玫瑰柴、珍李坂、得真亭、蔷薇径、桃花沜、湘筠隝、槐幄、槐雨亭、尔耳轩、芭蕉槛、竹涧、瑶圃、嘉宝亭、玉泉。

文徵明《饮王敬止园池》：篱落青红径路斜，叩门欣得野人家。东来渐觉无车马，春去依然有物华。坐爱名园依绿水，还怜乳燕蹴菊花。淹留未怪归来晚，缺月纤纤映白沙。

7. 沧浪亭（宋代苏舜钦所有，时南禅集云寺）

王鏊《苏郡学志序》：其间方池旋浸，突阜错峙，幽亭曲榭，穹碑古刻，原隰鳞次，松桧森郁，又他郡所无也。

文徵明《重过大云庵次明九逵履约兄弟同游》：沧浪池水碧于苔，依旧松关映水开。城郭近藏行乐地，烟霞常护读书台。

徐缙《赠镜庵上人》：沧浪池头秋水深，沧浪亭上秋月明。上人栖隐已七十，披衣拥锡倾相迎。竹扉松径自成趣，犹记当年濯缨处。从兹借榻学无生，笑指天花落庭树。

8. 真适园（王鏊）

王鏊《洞庭新居落成》：归来筑室洞庭原，十二峰峦正绕门。五亩渐成投老计，三台谁信野人言。郊原便自为邻里，水木犹知向本源。莫笑吾庐吾自爱，檐间燕雀日喧喧。

王鏊《三月三日庭前白牡丹一枝独开》：红紫休夸锦作堆，瑶华一朵占先开。似从姑射山头见，不减唐昌观里栽。

王鏊《二月真适园梅花盛开》：春来何处能奇绝，金谷梁园俱漫说。谁信吾家五亩园，解贮千株万株雪。

明成化后，苏州古城西北阊门外因紧靠大运河，商贾云集，八方汇聚，取代子城西北部，成为新的商业中心区。入清后，除明末子城毁于战乱，部分水系变更而外，苏州古城基本延续明代格局（图 6.31）。康熙以后，筑园之风再起，数十亩园亭以及小型庭院遍布古城内外。

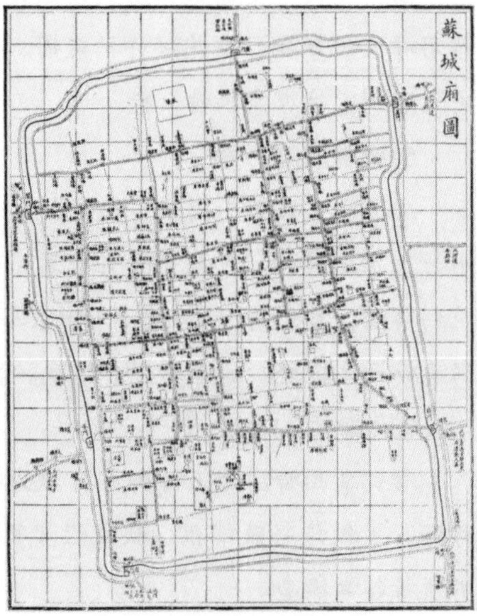

图 6.31　光绪苏州城厢图

Fig.6.31　map of Suzhou city in the Qing dynasty

资料来源：张英霖 . 苏州古城地图 [M]. 苏州：古吴轩出版社，2004.

总的来看，对于远居江南的吴人而

言，仿中原礼制，建德性山水，距离现世生活过于遥远（虽在南宋平江图的子城格局中也略有反映）。春秋伍子胥建阖闾大城时，仍主要从原始空间哲学之宇宙论进路切入，试图绝地天通，压制楚越，称霸中原，首先为苏州奠定了神性山水根基。六朝时期的政治动荡，催生士人对汉儒礼制的反感与反思，进而回归道家，崇尚田园隐居生活，这一风习随着政治中心南移，为苏州剥离了早期的神巫信仰，以文人私家园林为代表的道家空间哲学实践初步涌现，开辟出早期的自性山水。其后的安史之乱、宋室南渡事件故伎重演，乱世中的文人雅士在避难图存的同时，也再次向苏州城注入自性山水的空间创造力。元代汉人地位低下，但总体政治背景还算宽松，加之鼓励商贸，苏州自性山水得以继续生长，至明代中期可谓登峰造极。可以说，吴大城经过约两千年的蜕变，在原先神性山水（与短暂德性山水）的格局里，围绕空间实践主体与园林营造活动之间的不稳定关系①，嵌入无数的自性山水。“扫地焚香澄怀观道，模山范水镂月裁云”的道家空间哲学，长期隐藏于苏州的街巷水系之间，伴随朝代兴替与主人际遇变迁，时如群星闪烁，时如流星飞逝。

6.3.2 空性山水的嵌入——以杭州为例

据前文 3.4.1，中国人居史当中其实还存在过一种极为独特的空间境界，它就是空性山水。它源自佛家空间哲学之般若本体进路（空间修养工夫），而禅宗又是大乘佛教八大宗派中最强调般若学的，故而导致空性山水营造与禅宗思想兴衰之间建立了紧密联系。南宋王朝钦定五山十刹禅寺，应算得上中国禅宗发展史的最高峰。这节以杭州为例（南宋首都临安），试图捕捉空性山水的依稀存在状态。

《读史方舆纪要》[332]：春秋为越国之西境，后属楚。秦汉并属会稽郡。后汉顺帝以后，属吴郡。三国吴分置东安郡治富春，寻罢。晋属吴兴及吴郡。宋、齐、梁因之侯景尝以钱唐为临江郡，富阳为富春郡。陈置钱唐郡。隋平陈，废郡置杭州州初治余杭。开皇十年，移治钱塘。炀帝大业三年，改曰余杭郡。唐复为杭州。天宝初，曰余杭郡。乾元初，复曰杭州。

四五千年前，杭州还是一片浅海，早期的先民在其近郊的良渚、老和山与半山一带从事原始的农业与渔猎生活。其后的杭州始终默默无闻，及至汉景帝四年（公元前 153 年）设西部都尉治，钱塘县的军事地位方有提高。汉魏时期，西湖

① 文人私家园林一般不会一次性成形，是主人长期经营的结果，主人若从中消失，境界则大打折扣。

已为泻湖，而杭州也形成陆地，由东汉郡议曹华信在此筑钱塘。其时已有僧人随战事南下①，江南佛教由此兴起。至魏晋南北朝时，曾经信巫鬼、重淫祀的吴楚之地已然寺院林立，北方的移民更促进杭州文化与经济的发展。

杭州之名始于隋文帝，开皇十一年（公元 591 年）杨素东依凤凰山创州城。其后随着江南运河的开通②，余杭已珍异所聚、商贾云集③。隋唐时，杭州海岸盈缩，加之泥沙冲击，钱塘江口部分地区渐为陆地。景龙四年（公元 710 年），州司马李珣始开沙河，但因江海故地，咸卤之水使百姓苦不堪言。后唐刺史李泌遂凿六井，引西湖水入城，又由刺史白居易疏浚西湖并修筑钱塘湖堤，以蓄西湖之水，城市逐渐繁荣起来，向北推进至今武林门一带。

《地理人子须知》[333]：钱氏以之开数世之基，郭璞占之有兴王之运。天目双峰屹立乎斗牛之上，海门一点横当乎轸翼之间。临安集秀气于轩辕，吴会孕祥光于枢府。会稽、北固，堂堂乎天外之山……四神具足，八景宽容。山势北来，有朝海拱辰之象……上合东宫天市之垣，下接扬州禹贡之域。

古人谓杭州有天市之垣④（图 6.32），大江以南，有天目与海门环绕，天目山天池为侍，京口、姑苏诸泽垣外挹，会稽、北固诸峰则补其垣气。唐末至五代钱镠为吴越王⑤，建都于杭州并谓之西府（越州谓之东府）。此即应郭璞之“天目山前两乳长，龙飞凤舞到钱塘。海门山起横为案，五百年生异姓王”⑥的预言。

图 6.32 杭州天市垣山水格局图

Fig.6.32 Tianshiyuan pattern of Hangzhou

资料来源：作者改绘．底图源自陈同滨．中国古典建筑大图典 [M]. 北京：今日中国出版社，1996.

钱镠在位期间，采取保境安民的

① 《后汉书》卷二·显宗孝明帝纪第二：“十一月，楚王英（好佛）谋反，废，国除，迁于泾县……所连及死徙者数千人。”《高僧记》：“（支谦）汉献末乱避地于吴。”

② 隋炀帝于 610 年疏浚江南运河，至此，北至涿郡（北京），南至余杭（杭州）的隋唐大运河建成。

③ 《隋书·地理志》记述：“吴郡余杭，川泽沃衍，有海陆之饶，珍异所聚，商贾并辏。”

④ 四大垣局者，紫微垣、太微垣、少微垣、天市垣。天市为天帝资财之府，主权术。中有帝座，正临艮地。聚众，帝座居于北面。天市垣共有二十二颗亮星，对应地上的国与城，垣中有 4 门，引四方之水流聚其中。

⑤ 《读史方舆纪要》：“唐末置节镇于此，以宠钱镠。”

⑥ 郭璞《临安地志》。

政策，致力于杭州的建设。在隋府城基础上筑夹城五十余里；于凤凰山东麓建牙城（宫城），有南北东三门，曰“通越”“双门”“和宁”；后又建罗城，城周七十里，城门约有十[①]，其形势南北展而东西缩，旧有僧诫杨行密，此形如腰鼓，击之终不得破[②]；在钱塘江处修建捍海石塘，保护杭州城；又在太湖流域普造堰闸，并鼓励扩大垦田，由是土地膏腴，岁熟丰稔，城市得以安定繁荣。

此外，自南北朝菩提达摩入华始，“直指人心，见性成佛”[③]的禅观，下传五代至六祖慧能，又分“南顿北渐”两宗。唐末至五代时“南禅”成为佛学主流，以江（江西）、湖（湖南）为重地，并派生临济、曹洞、沩仰、云门、法眼等禅门五宗。禅宗的发展经历了由隐遁山林、游化参学到群聚定居、别立禅寺的过程。如前文 4.2.2 所述，唐时百丈怀海禅师别立禅居、另制清规（不立佛殿，唯树法堂[④]），禅宗修法道场丛林制度和修行方式继而确立，极大地影响了唐末至五代禅宗寺院的格局形态。

王维《鹿柴》：空山不见人，但闻人语响。

王维《鸟鸣涧》：人闲桂花落，夜静春山空。

王维《过香积寺》：薄暮空潭曲，安禅制毒龙。

王维《终南别业》：中岁颇好道[⑤]，晚家南山陲。兴来每独往，胜事空自知。行到水穷处，坐看云起时。偶然值林叟，谈笑无还期。

“会昌法难”[⑥]以后，北方其他各宗寺庙破坏严重、元气大伤，而“百丈式”禅宗寺院以其优良的适应性得以大放异彩。吴越钱氏三代奉佛，极大地促进了杭州佛教的发展，其中又以禅学最兴[⑦]。虽然钱氏注重仪轨，使得杭州一时经幢造像

---

① 《读史方舆纪要》：“其城门凡十。南曰朝天，今吴山东麓镇海楼也。宋曰拱北楼。明初复名朝天。北曰北关。其东面之门曰新门。曰南土，曰北土，曰宝德。西面之门曰竹车，曰盐桥，曰西关，曰龙山。宝德则在东面之北，龙山则在西面之南。”

② 《读史方舆纪要》：“杨行密将攻杭州，携僧祖肩密来瞰之。祖肩曰：此腰鼓城也，击之终不可得。”

③ 《续传灯录》：“久参渤潭，潭因问：‘禅师西来单传心印直指人心，见性成佛，子作么生会？’师曰：‘某甲不会。’”

④ 《敕修百丈清规·古清规序》：“不立佛殿唯树法堂者。表佛祖亲嘱受当代为尊也。”

⑤ 道：这里指佛教。

⑥ 唐代后期，由于佛教寺院土地不输课税，僧侣免除赋役，佛教寺院经济过分扩张，损害了国库收入，与普通地主也存在着矛盾。唐武宗崇信道教，深恶佛教，会昌年间又因讨伐泽潞，财政急需，在道士赵归真的鼓动和李德裕的支持下，从会昌二年（842 年）开始渐进地进行毁佛，在会昌五年（845 年）达到高潮，于会昌六年（846 年）武宗死后终止。

⑦ 初期，有伪仰宗慧寂禅师弟子文喜、钱镠请住杭州龙泉廊署，灵枯禅师弟子洪諲法嗣令达大行道化于两浙一带，曹洞宗道膺禅师弟子自新、钱镠筑应瑞院，本空禅师住杭州佛日寺，及临济宗黄粟山希运禅师弟子楚南，被钱镠延请下山供施。中期，钱镠钦慕释道忿之佛理，乃命居天龙寺，钱元瓘创龙册寺，请怤居之，钱弘佐造龙华寺，命释灵照住持，悟真大师居杭州西兴镇化度院，钱王钦之。其后，钱弘俶造大伽蓝请文益弟子道潜居之，弘俶造大报恩寺，请文益弟子慧明住持，以及重创灵隐寺，命延寿禅师主其事等记载。

林立（如雷峰塔），但禅宗哲学与美学[334]（附录L）则在潜移默化地滋养着杭州这座城市的文化发展直至宋元。

北宋太平兴国三年（公元978年），吴越王钱弘归顺于宋，杭州退居到路、州的治所。其间，苏轼两次于杭任通判、知州之职，浚西湖、砌长堤；又引天目山之水自余杭而来，仰注西湖，以灌城市；通运河、修六井，恢复城市水系。城郊均得以迅速繁荣，成“烟柳画桥，风帘翠幕，参差十万人家……市列珠玑，户盈罗绮，竞豪奢”之胜景，宋仁宗赐杭州为“地有湖山美，东南第一州”。南宋建炎三年（公元1129年），高宗避金军，由扬州南渡镇江，召从臣问去留。王渊言金人将据姑苏，其时京口则内外俱亟，帝遂驻杭州，以州治为行宫，升杭州为临安府。至绍兴元年（公元1131年），高宗再次移跸临安，在原州治处扩建行宫。八年（公元1138年），三次驻跸临安，遂定都。

杭州虽有天市之垣，但其龙局则不得全形（图6.33）。祖山天目山出干龙，过黄山大岭之峡，后分南北两脉入城，汇至西湖，有如两龙交度，然而界水分而未合，城中诸水脉络不清，西湖于昭庆左出脉而断北龙，风水造化难成佳境，傅伯通谓之偏安之局①。故皇城就南脉而为城，以凤凰山为主山，形成坐西朝东的格局（图6.34）；城市朝向仍沿袭前代，坐南朝北。

图6.33　南宋临安龙局

Fig.6.33　Longju of Linan in the Southern Song Dynasty

资料来源：作者自绘

仓促建都使得南宋临安无过去帝都之严整道路及功能分区；一条御街将内城北之和宁门与外城武林门贯通，作为城市主轴；绍兴十八年（公元1148年），皇城初具规模。其门有三，南门改曰

① 在皇城选址营建中，傅伯通曾受命堪舆，认为：“顾此三吴之会，实为百粤之冲。钱氏以之开数世之基，郭璞占之有兴王之运。天目双峰屹立乎斗牛之上，海门一点横当乎翼轸之间。”但是“文曲多山，俗尚虚浮而诈；少微积水，土无实行而贪。虽云自昔称雄，实乃形局两弱”。因而得出结论说杭州“只宜为一方之巨镇，不可作百祀之京畿。驻跸仅足偏安，建都难奄九有”。

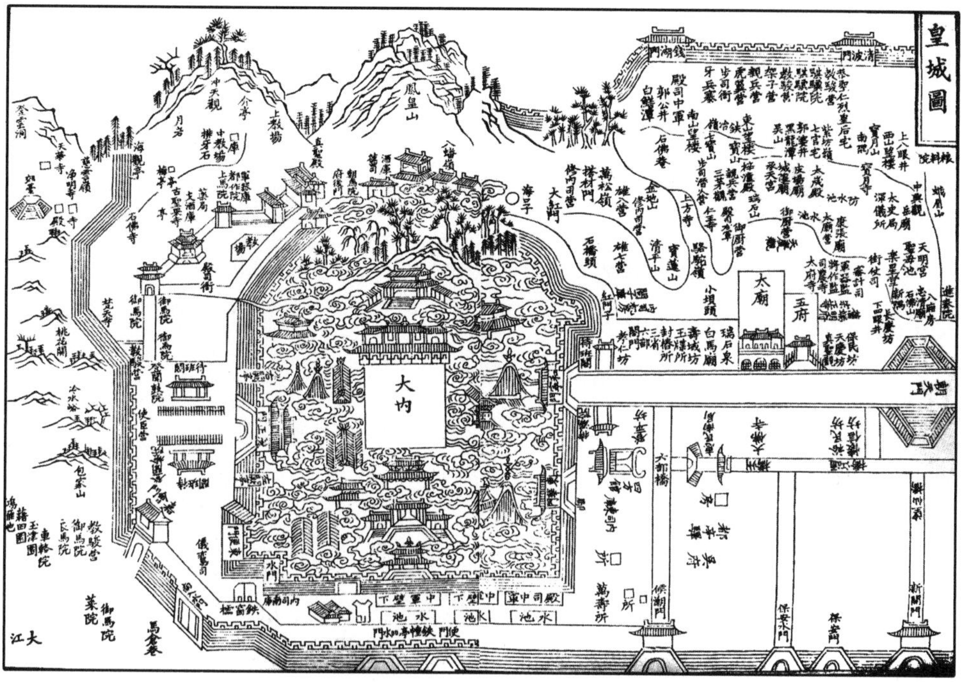

图 6.34 临安内城（皇城）图

Fig.6.34 map of Linan palace in the Southern Song dynasty

资料来源:《咸淳临安志》(南宋)

“丽正”，为大内正门，其前设广场可行天子之仪①；都城的其他礼仪场所则于绍兴十二年始有计划地兴建，至绍兴二十七年（公元 1157 年），各类郊庙宫省始备焉（属于德性山水营造）；绍兴二十八年（公元 1158 年），于皇城东南增加建外城，旱门十三，水门五。（图 6.35）

《建炎以来朝野杂记》[335]：绍兴四年，高宗……始命有司建太庙。十二年，和议成，乃作太社太稷、皇后庙、都择亭、太学。十三年，筑国丘、景灵宫、高媒坛、秘书省。十五年，作内中神御殿。十六年，广太庙，建武学……十九年，建太庙斋殿……二十五年，建执政府……二十七年，建尚书六部、大阅所……而郊庙宫省始备焉。

至宋宁宗时，依史弥远奏请，朝廷品定天下诸寺寺格等级而敕禅宗五山十刹②[336]之制。以五山位为诸禅院之上，十刹次之，三十六甲寺再次之，而临安拥

① 如南宋中前期，每三年一次南郊亲祀，皇帝祭祀天地后返回皇宫，在丽正门前的广场空地上进行大赦仪式。

② 其五山者，临安径山寺、灵隐寺、净慈寺，明州天童寺、阿育王寺；其十刹者，则临安永祚寺，湖州护圣万寿寺，建康太平兴国寺，平江报恩光孝寺，明州资圣寺，温州龙翔寺，福州崇圣寺，婺州宝林寺，平江云岩寺，台州国清教忠寺。

三山一刹①，一时寺院林立，崇佛甚浓②。南宋禅宗之盛行，除了行普度众生之义，也将其强调的“般若空性”本体灌注到临安人居环境的细微领域：

（1）禅茶一味③。茶和禅的真正融合发轫于南宋。当时的临安，几乎寺寺种茶，僧僧品茶。如始建于唐天宝年间的径山寺，就被誉为“陆羽著经之地，日本茶道之源”。嘉定年间，径山寺被列为江南“五山十刹”之首，僧侣达三千人众。适时，日本南浦昭明禅师到径山寺学佛取经，学成后，他将径山寺种茶、制茶技术、茶宴礼仪和台式茶具一起待会日本崇福寺，并在此基础上形成和发展了日本茶道。经统计，在径山寺学法，回日本开宗立派，僧人就有二十六人之多。他们把禅宗和茶道一起带出了径山寺，带出了临安，带出了南宋的疆界。

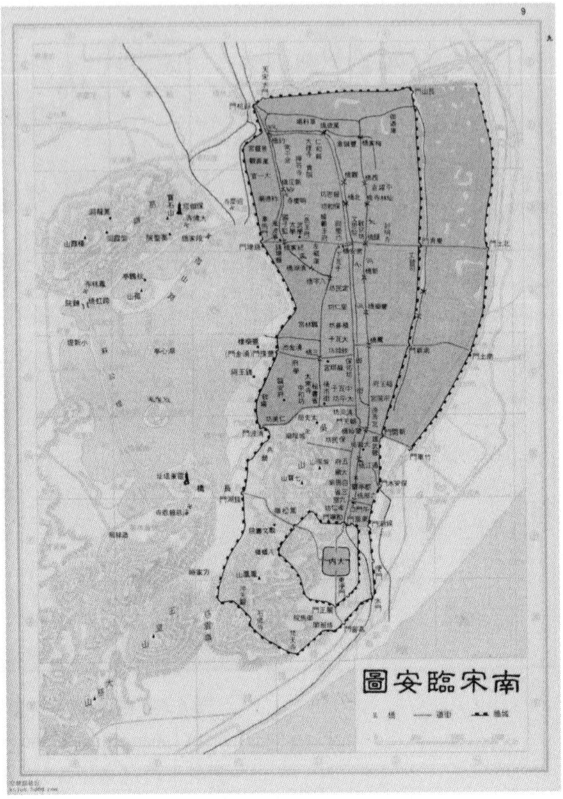

图 6.35　南宋临安图

Fig.6.35　map of Linan in the Southern Song dynasty

资料来源：杭州市规划局

（2）青白瓷。南宋官窑瓷既继承了北宋汴京官窑瓷、河南汝窑等北方名窑端庄简朴、釉质浑厚的特点，又吸收了南方越窑、龙泉窑等名窑之薄胎厚釉，釉面莹沏，素有“青如天（白如玉）、明如镜、薄如纸、声如磐”的简淡审美取向（图 6.36）。虽然北宋汝窑的烧制继承五代后周世宗御窑（柴窑）“雨过天青云破处”的特点，

① 临安径山寺、灵隐寺、净慈寺位列五山，永祚寺归为十刹。其中“径山名为天下东南第一释寺”（《径山兴圣万寿禅寺重建碑》）。

② 《送慧勤归余杭》：“越俗僭宫室，倾资事雕墙。佛屋尤其侈，耽耽拟侯王。文彩莹丹漆，四壁金焜煌。上悬百宝盖，宴坐以方床……一撰费千金，百品罗成行。晨兴未饭僧，日晨不敢尝……余杭几万家，日夕焚清香。烟霏四面起，云雾杂芬芳。”《雪斋记》：“杭，大州也，外带涛江涨海之险，内抱湖山竹林之胜，其俗工巧，羞质朴而尚靡丽，事佛为最勤，故佛宫室，棋布于境中者，殆千有余区。”《梦粱录》：“诸录官下僧庵，及白衣社会道场奉佛，不可胜纪。”

③ 苦（苦谛）、静（戒定慧）、凡（平凡与觉悟）、放（放下）。

景德镇窑青白釉贯耳瓶

定窑白釉银扣斗笠碗

龙泉窑青釉把杯

龙泉窑青釉器皿系列（鬲式炉、簋式炉、渣斗）

龙泉窑青釉器皿系列（花莲瓣纹碗、钮盖罐、经瓶、六角扁瓶）

图 6.36 南宋陶瓷

Fig.6.36 ceramics in the Southern Song dynasty

资料来源：笔者自摄于浙江省博物馆“中兴纪胜：南宋风物观止展览（2015 年）”

刻画流变之气，书写道家意旨，得徽宗青睐。但随着南宋禅宗的盛行，乃至陶瓷茶具与禅宗美学的结合，南宋青白瓷创作也开始渗透出禅宗清澈寂静的现象空观。

（3）禅画。南宋时期，在禅宗传入日本的同时，许多文物也一起漂洋过海，直到今天，它们都是日本各大博物馆及寺庙的珍藏。较为特别的是，在中国传统画论中，有一些几乎要被遗忘的南宋画家，却对日本文化产生了深远的影响。如南宋宁宗年间，宫廷画师梁楷（外号“梁疯子”）创造出一种不同于以往山水画的奇特画风——简笔。它虽被后来的元代文人批评为草率墨戏，但在日本，梁楷的诸多真迹都成为国宝级文物。还有一位神秘的南宋僧人牧溪，他的画在中国士大夫那里也没有遇到知音，却被盛行禅宗的日本人所青睐。幕府曾经将收藏的中国画按照上、中、下三等归类，牧溪的画都被归为上上品。类似的画家还有玉涧、夏圭、马远、智融等，他们常以禅宗哲理与美学入画，采用简淡画风，表自然山水之空寂（图 6.37、图 6.38）。历史学家陈寅恪先生曾指出：“华夏民族之文化，历数千载之演进，造极于赵宋之世。”这当中，我们不能忽略南宋禅宗的深刻影响。

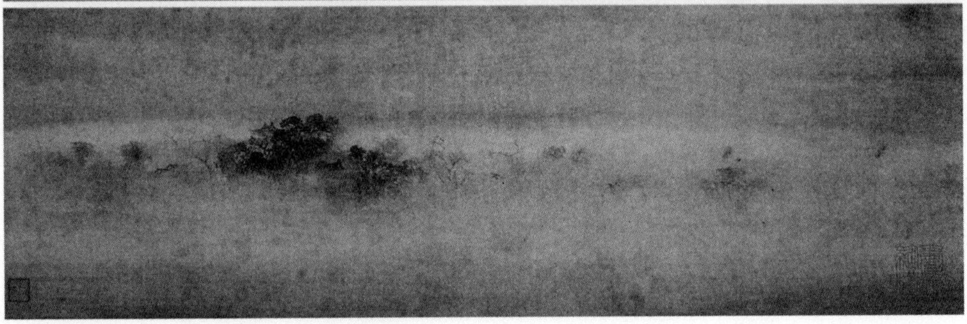

上：南宋 牧溪《远浦归帆图》日本京都国立博物馆藏
下：南宋 牧溪《烟寺晚钟图》日本畠山纪念馆藏

图 6.37 南宋禅画（一）

Fig.6.37 Zen painting in the Southern Song Dynasty（A）

资料来源：网络获取，馆藏如图

元至元十三年（公元 1276 年），元既取宋，临安降为省府，为昭天下一统而禁修城，又谓西湖亡吴宋而任其荒[①]，战火中的原南宋的宫殿官府则屡遭洗劫，后因漕运所需，对京杭运河进行疏浚，促进了杭州商业经济的再度兴盛。元至正十九年（公元 1359 年），张士诚据杭州，广征民众昼夜并工，于三月之内重筑城墙，并截凤凰山州治于城外。城门有变，但仍为十三，为后明清城之基础[②]。元至正二十六年（公元 1366 年）李文忠奉旨攻下杭州，十年后，在原江浙行省署旧址（清河坊）置浙江承宣布政使司。

明正德三年（公元 1508 年），元时废弃不治的西湖早已为农耕之地，时任郡守的杨孟瑛力排群议，毁民田荡三千四百余亩，益苏堤，又筑杨公堤，湖始复唐宋之旧。元时江南寺庙袭宋时五山十刹之制，并又设“五山之上”[③]。明后，江南

① 《嘉靖仁和县志·卷一·城》载，当时朝廷下令“禁天下修城，以示统一，而内外城日为居民说平”。并认为“西子亡吴，西湖亡宋，事同一辙。”

② 明带代“周减六之一，门省为十”，即今所谓杭州十城门。清城墙基本袭明制，康熙五年（1666 年）永昌门被毁，建望江门。

③ 使甲刹第二的金陵大龙翔集庆寺独冠五山之上。

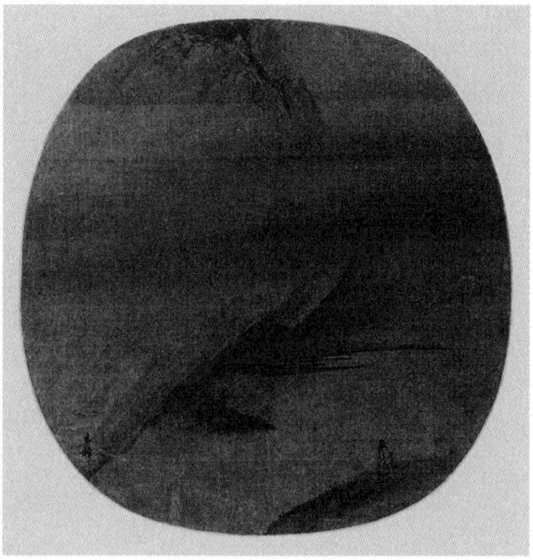

左上：南宋 梁楷《泽畔行吟图》
纽约大都会博物馆藏

左中：南宋 梁楷《八高僧故事图·圆泽禅师》
上海博物馆藏

右上：南宋 梁楷《雪景山水图》
日本东京国立博物馆藏

左下：南宋 夏圭《雪溪放牧图》
日本东京国立博物馆藏

图 6.38 南宋禅画（二）

Fig.6.38 Zen painting in the Southern Song Dynasty（B）

资料来源：网络获取，馆藏如图

禅寺兴衰变迁，以“四大名山”①之说取代原有寺格等级制度。清顺治五年（公元1648年），巡抚萧起元于城内筑满城，驻守八旗精兵以镇民乱，称“旗下营”，建城门六，并有水门三，以通浣纱诸河。

总的来看，“两龙交度，口含明珠”之山水格局，为杭州奠定了神性山水根基，然北龙残断，山水环抱之势较难形成②，故宋室南渡时仅依“南龙”坐西朝东获得偏安之局，同时营造德性山水。但在神性山水、德性山水的主体空间境界之背后，杭州还暗藏着一条稀有且不稳定的空性山水踪迹。一方面，继南朝、隋唐、五代、北宋之佛教发展，南宋朝廷设“五山十刹”对禅宗丛林进行政治支持，虽增设佛殿，仍重视法堂的学修功能，禅寺所在的山水环境被赋予了般若本体；另一方面，从繁华转逝、家国伤痛中领悟到的禅宗空观，增进了当时僧人、士人乃至帝王之生活态度的转向，使得某些处于微观人居环境层次的绘画、器物、诗词等（南宋临安是否有枯山水营造活动仍有待考证，不过南宋陆游之《作盆池养科斗数十戏作》③提到了“盆池”，透露了唐代空性山水至南宋的文化遗留），逐渐从隋唐的华丽豪放迈向一种极为精致的静默空寂，空性山水境界随之闪现。然而遗憾的是，南宋临安之空性山水踪迹随着元、明、清三代文化的世俗化倾向逐渐被世人淡忘，如今我们只能通过残存的文物，与大约同时代的日本禅宗之空间文化创作（图6.39）去体悟其精微造化。

图6.39 梦窓疎石④营造之京都天龙寺空性山水

Fig.6.39 Prajna Shan-shui of Kyoto Dragon Temple by Muso Soseki

资料来源：网络收集

① 佛教四大名山：山西五台山、浙江普陀山、四川峨眉山、安徽九华山，分别是文殊菩萨、观音菩萨、普贤菩萨、地藏王菩萨的道场。

② 《钱镠传》：“时将筑宫殿，望气者言：‘因故府大之，不过百年；填西湖之半，可得千年。’钱镠笑曰：‘焉有千年而其中不出真主者乎？奈何困吾民为！’遂弗改造。”

③ “小小盆池不畜鱼，题诗聊记破苔初。未听两部鼓吹乐，且看一编科斗书。”

④ 梦窓疎石（1275-1351年）：镰仓至室町时代日本临济宗僧人，为宇多天皇九世孙，公元1339年任京都天龙寺开山住持，在寺内营建了方丈庭园。

6.3.3 度性山水的嵌入——以大理为例

结合 3.4.1 与杭州的例子就能发现，空性山水境界在中国人居史当中应是极为少见的，或因禅宗空观很难得到世俗价值与儒家入世态度的认同，或因空性山水境界与空间实践主体的关系过于紧密，故在历史上很快瓦解。但佛家空间哲学的境界呈现还有另外的形上学进路，即参照轮回宇宙论知识与菩提本体价值，进行空间修行，营造“度性山水”。藏传佛教地区以大昭寺为中心构建山河大地上的曼陀罗属此例，前文引北魏洛阳、四大佛教名山、西藏桑耶寺、承德普宁寺、颐和园须弥灵境等仍属于此例。佛教作为外来宗教，对中国传统空间文化的影响毕竟有限，除了部分藏传佛教地区，“度性山水”仍是以“嵌入”的姿态与其他空间境界类型建立关系，大理古城就是这样一个缩影。

《云南苍洱境考古报告甲编》[337]：苍山坡上，凡经古人居住之地，必有阶梯式之平台。台之边周，自数里以外，或高山顶上遥望之，极为清楚，至近处反不易辨明……史前遗址所在，多为山之缓坡。每址包含四五台，至十余台不等，每址居民，散处各台上，不相连接……营其附近之农田。

早在新石器时代，洱海周边的先民在洱海平面以上大约 500 米的缓坡地带聚居，依溪水建宅。殷末周初，洱海地区步入“青铜时代”，但其社会发展依然处于一个较低的水平，与 5 个世纪前就已步入“青铜时代”的中原地区不可相提并论。

从东汉开始，束发耕田、聚邑而居的靡莫族从洱海经楚雄向滇池地区发展。元封二年（公元前 109 年），西汉王朝发巴蜀兵数万人击劳浸、靡莫，滇王降汉，遂设益州郡。“后数年，复并昆明地”，在大理地区设置了叶榆、云南、邪龙、比苏 4 县，属益州郡管辖，从此大理地区正式纳入汉王朝的疆域。

《汉书》[187]：叶榆，叶榆泽在东，贪水首受青蛉，南至邪龙入仆，行五百里。

公元 265 年西晋王朝建立，为了加强对云南的统治，泰始七年（公元 271 年）晋王朝把蜀汉设立的南中四郡分化出来，设立宁州。大理地区分属宁州的云南、永昌二郡。魏晋时期，宁州“大姓”和“夷帅”势力发展很快，此后由于二者间的相互兼并，至东晋末年仅存爨氏“大姓”集团。西晋太安二年（公元 303 年）宁州战乱，西爨势力遂向洱海地区发展。唐武德四年（公元 621 年）在接近洱海地区的姚安一带设立云南郡，公元 664 年又改为姚州都督府，从而进一步加强对洱海地区的控制，大理归属姚州都督府统管。值得注意的是，从秦汉至唐初，洱海地区的行政建制虽然经历多番变迁，但本质上仍是地方自治的羁縻政策①，其城市发展仍处于从游牧经济与部落社会逐渐向农业经济与封建社会转变的阶段②。另一方面，由于秦汉历时数年开通了从四川至印度的蜀身毒道，“五尺道”“灵关道”“博南古道”均在这里交汇，大理成为该通道的核心枢纽，此后中原文化与由印度、吐蕃传入的佛教便在这里融合与发展③。

隋唐之际，洱海地区分布着“河蛮”（白蛮）和“六诏”（乌蛮）两大部落，“六诏”即蒙舍诏（南诏）、蒙巂诏、施浪诏、浪穹诏、邓赕诏、越析诏。开元二十五年（公元 737 年）南诏皮罗阁击败河蛮而得其地，此时唐王朝为制约吐蕃对南诏进行扶持，而南诏也由此得以统一六诏④。其后原河蛮之地的太和、阳苴咩、大厘⑤均曾作为南诏都城（图 6.40）。

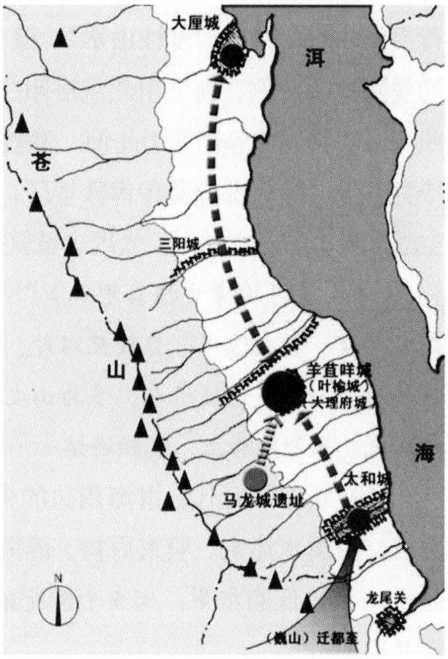

图 6.40　南诏三城址示意图

Fig.6.40　Sketch of three capitals’ location of Nanzhao

资料来源：张贤都．西南山地典型古城人居环境研究——云南大理古城 [D]. 重庆：重庆大学，2010：50.

公元 739 年皮罗阁将南诏政治中心由巍山迁至洱海西岸，建都太和城（今大理古城南），以山河为界，城东西以苍山和洱海作为屏障，在苍山佛顶峰处以内城金刚城为点，向东呈“V”砌筑南北城墙。在山水相连、地势险要的上、下两关处，设龙首关与龙尾关⑥，有“南北金锁把天关”之势[338]。

天宝战争后，基于形胜⑦思想，南诏

① 《汉书·食货志》：“以其故俗治，无赋税。”对地方首领赐封官职，一方面用军事手段和政治压力加以控制，另一方面以经济和物质的利益给予抚慰，从而达到笼络控制的目的。

② 《史记》：“其外西自同师以东，北至叶榆，名为巂、昆明，皆编发，随畜迁徙，毋常处，毋君长，地方可数千里。”《华阳国志·南中志》：“云南郡……土地有稻田畜牧，但不蚕桑。”

③ 《南诏图传》：“敕大封民国圣教兴行，其来有上，或从胡梵而至，或于蕃、汉而来，弈代相传，敬仰无异。”

④ 《旧唐书·南蛮传》记载了公元 738 年唐王朝表彰南诏统一诸诏的功绩：“诏授特进，封越国公，赐名归义，其后破洱河蛮，以功策授云南王。”

⑤ 大厘于公元 784-787 年及公元 827-849 年曾作为都城。

⑥ 龙口城在太和城北约 32 公里处，于皮罗阁时期建造。至阁罗凤时又在太和城南面约 13 公里处，西洱河（洱海的出口）北岸筑“龙尾城”。

⑦ 《南诏德化碑》：“耀以威武，择胜置城。”

王异牟寻将都城由太和迁至大厘，但最终于公元779年选择在阳苴咩城（今大理古城西）基础上扩建新都。其时，异牟寻仿照中原政权的做法，将南诏境内的名山大川敕封为五岳四渎，苍山（又称点苍山）被封为中岳。苍山龙脉一字排开，顺置十九峰十八溪，从龙脉腰部之“正中”的中和峰结穴，向东略经转折，发出几座山峦后展开大帐，结局地势舒缓开阔；前临诸水会聚的洱海，十八溪在明堂前汇聚。城市依此立局，风水中谓其龙局为“腰落局”①（图6.41），谓其水局为“聚水局”。又在都城南北设城墙，墙外又有龙溪、桃溪为堑②。

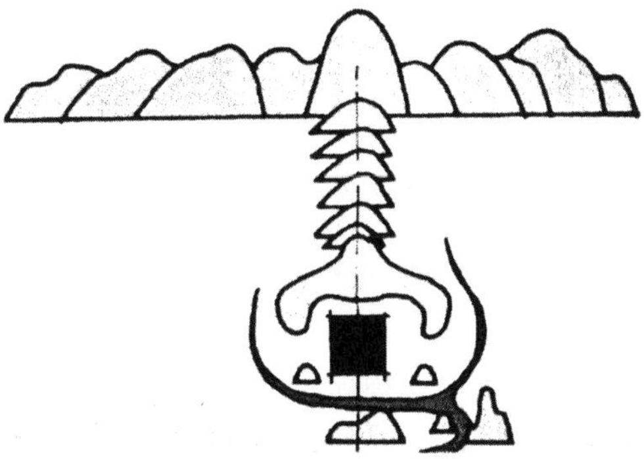

图6.41 落腰局

Fig.6.41 Luo Yao Ju

资料来源：杨柳.风水思想与古代山水城市营建研究[D].重庆：重庆大学，2005：247.

《大理行记》[339]：至大理，名阳苴咩城，亦名紫城，方围四五里，即蒙氏第五主神武王阁罗凤赞普钟十三年甲辰岁所筑，时唐代宗广德二年也。自后郑、赵、杨、段四氏皆都其中。是城也，西倚苍山之险，东挟洱水之阨，龙首关於邓川之南，龙尾关於赵睑之北；昔人用心，自以为金城汤池，可以传之万世。及天兵北来，一鼓而下，良可叹哉！此非在德不在险之明效大验欤？

《云南志》[340]：大和城、大厘城、阳苴咩城，本皆河蛮所居之地也。开元二十五年（737年）蒙归义逐河蛮，夺大和城。后数月，又袭破咩罗皮，取大厘城，仍筑龙口城为保障。阁罗凤多由大和、大厘、邆川来往。蒙归义男等初立大和城，以为不安，遂改创阳苴咩城。

至迟在唐初，密宗③由梵僧经蜀身毒道传入南诏，后与吐蕃及中原佛教以及当地文化相融合，形成了密宗阿托力教。南诏时期，以密宗阿托力教为主流的佛教已在国内盛行。由于南诏战事频繁，梵僧助战被视作取胜关键④，在南诏朝廷的

---

① 从龙脉的腰部结穴，同横骑龙局相比，出脉较长，而又比单独发出一支龙短，必须从龙脉上发出几座山峦并张开大帐，结局的地势比较舒缓开阔，这样的结局，称为落腰局。

② 《民国大理县志稿》：“按阳苴咩城以山河为界，南顺龙溪北河沿，北顺桃溪南河沿。”

③ 密宗作为佛教的新派别，是由大乘佛教的一支与印度教（婆罗门教）和印度民间信仰结合而成，其具有严密的咒术、礼仪、民俗信仰，推崇三密同时相应就可以“即身成佛”的修行方式。

④ 《南诏野史》记载天宝战争依靠韩陀僧用钵法制胜于唐，唐《云南志补注》有描述僧人助战的场面：“咸通四年正月六日寅时，有一胡僧，裸形，手持一仗，束白绢，进退为步，在安南罗城南面”，万历《云南通志》也记载：“南诏孝桓时，僧（尹嵯酋）以功行著闻，诏与吐蕃战……持咒助兵，吐蕃见天兵云屯，遂奔北”。

地位很高。其中杰出者被封灌顶国师，活跃在国家的政治军事舞台上，充任各级行政职位；佛寺中的僧人还为儿童传讲佛经。

《大理行记》：此邦之人，西去天竺为近，其俗多尚浮屠法……凡诸寺宇皆有得道居之。得道者，非师僧之比也。师僧有妻子，然往往读儒书，段氏而上有国家者设科选士，皆出此辈。《云南图经志书》[341]：僧有二种，居山寺者曰“净戒”，居家室者曰“阿吒力”。

南诏的统治者均皈依佛教①，大量使用僧人为官（如即梵僧赞陀崛多），兴建了大量的佛教建筑（如大理崇圣寺、罗荃寺，姚安兴宝寺），并定期开设道场弘扬密宗佛法。所建庙宇在布局上多为“前塔后殿”的格局，强调佛塔的地位。如位于大理城西北苍山麓的大理崇圣寺②，以矗立于寺前的三大塔为重心，塔和钟楼之后才逐层展开前殿、观音殿和净土庵等殿堂组群。主塔称千寻塔，为十六级方形密檐式空心塔，共有16层，通高59.6米，整个塔身由下至上逐渐内收，愈上愈促，自然收分，呈现秀丽畅快的拱券轮廓，属典型的唐代密檐式塔。与之类似的还有大理弘圣寺塔、大理佛图寺塔等。阿托力教对地方世俗的影响则包括相关民间神话③、对取名的影响（当地多以观音、药师等取名），以及对丧葬形式的影响等（由墓葬改为火葬）。

公元902年，郑买嗣篡位，南诏国亡。其后三十多年，经大长和、大天兴、大义宁三个过渡王朝，于公元937年，由白族贵族段思平建立大理国，仍沿用南诏阳苴咩城。段思平笃信佛教，《南诏野史》中说述：“段思平帝好佛，岁岁建寺，铸佛万尊”即为证明。大理国以儒释（师僧）治国，开科取士亦以儒佛为主④，且以佛家的学说来化解各种社会矛盾⑤。大理国共经23主，其中有9位出

① 南诏王阁罗凤的弟弟阁破和尚，曾在军事和政治中发挥过重要作用。南诏第五代诏王劝龙晟，用金三千两铸佛三尊，送佛顶寺。南诏王第七代王劝丰祐的母亲出家为尼，用银五千两铸佛一堂，又将妹妹越英公主嫁给了来自天竺的梵僧赞陀崛多，并令：“谕民虔敬三宝，恭诵三板，每户供佛一堂，诵念佛经，手枯佛珠，口念佛号，每岁正、五、九月持斋，禁宰牲畜。”第八代王世隆之母段氏也笃信密宗，西昌县的白塔寺为其二人所建。

② 为南诏王劝丰祐时所建，经历代扩建，至宋朝时达到鼎盛，清朝咸丰年间，毁于战火，仅存三古塔。

③ 如佛教初传时期与当地原始信仰斗争的“观音伏罗刹”，还有“观音负石阻兵”“望夫云”“大黑天神”“观音七化”等。

④ 《南诏野史·段实》：“段氏有国，亦开科取士，所取悉僧道读儒书者。”《大理行记》：“师僧有妻子，然往往读儒书。段氏而上国家者，设科选择士，皆出此辈。”

⑤ 《大理古佚书钞·大悔和尚》：“段思平杀杨钊，大义宁王杨干贞夜遁，逃于鸡足山罗汉壁。梵可替干贞落发，赐法名大悔。次晨追兵至，大悔夹于众僧中，未被识破。天福四年，文武皇帝游于鸡足山罗汉壁慧光寺，见一老僧面壁于禅室，貌似干贞。召见，翻衣见背有七星志，果干贞也。思平曰：东川节度，别来无恙。为僧乐乎？大悔曰：东川节度杨干贞罪重如山，肉身活着，魂魄早死，吾得佛力庇护，法名大悔。悔除千孽百过，但依然日夜胆战心惊，吉凶难卜，恭听仁德文武皇帝圣裁。思平曰：既已为僧，知悔必改，大悔则吾何究往事。从今起，可赦尔罪，不再追问。至此，干贞得赦。后为慧光寺住持，后游巴蜀，坐化于峨嵋山。”

家为僧，其间佛教一直不衰，上下崇佛，蔚为风尚，故大理又称妙香国。

《滇略》[342]：世传苍洱之间在天竺为妙香国，观音大士数居其地。唐永徽四年，大士再至，教人捐配刀，读儒书，讲明忠孝五常之性，故其老人皆手捻念珠，家无贫富，皆有佛堂，一岁之中，斋戒居半。

南宋宝祐元年（公元1253年），大理为元军所破。其后行政中心从大理迁到鄯阐城，为中庆路治所（今昆明）。大理则为总管府所在地，继续沿用南诏、大理的宫城建筑，城址并无变动。元朝统一后，佛教净土宗便在大理迅速推崇①。

明洪武十五年（公元1382年），明军攻克大理。战后的城池已是满目疮痍，明朝政府遂在阳苴咩城东的平缓之地新筑大理城②（图6.42）。城池方正，每边约1.5平方公里，城区总面积3平方公里。城墙砖表石里，上筑敌楼，东、南、北、西城门均建翁城，城墙四角建角楼。城门为重楼，可以登临，设四门，东曰通海，南曰承恩、西曰苍山，北曰安远，其中南北城门偏西对称，东西城门相错[343]。中溪、绿玉溪和桃溪的支流回环穿城而过，喻苍山十八涧流下的象征财富的"银水"，造就了城中"街街流水，户户养花"精致。

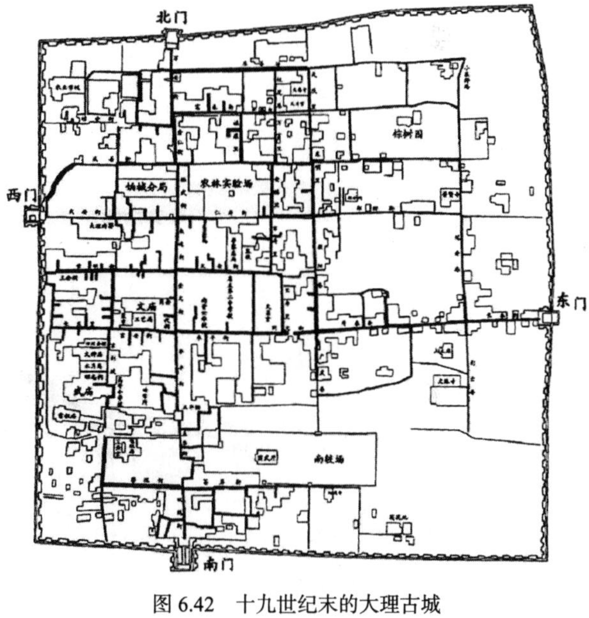

图6.42　十九世纪末的大理古城
Fig.6.42　Dali in the end of the 19th century
资料来源：《大理县志稿》（民国）

明大理城建城之初，坐北朝南的城市布局引起城中文人官员的批评，如李元阳认为其与大理盆地的地理环境不符，指出城池"枕既戾山，襟亦失水，始拘法

① 鹤庆象眠山的元代碑文载："恭闻阿弥陀佛，黄金体相，白玉毫光……实开救济之门，直指往生之路。"此外，大理五华楼亦出土大量元代阿弥陀佛名号的石碑。
② 《康熙云南通志》："明年都督冯诚展东城一百丈。"

制之小得，终亏舆地之大观”① 的弊端。且南北轴线偏西，加之地势西高而东低，城内的衙署、祀典等官方建筑、商业店铺主要沿南北大街两侧分布，城东部主要是菜地、农田和林地。由此形成的南重北轻、西重东轻格局，有悖于礼制中强调的居中、对称的空间秩序感，因此后逐渐将城中重要建筑改为坐西朝东的布局。如明隆庆中将大衙门改向，采取居高临下、主从有序的做法，既利用了自然地形，又遵从了风水原则。

朝向调整后，城市后靠中和峰为主峰，坐苍山形成居高临下之势，“如扶风之椅、龙凤来仪”；云弄峰与斜阳峰左右向护，呈环抱之势、聚集生气；有三溪回环绕城，又有洱海湖水聚气，众水所汇，“气遇水而上”，气不散；五案山（文笔山）为案，低矮平整，九鼎山为朝。到清末，大理城内部地域结构逐步完善，形成了行政、商业、手工业等区域的划分，街道呈井字形相交，南北五条和东西七条，这一布局形式延续至今（图 6.43）。

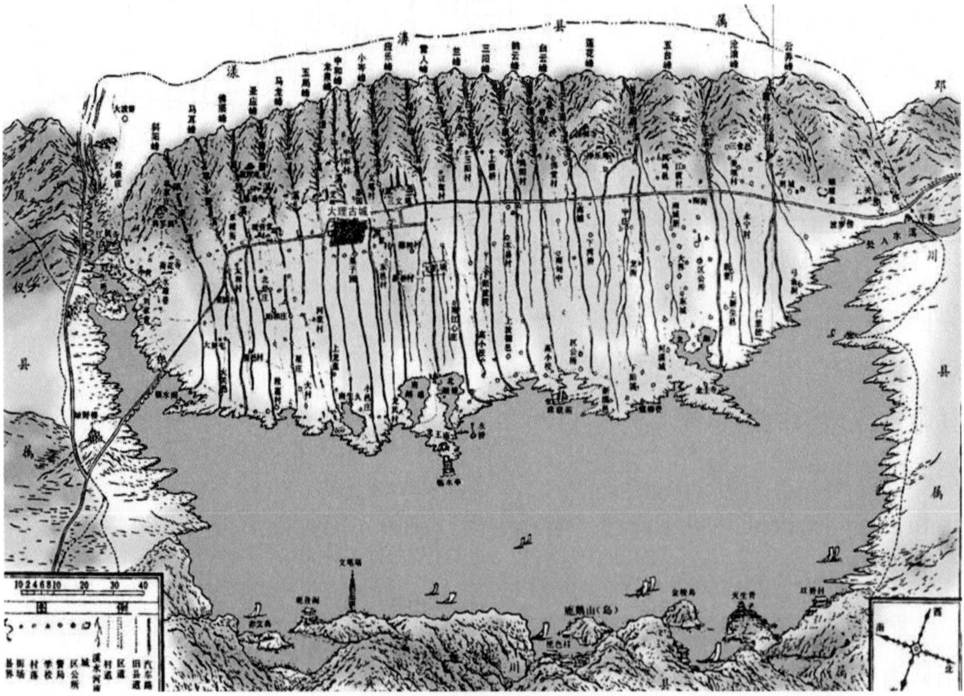

图 6.43　大理古城的山水格局

Fig.6.43　Shan-shui pattern of Dali ancient city

资料来源：薛林编．新编大理风物志 [M]. 昆明：云南人民出版社，1999.

① 《迁建大理府治记》

总的来看，营建大理古城虽起于明代，但其选址则深受南诏国及大理国阳苴咩城之城址基础影响；阳苴咩城，又名“紫城”，以原始空间哲学之宇宙论作为形上学进路，将苍山封为中岳，出腰落局，为典型神性山水；然南诏国与大理国同时笃信密宗，而密宗又是中国大乘佛教八大宗派中最善宇宙论的一支，故以佛塔比“须弥山”，行普度众生之义，为典型度性山水向神性山水之嵌入；元代又受净土宗影响，崇念阿弥陀佛，往生西方极乐世界成为风习；明代大理古城虽试图注入德性山水，但城址地势坐西朝东的态势难以被扭转，所以仍依循阳苴咩城神性山水的大格局，将重要建筑朝向进行调整，清代亦完善和继承。今观大理古城，三塔耸立，梵音仍在（图 6.44），其主体空间境界为度性山水嵌入之神性山水也。

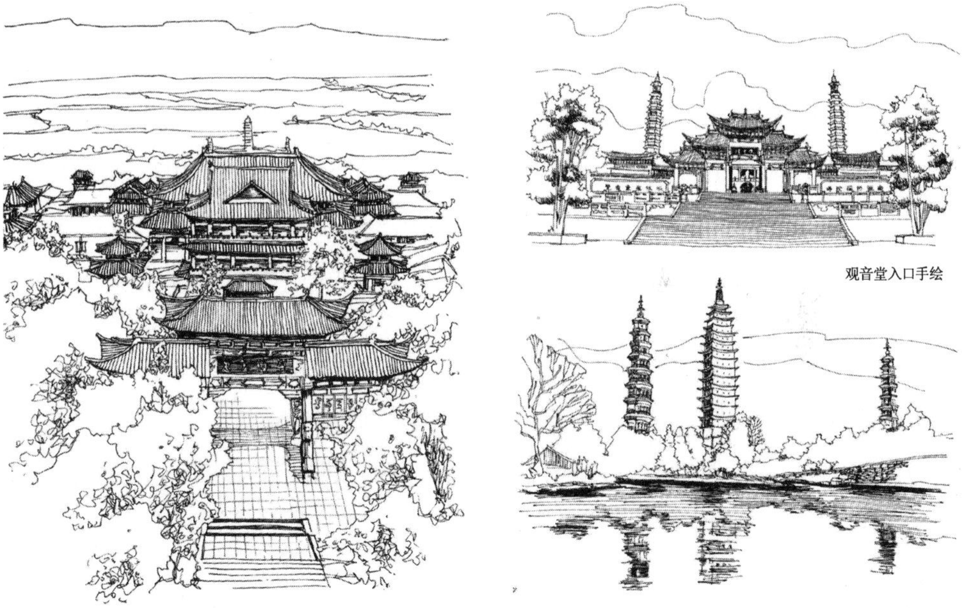

观音堂入口手绘

崇圣寺佛殿手绘

崇圣寺三塔手绘

图 6.44　大理崇圣寺与观音堂意象

Fig.6.44　image of Chongsheng temple and Guanyin temple in Dali

资料来源：重庆大学山地人居环境科学团队

6.4　小结：复合实践体系

论文理论认知部分得出，中国传统空间境界由于形上学类型或进路的不同，可划分为六种类型，即：物性山水、神性山水、德性山水、自性山水、空性山水、度性山水，并且可将它们收归于“显隐山水系统”的总体境界。

而本章则通过对12座历史城市之主要发展脉络与特定历史情景的空间哲学研究，进一步发现，在不同时空背景下，六种空间境界之间其实存在着多样化的历史组织关系，如：伪饰、迭变、重叠、迁就、交错、溶解、嵌入等，其中：

（1）通过观察我国历史城市之物性山水或神性山水的实际存在状态与历史组织关系（以重庆、都江堰、温州、福州、阆中为例），可以得出文化根基决定了物性山水或神性山水是多数实践的初始导向；

（2）通过观察我国历史城市之德性山水在神性山水当中的实际存在状态与历史组织关系（以北京、南京、成都、丽江为例）可以得出德性山水大多基于已有神性山水空间格局的再开发与再解释；

（3）通过观察我国历史城市之自性山水，或空性山水，或渡性山水在神性山水、德性山水中的实际存在状态与历史组织关系（以苏州、杭州、大理为例），可以得出自性山水、空性山水、度性山水一般具有嵌入性与不稳定性。

这说明，在“显隐山水系统”的组织结构中，物性山水或神性山水所扮演的角色始终是基础性的，而德性山水、自性山水、空性山水、度性山水均是在物性山水或神性山水基底之上进行的再叠加与再创作。但是，儒家相较于道、佛还是有所不同。由于儒家思想长期处于传统文化的正统地位（除某些少数民族地区），故即便是叠加，德性山水仍然扮演的是主干角色，并且空间境界相对稳定，而自性山水、空性山水、度性山水由于受众较小，故只能扮演补充性角色。

所以，我们可以归纳出一条较为粗略但波及面甚广的律则，以此形成本文的总体实践认知，即：从汉代至清代，中国传统空间实践主要是以原始空间哲学为根基，儒家空间哲学为主干，道、佛空间哲学为补充的复合实践体系。

7　结论

7.1　研究结论

综观全文，可以得出以下 6 个观点：

（1）山水文化体系在理论上其实具有较为清晰的解释架构；其介入空间实践的过程，可被理解为传统空间实践主体就宇宙论、本体论、工夫论、境界论这四个基本哲学问题（四方架构）进行回答的过程。

（2）空间实践主体所秉持的形上学不同，四个基本哲学问题之答案也就不同；中国哲学具备多元化的形上学，进而导致山水文化体系之理论构成具有多样性与层叠性；巫、儒、道、佛代表了中国哲学史上四套型态鲜明的形上学，其对传统空间实践活动的渗透不可谓不普遍而深刻，由此搭建出的理论认知体系，具有“四重四方架构”的构成样态。

（3）在山水文化体系之多元形上学形态当中，“山水”一直是架构天地万物的“空间枢纽”与价值意识的惯用“比附对象”，这是山水文化体系概念之所以成立的哲学根基，也是传统空间文化将“山水”作为核心范畴的缘故。

（4）传统人生实践与空间实践不仅共用着多套山水形上学，而且具有相同的形上学进路，并能呈现出三种彼此类似的操作模式（人或空间的修炼、修养、修行），致使存有者人格境界与相同形上学体系下的空间境界达成普遍的从属关系。

（5）“显隐山水系统”的生成机制，体现出古代中国人建立“人与自然”之和谐关系的精妙智慧，它同时涉及空间实践的物质领域与精神领域，涵盖六种山水空间境界（物性山水、神性山水、德性山水、自性山水、空性山水、度性山水）。

（6）文化根基决定了物性山水或神性山水是多数实践的初始导向；德性山水大多基于已有神性山水空间格局的再开发与再解释；自性山水、空性山水、度性山水一般具有嵌入性与不稳定性；六种山水空间境界之间存在伪饰、迭变、重叠、迁就、交错、溶解、嵌入等多种历史组织关系；从汉代至清代，中国传统空间实践主要是以原始空间哲学为根基，儒家空间哲学为主干，道、佛空间哲学为补充的复合实践体系。

7.2 思考体悟

当我们基本建立山水文化体系认知时，有一个问题想必是学界乃至业界关心的，即：山水文化体系对于当代空间实践的价值何在？坦白说，笔者之所以没有在主要章节中展开这方面研究工作，一方面由于论文研究重点所限，若论点过多则易造成读者阅读困扰；另一方面因该问题涉及了中国传统文化的创造性转化，属于时代命题，且自身的思考尚不成熟。下面就借文末版面记录研究中[344-354]产生的片段性思考体悟，虽不系统，或有意义，仅供参考：

（1）人居环境科学思想其实包含两套世界观。其一是“全球—区域—城市—社区（村镇）—建筑”①，它源自地中海开放地貌孕育的工商业文明，精神现象历经神学、哲学、科学三个阶段，宇宙论处于不断被证伪状态（地心说—日心说—经典物理—相对论、量子物理……），用智特点为“爱智”和“信主”，运用拼音文字，善于输出哲学和科学。其二是“天下—区域—城镇—街巷—建筑”②，它源自东亚封闭地貌护育的农业文明，完整继承了人类前神学时代的原始思绪，历经数千年精雕细琢而不辍，具有巫、儒、道、佛四套并置的宇宙论，用智特点为“重德”，表达为人际关系的整顿，运用象形文字，善于输出技术与艺术。

（2）如今我们很难去判断哪套宇宙观（全球或天下）更为高明。原因在于它们的产生机制不同。“全球”仰赖科学刻画，仅作事实判断，后补以“人本主义”价值③；“天下”凭借感官体验，在事实判断之后紧接着价值判断，即从宇宙论过渡为价值意识的本体论。人居环境科学思想兼顾两套人居层次系统，本身就是对两种认知方法之差异的肯定，以此解决宇宙观互斥现象。

（3）关于这两套世界观的运行现状：20世纪，西方现代主义所崇拜的理性与

① 吴良镛. 人居环境科学导论 [M]. 北京：中国建筑工业出版社，2001：50.

② “纵观中国人居环境的发展历史，有一个基本观念贯穿始终，这就是中国人强烈的环境观念，这种观念放大而为‘天下’，凝缩而为家园。中国人就在这种观念的指导下，实践着人居的理想，创造了人居的辉煌。这是中国人居史的一个独特现象。”吴良镛. 中国人居史 [M]. 北京：中国建筑工业出版社，2014：494.

③ 自然科学对传统宇宙论的冲击集中体现在：从自然科学出发，再也无法基于宇宙论知识直接获取本体价值。就这一哲学困境，西方文艺复兴运动提供了另一种价值获取途径，即直接笃定人的价值和尊严，把人看作万物的尺度，或以人性、人的有限性和人的利益作为价值判断的准则——人本主义（Humanism）。自然科学与价值判断分道扬镳。

人道，掩盖不住资本主义固有矛盾和危机，两次世界大战爆发，随之后现代主义思潮的兴起（解构语音中心主义和逻各斯中心主义），表明西方知识精英已预见横暴的工商业文明抑或西方文化将走向没落。而1840年鸦片战争以来（洋务运动、甲午战争、辛亥革命、五四运动、新中国成立、改革开放，近180年），中国从农业文明向工商业文明转型，冲突剧烈、改天换地，环境问题、文化问题等也随之涌现，标志着精致的农业文明抑或中国传统文化也已在很大程度上消退遁形。

（4）关于现象世界运行总趋势：138亿年，万物一系演化，从宇宙大爆炸产生的基本粒子，再到氢原子……铀原子……无机分子……有机分子……有机大分子（基因）……单细胞生物……多细胞生物……两性生物……人类，基本体现出功能不断分化、残化、媾和的趋势，越往后发展，存在度越差（递弱），越需要借助更多感应方式及要素来补偿失去的存在度，但无论如何补偿（代偿），亦不能从本质上提升其存在度。于是我们把人类视为具有最高生存效能的有机体犯了一个严重理论错误，人类实际上是生物畸变演化的至弱载体，见证了自然存在的衰变。在精神和社会领域，人类文明的分工体系不断加深，个体世界观、价值观与生存状态加速分化，需要依靠更加复杂的跨界协作来维持整体（如互联网与人工智能），系统性危机逐渐叠加，概括为精神存在和社会存在的衰变。

（5）在此演化困境当中，人类面临继农业文明、工商业文明之后的第三期文明形态建构，而中国有可能做出较大贡献。其一，中国最好地保留了人类农业文明的原始思绪（古埃及、古巴比伦、古印度等人类早期文明均已断裂湮灭），传统中国人崇尚“天一合一”和整体主义，这种觉醒和自觉极为“低明”和“透彻”，而越早期的文化，越具有奠基性、决定性和稳定性，它价值无量。其二，近180年来，中国谦卑地向西方学习，已基本实现工商业文明体系建构，现已拥有全球规模最大、门类最齐全的工业体系，国力强盛，而人类第三期文明从逻辑上讲必然是接续工商业文明形态向后演化。其三，谦卑地学习西方，获得了一项好处，即如果我们能创造性转化数千年优秀历史文化和独立思想体系，具备了一个重大优势，就是以开放心态学习全时段人类文化，使得我们在未来具有了一种强大的弹跳力。

（6）“天无以清，将恐裂；地无以宁，将恐废；神无以灵，将恐歇；谷无以盈，将恐竭；万物无以生，将恐灭；侯王无以正，将恐蹶。故贵以贱为本，高以下为基。”未来中国之空间实践，从“与时俱进”到“返本开新”，在现代空间创作当中更加准确地接受传统的警示和启示，进而调试文明存在度递弱和文明代偿量剧增之自然进程，或许成为中国山水文化体系的当代价值。

巫似春泥
儒似夏日
道如秋风
佛如冬雪

黏黏糊糊
朗朗乾坤
乘云御龙
涅盘寂静

万物有灵
浩然正气
逍遥自适
般若空性

附录

附录 A：回顾钱学森先生提出的山水城市概念及相关讨论情况

1990 年 7 月 31 日，我国著名科学家钱学森先生在给清华大学建筑学院吴良镛先生的信中首次提及“山水城市”概念，原信如下：

> 吴良镛教授：
>
> 我近日读到 7 月 25 日、26 日《北京日报》1 版，7 月 30 日《人民日报》2 版，关于菊儿胡同危房改建为“北京的‘楼式四合院’”的报道，心中很激动！这是您领导的中国建筑大创举！我向您致敬！
>
> 我近年来一直在想一个问题：能不能把中国的山水诗词、中国古典园林建筑和中国的山水画融合在一起，创立“山水城市”的概念？人离开自然又要返回自然。社会主义的中国，能建造山水城市式的居民区。
>
> 如何？请教。
>
> 此致
>
> 敬礼
>
> 钱学森
>
> 1990 年 7 月 31 日

自该信之后，钱学森先生对“山水城市”的总体性意涵进行了阐释（附表 1）。

附表 1　钱学森论“山水城市”

Additional Tab.1　Qian Xuesen’s view on Shan-shui City

材料名称及时间	关键内容
《关于山水城市——给吴翼的信》（1992 年 3 月 14 日）	在社会主义中国有没有可能发扬光大祖国传统园林，把现代化城市建成一大座园林？高楼也可以建得错落有致，并在高层用树木点缀，整个城市是“山水城市”。
《关于山水城市——给王仲的信》（1992 年 8 月 14 日）	把中国园林构筑艺术应用到城市大区域建设，我称之为“山水城市”……有中国特色的城市建设——颐和园的人民化。
《关于山水城市——给顾孟潮的信》（1992 年 10 月 2 日）	要发扬中国园林建筑，特别是皇帝的大规模园林，如颐和园、承德避暑山庄等，把整个城市建成为一座超大型园林，我称之为“山水城市”。
《社会主义中国应建山水城市》（1993 年 2 月 11 日）	我想社会主义中国的城市，就应该：第一，有中国的文化风格；第二，美；第三，科学地组织市民生活、工作、学习和娱乐，所谓中国的文化风格就是吸取传统中的优秀建筑经验。
《关于二十一世纪的中国城市——给鲍世行的信》（1993 年 10 月 6 日）	信息革命的时代……在一座座容有上万人的大楼之间，则建成大片园林，供人们散步游息。这不也是“山水城市”吗？
《关于山水城市概念——给鲍世行的信》（1993 年 10 月 23 日）	我说的是“山水城市”，不是“山水建筑”。所以要研究的问题属城市科学，不是建筑科学，范围要大得多。
《关于为什么对中国古代建筑感兴趣——给中国建筑工业出版社的信》（1993 年 12 月 22 日）	在中国科学院学部委员会议上遇到梁思成教授，谈得很投机。对梁教授爬上旧城墙……我深有感触。中国古代的建筑文化不能丢啊！ 70 年代末，我游过苏州园林……更加深了我对中国建筑文化的认识……再后来读到刘敦桢教授的文集二卷，结合我对园林艺术的领会，在头脑中慢慢形成要把城市同园林结合起来的想法，要建有中国特色的城市。到今年初就提出“山水城市”的概念。
《关于〈城市学与山水城市〉一书给鲍世行、顾孟潮的信》（1994 年 1 月 6 日）	用 Shan-shui City 好，可以引起他们的好奇心。
《关于建设园林化的立交桥小区——给鲍世行的信》（1994 年 1 月 16 日）	这是现代化的中国园林了。
《关于要重视建筑与人的心身状态——给顾孟潮的信》（1994 年 2 月 20 日）	一个极为重要的建设科技问题似未得到重视：即建设环境与人的心身状态……我倡议“山水城市”也是想纠正此偏差。
《关于建筑文化给顾孟潮的信》（1994 年 6 月 8 日）	贝先生的香山饭店不就具有中国风味吗？所以我不同意史建同志……竟把香山饭店归入后现代建筑！什么是新时期中国建筑应有的特征……李永鋕认为中国建筑精神（即“华夏意匠”）表现在群体之中，没有群体，中国建筑将失去异彩。我很同意，我的“山水城市”就有此意。
《关于重庆市建设山水园林城市——给李宏林的信》（1996 年 3 月 15 日）	同志们是否以为搞好园林绿化、风景名胜区，就完成了重庆市的山水园林城市建设任务呢？那可不是我设想的山水城市。我设想的山水城市是把我国传统园林思想与整个城市结合起来，同整个城市的自然山水条件结合起来。所以我不用“山水园林城市”，而用“山水城市”。
《关于山水城市的核心精神——给鲍世行的信》（1996 年 6 月 23 日）	您说“山水城市”的核心精神主要是：“尊重自然生态，尊重历史文化，重视科学技术，面向未来发展，对于这一点一定要全面地、正确的理解，并非搞一些具体的挖水堆山。”这很好！
《关于“山水城市”也是高技术城市——给杨国权的信》（1996 年 6 月 30 日）	“山水城市”还要充分引用现代科学技术成果，也是高技术城市。

续表

材料名称及时间	关键内容
《关于21世纪社会主义中国——给鲍世行的信》(1996年9月29日)	把城市建设分为四级：一级 一般城市，现存的；二级 园林城市，已有样板；三级 山水园林城市，在设计中；四级 山水城市，在议论中……Garden City、Broadacre City、"现代城市"(L. 柯布西耶)、"园林城市""山水园林城市"等等都将为未来21世纪的山水城市提供参考。
《关于要充分发挥高新技术作用——给顾孟潮的信》(1997年6月30日)	我们说的"山水城市"如果不用20世纪21世纪的科学技术，就不可能实现。
《关于山水城市是属于广大老百姓的——给鲍世行的信》(1997年9月7日)	中国的山水文化也是中国古代文化的一部分，因此也只为人口中极少数人所能享受，一般平民老百姓是不能的，所以是大约占人口1%的人的文化！而我们说的"山水城市"则是属于广大老百姓的……这是哲学思想上的根本区别，必须注意。
《关于从园林城市到山水城市——给鲍世行的信》(1997年9月21日)	我国要有山水城市想当在21世纪建国一百周年之际，我们从现在的园林城市、走过山水园林城市这一段，可能要40年时间。
《关于"宏观建筑"与"微观建筑"——给顾孟潮、鲍世行的信》(1998年5月5日)	提高山水城市概念到不只是利用自然地形，依山傍水，而是人造山和水，这才是高级的山水城市。
《关于山水园林城市——给鲍世行的信》(1998年7月4日)	"山水园林城市"是可以做到的，这还是比较容易的一步。有了这一步的经验，就可以进而考虑在没有自然山水的地方建人造的"山水城市"了。
《关于山水城市要有理论指导——给沈福煦的信》(1998年8月6日)	社会主义中国的人民是平等的，因此这个传统决不能照样继承下来，而是取其长，再与现代科学技术成就结合起来，成为中国的现代城市——"山水城市"。
《关于要用马克思主义观点考察城市科学与建筑科学——给鲍世行的信》(1998年8月12日)	山水城市的概念是从中国几千年的对人居环境的构筑与发展总结出来的，它也预示了21世纪中国的新城市。

资料来源：鲍世行，顾孟潮编．杰出科学家钱学森论：城市学与山水城市[M]. 北京：中国建筑工业出版社，1994：72-132；鲍世行，顾孟潮编．杰出科学家钱学森论：山水城市与建筑科学[M]. 北京：中国建筑工业出版社，1999：42-257.

我们发现，在有限的生命时光里，钱学森先生最终从"文化根基""空间图景""阶级立场""实现手段"四个方面，试图描述构成"山水城市"概念意涵的四个"必要且不充分条件"，即：①中国传统园林与建筑精神；②自然与人工结合的超大型园林；③人民化；④科学组织与高技术。对此，当时的部分学者保持了与钱先生相似的学术观点（附表2），他们几乎共同认为："中国传统园林与建筑精神"是界定"山水城市"概念的核心。

附表 2　与钱学森论“山水城市”相似的学术观点

Additional Tab.1.2　Academic opinions similar to Qian Xuesen’s view on Shan-shui City

材料名称及作者	关键内容
《山水城市——中国未来城市的模式》鲍世行	1.“山水城市”是具有深刻人民性的概念。2.“山水城市”的概念反映了人们对城市环境的一种理解。它是一定哲学基础上的环境观。3.“山水城市”是对城市环境中的生态环境、历史背景和文化脉络作综合考虑的结果。4.“山水城市”应该有中国的文化风格……“山水城市”正是中华文化的继承延续与发扬光大。5.建设“山水城市”和城市现代化是并行不悖的。
《山水城市的文态环境》郑孝燮	“山水城市”首先在于把握“中国特色”的这个灵魂；同时既需达到良好的生态环境，又要塑造（包含创造与保护）完美的文态环境。
《山水城市创造与风水观念更新》李先逵	“山水城市”……既洋溢着现代化的时代精神，又体现着传统的中国文化特色。中国的传统城市乃至村镇几乎无不与“山水”有着密切关系。
《建设首都市区绿化隔离地区》赵知敬	“山水城市”……一是继承和发扬中华民族的城市美学思想，建设具有东方独特韵味和意境的城市；二是城市规划设计要充分地体现出人民的生活、工作创造优美、舒适、和谐的外部环境；三是城市规划思想不仅要依据当前的经济水平，而且要兼顾长远的发展。
《加深对城市环境、风貌、特色的理解和要求》李长杰、张克俭	“山水城市”的科学设想，正是把城市环境建设的思路引向了一个回归自然、拥抱自然的高层境界……创立“山水城市”，也正是传统文化与现代物质文明相结合的新设想。
《“山水城市”探》朱畅中	有些专家把“山水城市”理解为“园林城市或生态城市、森林城市、绿化城市……”，有的理解为有山有水的城市，而有的则理解为时髦的城市规划。有的不管城市如何规划，甚至无视地形之现实，却也贴上“山水城市”标签……因此“园林城市”是不能替代“山水城市”的。当今世界呼唤“返归自然”的要求，正是几千年来我国的先哲早已提出“仁者乐山、智者乐水”“崇尚自然”“天人合一”的哲理的体现，在我国历代山水诗词、山水画、山水文化中，一直表达了这种心声。
《21 世纪中国城市向何处去——也探“山水城市”》鲍世行	研究山水城市首先要研究山水文化。为什么中华民族对山水有一种特殊的感情？关于山水城市的核心，我曾经把它概括为：“尊重自然生态，尊重历史文化；重视现代科技，重视环境艺术；为了人民大众，面向未来发展”三句话。
《山水城市与生态文明》顾孟潮（后期）	“山水城市”既是生态模式也是人文模式……因此不能简单地把山水城市当作国外所说“生态城市”的中国版。
《山水人情城市——再创东方气质城市》[美]卢伟民	第一，与山水相协调，更尊重自然。第二，与人类需求更适应，更近“人情”。第三，更传神地表达东方气质。
《山水城市观：中国城市环境保护的一项传统措施》李德洙	1.“天人合一”是山水城市的重要特征；2.利用高科技“再造山水”是山水城市的文化内涵。
《山水城市与城市山水》杨赉丽	山水城市不应简单地理解为有山有水的城市。它是具有山水物质环境和精神内涵的理想城市。
《风水——山水城市思想原型》杨柳、黄光宇	在中国传统思想中，山水不仅具有自然属性，更有文化上的意义。

资料来源：鲍世行，顾孟潮编．杰出科学家钱学森论：城市学与山水城市 [M]. 北京：中国建筑工业出版社，1994：250-383；鲍世行，顾孟潮编．杰出科学家钱学森论：山水城市与建筑科学 [M]. 北京：中国建筑工业出版社，1999：409-498.

当然，学界对“山水城市”概念的解读也是见仁见智。某些学者较为强调其生态学意义（附表 3）；某些学者更加突出其传统文化内涵（附表 4）。后者其实可以被视为对“山水文化体系”的早期认知。

附表 3　基于生态学的“山水城市”意涵论述

Additional Tab.3　Shan-shui City implication based on ecology

材料名称及作者	关键内容
《论城市特色的研究与创造》顾孟潮（早期）	我认为，“山水城市”是钱老孕育多年形成的科学设想。可以看作是国际上“生态城市”的中国提法……使“生态城市”在中国变成可以操作和实行的事。
《天城合一：山水城市建设的人类生态学原理》王如松、欧阳志云	城市文明史其实是一部人与自然环境、社会环境及心理环境竞争与共生，改造与适应的发展史或生态史……马世骏等称其为社会—经济—自然复合生态系统……中国是一个发展中国家，如何在经济发展的同时建设有山水特色的中国生态城，是摆在城市工作者面前的一项艰巨任务。
《山水城市与环境设计》马国馨	对钱学森的设想应有全面的理解。城市本身是一个复杂的综合体和有机体。《雅典宪章》就提出了城市的生活、工作、交通和娱乐的四大功能，城市环境的根本问题是谐调人和人工环境和自然环境之间的关系。
《山水城市是具有中国特色的生态城市》王如松	钱学森先生“山水城市”这一概念就反映了一种生态观，因为“山水城市”中的山和水本身就是自然生态的基本因素……钱老提出的“山水城市”就是一种具有中国特色的生态城。

资料来源：鲍世行，顾孟潮编．杰出科学家钱学森论：城市学与山水城市 [M]. 北京：中国建筑工业出版社，1994：263-301；鲍世行，顾孟潮编．杰出科学家钱学森论：山水城市与建筑科学 [M]. 北京：中国建筑工业出版社，1999：439.

附表 4　基于传统文化的“山水城市”意涵论述

Additional Tab.4　Shan-shui City implication based on traditional culture

材料名称及作者	关键内容
《山水城市创造与风水观念更新》李先逵	（山水城市）的思想理论基础则是传统的“风水学说”……总的来讲，指导着中国古典山水城市形成的风水理论具有共生、共存、共荣、共乐、共雅五大基本特征：1. 共生——生态关联的自然性；2. 共存——环境容量的合理性；3. 共荣——构成要素的协同性；4. 共乐——景观审美的和谐性；5. 共雅——文脉经营的承续性。
《古文化与山水城市》汪德华	在中国古代建筑学和城市规划学形成过程中出现的风水学现象，是古代文化的重要组成部分，它对形成山水城市观念有较大影响。
《风水——山水城市思想原型》杨柳、黄光宇	风水理论以传统哲学的阴阳五行为基础，糅合了地理学、气象学、景观学、生态学、城市建筑学、心理学及社会伦理道德方面的内容……是山水城市思想的原型。
《象天法地意匠与中国古都规划》吴庆洲	影响中国古都规划有三大思想体系体：体现礼制的思想体系（以《周礼》为代表），注重环境求实用的思想体系（以《管子》为代表）以及追求天地人和谐、合一的哲学思想体系。

续表

材料名称及作者	关键内容
《园林化与山水城市》 吴翼	我国古代儒家、道家、佛家都主张“天人合一”。所谓“天”也就是大自然，由于这一概念的影响，中国人一贯认为人与自然是和谐的……钱老把人工和自然结合而形成的园林艺术，进一步用“山水”二字作了恰如其分的概括。
《居城市须有山林之乐》 孙筱祥	中国诗人最早主张重返大自然……他们对大自然的审美观，对中国园林艺术与环境美学的见解是华夏文化遗产的重要组成部分……“居城市须有山林之乐”……使人工的美与自然的美交相辉映……扬弃中轴对称的几何模式……足以说明，“居城市须有山林之乐”，是中国城市景观规划和居住环境设计的传统美学理想。
《追求经济与文化的双向复兴——兼论筹建深圳“中国文化城”的意义》 徐新建、赵海鸣等	中国的文化景观，自秦始皇开“天下一统”的帝国局面以来便一直是“修身、齐家、治国、平天下”的王统样式：高大方正的城郭，尊卑分明的殿堂，整齐划一的街市，天人感应的庙宇，再就是以农为本的田野和若万物归一的自然。

资料来源：鲍世行，顾孟潮编 . 杰出科学家钱学森论：城市学与山水城市 [M]. 北京：中国建筑工业出版社，1994：315-387；鲍世行，顾孟潮编 . 杰出科学家钱学森论：山水城市与建筑科学 [M]. 北京：中国建筑工业出版社，1999：484-498；吴庆洲 . 象天法地意匠与中国古都规划 [J]. 华中建筑，1996（2）：31-35.

值得注意的是，以上对“山水城市”之传统文化内涵（涉及山水文化体系）的思想性归纳（以附表 4 为例），仍属早期认知阶段。由于缺乏哲学方法论的系统性探讨，其认知仅存在“单一自洽性”，并不具备“整体自洽性”，即难以建立一套整体的、相互关联的解释系统，故易引发质疑：

何以论证“山水城市”的思想基础就是“风水”？“风水”能够统合中国“山水城市”营建所有思想体系？划分中国古都规划三大思想体系的哲学方法是什么，这三大体系之间什么关系？如何在哲学上建立严格区分？儒、释、道三家都主张“天人合一”吗？“天人合一”真正的哲学意涵到底是什么？何以见得扬弃中轴对称的几何模式，追寻“山林之乐”才是“中国城市景观规划和居住环境设计的传统美学理想”？如果真是这样，为什么又有学者将“礼制格局”束之高阁，并体现出“以农为本的田野和万物归一的自然”？众多古代空间哲学的系统性联系与差异究竟是什么，能一概而论吗？

附表 5　钱学森先生与吴良镛先生针对“山水城市”研究状况的共同认识

Additional Tab.5　Mutual recognition of Mr. Qian Xuesen and Mr. Wu Liangyong on the research conditions of Shan-shui City

钱学森先生的观点	吴良镛先生的观点
所以我很赞成吴良镛教授提出的建议：“我国规划师、建造师要学习哲学、唯物论、辩证法，要研究科学方法论。也就是要站得高看得远，总览历史、文化。这样才能独立思考，不赶时髦。” ——《关于山水城市——给顾孟潮的信》(1992 年 10 月 2 日) 山水城市是现在要好好探讨的问题。 ——《关于山水城市要好好探讨——给高介华的信》(1996 年 12 月 22 日) “山水城市”不能停留在概念，还应深入研究其内涵并做出设计实例。 ——《关于应深入研究山水城市内涵——给鲍世行的信》(1997 年 3 月 2 日) 由此可见“山水城市”的概念尚待深入研究。 ——《关于建设常熟山水城市——给鲍世行的信》(1997 年 4 月 13 日) “山水城市”是建设有中国特色的社会主义的一个大课题，还待深入探讨。 ——《关于山水城市是新世纪的大事——给朱畅中的信》(1997 年 8 月 7 日) 山水城市确尚需深入研究。 ——《关于出〈山水城市与建筑科学〉是件好事——给鲍世行的信》(1998 年 5 月 31 日) 山水城市的概念是从中国几千年的对人居环境的构筑与发展总结出来的。 ——《关于要用马克思主义观点考察城市科学与建筑科学——给鲍世行的信》(1998 年 8 月 12 日)	“山水城市”是中国传统的名称……现在这条历史上最精彩的原则被忘记掉了……中国山水有几千年的文化，凝聚了深厚的文化渊源。 ——《无锡市规划建设面临的重大决策》(1994 年) 山水城市，自钱老提出，大家都在谈，也在用，但并未对这个问题更深入地讨论。有些事情就如要为“城市”下定义就很困难。 ——《关于山水城市》(2000 年)

资料来源：鲍世行，顾孟潮编．杰出科学家钱学森论：城市学与山水城市 [M]. 北京：中国建筑工业出版社，1994：77；鲍世行，顾孟潮编．杰出科学家钱学森论：山水城市与建筑科学 [M]. 北京：中国建筑工业 z 出版社，1999：144-256；吴良镛．无锡市规划建设面临的重大决策 [J]. 城市发展研究，1994（2）：1-7；吴良镛．关于山水城市 [J]. 城市发展研究，2001，8（2）：17-18.

所以，“山水城市”理论研究并非尽如人意，钱学森先生与吴良镛先生亦多次表达对研究进展的重视以及谨慎的治学态度（附表 5）。

附录 B：“天人合一”“道法自然”等惯用国学概念的解释问题

以“天人合一”“道法自然”提炼传统空间营造思想，已成麻木教条。当代更有生态学的诠释视角，如将儒家的“天”等同于大自然，将道家的“自然”等同于 Nature，竭力为传统空间文化披上一层科学的合法外衣。因此，风水学之寻龙问祖、点穴立向摇身一变为朴素的生态学思想；《周礼》《营造法式》与现代标准化的空间生产模式如出一辙；《管子》更体现出讲求实用、尊重自然规律的科学精神……总之，我们已经习惯采用粗放的思维去诠释和消费文化，使其变得更正确、更单一、更世俗。

值得关注的是，某些学者也质疑“天人合一”“道法自然”等惯用国学概念能够对中国传统文化现象予以充分、全面的解释：

（1）“中国人……人生之目的并非存在于死亡以后的生命，因为像基督所教训的理想，人类为牺牲而生存这种思想是不可思议的，也不存在于佛理之涅盘，因为这种说法太玄妙了，也不存在于为事功的成就，因为这种假定太虚夸了，也不存在为进步而前进的进程，因为这种说法是无意义的。”①

（2）“民国初年，蔡元培先生主张以美育代替宗教，是希望以美育净化中国人的原始性格。因为中国的原始宗教太过现世了，中国人太重视感官的满足了。”②

（3）“‘天人之际，合二为一’这是方士化的汉儒讲的话。‘天人合一’，这是援释济儒、援道济儒的宋儒讲的话。两者都有宗教味……早在近代欧洲实行政教分离之前，中国的政教关系就已经是二元化，我们比他们更世俗，他们比我们更宗教……他们是小国林立，宗教大一统；我们是国家大一统，宗教多元化……如果非要讲分合的话，那只能是，他们‘天人合一’，我们‘天人分裂’。还有一种说法，是把‘天’换成自然，说我们和自然贴地近，那就更离谱……我们千万别叫中国的文人诗和文人画给蒙了，那都是在滚滚红尘中呆腻了的主儿。”③

笔者通过本研究发现：“天人合一”，从严格意义上讲属于儒家人生实践哲学之境界论范畴，用来描述引道入心、内向超越之理想人格状态（圣人、君子）。“天”是指“天道”，并非现代生态学所谓的“大自然”。即便有学者借用《庄子》的观点（天地一气、万物皆种），也将“天人合一”用来解释道家哲学，但儒家之“天道”与道家之“天道”在本体价值意识上存在明显差异，不能等同。另外，“道法自然”，从严格意义上讲则属于道家人生实践哲学之本体论范畴，意为“道效法它自己本来的样子”，较类似于西方经院哲学家斯宾诺莎所谓的“自因说”，故这里的“自然”也并非现代生态学所极力附和的“Nature”。

附录 C：哲学方法论问题意识解析

“哲学方法论”命题，可扩展为西方哲学继中世纪以后的“知识论”问题意识，即：采用什么哲学方法解释对象，并且保证解释过程与结论符合逻辑，能被人准确认知。这意味着建立山水文化体系的理论认知，并非是对其内部众多材料进行

① 林语堂．吾国与吾民 [M]. 西安：山西师范大学出版社，2006：84.
② 汉宝德．中国建筑文化讲座 [M]. 北京：三联书店，2008：51.
③ 李零．中国方术正考 [M]. 北京：中华书局，2006：6.

主观性整理与结构梳理，而是首先研究采用什么有效的哲学方法来对其进行诠释。

众所周知，在西方哲学史的开端，有形上学问题，中世纪之后，继之有知识论问题[①]，当代，则关切语言与逻辑问题（也属于知识论问题），此外伦理学问题贯穿其间。在这三大基本哲学问题的架构下，西方哲学始终在借由人的思辨活动对于什么是“实在”，什么是“实有”，什么是“存在”，什么是“真理”，真理能否被认识，人可以认识什么，人不能认识什么等问题不断进行系统性理论建构，推陈出新，永无止境。虽然传统西方哲学也充满抽象的玄思，对真理、价值的追求，对超越界的向往，但是一切理论都经过严谨的推理，并且后人对每派理论的解释都不会有太大出入。因为就两千多年的西方哲学史在谈论什么问题，如何论证，结论是什么而言，学理相对清晰。

而关于中国哲学，在过去有巫术方技、儒学经典、道家教义、佛教义理等，在中国哲学的语境下，“格、致、诚、正、修、齐、治、平”，“损之又损，以至于无为”，“布施、持戒、忍辱、精进、禅定、智慧”当然是有道理的，并且放在各家内部都是正确无疑的。但面对西方哲学之逻辑与思辨的挑战，以及系统内部的互斥，中国哲学充满了感性、体悟、结论、教条，似乎很难验证。当六祖慧能说：“山河大地……总在空中”，当孔子说：“知者乐水，仁者乐山”，当老子说：“上善若水……上德若谷”，理由何在？为什么说这些话？要回答什么问题？总之，在这样的哲学场景里，有的人“顿悟”了，有的人格物致知也未见得成为圣人。于是站在西方哲学思辨传统的立场，会有这样的疑问：中国哲学有没有论证？中国哲学有没有明确的体系？

对此，杜保瑞先生认为[②]，知识论命题，意旨对人类认识能力的检视，从而确立人类的知识可能；广义知识论自有西方哲学开始即已有之，此中包括对认识方法的探究，即正确认识普遍原理的思维方法，依此义说，中国哲学亦不少例，如荀子与墨家之作、佛教因明之学、儒家格致之工夫等；然而，此种种理论尚不是对人类认识能力的反思（狭义知识论）。中国哲学谈价值，则价值如何确定？如何保证所说之价值真为终极原理？中国哲学谈理想人格，那么理想人格由谁印证？这显示出中国哲学在狭义知识论方面的缺位。

---

① 近代知识论包括经验论（培根、霍布斯、洛克、贝克莱、休谟等）、理性论（笛卡儿、斯宾诺莎、莱布尼茨等）、德国观念论（康德、黑格尔等）。当代知识论包括现象学（胡塞尔、海德格尔、伽达默尔、哈贝马斯等）、后现代哲学（范蒂莫、利奥塔、罗蒂等）、分析哲学（皮尔士、罗素、石里克、维特根斯坦、奎因等）。

② 杜保瑞．中国哲学方法论 [M]. 台北：台湾“商务印书馆”，2013：25.

蒙培元先生认为[①]："中国哲学是实践型哲学，不是思辨型哲学。中国人的思维具有强烈的实践特征和经验特征，属于实践理性思维，这一点很多人都已经指出了。无论儒家还是道家，无论道教还是佛教，都把重心放在实践或修行上，而不是理论思辨上，因为中国哲学的根本宗旨是如何做人而不是建立什么理论体系，具体就是如何成为圣人、神人、至人、真人、仙人和成佛。要实现这一根本目的，只能靠主体自身实践，不能靠别的什么力量，只能靠意志行为，不能靠理性智能力和知识多少，归根结底，这是一个实践的问题，不是一个理论的问题。"

可见，由于问题意识不同，首先，我们不能简单将西方哲学方法论（形上学、知识论、伦理学三大问题意识）视为中国哲学方法论；其次，由于中国哲学本身缺乏狭义的知识论问题意识，我们只有重新"发现"符合中国哲学特质且具有当代文本诠释功能的"中国哲学方法论"，才能真正洞悉山水文化体系的系统样态。换言之，如果连"中国哲学"本身的理论体系都解释不清楚，又何谈诠释山水文化体系。那么，中国哲学在今天可不可以被准确诠释？

附录 D：冯友兰先生的中国哲学方法论

1. 冯友兰先生早期的中国哲学方法论

冯友兰先生（1895—1990 年）从 1926 年在燕京大学讲授中国哲学史，至 1928 年应邀到清华大学任教。在清华期间，他编撰成两卷本《中国哲学史》[77]，分别于 1931 年、1934 年出版，在"绪论"中冯友兰先生即说：

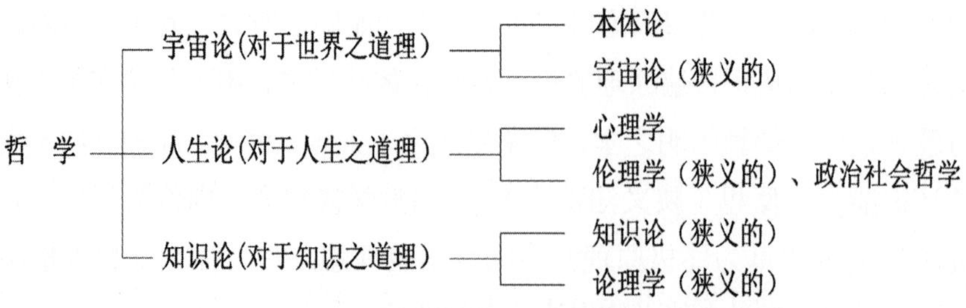

附图 1　基于西方哲学之基本哲学问题的中国哲学方法论
Additional Fig.1 methodology of Chinese philosophy based on fundamental philosophical problems of western philosophy
资料来源：笔者自绘

① 蒙培元. 中国哲学主体思维 [M]. 北京：东方出版社，1994：2-5.

“哲学包含三大部：宇宙论——目的在求一“对于世界之道理”（A Theory of World）；人生论——目的在求一“对于人生之道理”（A Theory of Life）；知识论——目的在求一“对于知识之道理”（A Theory of Knowledge）……就以上三分中若复再分，则宇宙论可有两部：一，研究“存在”之本体及“真实”之要素者，此是所谓“本体论”（Ontology）；二，研究世界之发生及其历史，其归宿者，此是所谓“宇宙论”（Cosmology）（狭义的）。人生论亦有两部：一，研究人究竟是什么者，此即心理学所考究；二，研究人究竟应该怎么者，此即伦理学（狭义的）政治社会哲学等所考究。知识论亦有两部：一，研究知识之性质者，此即所谓知识论（Epistemology）（狭义的）；二，研究知识之规范者，此即所谓论理学（狭义的）。”

十分明显，这是一种以西方传统哲学框架为主体的方法论坐标选择。冯友兰先生采用先三分后二分的哲学方法，提出了对应的中国哲学方法论（附图 1）：

2. 冯友兰先生中期的中国哲学方法论

“七七事变”以后，民族危亡与历史巨变激发了冯友兰先生强烈的民族忧患意识和庄严的历史责任感①[78]。在完成《中国哲学史》以后，冯友兰学术研究的重点发生了重大转移，即由书写中国哲学史转移到哲学创作。在抱定“为天地立心，为生民立命，为往圣继绝学，为万世开太平”②的著书立说之宗旨下，他通过艰苦卓绝的努力，写成《贞元六书》③[79-84]，创立了融贯中西的新理学哲学体系。

《新理学》提出了《贞元六书》的基本主旨，包括了：“理”“气”“道”“大全”的四个概念。《新原人》提出了“觉解说”以及“自然”“功利”“道德”“天地”的“四境界说”，其中的“大全概念”与“天地境界”正是一个会和，形成了冯友兰“觉解说”“境界说”“新理学”及“形上学的方法”（正的形上学与负的形上学④）的观念辐辏之地。

《新原道》则是将整个中国哲学史上的学派与时代作一哲学精神的总结，其

① “民族的兴亡与历史的变化，倒是给我许多启示和激发。没有这些启示和激发，书是写不出来的。即使写出来，也不是这个样子。”冯友兰 . 三松堂全集 [M]. 郑州：河南人民出版社，2001：209.

② 北宋张载之“横渠四句”。

③ 《新理学》（1939 年）、《新事论》（1940 年）、《新世训》（1940 年）、《新原人》（1943 年）、《新原道》（1945 年）、《新知言》（1946 年）

④ “一门学问的性质，与他的方法有密切底关系。我们于以下希望，从讲形上学的方法，说明形上学的性质。真正形上学的方法有两种，一种是正底方法一种是负底方法，正底方法是以逻辑分析法讲形上学，负底方法是讲形上学不能讲，讲形上学不能讲，亦是一种讲形上学的方法。……正底方法，以逻辑分析法讲形上学，就是对于经验作逻辑底释义，其方法就是以理智对于经验作分析，综合及解释，这就是说以理智义释经验，这就是形上学与科学的不同，科学的目的是对于经验作积极底释义，形上学的目的，是对于经验作逻辑底释义。”冯友兰 . 新知言 [M]. 北京：北京大学出版社，2014：21.

实正是使用四个概念及四重境界以重新架构中国哲学（附图2），包括孔孟、杨墨、名家、老庄、易庸、汉儒、玄学、禅宗、道学，最后则总结于"新统"一章。其中，他将道德价值为宗旨的天地境界，作为进行对整个中国哲学史上各家学派成就之评价标准，最终归结于宋明道学的系统，而这一部分形成冯友兰境界哲学的最高成就。仅就四境界说而言，冯友兰先生最核心的重点其实还是道德境界，说自然及功利其实都是要烘托出道德境界，而道德境界即是结合在此世经验的现实价值，相较于道佛而言，这直接就是儒家的立场。所以，《贞元六书》所架构的中国哲学体系，即是儒家本位体系。

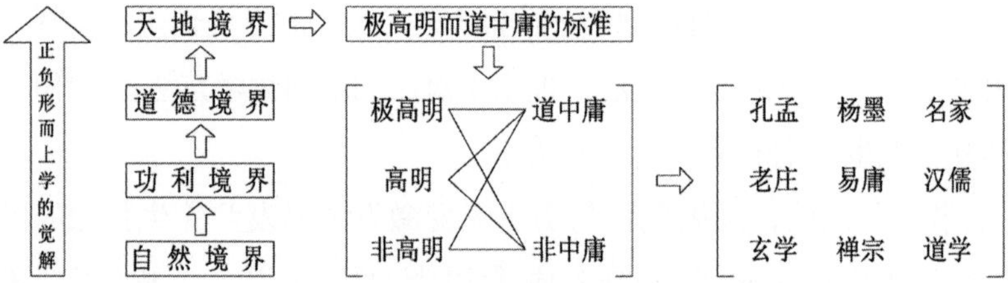

附图2　基于新理学的中国哲学方法论

Additional Fig.2　methodology of Chinese philosophy based on neo-Confucianism

资料来源：笔者自绘

3. 冯友兰先生后期的中国哲学方法论

新中国成立以后，伴随中国化的马克思主义——毛泽东思想成为万众信服的社会意识和国家政治思想，中国哲学研究便在"唯一"科学的马克思主义哲学史观和方法论的指导下进行①。1949年，冯友兰先生致信毛泽东主席，表示愿意改造思想，学习马克思主义，并准备五年之内，用马克思主义立场、观点、方法，重新写一部中国哲学史②[85]。这表明冯友兰先生由新理学向马克思主义哲学的转变③。

1951年，冯友兰先生在《〈实践论〉——马列主义底发展与中国哲学传统问题底解决》④一文中提出："《实践论》⑤以全新的马克思主义立场，发展了辩证唯物论的认识，解决了认识和实践的关系问题；从中国哲学来说，《实践论》发扬了自

① 由于极"左"思潮的影响和政治化思维的钳制，特别是"文化大革命"中的批林批孔、评法批儒，把哲学研究完全变成了政治斗争工具，使中国哲学研究处于停滞乃至倒退状态。

② 冯友兰 . 中国哲学史新编 [M] . 北京：人民出版社，1962.

③《"新理学"底自我检讨》，原载于《光明日报》，1950年10月8日。

④ 冯友兰 . 三松堂全集（第十三卷）[M]. 郑州：河南人民出版社，2001：7.

⑤ 毛泽东，1937年著，于1950年12月重新发表。

古以来认识论、唯物论的传统，解决了中国哲学中的知行关系问题。”

冯友兰先生认识到，在世界观、历史观、认识论上都有唯物论和唯心论之分，同时又有形上学与辩证法之分。他后来把唯物主义与唯心主义、形上学与辩证法的矛盾与斗争，看成是哲学的主要内容：“哲学史是唯物主义与唯心主义斗争底历史，这是哲学史底一般性。这个斗争在各个时代与各个民族底哲学史里是围绕着不同的问题进行的，这是各时代各民族哲学的特殊性。研究哲学史底工作，应该在特殊里显示一般，这样一般才是有血有肉的具体真理。中国哲学史必须这样做，才可以显示出它底丰富内容与它的特点。”由此形成唯心主义、唯物主义及形上学、辩证法双重二分的中国哲学方法论（附图 3）。

辩　证　法	形　而　上　学
唯　物　主　义	唯　心　主　义

附图 3　基于马克思主义哲学的中国哲学方法论

Additional Fig.3　methodology of Chinese philosophy based on Marist philosophy

资料来源：笔者自绘

附录 E：方东美先生的中国哲学方法论

方东美先生（1899—1977 年）家学源于桐城派方家，早年留学美国，回国后，任教于中央大学，主授西方哲学，抗战期间，专注于佛学研究。解放战争以后，任教于台湾大学，仍以西方哲学教授为主，后赴美讲授中国哲学。晚岁期间，决定返回台湾，教授中国哲学为主。方东美先生对于中国哲学诠释有以下观点[86-90]：

①中国哲学的形上学是一种“超越的形上学”，而西方哲学是“超自然的形上学”，中国哲学的形上学是可以落实到人间社会上被具体实践且臻至圆满，故中国哲学优于西方哲学①；②中国的大乘佛学已经不是原来的印度佛学②，是有真正

① “首先我们要弄清楚此地所说形上学的意义，有一种形上学叫作‘超自然的形上学’，如果借用康德的术语加以解释，康德本人有时把‘超越的’与‘超绝的’二词互换通用，我却以为不可，所谓‘超绝的’正具有前述‘超自然的’意思，而‘超越的’则是指它的哲学境界虽然由经验与现实出发，但却不为经验与现实所限制，还能突破一切现实的缺点，超脱到理想的境界……由儒家、道家看来，一切理想的境界乃是高度真相含藏之高度价值，这种高度价值又可以回向到人间的现实世界中落实。”方东美．原始儒家道家哲学 [M]. 北京：中华书局，2012：16-17.

② “我们所谈的大乘佛学，不管三论宗、天台宗、法相唯识宗、禅宗或华严宗，可以说都是真正中国精神里面独特的智慧，都是经过融化、经过批评之后，再发扬光大的。它与印度本土原来的空宗、有宗在精神上面完全不同。”方东美．中国大乘佛学（上册）[M]. 北京：中华书局，2012：74.

中国精神里面独特的智慧，甚至肯定大乘佛学高于儒道[①]；③整个宋明儒学的反道佛色彩，基本上是昧于哲学史实的做法，因为宋明儒者无不出入道佛，且理论系统内多的是道佛精神，在对周敦颐、张载、邵雍、程颢、程颐的诠释时，都不时地指出他们的道佛传承，并且因此批评其见[②]；④中国哲学各家原属不同类型的人，道家为典型的“空者[③]”；儒家为典型的“时者[④]”；佛家乃是具有取舍之见的“时空者”；而新儒家是“兼时空者”。（附图 4）

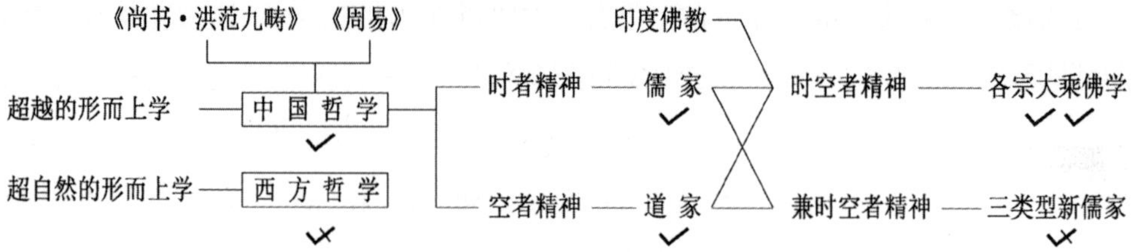

附图 4 基于时者、空者精神的中国哲学方法论

Additional Fig.4 methodology of Chinese Philosophy based on the spirits of Time and Space

资料来源：笔者自绘

附录 F：牟宗三先生的中国哲学方法论

牟宗三先生（1909—1995 年）可谓是当代新儒学最重要的理论家，由其所建构的当代新儒学体系，有许多组成部分是由儒学以外的中西哲学所汲取来的养分。

① “若就大乘佛教来说它，不仅是给了中国人一条思想的路线，同时也带给儒、道两家一种思想的新精神。佛家思想的济人利物的精神，和儒家有相似之处，而眼光比儒家更宽大。儒家的中心思想讲仁爱、讲智仁勇、忠恕、四维八德。佛家的中心思想讲慈悲喜舍四无量心、讲六度万行、讲平等无障碍解脱。儒家是要用自我的人格去调剂人生活动，所以说己欲立而立人，己欲达而达人；佛家是用无我的精神去解脱人生，与儒家相同的是达则兼善天下，不达则独善其身。佛家看到众生一律平等，除了涅盘之外更无别义，这种广大而豁脱的精神，给儒家思想一种新的启发和新的力量。至于魏晋佛道的调和，两晋流行的老庄清谈的格义之学，也颇受佛教般若空观思想的影响，养成高逸洒脱清泊山林素朴的风尚、澹泊生涯。”方东美 . 华严宗哲学（下册）[M]. 北京：中华书局，2012：502.

② “惜新儒诸子，于此层效用范限，皆多忽略，盖其于逻辑上之区分，认识不足，致有此疏，遂成该派全部哲学中最弱之一环。抑有进者，新儒各家，气质禀赋迥异。盖前期新儒，乃外倾型之思想家。自欲将理性作用推之向外，是成‘理学’；余如阳明、象山等则属内倾型，其理性之范围，乃内在于心界，虽然，心摄宇宙全体——是成‘心学’。后期各家，如清儒颜元、李塨、与戴震等，非实用主义者，即自然主义者，然其同反形上玄学之立场则一。故其于超越界之重要性，以及特属该界之玄理运作等，概斥同无用。”方东美 . 中国哲学精神及其发展（下）[M]. 北京：中华书局，2012：29.

③ “他们的生活、行动、存在于一个空间的世界，这种空间不是具有阻隔的物理上的空间……他们生活的世界乃是一个想象的梦幻世界……不断向更高和更深的地方探寻。”方东美 . 中国哲学精神及其发展 [M]. 匡钊译 . 郑州：中州古籍出版社，2009：91.

④ “一切均投入时间演变的熔炉当中，为我们生存其中的世界赋予精妙的所谓创造之创造的力量。”方东美 . 中国哲学精神及其发展 [M]. 匡钊译 . 郑州：中州古籍出版社，2009：3.

例如从康德而来的智的直觉观念、物自体观念；由海德格尔来的本质伦理、方向伦理、存有论；由天台宗而来的圆教观念等。牟先生几乎都是取其有用于儒家者以吸收，成为新儒学的理论组成部分，随即又以儒家的标准以超越原概念在它教的究竟地位，反过来辩证他家。因此也可以说，牟先生是一方面借由传统儒学的诠释以创造新儒学，另方面利用对中西它教哲学诠释以配合新儒学的建构，然后再以儒学的标准以辩证它家，而终成高举儒学的理论使命。

讨论牟先生谈中国哲学及儒家哲学形态的定位，要从牟先生转化康德哲学谈起。康德在《纯粹理性批判》中建立物自体不可知和普遍原理的二律背反学说，而在《实践理性批判》中建立依实践之进路而设定的三大准则：物自体仍不可知，然上帝依其智的直觉即能知之，上帝之知之即实现之。依康德哲学之拆解，整个西方传统的思辨哲学，因理性能力的反思被斥为不能成立；而在实践理性系统中，形上学普遍原理的提出的可能，要诉诸上帝的直觉，才予以真理性的保证，因此是上帝的存在保证形而上的命题。依据上说牟先生认为[91-94]：

①儒释道三家的圣人、真人、佛都能有此智的直觉，并且皆是一般存有者可通过实践达致①；②西方的上帝概念仍是一情识的构想，而中国三教之学却都有其实践路径作为价值本体的保证，是实践而证成其形上学的普遍原理②；③整个西方哲学是一为实有而奋战的哲学，而中国哲学中只有儒学的道德意识是真主张实有，其道德本体创生世界具备主体实践的保证，从而保住实有③；④借王弼解老与郭象注庄，判断道佛则只是境界形态的形上学，没有价值本体（道家之无为④与佛家

① “儒家是道德的实践，佛教是解脱的实践。道德的实践是平常所谓实践一词之本义，如康德所说的实践理性（practical reason），就是讲道德。但也不能说佛教的禅定工夫不是实践的，凡说工夫都是实践的，道家亦然。因此广义地说，东方的形上学都是实践的形上学（practical metaphysics）。”牟宗三．中国哲学十九讲 [M]. 长春：吉林出版集团有限责任公司，2010：102.

② “如果第一因是绝对而无限的（隐指上帝言），则自由意志亦必是绝对而无限的。天地间不能有两个绝对而无限的实体，如是，两者必同一……如是，或者有上帝，此本心仁体或性体或自由意志必与之为同一，或者只此本心，仁体，性体，或自由意志即上帝：总之，只有一实体，并无两实体。康德于自由意志外，还肯认有一绝对存在曰上帝，而两者又不能为同一，便是不透之论。”牟宗三．智的直觉与中国哲学 [M]. 北京：中国社会科学出版社，2008：167.

③ “道家式的形上学、存有论是实践的，实践取广义。平常由道德上讲，那是实践的本义或狭义。儒释道三教都从修养上讲，就是广义的实践的。儒家的实践是 moral，佛教的实践是解脱，道家很难找个恰当的名词，大概也是解脱一类的，如洒脱自在无待逍遥这些形容名词，笼统地就说实践的。这种形上学因为从主观讲，不从存在上讲，所以我给它个名词叫‘境界形态的形上学’；客观地从存在上讲就叫‘实有形态的形上学’，这是大分类。中国的形上学（道家、佛教、儒家）都有境界形态的形上学意味。但儒家不只是个境界，它也有实有的意义。”牟宗三．中国哲学十九讲 [M]. 长春：吉林出版集团有限责任公司，2010：91.

④ “‘无’，其实这个置定根本是虚妄，是一个姿态。这样的形上学根本不像西方，一开始就从客观的存在着眼，进而从事于分析，要分析出一个实有。因此，我们要知道道家的无不是西方存有论上的一个存有论的概念，而是修养境界上的一个虚一而静的境界。”牟宗三．中国哲学十九讲 [M]. 长春：吉林出版集团有限责任公司，2010：116-117.

之空性①）。

依据这样的思路，古今中外的形上学证立问题，便就只有中国儒家哲学的“道德形上学②”体系才有其终极圆满的结构。由此可见，牟先生通过论及实践与否来作为别异中西哲学的判准，论及实有与否来作为辩证三家的标准，以此建构基于实践与实有判断的中国哲学方法论（附图 5）。

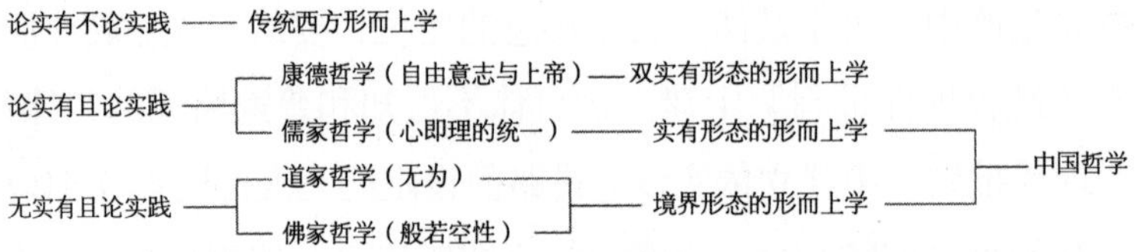

附图 5　基于实践与实有判断的中国哲学方法论

Additional Fig.5　methodology of Chinese philosophy based on practice and qualitative judgment

资料来源：笔者自绘

附录 G：唐君毅先生的中国哲学方法论

1949 年以后，留居海外的中国知识分子为了安顿民族的伤痛，寻求民族再生的力量，便企图从文化建设的进路重建中华文明。唐君毅先生（1909—1978 年）即是这个时代的典型人物。他居于香港，筹建书院，著书立说，客授台湾，捍卫中华文化。作为当代新儒家的重要学者，唐君毅先生一生学贯中西印又融贯儒释道，其学术工作的重点是做中西哲学的诠释与融通。

作为哲学教育家的唐君毅先生，基于《中庸》“天命之谓性，率性之谓道，修道之谓教”的命题，在其《中国哲学原论》的《导论》《原道》《原性》《原教》诸篇中[95-98]，以概念范畴为切入点，以分别议题，贯穿哲学史，沟通哲学派别的方式介绍中国哲学中的“理”“心”“名辩”“致知”“天道”“天命”“太极”等核心概念，对中国儒释道三学的精义以及彼此互通路径剖析清楚。

但作为哲学家的唐君毅先生，在其晚年大作《生命存在与心灵境界》[99]中显现出高举儒家的哲学辩证态度。唐先生根据哲学作为“教化”的功用立场，将古

① “因为缘起性空，并无超越实体以创生之故。即使言如来藏清净心，此清净心并无道德的内容，即无道德意志之定向与创生，所以缘起法仍只是缘起而为如幻如化之假名（似有无性，依它起摄）。”牟宗三．佛性与般若（上册）[M]. 台北：台湾学生书局，1993：138.

② “道德的形上学不但上通本体界，亦下开现象界，此方是全体大用之学。就学言，是道德的形上学；就儒者之教言，是内圣外王之教，是成德之教。哲学，自其究极言之，必以圣者之智慧为依归。”牟宗三．现象与物自身 [M]. 台北：台湾学生书局，1984：39-40.

今中外一切哲学理论依据人类心灵活动的九层意境①分别置入，其中有谈论客观世界的三型境界，谈论主观世界的三型境界，最后谈论主客合一的三型境界。九境中的第七层是“归向一神境”，这是以西方上帝存在信仰为对象的哲学形态，第八层是“我法二空境”，这是以佛教哲学为对象的哲学形态，第九层是“天德流行境”，这就是儒家哲学的形态。唐先生归本儒家的立场即在此显现②，由此建构基于概念范畴与心灵九境的中国哲学方法论（附图 6）。

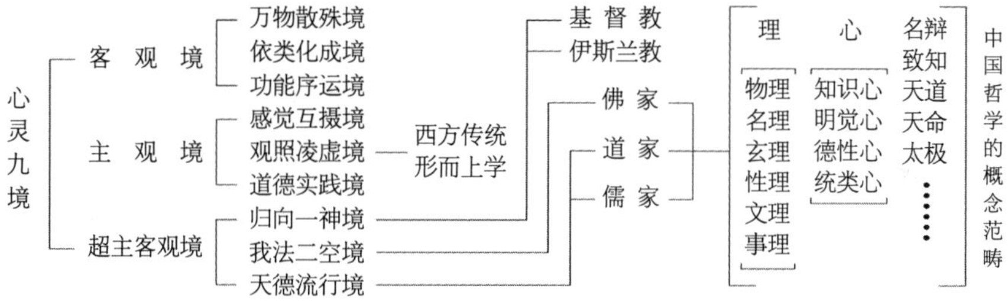

附图 6 基于概念范畴与心灵九境的中国哲学方法论

Additional Fig.6 methodology of Chinese philosophy based on categories and realms

资料来源：笔者自绘

附录 H：汤一介先生的中国哲学方法论

新中国成立以后，中国大陆的哲学研究大多受到了马克思主义哲学与阶级斗争思维的影响，从冯友兰、张岱年先生再到汤一介先生（1927—2014 年），大都接受了以“哲学史是唯物主义与唯心主义斗争的历史”为诠释体系的哲学史观。与张岱年先生[80]较为激烈的“自我批判③”不同的是，汤一介先生认为，唯心主

---

① ①客观境——“万物散殊境”（体，观个体界）、“依类化成境”（相，观类界）、“功能序运境”（用，观因果界）；②主观境——“感觉互摄境”（体，观心身关系与时空界）、“观照凌虚境”（相，观意义界，柏拉图理论、数学、几何、逻辑等）、“道德实践境”（用，观德行界）；③超主客观境——“归向一神境”（体，观神界，一神教如基督教、伊斯兰教等）、“我法二空境”（相，观一真法界，佛学）、“天德流行境”（用，观性命界，儒学）。

② “在此三境中，知识皆须化为智能，或属于智慧，以运于人之生活，而成就人之有真实价值之生命存在；不同于世间之学之分别知与行、存在与价值者。其中之哲学，亦皆不只是学，而是生活生命之教。此后三境，第一境名归向一神境，于其中观神界。此要在论一神教所言之超主客而统主客之神境。此神乃以其为居最高位之实体义为主者。第二境为我法二空境，于其中观法界。此要在论佛教之观一切法界一切法相之类之义为重。……第三境为天德流行境、又名尽性立命境，于其中观性命界。此要在论儒教之尽主观之性。”唐君毅．生命存在与心灵境界 [M]. 北京：中国社会科学出版社，2006：25.

③ 张岱年先生：“对于过去中国哲学研究的自我批判”，认为自己：①没有达到承认“哲学史是唯物主义与唯心主义斗争的历史”的科学水平；②没有运用历史唯物主义的观点来研究哲学思想的社会根源与实际意义，关于阶级分析的问题都避而不谈；③治看重主体与客体的关系，忽略了身心关系，过分强调了中西哲学差异；④没有认识到历史观在哲学思想中的重要位置。为此，张岱年运用阶级分析法，对该书进行了内容补充，其中认为：儒家表现了开明奴隶主意识；墨家代表了独立手工业者；道家代表了由贵族下降的自由知识分子；法家是新兴地主阶级的代言人；董仲舒代表地主阶级；王充代表小私有者；等等。张岱年．中国哲学大纲——中国哲学问题史（上册）[M]. 北京：昆仑出版社，2010：6-17.

义与唯物主义的斗争并不是人类认识规律的两个过程①，而是同一个过程；此外，某些唯心主义哲学家也对部分唯物主义哲学家产生了积极影响②。因此，应该整体地来看待中国哲学的发展。与张岱年先生相似的是，汤一介先生认为，要了解一个哲学家是唯心主义还是唯物主义，他的哲学特点以及他的哲学思想的前后继承关系和历史地位，都必须通过对其概念范畴体系的分析才可以得到。

类比亚里士多德《范畴篇》之10个基本范畴③，康德的12范畴说④、列宁对范畴的定义⑤，汤一介先生提出[101]：“如果我们能够根据中国古代哲学家所使用的基本概念构成一个能表现中国传统哲学是如何用以认识和说明‘存在的基本样式’的体系，并能从中揭示中国传统哲学思想发展的线索，那就证明中国传统哲学却有其范畴体系。”为此，他建立了基于12对基本概念的范畴体系作为中国哲学方法论（附图7）。

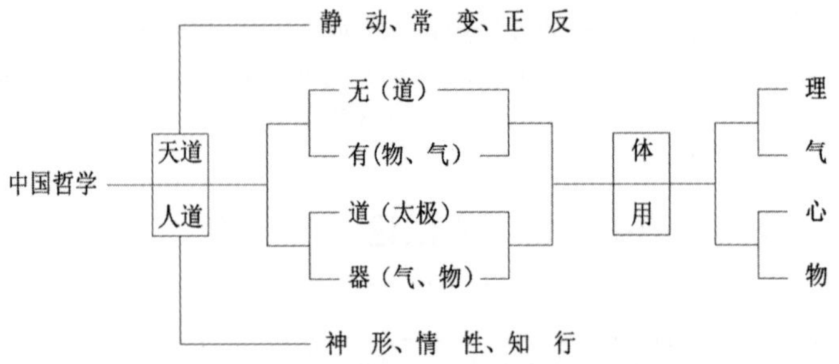

附图7 基于十二对概念范畴的中国哲学方法论

Additional Fig.7 methodology of Chinese philosophy based on 12 pairs of conceptual categories

资料来源：笔者自绘

需要强调的是：①虽然该方法论与张岱年先生所作之《中国哲学大纲——中国哲学问题史》都属于以概念范畴为核心的中国哲学研究，但是汤一介先生的体系已经非常简化，并且已经跳出张岱年之“宇宙论、人生论、致知论”的类西方

① 张岱年先生将中国哲学严格划分为唯心主义与唯物主义两条线索，可以说继承了冯友兰先生后期的中国哲学方法论。张岱年．中国哲学大纲——中国哲学问题史（上册）[M]. 北京：昆仑出版社，2010：1-5.

② 汤一介先生列举王弼哲学对欧阳建《言尽意论》、裴頠《崇有论》的积极影响。汤一介．新轴心时代与中国文化的建构 [M]. 南昌：江西人民出版社，2007：2.

③ 本体、数量、性质、关系、地点、时间、状态、具有、主动、被动（出自康德《纯粹理性批判》）。

④ 康德在《纯粹理性批判》中对人的知性列出了12个先验范畴：量的范畴（1单一性、2多数性、3全体性）、质的范畴（4实在性、5否定性、6限制性）、关系的范畴（7相关性与自存性）、8原因性与从属性、9协同性（主动与受动之间的交互作用）、模态的范畴（10可能性与不可能性、11存有与非有、12必然性与偶然性）。

⑤ “范畴是在区分过程中的一些小阶段，是帮助我们认识和掌握自然现象之网的网上纽结。”

哲学基本问题架构①，属于较为纯粹的中国哲学概念范畴体系研究；②由于只列举12对基本概念，汤一介先生承认这只是一种尝试，至于是否能反映“存在的基本样式”或反映“显示世界各种现象和认识的最一般的和最本质的特性、方面的关系”并不笃定；③虽然这种哲学解释方法并不完善，但是在中国大陆以及港台地区也产生了一定影响（如前文所述唐君毅先生的中国哲学方法论）。

附录I: 劳思光先生的中国哲学方法论

劳思光先生(1927—2012年)早年就读于北京大学哲学系,1949年后旅居台湾、香港等地，先后任教于香港中文大学及台湾的多所高校，是当代港台地区著名的哲学史家，其大作《新编中国哲学史》成为台湾地区大专院校同类课程中最为通行的教科书。

在《新编中国哲学史》写作之初，劳思光先生就有很强的哲学方法论意识，在分析传统“系统研究法”“发生研究法”“解析研究法”的不足②后,便提出“基源问题研究法”。在劳先生看来,各学派思想理论,根本上就是对某一问题的答复,这一问题就是“基源问题”,哲学研究工作首先应做逻辑还原,将复杂理论单纯化,从而使基源问题显现;“基源问题研究法”体现出以问题还原为起点，以史学考证为助力，统摄个别哲学活动于一定标准之下的特点，因此优于传统哲学研究方法。

那么，什么是中国哲学的基源问题？劳先生认为，中国哲学的特质是处理人生问题的哲学，或者说中国哲学就是一种价值哲学。从劳先生对孔孟儒学的诠释观点中即可看出，“价值理论应该如何建构”成为中国哲学的基源问题。针对该问题，劳先生认为整部中国哲学史有三种基本的哲学模式③，并依次解释[102]:

（1）他从先秦孔孟的“心性论中心”模式中确定了典范，同时亦以此标准来

① 张岱年采用了“宇宙论、人生论、致知论”的第一层级分类方法（这和冯友兰早期沿用西方哲学的解释架构类似），继而将宇宙论分为：本根论、道体论、大化论；将人生论分为：天人关系论、人性论、人生理想论、人生问题论;将致知论分为:知论、方法论。第三层级采用概念范畴研究法，构建庞大繁复的解释架构，涉及道、太极、阴阳、理气、反复、两一、始终、有无、坚白、同异、天人合一、性恶、性善、无为、有为、义利、兼独、动静、名变等诸多概念范畴。

② 劳先生认为“系统研究法”容易有过分主观之弊，其陈述的理论容易失真;“发生研究法”虽易保存真实资料，但只能看见零星碎片，不能全面把握;“解析研究法”只能对局部逻辑做精准定位，同样缺乏贯穿性观点。

③ 心性论、宇宙论和形上学:“心性论”的特质在于彰显人的道德主体性，外在的生活秩序源于内在的德性自觉，并因此主体性之自觉活动内在于心性主体之中而确定善的价值方向。而在“宇宙论”中，价值的根源则被诉求于外在的“天”，人唯有合于天道，方为有德。“形上学”则是将价值建基于超经验的形上之“实有”，经验世界的特殊内容，则不在其关注的范围之内，“实有”本身的建立并不以解释经验世界为必要条件。

评判先秦各家：道家贬弃“德性我”，误执“形躯我”，遂“内不能成德性，外不能成文化”①；荀子未能顺着孔孟心性哲学的方向前进，是为儒学之歧出②；墨家重社会，重实利，于德性之学亦无所建立③；法家则卑卑不足道，为中国古代思想的一大阴暗、一大陷溺④。

（2）从汉到唐，以道德主体性为核心的心性论哲学不但没有得到进一步的开展，反而退入“宇宙论中心”的幼稚阶段⑤。汉儒之学大失孔孟本旨，从而只具有负面的价值；魏晋玄学，只是一杂乱思想的产物，理论成就并不足道；外来的佛教思想又乘势而入，建立起了它独特的心性论哲学⑥，但由于其舍离此世而追求彼岸的精神方向，使得它在发展的同时唤起抗拒之思潮。

（3）宋明儒学在周敦颐、张载为宇宙论中心、在程颐、程颢为形上学中心、在陆象山、王阳明为心性论中心。由此整个宋明儒学是在回归孔孟心性论的价值追寻，因此陆王心性论哲学是宋明儒学的最成熟形态⑦。

故可看出，劳思光先生高举儒家，建立了以心性论为中心的中国哲学方法论（附图8）。

---

① “内不能生德性，外不能成文化，然其游心利害成败之外，乃独能成就艺术。此其一长。言其弊则有三：为阴谋者所假借，一也；导人为纵情欲之事，二也；引生求长生之迷执，三也。”劳思光．新编中国哲学史（第一卷）[M]. 桂林：广西师范大学出版社，2005：215.

② “荀子倡性恶而言师法，盘旋冲突，终堕入权威主义，遂生法家，大悖儒学之义。”劳思光．新编中国哲学史（第一卷）[M]. 桂林：广西师范大学出版社，2005：250.

③ “墨子只知求效用，而不解文化生活之内涵价值，于是一切文化成绩皆于工具标准下衡量其价值。”劳思光．新编中国哲学史（第一卷）[M]. 桂林：广西师范大学出版社，2005：230.

④ “韩非思想虽受儒、道、墨之影响，然本身有一否定论之价值观念为其骨干，故所取于诸家，皆为技术末节，用以补成其学说……此则中国古代哲学史之一大悲剧。”劳思光．新编中国哲学史（第一卷）[M]. 桂林：广西师范大学出版社，2005：283.

⑤ “此时期之思想主流，实为继承早期神秘信仰及宇宙论观念之阴阳五行说。儒家在此种思想潮流下变形，遂有《易传》《礼记》各篇之混杂理论出现，但托古作伪之风大盛，整个学术界实陷入一混乱没落之局面。”劳思光．新编中国哲学史（第二卷）[M]. 桂林：广西师范大学出版社，2005：120.

⑥ “三宗之说，皆重主体性……若就佛教外之中国本有思想看，则先秦儒学之心性论，道家庄子之自我理论，亦可说皆在肯定主体性一点上，与此三宗有类似处。然此种类似，不可作为混同各家之论据……儒学之主体性，以健动为本……直接落在化成意义之德性生活及文化秩序上。道家之主体性，以逍遥为本……落在一情趣境界上及游戏意义之思辨上。佛教之主体性，则以静敛为本，其基本方向是舍离解脱，故其教义落在建立无量法门，随机施舍，以撤消万有上……其所肯定在彼岸不在此岸。”劳思光．新编中国哲学史（第二卷）[M]. 桂林：广西师范大学出版社，2005：240.

⑦ “周敦颐……之说基本上未脱宇宙论之影响，不过增多形上学成分而已。其中心性论之成分甚少。其后张载之说，大抵亦如此。故周张哲学之课题，可说是以混合形上学与宇宙论之系统排拒佛教心性论，尚非已孔孟本义之心性论对抗佛教之心性论也。二程兄弟，立说自有异同，然大旨皆是以“性”为主，定之以性即理之说，于是引生一纯粹形上学系统……较之周张自是一进展……二程“性即理”之论，只代表宋明儒学之第二阶段，而非成熟阶段。朱熹之综合周张二程，亦仍未脱此第二阶段也。成熟阶段即心性论重建之阶段，此一工作始于南宋之陆九渊，而最后大成于明之王守仁。”劳思光．新编中国哲学史（第三卷·上）[M]. 桂林：广西师范大学出版社，2005：3-4.

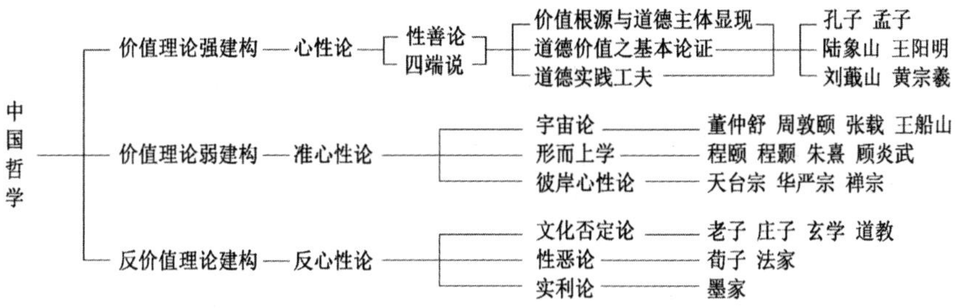

附图 8　以心性论为中心的中国哲学方法论

Additional Fig.8　methodology of Chinese philosophy with mind-nature as the center

资料来源：笔者自绘

附录 J：张立文先生的中国哲学方法论

百年以来，中国大陆之中国哲学研究方法演变大体可分为：借用西方传统哲学方法论—引入马克思主义哲学方法论—回归中国哲学概念范畴三个阶段。就前两个阶段而言，受时代命运与政治背景的影响较大，上文多有分析。而从张岱年先生到汤一介先生，我们可以发现，虽然政治意识形态的介入依然强势，但回归中国哲学本身语境的哲学研究已经悄悄显现。

改革开放以后，概念范畴研究通过中国人民大学哲学院教授张立文先生（1935—）的努力，正式确立为中国哲学界一种新兴的方法论。从 1981 年的《朱熹思想研究》到 1989 年的《中国哲学逻辑结构论》[103] 都表现出张先生对前两个阶段研究方法的绝弃①。

张立文先生认为，中国哲学在其发展行程中，当积累了一定数量的范畴之后，就必然面临着如何系统化的问题；系统之所以为系统，是由系统内一系列哲学范畴通过逻辑结构的方式构筑成一个相对稳定的结构，从而发挥功能；并不需要去造作一个新的哲学逻辑结构，而是在思维中再现中国哲人认知历史的进程。

所以，张立文先生通过对中国哲学范畴发展的历史考察，将中国人认识事物

① “《中国哲学逻辑结构论》……突破了西方哲学史教科书‘四大块式’（自然观、认识论、方法论、历史观）和中国哲学史教科书‘传列式’的体例框架，突破了‘两个对子’（唯心主义与唯物主义、辩证法与形上学）对立斗争的哲学史二分法，着力揭示哲学思维逻辑结构发展的整体性和内在的理性。”张立文．中国哲学逻辑结构论 [M]．北京：中国社会科学出版社，2002：11.

的阶段划分为抽象（肯定）—冲突（否定）—融合（肯定）三个阶段[①]，与此相对应的范畴归纳为象性—实性—虚性。故划分成“象性范畴”“实性范畴”“虚性范畴”三大类，通过排列组合，继而划分为象象（象形）、象实、象虚、实象、实实（实体）、实虚、虚象、虚实、虚虚（虚体）九中类以及二十五个范畴。以此建立了基于概念范畴逻辑结构的中国哲学方法论（附图 9）。

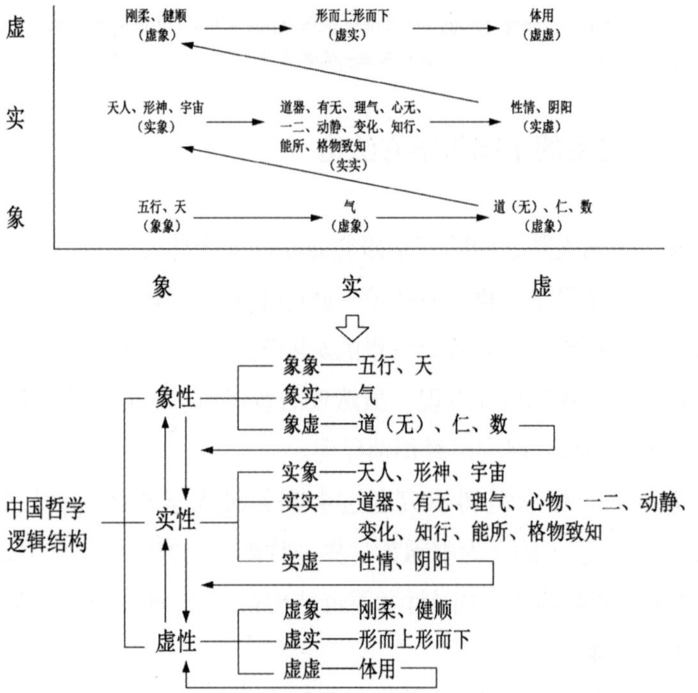

附图 9　基于概念范畴逻辑结构的中国哲学方法论

Additional Fig.9 methodology of Chinese philosophy based on logical structure of conceptual categories

资料来源：笔者自绘

附录 K：杜保瑞先生建构中国哲学方法论的理论起因

杜保瑞先生在其早年著作《论王船山易学与气论并重的形上学进路》（1993

① “实相范畴，大体相当于中国先秦时期，即从殷周之际到战国的整个历史行程……是中国哲学发生时期的范畴，是理性思维的初级阶段；实性范畴，大体产生于中国的秦汉、南北朝、隋唐时期、两宋……包括两汉经学、魏晋玄学、南北朝隋唐的儒释道三家之学和两宋道学。虚性范畴，大体流行于元明清时期……随着西方近代科学的传入和资本主义萌芽的产生，各哲学学派（包括宋明理学、明清之际的批判启蒙思潮等）完善了刚柔、健顺、形而上形而下、体用范畴体系。”张立文．中国哲学逻辑结构论 [M]. 北京：中国社会科学出版社，2002：63.

年）中，就已经意识到：

“中国哲学的理论问题实在太多了，可以被拿来当作题目的问题概念琳琅满目（附图 10），易陷于囫囵吞枣地任意拿某一些问题来研究某一个哲学家的理论，这就是没有去注意到理论对象与研究方法之间应有的对应关系。”

天道论	心性论	才情论	工夫论	天人合一论	形上学	有无论
性恶论	理气论	修养论	本根论	知行合一论	实践论	道器论
一元论	体用论	修行论	人道论	情景合一论	伦理学	常变论
性善论	动静论	修炼论	命定论	存有论	知识论	正反论
价值论	宇宙论	本体论	二元论	境界论	人性论	神形论

……

附图 10　中国哲学涉及的众多理论问题

Additional Fig.10　theoretical issues on Chinese Philosophy

资料来源：笔者自绘

“于是，展开属于问题的概念研究，把所有可以被拿来作为研究中国哲学的问题概念清理一番[①]（附图 11），便发现，有些是属于问题意识的概念没错（如天道论、形上学、伦理学），但更有些是属于主张的概念（如一元论、性善论、天人合一论），另外还有一些是属于材料的概念（如心性论、理气论、体用论、动静论）。若不将这些都是叫作‘论’的问题搞清楚，一般研究者肯定会在一篇论文的写作中，同时使用属于题目的问题，以及把主张和材料的概念也都当成题目，来成为章节的标题，这样这篇论文肯定是一篇逻辑不通顺，以材料的堆砌，及应景感时为目的坏论文。”

“不过，在进行了概念的分类之后，便进入到方法论研究的核心问题，那就是，究竟作为问题的概念，哪些才是适合拿来做中国哲学研究的？是不是知识论、伦理学、形上学、宇宙论、存有论、天道论、人道论、修养论、人性论、本体论等这些词语都可以随意地使用在任一套中国哲学家的理论研究中呢？果真如此，那又是另一种形式的理论灾难，那将会使哲学理论的对象，被煎熟炒炸得分不清香味了，也就是说，等于无从知道对象本身究竟有什么理论了。”

2013 年，杜保瑞先生将其多年来的研究成果综合为《中国哲学方法论》一书，最终“发现”并系统论述了中国哲学的四个基本哲学问题及其关系，从而提出“四方架构”理论。

① 但凡一个理论体系的文本都会包括：问题、材料、主张三个方面。

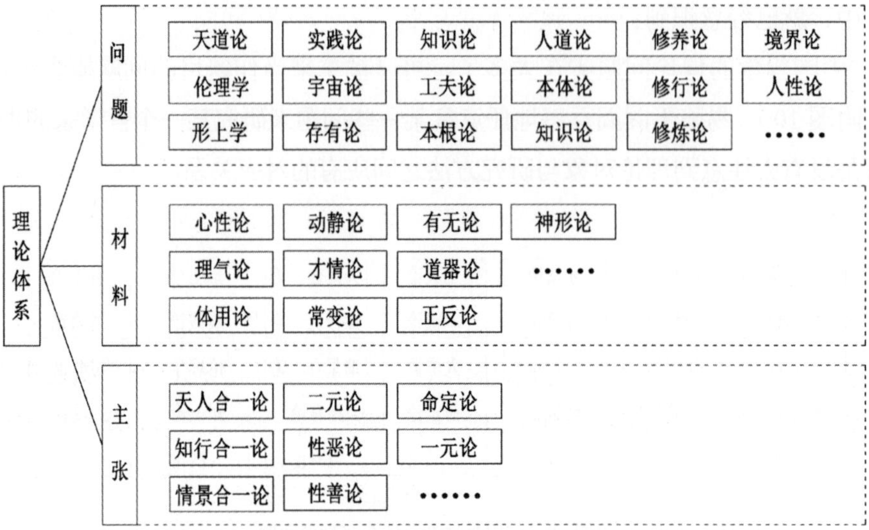

附图 11　对中国哲学的理论问题进行分类

Additional Fig.11 classification of theoretical issues on Chinese Philosophy

资料来源：笔者自绘

附录 L：禅宗美学拾遗

禅宗在中国于南北朝兴起，于隋唐两宋风行，于元末走向衰落，对于中国哲学甚至传统美学的影响极为深刻，但如何准确地理解禅宗，在当代成为一个难题。正如我们常常看到有的学者在无意中将先秦道家、魏晋玄学、禅宗进行混淆，模糊“无”与“空”的界限。

1999 年，张节末先生曾著有《禅宗美学》[334] 一书，并于 2006 年再版。笔者根据四方架构原理认为，该书对禅宗哲学及其美学进行了较为准确定位与求证。为帮助本文读者更加细微地理解“般若空性”及其衍生之空间境界，萃取部分原文，作为参考：

一个相当长的时期内，儒家的教化美学仍然是美学的主流，庄子精神几乎被埋没，中国文化的成长整个都十分拘谨。到了魏晋时期，教化美学走到了穷途末路，经历着第二度的“礼坏乐崩”之局面，虚伪人格比比皆是，儒家说教所倡导的自觉式的自由太过勉强刻意，让人望而生厌，已不再有吸引力。这一切造成了巨大的反推力，把人们推向自然式的自由，推向逍遥之祖——庄子。

中国古代的美学，有两个大的特点。

其一，他是人格主义的，儒道两家概莫能外。人格可以氛围道德人格和审美人格。儒家偏重道德人格，孔孟荀都是如此，他们的审美经验只是助成道德目标的附庸。道家偏重审美人格，庄子干脆把道德的语汇从他的审美语境中清除了出去。魏晋时期左右两翼的玄学家则勉力于综合道德和审美这两种人格，只是这种综合有以善为主（王弼）或以美为主（嵇康）的不同。禅宗也讲人格，它所说的悟、清静、定、慧、解脱和自由分、佛性我等，都是关乎人格的。不过这种人格的眼界却是看空的。

其二，中国美学是自然主义的。庄子的“齐物论”和“逍遥游”固不待言，儒家也颇倾心于“仁者乐山，智者乐水”（孔子）式的与自然比德。魏晋玄学家们则复兴庄子传统，标举清风朗月以为人的胸襟。至于禅宗，它固然把世俗界与自然界看空，然而禅者之悟十之七六（至少是极大量地）与自然有关。从是否承认自然界为实有的角度看，如果说儒道是持主实（有）的自然观（自然主义），那么禅宗就是持主空（幻）的自然观（唯心主义）。主空的自然观与看空的人格观两相结合，就产生了一门全新的美学：心造的境界——意境。

在中国的哲学当中，禅宗最关心也是最重视人的灵魂解脱。它在天人关系中破除天命，破除偶像，抛开经典，突出自性；在自力与他力关系中主张自心是佛，认为拯救还得靠自己，老师只是学生入道的接引人，是成佛的外缘、摆渡而已。

禅宗对自然的看法，继承了佛教大乘空宗的心物观，认为心是真正的存在（真如），而把自然看空，自然成为假象或心相（心境）。这是中国以往的任何哲学派别都没有的见解，如道和儒都把自然视为真实的存在，是有。

我们再来看另一则著名公案：

老僧三十年前未参禅时，见山是山，见水是水。及至后来，亲见知识，有个入处，见山不是山，见水不是水。而今得个休歇处，依前见山只是山，见水只是水。（《五灯会元》卷十七《青原惟信禅师》）

这是青原禅师自述对自然山水看法的三个转变。第一步，见山是山，见水是水。未参禅时见的山水为客观实体，那是与观者分离的认知对象。第二步，见山不是山，见水不是水。参禅以后，主体开始破除对象（将之视为色相），不再以认知而是以悟道的角度去看山水，于是山水的意象就渐渐从客观时空孤离出来而趋向观者的心境，不再是原先看到的山水了，而是在参禅者亲证的主观心境和分析的客观视角之间游动，还是有法执。第三步，见山只是山，见水只是水，仿佛是向第一步回归。此时，主体的觉悟已告完成，山水被彻底地孤离于时空背景，认知的分析性视角已不复存在，然而山水的视觉表象依然如故，只是已经转化为悟者

“休歇处”的证物。正如百丈怀海所云“一切色是佛色，一切声是佛声”，这个完全孤离于具体时空背景的个体化的山水其实只是观者参悟的心相。

庄子追求自然中的逍遥，虽然人可以与蝴蝶互为梦，不过那是物化，即物（作为物的人）与物的换位，是拟物或拟人，禅宗寻觅境界中的顿悟，更关注主体的心境，一切物都为心所造。庄子以相对主义的齐物论来泯灭物我之间的一切差别，使人同于物，与万物平等。人的本根在自然，人投入自然的怀抱与自然亲和，归穴是“托体同山阿”（陶渊明语）。那是由齐物而逍遥，获得自由。而禅宗以相对主义的对法来破除我执法执，似乎是齐物了，其实是将自然从时空孤离，从而使之化为喻象，归于心境化。庄子的相对主义是完全倒向自然，放弃分析的思维，从而获得自由感。禅宗的相对主义是在空、有之间动态依违，最后凭借顿悟找到一个空有两不执或两破的色即是空的点——境界，从而获得自由感。因此，自然在庄子更多的是一个蕴含着道的变动不居的实体，是一曲无限绵延的和谐的交响乐，嵇康也认为音乐具有自然之和，在禅宗则是一个既无还有，既有还无的喻体，更多的是一种心相，自然被无数顿悟的心灵所直观，并切割成许多小的片断，为之分享，正如一月映于千江。

庄子是愈亲近、愈深入自然愈自由，时空流动变迁即是道；禅宗是愈孤离自然，愈逼近那个顿悟的点愈自由，时空凝定即是佛。庄子讲虚静和逍遥，禅宗讲清净和空，庄子是由无到有，由静到动，由心到物，无为而无不为，禅宗是以无制有，以静制（证）动，使物归于心。

大写的自然之“气”一变而为“空”的“色”，其间的变迁不可谓不巨。

图表索引

参考文献

[1] 吴良镛 . 人居环境科学导论 [M]. 北京：中国建筑工业出版社，2001.

[2] 吴良镛 . 中国人居史 [M]. 北京：中国建筑工业出版社，2014.

[3] 王树声 . 中国城市人居环境历史图典 [M]. 北京：科学出版社，2015.

[4] 吴良镛 .《中国建筑文化研究文库》总序（一）——论中国建筑文化的研究与创造 [J]. 华中建筑，2001，20（6）：1-5.

[5] 吴良镛 . 济南“鹊华历史文化公园”刍议后记 [J]. 中国园林，2006（1）：6.

[6] Wu Liangyong.A Brief History of Ancient Chinese City Planning [M].Kassal：Gesamthochschulbibliothek，1986.

[7] 董建泓 . 中国城市建设史 [M]. 北京：中国建筑工业出版社，1989.

[8] 汪德华 . 中国山水文化与城市规划 [M]. 南京：东南大学出版社，2002.

[9] 张杰 . 中国古代空间文化溯源 [M]. 北京：清华大学出版社，2012.

[10] 吴庆洲 . 建筑哲理、意匠与文化 [M]. 北京：中国建筑工业出版社，2005.

[11] 王贵祥 . 中国古代人居理念与建筑原则 [M]. 北京：中国建筑工业出版社，2015.

[12] 龙彬 . 中国传统山水城市营建思想研究 [D]. 重庆：重庆大学建筑城规学院，2001.

[13] 杨柳 . 风水思想与古代山水城市营建研究 [D]. 重庆：重庆大学建筑城规学院，2005.

[14] 刘沛林 . 风水：中国人的环境观 [M]. 上海：三联书店，1995.

[15] 朱文一 . 空间・符号・城市：一种城市设计理论 [M]. 北京：中国建筑工业出版社，1993.

[16] 苏畅 .《管子》城市思想研究 [M]. 北京：中国建筑工业出版社，2010.

[17] 汉宝德 . 中国建筑文化讲座 [M]. 北京：三联书店，2006.

[18] 汉宝德 . 物象与心境：中国的园林 [M]. 北京：三联书店，2014.

[19] 王毅 . 中国园林文化史 [M]. 上海：上海人民出版社，2004.

[20] 金秋野，王欣编 . 乌有园・第 1 辑 [M]. 上海：同济大学出版社，2014.

[21] 贺业巨 . 考工记营国制度研究 [M]. 北京：中国建筑工业出版社，1985.

[22] 贺业巨 . 中国古代城市规划史论丛 [M]. 北京：中国建筑工业出版社，1986.

[23] 贺业巨 . 中国古代城市规划史 [M]. 北京：中国建筑工业出版社，1996.

[24] 杨宽 . 中国古代都城制度史 [M]. 上海：上海古籍出版社，1993.

[25] 吴庆洲 . 中国古代城市防洪研究 [M]. 北京：中国建筑工业出版社，1995.

[26] 张驭寰 . 中国城池史 [M]. 北京：中国友谊出版公司，2003.

[27] 何一民 . 中国城市史纲 [M]. 成都：四川大学出版社，1994.

[28] 马正林 . 中国古代城市历史地理 [M]. 济南：山东教育出版社，1998.

[29] 赵万民 . 三峡工程与人居环境建设 [M]. 北京：中国建筑工业出版社，1999. 赵万民等 .

[30] 山地人居环境研究七论 [M]. 北京：中国建筑工业出版社，2015.

[31] 吴良镛 . 山地人居环境浅议 [J]. 西部人居环境学刊，2014，29（4）：1-3.

[32] 吴良镛 . 简论山地人居环境科学的发展——为"第三届山地人居科学国际论坛"写 [J]. 城市规划 .2012，36（10）：9-10.

[33] 赵万民 . 山地人居环境科学研究引论 [J]. 西部人居环境学刊，2013（3）：10-19.

[34] 赵万民等 . 西南地区流域人居环境建设研究 [M]. 南京：东南大学出版社，2009.

[35] 赵万民编 . 第三届山地人居环境可持续发展国际学术研讨会论文集 [C]. 北京：科学出版社，2013.

[36] 赵万民等 . 三峡库区新人居环境建设十五年进展 1994-2009[M]. 南京：东南大学出版社，2009.

[37] 赵炜 . 乌江流域人居环境建设研究 [M]. 南京：东南大学出版社，2008.

[38] 王纪武 . 人居环境地域文化论 [M]. 南京：东南大学出版社，2008.

[39] 黄勇 . 三峡库区人居环境建设的社会学问题研究 [M]. 南京：东南大学出版社，2011.

[40] 段炼 . 三峡区域新人居环境建设研究 [M]. 南京：东南大学出版社，2011.

[41] 赵万民 . 三峡库区人居环境建设发展研究——理论与实践 [M]. 北京：中国建筑工业出版社，2013.

[42] 刘叙杰 . 中国古代建筑史（第一卷）[M]. 北京：中国建筑工业出版社，2009.

[43] 傅熹年 . 中国古代建筑史（第二卷）[M]. 北京：中国建筑工业出版社，2009.

[44] 郭黛姮 . 中国古代建筑史（第三卷）[M]. 北京：中国建筑工业出版社，2009.

[45] 潘谷西 . 中国古代建筑史（第四卷）[M]. 北京：中国建筑工业出版社，2009.

[46] 孙大章 . 中国古代建筑史（第五卷）[M]. 北京：中国建筑工业出版社，2009.

[47] 杨鸿勋 . 宫殿考古通论 [M]. 北京：紫禁城出版社，2009.

[48] 杨鸿勋 . 大明宫 [M]. 北京：科学出版社，2013.

[49] 杨鸿勋 . 建筑历史与理论 [M]. 北京：科学出版社，2009.

[50] 杨鸿勋 . 江南园林论 [M]. 北京：中国建筑工业出版社，2011.
[51] 毛刚 . 生态视野——西南高海拔山区聚落与建筑 [M]. 南京：东南大学出版社，2003.
[52] 张光直 . 中国青铜时代 [M]. 北京：三联书店，1983.
[53] 苏秉琦 . 中国文明起源新探 [M]. 北京：人民出版社，2013.
[54] 张国硕 . 夏商时代都城制度研究 [M]. 郑州：河南人民出版社，2001.
[55] 许宏 . 先秦城市考古学研究 [M]. 北京：北京燕山出版社，2000.
[56] 毛曦 . 先秦巴蜀城市史研究 [M]. 北京：人民出版社，2008.
[57] 马世之 . 中国史前古城 [M]. 武汉：湖北教育出版社，2003.
[58] 周长山 . 汉代城市研究 [M]. 北京：人民出版社，2001.
[59] 刘凤兰 . 明清城市文化研究 [M]. 北京：中央民族大学出版社，2001.
[60] 朱契 . 明清两代宫苑建置沿革图考 [M]. 北京：北京古籍出版社，1990.
[61] 史念海 . 中国古都和文化 [M]. 北京：中华书局，1998.
[62] [美] 刘易斯・芒福德 . 城市发展史——起源、演变和前景 [M]. 北京：中国建筑工业出版社，2005.
[63] [美] 施坚雅 . 中华帝国晚期的城市 [M]. 叶光庭等译 . 北京：中华书局，2000.
[64] [美] 林达・约翰逊 . 帝国晚期的江南城市 [M]. 成一农译 . 上海：上海人民出版社，2005.
[65] [德] 阿尔弗雷德・申茨 . 幻方——中国古代城市 [M]. 梅青等译 . 北京：中国建筑工业出版社，2009.
[66] [日] 原广司 . 世界聚落的教示 100 [M]. 于天祎等译 . 北京：中国建筑工业出版社，2003.
[67] [日] 中村圭尔 . 中日古代城市研究 [M]. 辛德勇译 . 北京：中国社会科学出版社，2004.
[68] [日] 藤井明 . 聚落探访 [M]. 宁晶译 . 北京：中国建筑工业出版社，2003.
[69] [挪] 拉森 . 拉萨历史城市地图集 [M]. 李鸽，曲吉建才译 . 北京：中国建筑工业出版社，2005.
[70] 吴良镛 . 人居环境科学的人文思考 [J]. 城市发展研究，2003，10（5）：4-7.
[71] 吴良镛 . 芒福德的学术思想及其对人居环境学建设的启示 [J]. 城市规划，1996（1）：35-48.
[72] 吴良镛 . 北京旧城与菊儿胡同 [M]. 北京：中国建筑工业出版社，1994.
[73] 吴良镛，方可，张悦 . 从城市文化发展的角度，用城市设计的手段看历史文化地段的保护与发展——北京白塔寺街区的整治与改建为例 [J]. 华中建筑，1998，16（3）：84-89.
[74] 吴良镛 . 历史文化名城的规划结构、旧城更新与城市设计 [J]. 城市规划，1983（6）：2-12.
[75] 吴良镛 . 广义建筑学 [M]. 北京：清华大学出版社，1989.

[76] 吴良镛．“抽象继承”与“迁想妙得”：历史地段的保护、发展与新建筑创作 [J]. 建筑学报，1993（10）：21-24.
[77] 冯友兰．中国哲学史（上下册）[M]. 上海：华东师范大学出版社，2013.
[78] 冯友兰．三松堂全集 [M]. 郑州：河南人民出版社，2001.
[79] 冯友兰．新理学 [M]. 北京：北京大学出版社，2014.
[80] 冯友兰．新事论 [M]. 北京：北京大学出版社，2014.
[81] 冯友兰．新世训 [M]. 北京：北京大学出版社，2014.
[82] 冯友兰．新原人 [M]. 北京：北京大学出版社，2014.
[83] 冯友兰．新原道 [M]. 北京：北京大学出版社，2014.
[84] 冯友兰．新知言 [M]. 北京：北京大学出版社，2014.
[85] 冯友兰．中国哲学史新编 [M]．北京：人民出版社，1962.
[86] 方东美．原始儒家道家哲学 [M]. 北京：中华书局，2012.
[87] 方东美．中国大乘佛学（上册）[M]. 北京：中华书局，2012.
[88] 方东美．华严宗哲学（下册）[M]. 北京：中华书局，2012.
[89] 方东美．中国哲学精神及其发展（下）[M]. 北京：中华书局，2012.
[90] 方东美．中国哲学精神及其发展 [M]. 匡钊译．郑州：中州古籍出版社，2009.
[91] 牟宗三．中国哲学十九讲 [M]. 长春：吉林出版集团有限责任公司，2010.
[92] 牟宗三．智的直觉与中国哲学 [M]. 北京：中国社会科学出版社，2008.
[93] 牟宗三．佛性与般若（上册）[M]. 台北：台湾学生书局，1993.
[94] 牟宗三．现象与物自身 [M]. 台北：台湾学生书局，1984.
[95] 唐君毅．中国哲学原论导论篇 [M]. 北京：中国社会科学出版社，2005.
[96] 唐君毅．中国哲学原论原道篇 [M]. 北京：中国社会科学出版社，2008.
[97] 唐君毅．中国哲学原论原性篇 [M]. 北京：中国社会科学出版社，2005.
[98] 唐君毅．中国哲学原论原教篇 [M]. 北京：中国社会科学出版社，2006.
[99] 唐君毅．生命存在与心灵境界 [M]. 北京：中国社会科学出版社，2006.
[100] 张岱年．中国哲学大纲——中国哲学问题史（上下册）[M]. 北京：昆仑出版社，2010.
[101] 汤一介．新轴心时代与中国文化的建构 [M]. 南昌：江西人民出版社，2007.
[102] 劳思光．新编中国哲学史 [M]. 桂林：广西师范大学出版社，2005.
[103] 张立文．中国哲学逻辑结构论 [M]. 北京：中国社会科学出版社，2002.
[104] 杜保瑞．基本哲学问题 [M]. 北京：华文出版社，2000.
[105] 杜保瑞．论王船山易学与气论并重的形上学进路 [D]. 台北：台湾大学哲学系，1993.

[106] 杜保瑞 . 中国哲学方法论 [M]. 台北：台湾商务印书馆，2013.

[107] 陈遵妫 . 中国天文学史 [M]. 上海：上海人民出版社，2006.

[108] 冯时 . 中国天文考古学 [M]. 北京：中国社会科学出版社，2010.

[109] 冯时 . 百年来甲骨文天文立法研究 [M]. 北京：中国社会科学出版社，2011.

[110] 冯时 . 中国古代的天文与人文 [M]. 北京：中国社会科学出版社，2006.

[111] 李零 . 中国方术正考 [M]. 北京：中华书局，2006.

[112] 李零 . 中国方术续考 [M]. 北京：中华书局，2006.

[113] 张光直 . 商文明 [M]. 上海：三联书店，2013.

[114] 阿城 . 洛书河图——文明的造型探源 [M]. 北京：中华书局，2014.

[115] 刘胜利编 . 吕氏春秋 [M]. 张双棣等译注 . 北京：中华书局，2007.

[116] （汉）司马迁 . 史记 [M].（宋）裴骃集解 .（唐）司马贞所隐 .（唐）张守节正义 . 北京：中华书局，1999.

[117] （清）孙家鼐 . 钦定书经图说 [M]. 天津：天津古籍出版社，2008.

[118] 李学勤编 . 周礼疏注 [M].（汉）郑玄注 .（唐）贾公彦疏 . 北京：北京大学出版社，1999.

[119] （汉）赵君卿 . 周髀算经 [M]. 程贞一等译注 . 上海：上海古籍出版社，2012.

[120] 夏玮瑛 . 夏小正经文校释 [M]. 北京：农业出版社，1981.

[121] 黄怀信 . 鹖冠子汇校集注 [M]. 北京：中华书局，2004.

[122] （清）王聘珍 . 大戴礼记解诂 [M]. 王文锦点校 . 北京：中华书局，1983.

[123] 李零 . 长沙子弹库战国楚帛书研究 [M]. 北京：中华书局，1985.

[124] 刘胜利编 . 国语 [M]. 尚学锋译注 . 北京：中华书局，2007.

[125] 陈梦家 . 商代的神话与巫术 [J]. 燕京学报，1936（20）：533.

[126] 李泽厚 . 说巫史传统 [M]. 上海：上海译文出版社，2012.

[127] （清）孔广林编 . 易纬是类谋、易纬干凿度、易纬乾坤凿度、易纬干元序制记、易纬坤灵图 [M].（汉）郑玄注 . 台北：新文丰出版公司，1984.

[128] 许宏 . 最早的中国 [M]. 北京：科学出版社，2009.

[129] 喻沧 . 中国测绘史 [M]. 刘自健编 . 北京：测绘出版社，2002.

[130] 刘胜利编 . 淮南子 [M]. 顾迁译注 . 北京：中华书局，2007.

[131] 秦建明 . 陕西发现以汉长安城为中心的西汉南北向超长建筑基线 [J]. 文物，1995（3）：5-13.

[132] 杨红勋 . 杨红勋建筑考古学论文集 [M]. 北京：清华大学出版社，2008.

[133] 马得志 . 唐代长安城考古纪略 [J]. 考古，1963（11）：595-615.

[134] 中国科学院考古研究所元大都考古队 . 元大都的勘查和发掘 [J]. 考古，1972（1）：19-31.

[135] 何清谷．三辅黄图校释 [M]. 北京：中华书局，2005.

[136] （宋）宋祁，（宋）欧阳修．新唐书 [M]. 北京：中华书局，1975.

[137] （元）熊梦祥．析津志辑佚 [M]. 北京图书馆善本组辑．北京：北京古籍出版社，1983.

[138] 曹子芳等．中国历史文化名城・苏州 [M]. 北京：中国建筑工业出版社，1986.

[139] 薛耀天．吴越春秋译注 [M]. 天津：天津古籍出版社，1992.

[140] （宋）朱熹．周易本义 [M]. 北京：中央编译出版社，2001.

[141] 刘胜利编．周易 [M]. 郭彧译注．北京：中华书局，2007.

[142] 刘胜利编．尚书 [M]. 慕平译注．北京：中华书局，2007.

[143] 刘胜利编．墨子 [M]. 李小龙译注．北京：中华书局，2007.

[144] 李学勤编．礼记正义 [M].（汉）郑玄注．（唐）孔颖达疏．北京：北京大学出版社，1999.

[145] （明）赵撝谦．六书本义 [M]. 钦定四库全书·经部十．上海：上海古籍出版社，1989.

[146] 李学勤．《太一生水》的数术解释 [A]. 陈福滨编．本世纪出土思想文献与中国古典哲学两岸学术研讨会论文集 [C]. 台北：辅仁大学出版社，1999.

[147] （宋）李昉．太平御览 [M]. 北京：中华书局，2011.

[148] （宋）张继先，（清）纪大奎，（汉）东方朔．灵笈宝章、求雨篇、神异经、海内十洲记 [M]. 台北：新文丰出版公司，1984.

[149] （晋）郭璞．足本山海经图赞 [M]. 上海：古典文学出版社，1958.

[150] （晋）王嘉．拾遗记校注 [M].（梁）萧绮録，齐治平校注．北京：中华书局，1981.

[151] （晋）张华．博物志（外七种）[M]. 王根林等校点．上海：上海古籍出版社，2012.

[152] 刘胜利编．搜神记 [M]. 马银琴等译注．北京：中华书局，2007.

[153] [英] 李约瑟．中国古代科学思想史 [M]. 南昌：江西人民出版社，1990.

[154] 张光直．考古学专题六讲 [M]. 北京：三联书店，2013.

[155] 汤惠生．神话中的昆仑山考述——昆仑山神话与萨满教宇宙观 [A]. 刘锡诚编．山岳与象征 [C]. 北京：商务印书馆，2004.

[156] M.Eliade.Shamanism[M].Princeton：Princeton University Press，1972.

[157] （清）徐珂编．清稗类钞 [M]. 北京：中华书局，2010.

[158] 刘永平编．科圣张衡 [M]. 郑州：河南人民出版社，2003.

[159] 刘胜利编．左传 [M]. 刘利等译注．北京：中华书局，2007.

[160] 刘胜利编．山海经 [M]. 方韬译注．北京：中华书局，2007.

[161] 魏仲华等．中国历史文化名城・绍兴 [M]. 北京：中国建筑工业出版社，1986.

[162] 王其亨．风水理论研究 [M]. 天津：天津大学出版社，2000.

[163] Karl Jaspers，Michael Bullock tr.The Origin and Goal of History[M].New Haven：Yale University Press，1953：3.

[164] 余英时 . 论天人之际 [M]. 北京：中华书局，2014.

[165] 刘胜利编 . 论语 [M]. 张燕婴译注 . 北京：中华书局，2007.

[166] 刘胜利编 . 孟子 [M]. 万丽华等译注 . 北京：中华书局，2007.

[167] 于豪亮 . 马王堆帛书《周易》释文校注 [M]. 上海：上海古籍出版社，2013.

[168] 曹定云 . 殷墟四盘磨“易卦”卜骨研究 [J]. 考古，1989（7）：638.

[169] 肖楠 . 安阳殷墟发现“易卦”卜甲 [J]. 考古，1989（1）：67.

[170] 徐锡台 . 周原甲骨文综述 [M]. 西安：三秦出版社，1991.

[171] 姚生民 . 淳化县发现西周易卦符号文字陶罐 [J]. 文博，1990（3）：56.

[172] 冯时 . 殷卜辞四方风研究 [J]. 考古学报，1994（2）：131-153.

[173] 孙施文 .《周礼》中的中国古代城市规划制度 [J]. 城市规划，2012，36（8）：13.

[174] 贺业钜 . 考工记营国制度研究 [M]. 北京：中国建筑工业出版社，1985.

[175] 余英时 . 史学、史家与时代 [M]. 桂林：广西师范大学出版社，2014.

[176] 钱穆 . 两汉经学今古文平议 [M]. 北京：商务印书馆，2001.

[177]（汉）董仲舒 . 春秋繁露 [M]. 张世亮等译注 . 北京：中华书局，2012.

[178]（宋）周敦颐 . 周敦颐集 [M]. 陈克明校注 . 北京：中华书局，2009.

[179]（清）王夫之 . 张子正蒙注 [M]. 北京：中华书局，2011.

[180]（宋）黎靖德 . 朱子语类 [M]. 王星贤校注 . 北京：中华书局，1986.

[181] 刘胜利编 . 荀子 [M]. 安小兰译注 . 北京：中华书局，2007.

[182] 胡适 . 中国中古思想史长编 [M]. 上海：上海古籍出版社，2013.

[183] 刘胜利编 . 老子 [M]. 饶尚宽译注 . 北京：中华书局，2007.

[184] 刘胜利编 . 庄子 [M]. 孙通海译注 . 北京：中华书局，2007.

[185] 鲁迅 . 中国小说史略 [M]. 北京：中华书局，2010.

[186] 刘胜利编 . 列子 [M]. 景中译注 . 北京：中华书局，2007.

[187] 刘胜利编 . 汉书 [M]. 张永雷等译注 . 北京：中华书局，2007.

[188]（汉）刘歆 . 西京杂记（外五种）[M]. 上海：上海古籍出版社，2012.

[189]（北魏）杨衒之 . 洛阳伽蓝记 [M]. 范祥雍校注 . 上海：上海古籍出版社，2011.

[190]（唐）韦述,（唐）杜宝 . 两京新记辑校、大业杂记辑校 [M]. 辛德勇辑校 . 西安：三秦出版社，2006.

[191]（宋）罗愿 . 尔雅翼 [M]. 石云孙校点 . 合肥：黄山书社，2013.

[192] （唐）魏征．隋书 [M]. 北京：中华书局，2008.

[193] 汉宝德．物象与心境：中国的园林 [M]. 北京：三联书店，2014.

[194] 余英时．士与中国文化 [M]. 上海：上海人民出版社，2003.

[195] （南北朝）刘勰．文心雕龙 [M]. 王志彬译注．北京：中华书局，2012.

[196] （南北朝）谢赫．古画品录 [M]. 上海：上海古籍出版社，1991.

[197] 赖永海编．四十二章经 [M]. 尚荣译注．北京：中华书局，2010.

[198] （晋）鸠摩罗什，（晋）慧远大师．大乘大义章 [M]. 陈扬炯释译．高雄：台湾佛光出版社，1996.

[199] [印] 马鸣．大乘起信论 [M].（梁）真谛，萧箑父译．高雄：台湾佛光出版社，1996.

[200] （隋）智顗．摩诃止观 [M]. 莆田：广化寺，2011.

[201] （后秦）佛陀耶舍．长阿含经 [M]. 竺佛念译．北京：宗教文化出版社，2011.

[202] 萧默．敦煌建筑研究 [M]. 北京：机械工业出版社，2003.

[203] 常青．西域文明与华夏建筑的变迁 [M]. 长沙：湖南教育出版社，1992.

[204] 方拥，杨昌鸣．闽南小型石构佛塔与经幢 [J]. 古建园林技术，1993（4）：54-57.

[205] 王世仁．理性与浪漫的交织——中国建筑美学论文集 [M]. 北京：中国建筑工业出版社，1987.

[206] 徐华铛编．中国古塔 [M]. 北京：轻工业出版社出版，1986.

[207] （北齐）魏收．魏书 [M]. 北京：中华书局，1974.

[208] （梁）释慧皎．高僧传 [M]. 朱恒夫等注译．西安：陕西人民出版社，2010.

[209] 李允鉌．华夏意匠 [M]. 天津：天津大学出版社，2005.

[210] 陈耀东．西藏阿里托林寺 [J]. 文物，1995（10）：14.

[211] 孙大章．清代佛教建筑之杰作：承德普宁寺 [M]. 北京：中国建筑工业出版社，2008：218.

[212] 清华大学建筑学院．颐和园 [M]. 北京：中国建筑工业出版社，2000.

[213] 楼庆西．屋顶艺术 [M]. 北京：中国建筑工业出版社，2009.

[214] 楼庆西．雕梁画栋 [M]. 北京：清华大学出版社，2011.

[215] 楼庆西．千门之美 [M]. 北京：清华大学出版社，2011.

[216] 楼庆西．户牖之艺 [M]. 北京：清华大学出版社，2011.

[217] 刘胜利编．管子 [M]. 李山译注．北京：中华书局，2007.

[218] 熊逸．春秋大义 [M]. 西安：陕西师范大学出版社，2007.

[219] 刘胜利编．大学、中庸 [M]. 王国轩译注．北京：中华书局，2007.

[220] 杜保瑞．反者道之动——老子新说 [M]. 北京：华文出版社，1997.

[221] 陈植 . 园冶注释 [M]. 北京：中国建筑工业出版社，1988.

[222] （清）唐岱，沈源 . 圆明园四十景图咏 [M]. 北京：中国建筑工业出版社，2008.

[223] 余英时 . 中国知识人之史的考察 [M]. 桂林：广西师范大学出版社，2014.

[224] 刘胜利编 . 金刚经、心经、坛经 [M]. 陈秋平等译注 . 北京：中华书局，2007.

[225] 张海沙 . 论寒山子及其诗作 [J]. 东南大学学报，2001（3）：87-94.

[226] 王洪臣 . 柳宗元佛教思想对其诗文创作的影响 [J]. 湖南科技学院学报，2005（9）：54-56.

[227] 赖永海 . 中国佛教文化论 [M]. 北京：东方出版社，2014.

[228] 杜继文 . 佛教史 [M]. 南京：江苏人民出版社，2008.

[229] 刘毅 . 悟化的生命哲学——日本禅宗今昔 [M]. 沈阳：辽宁大学出版社，1996.

[230] Haruzo Ohashi.The Japanese Garden: Islands of Serenity[M]. Tokyo：Graphic-sha Publishing Co., Ltd.，1986.

[231] 王发堂，杨昌鸣 . 禅宗与庭园——对日本枯山水的研究 [J]. 哈尔滨工业大学学报，2007（2）：13-18.

[232] 徐晓燕 . 从禅宗思想解读日本枯山水的精神内涵 [J]. 安徽建筑，2007（3）：7-10.

[233] 释迦牟尼佛 . 地藏菩萨本愿经 [M].（唐）实叉难陀译 . 北京：宗教文化出版社，1990.

[234] [印] 龙树 . 大智度论 [M].（晋）鸠摩罗什译 . 北京：宗教文化出版社，2014.

[235] 释迦牟尼佛 . 华严经 [M].（唐）实叉难陀等译 . 北京：宗教文化出版社，2011.

[236] 应金华，樊丙庚 . 四川历史文化名城 [M]. 成都：四川人民出版社，2000.

[237] （宋）杨甲 . 六经图 [M]. 北京：学苑出版社，1998.

[238] （明）王鏊 . 震泽集 [M]. 长春：吉林出版社，2005.

[239] 中华书局编 . 清会典 [M]. 北京：中华书局，1991.

[240] （后晋）刘昫 . 旧唐书 [M]. 北京：中华书局，1975.

[241] （清）纪昀编 . 文津阁四库全书 [M]. 北京：商务印书馆，2005.

[242] （元）郑谧，（明）缪希雍，（明）萧克 . 刘江东家藏善本葬书、葬经翼、山水忠肝集摘要 [M]. 台北：新文丰出版公司，1984.

[243] （宋）蔡元定 . 发微论 [M]. 呼和浩特：内蒙古人民出版社，2010.

[244] （唐）卜应天，（清）孟浩 . 雪心赋正解 [M]. 康熙庚申云林四美堂刊 .

[245] （元）王祎 . 王忠文集（外四种）[M]. 上海：上海古籍出版社，1991.

[246] （唐）杨筠松 . 地理点穴撼龙经 [M]. 郑同点校 . 北京：华龄出版社，2011.

[247] （清）沈镐 . 绘图地学 [M]. 李非注 . 北京：华龄出版社，2006.

[248] （南唐）何溥 . 灵城精义 [M]. 北京：线装书局，2010.

[249] （清）赵九峰 . 地理五诀 [M]. 郑同点校 . 北京：华龄出版社，2011.

[250] 刘胜利编 . 诗经 [M]. 王秀梅译注 . 北京：中华书局，2007.

[251] 张学海 . 城起源研究的重要突破——读八十垱遗址发掘简报的心得，兼谈半坡遗址是城址 [J]. 考古与文物，1999（1）：36-42.

[252] 湖南省文物考古研究所 . 湖南澧县梦溪八十垱新石器时代早期遗址发掘简报 [J]. 文物，1996（12）：26-38.

[253] 湖南省文物考古研究所 . 澧县城头山屈家岭文化城址调查与试掘 [J]. 文物，1993（12）：19-30.

[254] 湖南省文物考古研究所 . 澧县城头山古城址 1997-1998 年度发掘报告 [J]. 文物，1999（6）：4-17.

[255] 国家文物局考古领队培训班 . 郑州西山仰韶时代城址的发掘 [J]. 文物，1999（7）：4-15.

[256] 孙敬明等 . 山东五莲盘古城发现战国齐兵器和玺印 [J]. 文物，1986（3）：31-34.

[257] 周口地区文化局 . 扶沟古城初步勘查 [J]. 中原文物，1983（2）：67-71.

[258] 丘刚 . 扶沟古城初步勘查 [J]. 中原文物，1994（2）：22-25.

[259] 朱永刚等 . 辽宁锦西邰集屯三座古城址考古纪略及相关问题 [J]. 北方文物，1997（2）：16-22.

[260] 贺维周 . 从考古发掘探索远古水利工程 [J]. 中国水利，1984（10）：32-33.

[261] 中国社会科学院考古研究所 .1958-1959 年殷墟发掘简报 [J]. 考古，1961（2）：65.

[262] 赵芝荃，徐殿魁 . 偃师尸乡沟商代早期城址 [A]. 中国考古学会第五次年会论文集 [C]. 北京：文物出版社，1988.

[263] 北京大学历史系考古教研室商周组 . 商周考古 [M]. 北京：文物出版社，1979.

[264] 郑肇经 . 中国水利史 [M]. 北京：商务印书馆，1939.

[265] 中国科学院自然科学史研究所地学史组 . 中国古代地理学史 [M]. 北京：科学出版社，1984.

[266] 吴庆洲 . 中国古城防洪研究 [M]. 北京：中国建筑工业出版社，2009.

[267] 张慧，王奇亨 . 中国古代国土规划思想、理论、方法的辉煌篇章——《周礼》建国制度探析 [J]. 新建筑，2008（3）：98-102.

[268] [英] 梅因 . 古代法 [M]. 沈景一译 . 北京：商务印书馆，2011.

[269] 梁思成 . 中国建筑史 [M]. 天津：百花文艺出版社，2005.

[270] 梁思成 . 图像中国建筑史 [M]. 天津：百花文艺出版社，2000.

[271] 林徽因 . 论中国建筑之几个特征 [J]. 中国营造学社汇刊，1932，3（1）：163-179.

[272] 梁思成 . 梁思成全集（第七卷）[M]. 北京：中国建筑工业出版社，2001.

[273] 潘谷西，何建中.《营造法式》解读 [M]. 南京：东南大学出版社，2005.
[274] 朱涛. 梁思成与他的时代 [M]. 桂林：广西师范大学出版社，2014.
[275] 张十庆.《营造法式》变造用材制度袒析 [J]. 东南大学学报，1990（5）：8-13.
[276] 乔迅翔.《营造法式》功限、料例的形式构成研究 [J]. 自然科学史研究，2007（4）：523-535.
[277]（明）陆楫. 蒹葭堂杂著摘抄 [M]. 上海：商务印书馆，1936.
[278]（明）李乐. 见闻杂记 [M]. 上海：上海古籍出版社，1986.
[279]（明）顾凝远. 画引 [A]. 历代论画名著汇编 [C]. 上海：上海世界书局，1943.
[280]（清）李渔. 闲情偶寄 [M]. 江巨荣等校注. 上海：上海古籍出版社，2000.
[281]（明）文震亨. 长物志 [M]. 北京：中华书局，2012.
[282] 五世达赖喇嘛. 西藏王臣记 [M]. 刘立千译. 北京：民族出版社，2000.
[283] 晓涛，西达. 八廓曼陀罗 [M]. 上海：上海人民出版社，2009.
[284] 傅熹年. 中国古代建筑史（第二卷）[M]. 北京：中国建筑工业出版社，2001.
[285] 漆山. 学修视角下的中国汉传佛寺空间格局研究——由三个古代佛寺平面所引起的思考 [J]. 建筑师，2014（2）：32-40.
[286]（元）德辉. 敕修百丈清规 [M]. 李继武校点. 河南：中州古籍出版社，2011.
[287] 吴良镛. 中国建筑与城市文化 [M]. 北京：昆仑出版社，2009.
[288] 吴良镛. 建设文化精华区 促进旧城整体保护 [J]. 北京规划建设，2012（1）：8-11.
[289] 刘琳. 华阳国志校注 [M]. 成都：成都时代出版社，2007.
[290] 徐煜辉. 历史·现状·未来—重庆中心城市演变发展与规划研究 [D]. 重庆：重庆大学建筑城规学院，2000.
[291] 李旭. 西南地区城市历史发展研究 [D]. 重庆大学博士论文，2010.
[292]（晋）陈寿. 三国志 [M]. 北京：中华书局，1999.
[293]（元）佚名. 宋季三朝政要 [M]. 北京：中华书局，2010.
[294] 重庆市地方志编纂委员会总编辑室. 重庆市志（第一卷）[M]. 成都：四川大学出版社，1992.
[295]（宋）高承. 事物纪原 [M]. 北京：中华书局，1989.
[296]（宋）祝穆. 方舆胜览 [M]. 北京：中华书局，2003.
[297]（明）王瓒. 弘治温州府志 [M]. 上海：上海社会科学院出版社，2006.
[298]（清）张宝琳等. 永嘉县志 [M]. 武汉：湖北省图书馆，2010.
[299]（唐）李吉甫. 元和郡县图志 [M]. 北京：中华书局，2005.
[300]（宋）梁克家. 淳熙三山志（宋元方志丛刊本）[M]. 北京：中华书局，1990.

[301] （清）徐景熹 . 福州府志 [M]. 台北：成文出版社，1986.

[302] 刘胜利编 . 水经注 [M]. 陈桥驿等译注 . 北京：中华书局，2009.

[303] 阙晨曦，梁一池 . 福州古代城市山水环境特色及其营建思想探析 [J]. 福建农林大学学报，2007，10（1）：118-122.

[304] 侯仁之，岳升阳 . 北京宣南历史地图集 [M]. 北京：学苑出版社，2009.

[305] 刘未 . 辽金燕京城研究史——城市考古方法论的思考究 [J]. 故宫博物院院刊，2016（2）：77-97.

[306] （元）脱脱等 . 辽史 [M]. 北京：中华书局，1974.

[307] 赵正之 . 元大都平面规划复原研究 [A]. 科技史文集 [C]. 上海：上海科学技术出版社，1989.

[308] 于希贤 .《周易》象数与元大都规划布局 [J]. 故宫博物院院刊，1999（2）：17-25.

[309] （元）孛兰肸 . 元一统志 [M]. 北京：中华书局，1966.

[310] （清）于敏中 . 日下旧闻考 [M]. 北京：北京古籍出版社，2001.

[311] 徐苹芳 . 徐苹芳文集：明清北京城图 [M]. 上海：上海古籍出版社，2012.

[312] 侯仁之 . 北京历史地图集 [M]. 北京：北京出版社，1988.

[313] （宋）周应合 . 景定建康志 [M]. 南京：南京出版社，2009.

[314] （清）黄之隽，赵弘恩 . 乾隆江南通志 [M]. 扬州：江苏广陵书社，2010.

[315] （明）陈沂 . 洪武京城图志、金陵古今图考 [M]. 南京：南京出版社，2006.

[316] 薛冰 . 南京城市史 . 南京：南京出版社，2008.

[317] 武廷海 . 六朝建康规画 [M]. 北京：清华大学出版社，2011.

[318] 赵其昌编 . 明实录北京史料 [M]. 北京：北京古籍出版社，1995.

[319] 苏则民 . 南京城市规划史稿 [M]. 北京：中国建筑工业出版社，2008.

[320] [日] 安居香山，中村璋八编 . 纬书集成 [M]. 上海：上海古籍出版社，1994.

[321] 李旭 . 成都城市形态演变及历史地域特征研究 [J]. 西部人居环境学刊，2015（6）：92-97.

[322] 郑祖荣 . 南诏野史点注 [M]. 呼和浩特：远方出版社，2004.

[323] 于洪 . 丽江古城形成发展与纳西族文化变迁 [D]. 中央民族大学民族学与社会学院，2007.

[324] 蒋高宸 . 丽江——美丽的纳西家园 [M]. 北京：中国建筑工业出版社，1997.

[325] 郑曦 . 丽江大研古镇传统聚落初探 [D]. 重庆：重庆大学建筑城规学院，2006.

[326] （宋）朱长文 . 吴郡图经续记 [M]. 金菊林校 . 南京：凤凰出版社，1999.

[327] （明）王鏊 . 姑苏志 [M]. 台北：台湾商务印书馆，1986.

[328] 刘胜利编 . 左传 [M]. 刘利等译注 . 北京：中华书局，2007.

[329] （梁）沈约 . 宋书 [M]. 北京：中华书局，2003.

[330] （明）李日华 . 六研斋笔记、紫桃轩杂缀 [M]. 南京：凤凰出版社，2010.
[331] （明）文征明 . 甫田集 [M]. 杭州：西泠印社出版社，2012.
[332] （清）顾祖禹 . 中国古代地理总志丛刊：读史方舆纪要 [M]. 北京：中华书局，2005.
[333] （明）徐善继，徐善述 . 地理人子须知 [M]. 呼和浩特：内蒙古人民出版社，2010.
[334] 张节末 . 禅宗美学 [M]. 北京：北京大学出版社，2006.
[335] （宋）李心传 . 建炎以来朝野杂记 [M]. 北京：中华书局，2000.
[336] 张十庆 . 五山十刹图与江南禅寺 [M]. 南京：东南大学出版社，2005.
[337] 吴金鼎 . 云南苍洱境考古报告甲编 [M]. 北京：国立中央博物院筹办处，1942.
[338] 张贤都 . 西南山地典型古城人居环境研究——云南大理古城 [D]. 重庆：重庆大学建筑城规学院，2010.
[339] （元）郭松年，李京 . 大理行记校注、云南志略辑校 [M]. 王叔武校注 . 昆明：云南民族出版社，1986.
[340] （唐）樊绰 . 云南志校释 [M]. 赵吕甫校释 . 北京：中国社会科学出版社，1985.
[341] （明）陈文修 . 景泰云南图经志书校注 [M]. 李春龙，刘景毛校注 . 昆明：云南民族出版社，2002.
[342] 谢肇淛 . 滇略 [M]. 文渊阁四库全书本 . 台北：商务印书馆，1969.
[343] 薛林编 . 新编大理风物志 [M]. 昆明：云南人民出版社，1999.
[344] 林毓生 . 中国传统的创造性转化 [M]. 北京：三联书店，1988.
[345] 林毓生 . 中国意识的危机——“五四”时期激烈的反传统主义 [M]. 贵阳：贵州人民出版社，1986.
[346] 陈独秀 . 敬告青年 [J]. 新青年，1915，1（1）：2-6.
[347] 胡适 . 胡适全集 [M]. 北京：北京大学出版社，2013.
[348] 鲁迅 . 鲁迅全集 [M]. 北京：光明日报出版社，2012.
[349] 魏光奇 . 中西文化观念比较 [M]. 北京：经济科学出版社，2012.
[350] Clifford Geertz.The Interpretation of Cultures[M].New York：Basic Books，1973.
[351] 王东岳 . 物演通论 [M]. 西安：陕西人民出版社，2009.
[352] 王东岳 . 人类的没落 [M]. 西安：陕西人民出版社，2010.
[353] 王东岳 . 知鱼之乐 [M]. 西安：陕西人民出版社，2012.
[354] （宋）普济 . 五灯会元 [M]. 苏渊雷点校 . 北京：中华书局，1984.
[355] 鲍银松 . 结庐南山 [M]. 北京：中国艺术出版社，2018.
[356] 杜保瑞 . 中国生命哲学真理观 [M]. 北京：人民出版社，2019.